ATLAS PALINOLÓGICO

Laboratório ^{14}C - CENA/USP

Palynological Atlas

^{14}C Laboratory - CENA/USP

ATLAS PALINOLÓGICO

LABORATÓRIO ^{14}C – CENA/USP

FLÁVIO LIMA LORENTE

ANTONIO ALVARO BUSO JUNIOR

PAULO EDUARDO DE OLIVEIRA

LUIZ CARLOS RUIZ PESSENDA

Pesquisa realizada na
Reserva Natural Vale, Mata Atlântica, ES

Palynological Atlas

^{14}C LABORATORY – CENA/USP

Research carried out at Vale Nature Reserve,
Atlantic Rainforest, ES, Brazil

FEALQ

© FUNDAÇÃO DE ESTUDOS AGRÁRIOS
LUIZ DE QUEIROZ — FEALQ

Av. Centenário, 1080
13416-000 Piracicaba, SP, Brasil

Fone: 19-3417-6609
Fax: 19-3422-2755

livros@fealq.org.br
fealq.org.br

Dados Internacionais de Catalogação na Publicação
DIVISÃO DE BIBLIOTECA - DIBD/ESALQ/USP

Atlas Palinológico: Laboratório ^{14}C - Cena/USP = Palynological Atlas: ^{14}C Laboratory - Cena/USP / Flávio Lima Lorente ... (et al.). - - Piracicaba: FEALQ, 2017.
333 p. : il.

Título e texto em português e inglês
ISBN: 978-85-7133-085-6

1. Atlas 2. Carbono 14 3. Palinologia 4. Polén I. Lorente, F. L. II. Buso Junior, A. A. III. Oliveira, P. E. de. IV. Pessenda, L. C. R. V. Título

CDD 582.0463
A881

ISBN 978-85-7133-085-6

Foto da capa:
Jaime Rissi Passarini Junior

Autores
Authors

FLÁVIO LIMA LORENTE
Laboratório ^{14}C, CENA/USP, Piracicaba
flimalorente@yahoo.com.br

ANTONIO ALVARO BUSO JUNIOR
Laboratório ^{14}C, CENA/USP, Piracicaba
alvaro.buso.jr@gmail.com

PAULO EDUARDO DE OLIVEIRA
IGC/USP, São Paulo
Botany Department, The Field Museum of Natural History, Chicago
paulo.deoliveira@usp.br

LUIZ CARLOS RUIZ PESSENDA
Laboratório ^{14}C, CENA/USP, Piracicaba
pessenda@cena.usp.br

O Laboratório ^{14}C do CENA/USP iniciou suas atividades de rotina em 1990 após intercomparação de resultados com laboratórios do Canadá, Estados Unidos e França. Desde o início das atividades em pesquisas com instituições nacionais e internacionais, ensino e prestação de serviços, foram realizadas mais de 1.300 análises de conchas, corais, carbonatos de água subterrânea, fragmentos de carvão, madeiras, ossos, sedimentos, solos, turfas etc. A principal linha de pesquisa consiste na aplicação dos isótopos do carbono dos solos e o uso de indicadores isotópicos (C,N) e biológicos (pólen, diatomáceas, espículas de esponjas, fitólitos) em sedimentos lacustres, turfeiras, solos de mangue etc., em estudos de reconstituição paleoambiental (vegetação e clima) e da dinâmica do nível relativo do mar nos últimos 50.000 anos no Brasil.

The ^{14}C Laboratory of CENA/USP began its routine activities in 1990 after intercomparison of results with laboratories of Canada, United States and France. Since the beginning of the research activities with national and international institutions, education and services, were performed more than 1,300 analyses of shells, corals, carbonates of groundwater, charcoal fragments, wood, bones, sediments, soil, peat, etc. The main line of research consists in the application of soil carbon isotopes and isotopic (C, N) and biological (pollen, diatoms, sponge spicules, phytoliths) indicators in lake sediments, peat bogs, mangrove soils, etc., in order to reconstitute the dynamics of the vegetation, climate and the relative sea level over the past 50,000 years in Brazil.

Colaboradores
Contributors

Ana Cláudia Cuenca

Bianca Minink Villa

Cindy Domenegheti

Endrews Delbaje

Eula Raissa Chaves Almeida

Fernanda Torquetti Wingeter Lima

Geovane Souza Siqueira

Jaime Rissi Passarini Junior

Janaina Paulino da Silva

Letícia Prado Munhoes

Lucas Vinícius Domingues

Marcos Antonio Borotti Filho

Rodrigo Prado dos Santos

Victor Wilson Botteon

Sumário
Table of Contents

Agradecimentos
Acknowledgments

À FAPESP (2007/03615-5, 2010/18091-4, 2011/00995-7, 2013/09033-9) e ao CNPq (2007-3/471751, 2010-8/123908, 2012-5/470210, 2013-0/405060, 150502/2016-8); aos ex-funcionários da Reserva Natural Vale (RNV), Renato Moraes de Jesus, gestor por décadas e Samir Rolim, seu braço direito, pelo convite e oportunidade de desenvolver pesquisas na área, pelo apoio irrestrito no acesso ao herbário em todas as etapas de nossa convivência e pelo suporte financeiro da RNV aos estudantes colaboradores do Laboratório ^{14}C no início do desenvolvimento da coleção de referência; a Luiz Felipe Campos, Alessandro Simplicio e toda a equipe de funcionários da RNV, pelo imprescindível apoio logístico, atenção e gentileza.

À Professora Doutora Maria Judite Garcia, pelas sugestões e informações técnicas associadas a morfologia e taxonomia dos palinomorfos.

Ao Técnico Thiago Barrios C. Campos, Laboratório ^{14}C do CENA/USP, pelo apoio na preparação de amostras, ao funcionário do Laboratório de Instrumentação e Informática, João Geraldo Brancalion, pela colaboração para a capa do livro e à Chefe Técnica da Biblioteca do CENA, Marília Ribeiro Garcia Henyei, pela revisão da bibliografia e apoio para a edição deste livro.

Apresentação
Presentation

No final de 2006 recebeu-se convite do Engenheiro Agrônomo Samir Rolim, com endosso do Engenheiro Florestal Renato Moraes de Jesus, respectivamente funcionário/pesquisador e gestor da Reserva Natural Vale (RNV), para desenvolver-se estudos de reconstituição paleoambiental em área muito bem preservada de Mata Atlântica de aproximadamente 23.000 hectares, costa norte do Espírito Santo. Após visita para reconhecimento do futuro local de pesquisas, encaminhou-se projeto à FAPESP ("Reconstrução da vegetação e clima desde o Holoceno médio no Brasil") que foi aprovado no segundo semestre de 2007 e em 2008 iniciou-se estudos com apoios adicionais do CNPq.

Além da exuberância da floresta, campos e estrutura geral da RNV, o que também chamou a atenção de nossa equipe foram as instalações e a base de dados do herbário local, com mais de 16.000 exsicatas de plantas da reserva e para onde, de forma simultânea com as pesquisas de campo, foram direcionadas as visitas. Com essa estratégia, obteve-se o apoio botânico para os levantamentos da flora atual que eram realizados próximos aos locais de amostragem nos estudos sobre a dinâmica da vegetação, fosse com o emprego dos isótopos do C no solo ou, pela primeira vez na história da equipe, com o uso de palinomorfos e outros bioindicadores em sedimentos de lagos, abundantes na região.

Com base nos estudos dos sedimentos lacustres, verificou-se rapidamente a necessidade de se estabelecer uma coleção de referência de grãos de pólen e esporos (palinoteca) no Laboratório ^{14}C do CENA em Piracicaba, e com o apoio e colaboração dos funcionários da RNV e principalmente do curador do herbário, Geovane Siqueira, iniciou-se a coleta de pólen das anteras das exsicatas cujas amostras foram transportadas *in natura* e preparadas na forma de lâminas, em Piracicaba.

Este procedimento continuou durante os três anos de duração dos dois primeiros projetos de pesquisa, sendo que em 2011 conseguiu-se a aprovação do Temático FAPESP (Estudos interdisciplinares na costa do Espírito Santo), internamente denominado ProjES, em que por mais cinco anos investiu-se na segunda etapa dos estudos, finalizou-se a coleção de referência de grãos de pólen e esporos do herbário na forma de lâminas e iniciou-se a sua digitalização. Finalmente, em 2017, após muitas colaborações, discussões e otimizações de protocolos, desenvolveu-se este documento de mais de 300 páginas, 174 pranchas de grãos de pólen e esporos referentes a 908 espécies de plantas da Mata Atlântica da costa norte do Espírito Santo, com o objetivo de ser informativo, didático e prático.

Espera-se que este Atlas seja útil a todos os usuários do Brasil e do exterior que desenvolvem estudos no Quaternário com pólen e esporos de Mata Atlântica, como está sendo para o nosso grupo em pesquisas correlatas.

Os Autores

Preface

Brazil's Atlantic Rainforest (*Mata Atlântica*) is one of the most biologically important ecosystems on Earth, due to its remarkably high levels of biodiversity and endemism. Nearly 50% of its animal and plant species are endemic. Unfortunately, it is also one of the most threatened tropical biomes on the planet, with less than 10% of its original forest extent remaining, due to heavy deforestation since earliest colonial times. Because of both its high endemicity and critically endangered status, the Atlantic Rainforest has consequently been classified by conservationists as one of the eight most important 'biodiversity hotspots' in the world. However, despite its global importance, the origin of its biodiversity remains poorly understood and is the topic of considerable debate and controversy. In order to better predict how the biodiversity of these forests is likely to be affected by continued fragmentation, fire, and future climate change, improved understanding is needed of the origin of their biodiversity and their sensitivity (or resilience) to major disturbance in the past – both natural (e.g. climate change) and anthropogenic (e.g. fragmentation and fire) – over millennial to glacial-interglacial time scales.

By analysing fossil pollen grains preserved in lake and bog sediments, palynologists have the tools to reconstruct the multi-millennial-scale history of this biodiversity hotspot. However, this can only be done by first compiling a comprehensive modern pollen reference collection to enable accurate identification of the fossil pollen grains. Compiling such a collection is laborious and time-consuming and requires collaboration with botanists and herbaria for access to reliably identified plant specimens. It is therefore unsurprising that few such pollen reference collections exist, which no doubt restricts adoption of this important palaeo-vegetation proxy to a handful of laboratories specialising in neotropical palynology.

The authors should therefore be highly commended for having compiled this remarkable pollen atlas, based on their extensive pollen reference collection of over 1000 species from humid evergreen rainforest (Tabuleiros Forest), savanna/woodland ('mussununga'), and 'restinga' coastal scrub of northern Espírito Santo State – a result of their long-standing collaboration with colleagues at the Vale and Sooretama reserves. This pollen atlas of over 300 pages, with 174 plates of high-resolution pollen micrographs, will provide a vital resource for unlocking the long-term history of the Atlantic Rainforest. It will be especially valuable for the next generation of budding Brazilian palynologists keen to learn more about this critically threatened but globally important biodiversity hotspot on their doorstep.

Francis Mayle

CARACTERÍSTICAS AMBIENTAIS DA RESERVA NATURAL VALE

Vale Nature Reserve Environmental Settings

A Reserva Natural Vale (RNV) está localizada na região nordeste do Estado do Espírito Santo (Figura 1). Juntamente com a Reserva Biológica de Sooretama forma um bloco de cerca de 50.000 hectares de vegetação preservada, no bioma Mata Atlântica. O clima regional é classificado como Aw de Köppen, com precipitação média anual de 1.215 mm, temperatura média anual de 23,3 °C, e presença de estação seca durante o inverno do hemisfério sul. O principal tipo de vegetação da RNV é a Floresta de Tabuleiros; no entanto, a RNV apresenta também remanescentes de outros tipos de vegetação natural, tais como florestas de galeria, pântanos, vegetação de muçununga, e vegetação de restinga.

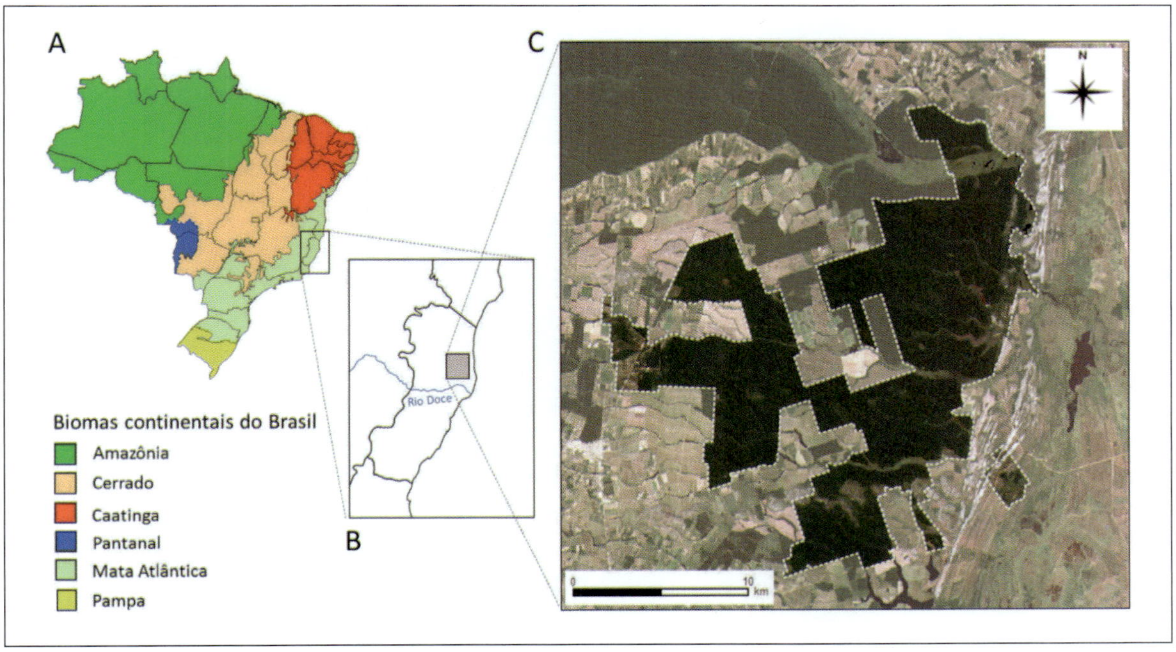

Figura 1. Reserva Natural Vale; (A) Mapa de biomas continentais do Brasil. (B) Localização da RNV no Estado do Espírito Santo. (C) Delimitação da área da RNV.

Figure 1. Vale Nature Reserve; (A) Map of the continental biomes of Brazil. (B) Localization of the VNR at the Espírito Santo State. (C) Delimitation of VNR's area.

A Floresta de Tabuleiros da região de Linhares (Figura 2A) é classificada como Floresta Ombrófila Densa (IBGE, 2012) localizada sobre Latossolos Amarelos Distróficos, em elevações entre 20 e 70 metros acima do nível do mar, em terreno suavemente ondulado, formado por sedimentos do Neógeno (Santos et al., 2004; Dominguez, 2009). Apresenta árvores emergentes com até 40 metros de altura, dossel com cerca de 30 m, estratos arbóreos e arbustivos inferiores, e submata não muito densa. Em relação à sua composição florística, vários autores já abordaram a ocorrência de gêneros e espécies amazônicos nas matas de tabuleiros do sul da Bahia e norte do Espírito Santo, o que sugeriria uma antiga conexão entre esses dois biomas florestais, hoje separados pelos biomas Caatinga e Cerrado (Rizzini, 1997; Fiaschi e Pirani, 2009).

A vegetação de muçununga apresenta distribuição geográfica aparentemente restrita ao sul da Bahia e norte do Espírito Santo, sobre solos arenosos, com processo de podzolização (Araújo et al., 2008; Saporetti-Junior et al., 2012; Ferreira et al., 2014). As áreas de vegetação de muçununga da RNV estão localizadas sobre manchas de Espodossolo intercaladas em meio à Floresta de Tabuleiros e apresentam diferentes fitofisionomias e composição de espé-

Figura 2. Alguns tipos de vegetação da RNV; (A) Floresta de Tabuleiros; (B) Vegetação de muçununga herbácea; (C) Vegetação de muçununga arborizada; (D) Vegetação de restinga; (E) Vegetação brejosa às margens da Lagoa do Macuco, localizada na Reserva Biológica de Sooretama.

Figure 2. Some vegetation types at VNR; (A) Tabuleiros Forest; (B) Herbaceous mussununga; (C) Arboreal mussununga; (D) *Restinga* vegetation; (E) Swamp vegetation along Lagoa do Macuco, at the Biologic Reserve of Sooretama.

cies (Thomas, 2003; Santos et al., 2004; Meira Neto et al., 2005; Ferreira et al., 2014). Áreas de vegetação de muçununga com fitofisionomia herbácea são denominas como "campos nativos" por alguns autores; no entanto, estudos têm mostrado que diferenças na estrutura e na composição de espécies estão relacionadas às características edáficas. Com base em um estudo realizado em áreas de vegetação de muçununga no sul da Bahia, Saporetti-Junior et al. (2012) encontraram dois grupos funcionais de espécies vegetais relacionadas a características físicas do solo. O primeiro grupo compreende espécies tolerantes ao estresse hídrico, formando áreas com fitofisionomias herbácea ou de savana aberta (Figura 2B), sobre Espodossolos com horizonte B localizado a menor profundidade, ou com maior granulometria na fração arenosa, sujeitos ao alagamento em época chuvosa ou ao déficit hídrico durante a estação seca. O segundo grupo funcional é composto por espécies de ambientes mésicos, formando fitofisionomias de savana fechada, savana parque e muçunungas arbóreas (Figura 2C), sobre Espodossolos com horizonte B localizado a maior profundidade, e com menor granulometria na fração areia, onde o estresse hídrico não é fator limitante, seja por alagamento ou por déficit de água.

A vegetação de restinga (Figura 2D) é um tipo de ambiente costeiro, que ocorre sobre solos arenosos ao longo da costa brasileira. Esses solos são normalmente associados a cordões arenosos formados durante flutuações do nível marinho do Pleistoceno e Holoceno, podendo apresentar, em algumas situações, processo de podzolização. A vegetação de restinga apresenta diferentes estruturas e composição de espécies, relacionadas a características edáficas e a flutuação do lençol freático (Magnago et al., 2013). Alguns autores apontam similaridades florísticas entre as vegetações de restinga e de muçununga, sugerindo que tais similaridades estão relacionadas às condições edáficas (Ferreira et al., 2014).

Na área da RNV os pântanos e brejos (Figura 2E) ocorrem em geral ao longo de cursos d'água, sendo representados principalmente por planícies aluviais permanentemente ou periodicamente inundadas, com solo encharcado, ocupadas por formações vegetais pioneiras com influência fluvial. A vegetação é geralmente herbácea e graminóide, podendo ocorrer algumas espécies arbustivas e arbóreas nos locais de solo menos encharcado.

Vale Nature Reserve Environmental Settings

Vale Nature Reserve (VNR) is located at the northeastern region of Espírito Santo State, Brazil (Figure 1). Together with the Biologic Reserve of Sooretama, it comprises around 50,000 hectares of preserved vegetation at the Atlantic Rainforest biome. The regional climate is classified as Aw in Köppen, with mean annual precipitation of 1215 mm, and mean annual temperature of 23.3 °C, with a dry season during the southern hemisphere winter. The most important vegetation type at VNR is the Tabuleiros Forest, nonetheless, other natural vegetation types are present: gallery forests, marshes, mussununga vegetation, and *restingas*.

The Tabuleiros Forest at the region of Linhares (Figure 2A) is classified as Dense Ombrophilous Forest (IBGE, 2012) placed over Yellow Distrophic Ultisol, around 20-70 m above sea level, on flat, smooth undulated terrain formed by Neogene sediments (Santos et al., 2004; Dominguez, 2009). The forest presents emergent trees up to 40 m high, canopy with ca. 30 m of height, and an understory formed by smaller trees and shrubs. Regarding its floristic composition, some authors reported the occurrence of Amazonian taxa in the Tabuleiros forests at southern Bahia and northern Espírito Santo States, suggesting an ancient connection between these two forest biomes, which are currently separated by the biomes Caatinga and Cerrado (Rizzini, 1997; Fiaschi and Pirani, 2009).

The geographic distribution of mussununga vegetation is apparently restrict to southern Bahia and northern Espírito Santo States, on sandy soils with podzolization process (Araujo et al., 2008; Saporetti-Junior et al., 2012; Ferreira et al., 2014). At the VNR, mussununga vegetation spots are placed over sandy Spodosol areas interspersed among the Tabuleiros Forest, and present distinct physiognomies and species composition (Thomas, 2003; Santos et al., 2004; Meira Neto et al., 2005; Ferreira et al., 2014). Some authors denominate the herbaceous mussununga vegetation as native fields, nonetheless studies have pointed that differences in structure and species composition relate with soil properties. Based on a study of mussunungas at southern Bahia, Saporetti-Junior et al. (2012) found two functional groups of species that relate with soil physical properties. The first group comprises species that are tolerant to the water stress, represented by grassland and open savanna mussunungas (Figure 2B), occurring over Spodosols with more superficial B-horizon or Spodosols with coarser sand particles, which become flooded during the rainy season and present water deficit during the dry season. The second functional group is formed by mesic plant species that colonize closed savanna, park savanna and woodland mussunungas (Figure 2C), where the spodic B-horizon is placed deeper in the Spodosol profile and the sandy horizons have higher percentage of fine sand. At these mesic mussunungas the water stress is not a limiting factor, being not subjected to flooding during the rainy season nor presenting water deficit during the dry season.

The *restinga* (Figure 2D) is a coastal ecosystem occurring on sandy soils along the Brazilian coast. These soils are usually associated with sand ridges formed during marine transgressions and regressions during late Pleistocene and middle Holocene, and may present the process of podzolization. The *restinga* vegetation presents distinct structures and species composition, relating with edaphic factors and groundwater fluctuation (Magnago et al., 2013). Some authors have pointed some floristic similarities among *restinga* and mussunungas, suggesting that these similarities relate with edaphic conditions (Ferreira et al., 2014).

At the VNR area marshes and swamps usually occur along water courses. They are represented mainly by permanently or periodically inundated alluvial plains, with waterlogged soils, colonized by pioneer plant formations under fluvial influence. At these sites the vegetation is usually represented by herbs, nonetheless shrubs and trees may occur at places presenting better drained soils.

MATERIAL E MÉTODOS

Material and Methods

A palinoteca de referência consiste em uma coleção de lâminas de esporos e grãos de pólen de plantas atuais, e serve como parâmetro na comparação do material palinológico contido em sedimentos ou demais tipos de materiais, tais como mel, própolis, materiais forenses, dentre outros. Os esporos e grãos de pólen apresentados nesse catálogo são provenientes predominantemente de espécies de Mata Atlântica da região de Linhares, Estado do Espírito Santo, e podem ser considerados como importante registro da biodiversidade desse bioma e, mais especificamente, das florestas de tabuleiros costeiros.

O material botânico para a confecção da palinoteca de referência do Laboratório ^{14}C do CENA-USP foi coletado diretamente das exsicatas depositadas no herbário da RNV. Para tal, foram coletados folículos férteis e flores inteiras contidas nas duplicatas das exsicatas depositadas no herbário. No momento da coleta, todas as informações contidas em cada exsicata, tais como os códigos do herbário, nomes dos coletores e identificadores das plantas, hábito e hábitat de cada espécie, foram anotados e posteriormente adicionados em um banco de dados.

O procedimento palinológico para a extração dos esporos e grãos de pólen do material fértil das exsicatas foi realizado no Laboratório ^{14}C do CENA-USP. Todos os tratamentos químicos foram feitos em tubos graduados de centrífuga de 15 ml, e os tubos centrifugados a 3.000 rotações por minuto (rpm) entre cada etapa do procedimento de extração palinológica. Os passos detalhados do protocolo palinológico de acordo com Colinvaux et al. (1999) são:

1. Macerar o material fértil das exsicatas com solução de KOH 5%;
2. Peneirar o material em malha de 350 μm;
3. Transferir o material para tubos de centrífuga com H_2O destilada;
4. Lavar com H_2O destilada (M, C & D: misturar, centrifugar e decantar);
5. Adicionar 15 ml de ácido acético glacial (M, C & D);
6. Adicionar 10 ml de solução de acetólise (9 partes de anidrido acético + 1 parte de ácido sulfúrico), deixar em banho-maria, a cerca de 90 °C, por aproximadamente 15 minutos, mexendo com frequência;
7. Adicionar 5 ml ácido acético glacial para interromper a ação da acetólise (M, C & D);
8. Adicionar 15 ml de H_2O destilada (M, C & D). Repetir essa etapa;
9. Adicionar 15 ml de álcool absoluto (M, C & D);
10. Transferir o resíduo para frascos identificados e com tampas;
11. Adicionar algumas gotas de glicerina líquida a cada frasco até cobrir o resíduo;
12. Colocar as amostras em estufa a 35°C para a evaporação do álcool e da água residual.

As lâminas foram montadas em glicerina líquida, o que permite que os grãos sejam girados e fotografados em diferentes posições, e armazenadas em posição horizontal. Cada lâmina foi devidamente identificada com uma etiqueta contendo código do laboratório (e.g. 2624), código do herbário (e.g. CVRD1298), nome da família da planta coletada (e.g. Acanthaceae) e espécie (e.g. *Aphelandra harleyi*).

A análise morfológica dos esporos e grãos de pólen foi realizada em microscópio óptico *Zeiss Axioskop* 40 no aumento de 1000x com óleo de imersão, e para a obtenção das fotomicrografias foi utilizada uma câmara digital acoplada ao microscópio. As fotos mais representativas foram selecionadas para compor as pranchas padronizadas.

Nas pranchas dos esporos, os monoletes estão representados com a laesura voltada para baixo e os triletes estão representados com a comissura posicionada para cima. Para os grãos de pólen, as fotos seguem, sempre que possível, os seguintes critérios: ornamentação da parede em vista polar, corte óptico da parede em vista polar, aberturas em vista equatorial, e corte óptico da parede em vista equatorial. Os grãos de pólen em vista polar foram representados com uma das aberturas voltada para baixo, e em vista equatorial com as aberturas paralelas e o eixo polar vertical.

No capítulo referente à descrição da morfologia de esporos e grãos de pólen, as famílias são apresentadas em ordem alfabética, agrupadas por esporos, monocotiledôneas e eudicotiledôneas, magnoliídeas e nymphaeales. Para monocotiledôneas e eudicotiledôneas, magnoliídeas e nymphaeales foi utilizado o sistema de classificação APGIII (2009) e para as pteridófitas foi utilizado Smith et al. (2006). As características das famílias de angiospermas foram realizadas com base em Souza e Lorenzi (2012), e para pteridófitas foi utilizado Tryon e Tryon (1982). Os esporos foram descritos quanto a sua forma, tamanho e ornamentação. Para os esporos monoletes, foram consideradas as medidas do eixo maior (EM) e eixo menor (Em), e para os triletes as medidas do diâmetro equatorial (DE) sem ornamentação, comissura e laesura. Nas descrições polínicas, seguiu-se a ordem de apresentação dos caracteres morfológicos como o tamanho dos eixos polar e equatorial dos grãos, o número e tipo de aberturas, formato do âmbito (vista polar), forma em vista equatorial, características da exina e demais observações quando pertinentes.

As medidas dos grãos de pólen foram representadas primeiramente pela medida do eixo polar (P), seguida pelo eixo equatorial (E). Os grãos elipsoidais (e.g. Commelinaceae), de âmbito piriforme (e.g. Arecaceae) e heteropolares (e.g. Cyperaceae) apresentam as medidas do eixo equatorial maior (EM) e menor (Em). Para os grãos esféricos (e.g. Poaceae) e tétrades (e.g. Ericaceae) foi referido apenas o diâmetro (D).

Bibliografias especializadas de palinotaxonomia foram consultadas para as descrições morfológicas dos esporos e grãos de pólen, como exemplo Erdtman (1952), Tryon e Tryon (1982) e Salgado-Labouriau (1973), e a nomenclatura palinológica utilizada seguiu os termos adotados pela *International Federation of Palynological Society*, conforme Punt et al. (2007).

Material and Methods

The pollen reference collection of the ^{14}C Laboratory at CENA-USP consists of microscope glass slides containing spores and pollen grains extracted from herbarium plants and serves as a fundamental parameter in the identification of pollen and plant spores found in sediments or in other types of materials, such as honey, propolis, forensic materials, among others. The spores and pollen grains presented in this atlas were obtained from taxa from the Atlantic Rainforest at Linhares, State of Espírito Santo, in southeastern Brazil, and can be considered as an important record of the biodiversity of this ecosystem.

Fertile flowers and follicles were collected directly from duplicated exsiccated plant sheets deposited at the Vale Natural Reserve Herbarium, Linhares. All the information contained in each specimen sheet, such as herbarium codes, names of collectors and plant identifiers, habit and habitat of each specie, were added to a database.

The palynological procedure used for the extraction of pollen and spore grains from the fertile material was performed in the ^{14}C Laboratory of CENA-USP. All chemical treatments were carried out in graduated 15 ml centrifuge tubes, which were centrifuged at 3000 rpm between each stage of the palynological extraction procedure. The detailed steps of the palynological protocol according to Colinvaux et al. (1999) are:

1. Macerate the fertile material with 5% KOH solution;
2. Sieve the residue in a 350 µm mesh sieve;
3. Transfer the residues to individual centrifuge tubes with distilled H_2O;
4. Wash with distilled H_2O (S, C & D: stir, centrifuge and decant);
5. Add 15 ml glacial acetic acid (S, C & D);
6. Add 10 ml acetolysis solution (9 parts acetic anhydride + 1 part sulphuric acid), leave in a water bath at 90 °C for about 15 minutes, stirring frequently;
7. Add 5 ml Glacial Acetic Acid to stop the acetolysis reaction (S, C & D);
8. Add 15 ml distilled H_2O (S, C, D). Repeat this step;
9. Add 15 ml absolute alcohol (S, C & D);
10. Transfer the final residues to identified vials with lids;
11. Add a few drops of liquid glycerin to each vial until it covers the residues;
12. Place samples in an oven at 35 °C for the evaporation of alcohol and residual water.

Slides were mounted in liquid glycerin, which allows the grains to be rotated and photographed in different positions.Each slide was identified with a label containing laboratory code (e.g. 2624), herbarium code (e.g. CVRD1298), family name (e.g. Acanthaceae) and specie (e.g. *Aphelandra harleyi*).

Pollen and spore grains morphological analyses were performed using a Zeiss Axioskop 40 optical microscope, at 1000x magnification under immersion oil, coupled with a digital camera. The most representative photomicrograph were selected to compose standardized plates.

On the spore plates, monolete grains are represented with the laesure facing downward, and in the triletes commissure is positioned upwards. For pollen grains, photos follow the following criteria, whenever possible: ornamentation of the wall in polar view, cross sections of the wall in polar view, apertures in equatorial view, and cross sections of the wall in equatorial view. Polar views of the pollen grains were shown with one of the apertures facing downward, and in equatorial view with parallel apertures and the vertical polar axis.

In the chapter on the description of the morphology of spores and pollen grains, families are presented in alphabetical order, grouped by spores, according to Smith et al. (2006), monocots and eudicots, magnoliids and nymphaeales based on the APGIII classification system (APG, 2009). Characteristics of angiosperm families were based on Souza and Lorenzi

(2012), and for Pteridophyte was used Tryon and Tryon (1982). Spores were described for their shape, size and ornamentation. Measurements of the major (EM) and minor axis (Em) were taken for monoletes. Whereas for triletes, the equatorial diameter (DE) excluding ornamentation, commissure and laesura were measured. Pollen descriptions follow the order of presentation of the morphological characters, such as the size of the polar and equatorial axes of the grains, number and type of apertures, amb shape (polar view), equatorial shape, exine characteristics and other observations if pertinent.

Pollen grain dimensions were first represented by the measurement of the polar axis (P), followed by that of the equatorial axis (E). Ellipsoidal (e.g., Commelinaceae), pyriform (e.g. Arecaceae) and heteropolar (e.g. Cyperaceae) grains show the measurements of the major equatorial (EM) and minor axis (Em). For spherical grains (e.g. Poaceae) and tetrads (e.g. Ericaceae) only the diameter (D) was noted.

Morphological descriptions of pollen and spores grains were based especially on Erdtman (1952), Tryon and Tryon (1982) and Salgado-Labouriau (1973). The palynological nomenclature used followed the terms adopted by International Federation of Palynological Society, according to Punt et al. (2007).

DESCRIÇÕES MORFOLÓGICAS

Morphological Descriptions

Esporos
Spores

Anemiaceae

A variabilidade morfológica dos seus esporos inclui grãos grandes triletes com sulcos paralelos ou não, com superfícies cobertas pelos mais variados tipos de ornamentações como espinhos, verrugas, gemas e outros.

The morphological variability of their spores includes large trilete grains with parallel or non-parallel grooves, with their surface covered by various types of ornamentation patterns such as spines, warts, gemmae and many others.

Anemia collina Smith (CVRD8471): esporos subtriangulares em vista polar, tamanho médio, triletes, cicatrizados, e com espículos sobre as estrias. DE (37,8-43,3 μm); comissura (18,2-19,0 μm); laesura (28,3-33,0 μm). **Prancha/Plate 1:1.**

Anemia hirta (Linnaeus) Swartz (CVRD8543): esporos circulares em vista polar, grandes, triletes, equinados, espinhos grandes e de pontas arredondadas, laesura de difícil visualização devido a ornamentação. DE (57,1-75,9 μm). **Prancha/Plate 1:2.**

Anemia luetzelburgii Rosenstock (CVRD8546): esporos subtriangulares em vista polar, grandes, triletes, cicatrizados, cicatrizes grossas e com espinhos e pilas sobre elas. DE (44,0-52,3 μm); comissura (17,9-28,1 μm); laesura (30,6-37,7 μm). **Prancha/Plate 1:3.**

Anemia phyllitidis (Linnaeus) Swartz (CVRD7416): esporos subtriangulares em vista polar, grandes, triletes, cicatrizados, cicatrizes grossas e com báculas grandes. DE (47,2-54,1 μm); comissura (21,9-22,4 μm); laesura (35,4-40,5 μm). **Prancha/Plate 2:1.**

Aspleniaceae

Família com cerca de 700 espécies, cujo gênero mais expressivo nas Américas é *Asplenium*, com distribuição no Brasil em florestas tropicais e no Cerrado. Na Mata Atlântica são reportadas cerca de 50 espécies. Este gênero ocorre principalmente em hábitats úmidos ou em locais mais secos entre rochas onde uma certa umidade é encontrada. São reconhecidos três tipos de esporos: aletes/monoletes-costados, equinados e reticulados.

Family with about 700 species, with *Asplenium* as the most expressive genus in the Americas, with distribution in tropical forests and in the *Cerrado* of central Brazil. About 50 species are reported for the Brazilian Atlantic Rainforest. This genus occurs mainly in humid habitats or in drier places between rocks where a certain degree of moisture is maintained. Three types of spores are recognized: costate-alate/monolete, echinate and reticulate.

Asplenium serratum Linnaeus (CVRD8723): esporos elipsoidais, tamanho médio, monoletes, esporoderme espessa e perisporo rugulado com projeções ao longo do esporo. EM (35,4-41,4 μm); Em (18,9-19,1 μm). **Prancha/Plate 2:2.**

Blechnaceae

Pteridófitas terrestres, rupestres, algumas vezes epifíticas ou escandente-epifíticas, de distribuição cosmopolita. *Blechnum* é o gênero mais abundante, com distribuição restrita a florestas montanas úmidas, geralmente terrestre, embora algumas espécies ocorram sobre rochas ou penhascos, pântanos, margens de florestas e outros hábitats. A separação entre os gêneros *Blechnum* e *Salpichlaena* é baseada principalmente na presença no último de verrugas sobre a sua superfície.

Terrestrial ferns, rupestral, sometimes epiphytic or scandent-epiphytic, of cosmopolitan distribution. *Blechnum* is the most abundant genus, with distribution restricted to humid montane forests, usually terrestrial, although some species occur on rocks or cliffs, marshes, forest edges and other habitats. The separation between the *Blechnum* and *Salpichlaena* is based mainly on presence of warts on the surface of the latter.

Blechnum occidentale Linnaeus (CVRD10232): esporos reniformes, tamanho médio, monoletes, psilados e com esporoderme espessa. EM (44,4-49,8 μm); Em (26,0-28,7 μm). **Prancha/Plate 2:3.**

Salpichlaena volubilis (Kaulfuss.) J. Smith (CVRD6196): esporos elipsoidais, muito grandes, monoletes, com pequenas verrugas distribuídas ao longo do esporo e em maior concentração próximos a laesura. EM (97,2-107,1 μm); Em (71,3-71,7 μm). **Prancha/Plate 2:4.**

Cyatheaceae

Família com troncos arborescentes que podem atingir até 20 metros de altura, com coroas foliares que podem chegar a seis metros de diâmetro. *Cyathea* ocorre preferencialmente em florestas montanas e nebulares, mas é também conhecida em florestas úmidas de terras baixas. Seus esporos triletes podem ser verrucados ou psilados, escabrados.

Family with arborescent trunks that can reach up to 20 m in height and spreading crowns up to 6 m in diameter resembling, from the distance, those found in Arecaceae. *Cyathea* occurs preferentially in montane and cloud forests, but it also may occur in low altitude rainforests. Their triletes spores can be verrucate, psilate or scabrate.

Cyathea microdonta (Desv.) Domin. (CVRD6200): esporos subtriangulares com lados côncavos em vista polar, tamanho médio, triletes, psilados no polo proximal e escabrados no polo distal, braço da laesura bifurcado na extremidade, esporoderme espessa. DE (48,6 μm); comissura (13,7 μm); laesura (27,0 μm). **Prancha/Plate 3:1.**

Cyathea phalerata Martius (CVRD14595; CVRD4326): esporos subtriangulares com lados côncavos ou retos em vista polar, grandes, triletes, psilados a escabrados, esporoderme espessa. DE (51,3-61,1 μm); comissura (19,8-22,7 μm); laesura (32,3-40,1 μm). **Pranchas/Plates 3:2,3.**

Dennstaedtiaceae

O gênero *Pteridium* contém samambaias terrestres com tecidos vasculares verdadeiros nos seus ramos, uma condição atípica nas pteridófitas, que habitam uma variedade de hábitats tais como florestas e formações abertas, bordas de florestas, mas ocorrem preferencialmente em ambientes perturbados, campos abandonados ou queimados. É portanto indicador de sucessão ecológica e por isso pode ter grande importância em estudos do Quaternário no âmbito de questões arqueológicas e ecológicas. Esporos com superfícies granuladas ou ruguladas.

Pteridium contains terrestrial ferns with true vascular tissues in their branches, an unusual feature in ferns. They inhabit a variety of habitats such as forests and open formations, forest edges, but occur preferentially in disturbed environments, abandoned or burnt fields. It is therefore an indicator of ecological succession and may be of great importance in Quaternary studies centered on archaeological and ecological issues. Its trilete pores may have granulate or rugulate surfaces.

Pteridium arachnoideum (Kaulfuss.) Maxon (CVRD2805): esporos subtriangulares de lados retos a convexos em vista polar, tamanho médio, triletes, rugulados. DE (37,7-38,4 µm); comissura (10,4-13,2 µm); laesura (21,1-24,0 µm). **Prancha/Plate 3:4.**

Dryopteridaceae

Lomagramma ocorre em florestas e tem distribuição geográfica disjunta entre o Sul/Sudeste do Brasil e o norte da América do Sul, extra-amazônico.

Lomagramma occurs in forests and it has disjunct geographical distribution between the South/Southeast regions of Brazil and northern South America and in extra-Amazonian regions.

Cyclodium meniscioides* var. *meniscioides (Willd.) C. Presl (CVRD6188): esporos elipsoidais, grandes, monoletes, psilados, perispório grande, fino, projeções ao longo do esporo, que podem ser destruídas pela acetólise. EM (58,4-65,5 µm); Em (36,1-41,9 µm). **Prancha/Plate 4:1.**

Lomagramma guianensis (Aubl.) Ching (CVRD6690): esporos elipsoidais, grandes, monoletes, perisporo rugulado com projeções ao longo do esporo. EM (53,8-59,1 µm); Em (36,5-41,5 µm). **Prancha/Plate 4:2.**

Gleicheniaceae

Samambaias terrestres de distribuição pantropical que vivem preferencialmente em hábitats abertos, muitas vezes em solos pobres de regiões alto-montanas, como, por exemplo, a Serra da Mantiqueira, no Sudeste do Brasil. Podem ser usados como indicadores de sucessão ecológica. Esporos triletes e monoletes, normalmente psilados. *Dicranopteris flexuosa* podem ocorrer em clareiras, ao longo de estradas, entre 50 e 1.000 metros de altitude.

Terrestrial ferns with a pantropical distribution that preferentially live in open habitats, often on poor soils in high mountain regions, such as the Serra da Mantiqueira in southeastern Brazil. They can be used as indicators of ecological succession. It is a family with triletes and monolete spores, usually psilate in ornamentation. *Dicranopteris flexuosa* can occur in openings areas, along roads, between 50 and 1,000 meters of altitude.

Dicranopteris flexuosa Bernhardi (CVRD5839): esporos subtriangulares em vista polar, com lados côncavos e espessamento da esporoderme nas extremidades no polo proximal, tamanho médio, triletes, psilados. DE (36,3-43,4 µm); comissura (16,9-20,5 µm); laesura (22,6-30,5 µm). **Prancha/Plate 4:3.**

Gleichenella pectinata (Willd.) Ching (CVRD10273): esporos reniformes, tamanho médio, monoletes, psilados. EM (30,0-32,6 µm); Em (14,9-17,1 µm). **Prancha/Plate 4:4.**

Hymenophyllaceae

Família de samambaias terrestres, rupestres ou epífitas, eretas ou decumbentes. O gênero *Trichomanes* é um dos mais expressivos com cerca de 300 espécies incluídas em cinco subgêneros. Estas ervas crescem geralmente em locais úmidos, sombreados, mas especialmente em florestas úmidas tropicais, embora algumas espécies ocorram em hábitats abertos e menos úmidos. Os esporos são triletes circulares ou triangulares e recobertos por espículos ou espinhos.

Family of terrestrial, rupestral or epiphytic, erect or decumbent ferns. *Trichomanes* is one of the most expressive genera with about 300 species included in five sub-genera. These herbs usually grow in wet shaded locations, especially in tropical rainforests, although some species occur in open and dry habitats. Trilete spores are circular or triangular and have spinules or spines on their surfaces.

Trichomanes pinnatum Hedw (CVRD6197): esporos subtriangulares a circulares em vista polar, tamanho médio, triletes, com espículos distribuídos esparsamente ao longo do esporo. DE (28,7-29,9 µm); comissura (8,4-10,7 µm); laesura (19,8-22,6 µm). **Prancha/Plate 4:5.**

Lindsaeaceae

Lindsaea é um gênero pantropical e extratropical com cerca de 150 espécies e 45 espécies na América. Tem ocorrência desde o México até o Rio Grande do Sul, em florestas ou solos úmidos, campos, áreas alagadas ou em hábitats rochosos abertos. Ocorrem em áreas de até 200 metros de altitude. Os esporos triletes têm ornamentação psilada, escabrada, com áreas côncavas entre as laesuras.

Lindsaea is a pantropical and extratropical genus with about 150 species, of which 45 occur in the Americas. Its biogeographical ranges from Mexico to the State of Rio Grande do Sul, in southern Brazil, in moist or wet forests, grasslands, wetlands or in open rocky habitats. Occurs in areas up to 200 meters in elevation. Its trilete spores have psilate or scabrate ornamentation, and have concave areas between the laesurae.

Lindsaea lancea (Linnaeus) Beddome (CVRD8227): esporos subtriangulares em vista polar, tamanho médio, triletes, psilados a escabrados. DE (25,1-30,9 μm); comissura (6,6-10,5 μm); laesura (17,4-19,4 μm). **Prancha/Plate 5:1.**

Lomariopsidaceae

O gênero *Nephrolepis* é composto por pteridófitas terrestres, rupestres ou epifíticas, eretas ou decumbentes, de distribuição pantropical. No Brasil ocorrem no Sudeste e no Rio Grande do Sul. Os esporos monoletes desse gênero podem ter superfície rugosa ou reticulada. *Lomariopsis* ocorre no Sul e Sudeste e na Amazônia. Os esporos são caracteristicamente elipsoidais e grandes.

Genus *Nephrolepis* is composed of terrestrial, rupestral or epiphytic, erect or decumbent pteridophytes of pantropical distribution. In Brazil they occur in the Southeast and in the State of Rio Grande do Sul, in southern Brazil. Its monolete spores may have rugose or reticulate surfaces. *Lomariopsis* occurs in southern and southeastern Brazil and also in Amazonia. Its ellipsoid monolete spores are characteristically large.

Nephrolepis rivularis (Vahl) Mettenius ex Krug (CVRD5501): esporos reniformes, tamanho médio, monoletes, reticulados. EM (32,6-35,3 μm); Em (21,1-21,6 μm). **Prancha/Plate 5:2.**

Lomariopsis marginata (Schrad.) Kuhn (CVRD7332): esporos elipsoidais, grandes, monoletes, apresentando projeções esparsamente ao longo do esporo, que podem ter permanecido após a acetólise, esporoderme espessa. EM (54,9-55,7 μm); Em (34,1-35,3 μm). **Prancha/Plate 5:3.**

Lycopodiaceae

Família de samambaias terrestres, rupestres ou epifíticas, decumbentes com ramos eretos ou pendentes, de ocorrência global, com 250 espécies, das quais a metade se encontra nas Américas. No Brasil ocorrem no Sul e Sudeste, em florestas montanas úmidas ou em áreas abertas, úmidas nas altas elevações. *Lycopodiella alopecuroides* ocorre em campos inundados e turfeiras. *Lycopodiella cernua* habita ancos de estradas.

A family of terrestrial, rupestral or epiphytic ferns, decumbent with erect or pendent branches. It has global occurrence and about 250 species, wherein half of them in the Americas. In Brazil, they occur in the South and Southeast, in humid montane forests or in wet open places at high elevations. *Lycopodiella alopecuroides* occurs in flooded areas and peats. *Lycopodiella cernua* inhabits roadsides.

Lycopodiella alopecuroides (Linnaeus) Cranfill (CVRD6087): esporos subtriangulares a circulares em vista polar, tamanho médio, triletes, levemente cingulados, com cíngulo hialino, rugulados no polo distal, e com estruturas semelhantes a pilas em polo proximal. DE (45,1-47,4 μm); comissura (17,1-17,7 μm); laesura (30,6-35,0 μm). **Prancha/Plate 5:4.**

Lycopodiella cernua (Linnaeus) Pichi-Sermolli (CVRD6806): esporos subtriangulares de lados convexo em vista polar, tamanho médio, triletes, rugulados no polo distal e psilados no polo proximal, esporoderme afilada nas extremidades. DE (30,9-32,1 μm); comissura (9,1-11,8 μm); laesura (21,1-21,2 μm). **Prancha/Plate 5:5.**

Lygodiaceae

Lygodium é um gênero pantropical, com cerca de 30 espécies sendo de 6 a 8 ocorrentes na América tropical. Nos trópicos, o gênero ocorre em florestas, mas mais comumente em matas de galeria, savanas e ao longo de rios. Podem indicar vegetação secundária.

Lygodium is a pantropical genus of about 30 species of which 6 to 8 occur in tropical America. In the tropics, the genus occurs in rainforests, but more commonly in gallery forest, savannas or along riverbanks. It can be used as an indicator of secondary vegetation.

Lygodium volubile Swartz (CVRD4432): esporos subtriangulares em vista polar, grandes a muito grandes, triletes, ornamentação microverrucosa, esporoderme espessa, perisporo curto. DE (89,7-111,7 μm); comissura (30,8-42,9 μm); laesura (65,1-81,6 μm). **Prancha/Plate 6:1.**

Osmundaceae

Família de samambaias terrestres, eretas ou decumbentes. No Brasil, o gênero *Osmunda* ocorre desde o Brasil Central até o Sudeste e Sul, onde é mais abundante em elevações de 1.000 a 1.500 m, e em alguns casos até 2000 m, o que pode tornar um excelente proxy estudos de paleotemperatura associados com alta umidade. Também ocorre em locais úmidos como beira de lagos, e em savanas úmidas. Possui esporos triletes com superfície rugulada, que em MEV mostra a presença de pequenas projeções espinhosas.

Family of terrestrial ferns, erect or with decumbent stems. *Osmunda* occurs from Central Brazil to the South and Southeast, where it is most abundant in elevations between 1000 a 1500 m, and in some cases up to 2000 m, thus being an excellent proxy for lower temperatures and high humidity levels. It also occurs in wet places such as lake margins and wet savanas. It has triletes spores with rugulate surface, which in SEM shows the presence of small spinules.

Osmunda regalis Linnaeus (CVRD4681): esporos circulares em vista polar, grandes, triletes, rugulados. DE (55,5-58,2 μm); comissura (22,0-25,8 μm); laesura (34,3-38,2 μm). **Prancha/Plate 6:2.**

Polypodiaceae

Família de samambaias, na sua maioria epifíticas, de distribuição global com cerca de 40 gêneros, com cerca de 1.000 espécies. Nas Américas são encontrados 12 gêneros. A variedade morfológica dos seus esporos é muito grande, uma vez que são encontrados esporos monoletes e triletes com os mais variados tipos de ornamentação. O gênero *Polypodium*, um dos mais abundantes é encontrado nos mais variados ecossistemas brasileiros, em florestas e locais úmidos em elevações desde o nível do mar até mais de 4.000 metros nos Andes. *Pleopeltis pleopeltifolia* possui hábito epífito e resiste a longos períodos de seca.

Family of mostly epiphytic ferns with global distribution with about 40 genera and 1000 species. In the Americas 12 genera are found. The morphological variety of its monolete and trilete spores is accounted for the large number of ornamentation patterns. *Polypodium*, one of the most abundant genera, occurs in different Brazilian forest ecosystems and in humid areas, in elevations ranging from sea level to more than 4000 meters in the Andes. *Pleopeltis pleopeltifolia* has an epiphytic habit and resists long periods of drought.

Campyloneurum wacketii Lellinger (CVRD8540): esporos elipsoidais, grandes, monoletes, verrucados, com verrugas pequenas e irregulares distribuídas ao longo do esporo. EM (47,4-55,1 μm); Em (26,5-30,9 μm). **Prancha/Plate 6:3.**

Microgramma vaccinifolia (Langsd. & Fisch.) Copel (CVRD5590): esporos elipsoidais, grandes, monoletes, verrucados, com verrugas grandes e irregulares distribuídas ao longo do esporo. EM (52,2-52,8 μm); Em (31,4-33,3 μm). **Prancha/Plate 6:4.**

Pecluma plumula (Humb. & Bonpl. Ex Willd.) M. G. Price (CVRD5741): esporos reniformes, tamanho médio, monoletes, verrucados, com verrugas grandes e irregulares distribuídas ao longo do esporo. EM (45,3-45,9 μm); Em (27,1-28,5 μm). **Prancha/Plate 7:1.**

Pleopeltis pleopeltifolia (Raddi) Alston (CVRD6119): esporos elipsoidais, tamanho médio, monoletes, verrucados, com verrugas pequenas e irregulares distribuídas ao longo do esporo. EM (43,7-45,5 μm); Em (25,9-29,9 μm). **Prancha/Plate 7:2.**

Polypodium hirsutissimum Raddi (CVRD5561): esporos reniformes, grandes, monoletes, verrucados, com verrugas pequenas e irregulares distribuídas ao longo do esporo. EM (48,7-51,3 μm); Em (29,6-31,9 μm). **Prancha/Plate 7:3.**

Polypodium latipes Langsd. et Fisch (CVRD6952): esporos elipsoidais, tamanho médio, monoletes, verrucados, com verrugas grandes e irregulares distribuídas ao longo do esporo. EM (46,1-46,5 μm); Em (25,2-27,4 μm). **Prancha/Plate 7:4.**

Serpocaulon triseriale (Swartz) A. R. Smith (CVRD5559): esporos elipsoidais, grandes, monoletes, verrucados, com verrugas grandes e irregulares distribuídas ao longo do esporo. EM (49,4-50,3 μm); Em (29,2-31,6 μm). **Prancha/Plate 7:5.**

Pteridaceae

Esta família é grande e diversa, com distribuição cosmopolita com 35 gêneros, 22 dos quais são encontrados nas Américas, dividida em seis tribos que refletem diversidade morfológica. Esta inclui esporos triletes com os mais variados tipos de ornamentação. *Acrostichum* é de especial interesse em estudos do Quaternário, uma vez que é uma pteridófita comum nos manguezais da costa brasileira e por isso pode ser usado, em associação com grãos de pólen de *Rhizophora*, *Avicennia*, *Laguncularia* e outros, como indicador de alterações na vegetação litorânea em função da variação do nível do mar durante o Quaternário. O gênero *Acrostichum* ocorre entre rochas, florestas secundárias e campos abandonados até 800 metros de altitude. *Adiantopsis radiata* habita florestas úmidas, solos orgânicos ricos em húmus, até 350 metros de altitude. *Ceratopteris thalictroides* possui hábito aquático e *Doryopteris pentagona* hábito rupícola. *Hemionitis tomentosa* ocorre entre rochas e em locais úmidos e sombreados, até cerca de 700 metros de altitude. *Pityrogramma calomelanos* habita locais úmidos e abertos como florestas marginais, riachos, calçadas e ravinas, até 900 metros de altitude. *Pteris brasiliensis* habita florestas entre 20 e 500 metros de altitude. *Pteris denticulata* ocorre em florestas e locais sombreados até 600 metros de altitude.

This large and diverse family of worldwide distribution contains 35 genera, 22 of them in the Americas, divided into six tribes that reflect their wide range of morphological diversity. This includes trilete spores with various types of ornamentation. *Acrostichum* is of special interest in Quaternary studies, especially in Brazil, since it is a common fern in mangroves along the coast and therefore can be used, in association with pollen grains of *Rhizophora, Avicennia, Laguncularia* and others, as an indicator of changes in costal vegetation as function of Holocene/Pleistocene sea level variation. *Acrostichum* occurs between rocks, secondary forests and abandoned fields up to 800 meters high. *Adiantopsis radiata* inhabits humid forests, organic soils rich in humus, up to 350 meters of altitude. *Ceratopteris thalictroides* has an aquatic habit ehereas *Doryopteris pentagona* has a rupiculous habit. *Hemionitis tomentosa* occurs between rocks and in humid and shady places, up to about 700 meters of altitude. *Pityrogramma calomelanos* inhabits moist and open places like marginal forests, streams, sidewalks and ravines, up to 900 meters of altitude. *Pteris brasiliensis* inhabits forests between 20 and 500 meters in altitude. *Pteris denticulata* occurs in forests and shaded places up to 600 meters in altitude.

Acrostichum aureum Linnaeus (CVRD6206): esporos subtriangulares em vista polar, grandes, triletes, escabrados, esporoderme espessa. DE (64,5-68,7 µm); comissura (18,9-23,1 µm); laesura (38,8-50,0 µm). **Prancha/Plate 8:1.**

Adiantopsis radiata (Linnaeus) Fées (CVRD7917): esporos subtriangulares em vista polar, tamanho médio, triletes, equinados, com espinhos grosso e ocasionalmente bifurcados distribuídos regularmente por todo o esporo. DE (23,0-28,2 µm); comissura (8,8-10,2 µm); laesura (18,9-20,4 µm). **Prancha/Plate 8:2.**

Adiantum dolosum Kunze (CVRD8524): esporos subtriangulares com lados côncavos em vista polar, tamanho médio, triletes, escabrados. DE (39,7-48,4 µm); comissura (13,3-19,6 µm); laesura (28,7-33,4 µm). **Prancha/Plate 8:3.**

Adiantum pulverulentum Linnaeus (CVRD10521): esporos subtriangulares em vista polar, tamanho médio, triletes, levemente rugulados. DE (30,5 µm); comissura (13,4 µm); laesura (19,6 µm). **Prancha/Plate 8:4.**

Adiantum serratodentatum Humboldt & Bonpland ex Willdenow (CVRD7300): esporos subtriangulares com lados côncavos em vista polar, tamanho médio, triletes, psilados, esporoderme espessa, borda da laesura dentada/serrada. DE (29,5-37,8 µm); comissura (11,6-15,9 µm); laesura (22,0-28,4 µm). **Prancha/Plate 9:1.**

Adiantum subcordatum Sw.; Vet. Ak. Hdl. (CVRD8001): esporos subtriangulares de lados retos em vista polar, tamanho médio, triletes, psilados no polo proximal e escabrados no polo distal. DE (42,2-42,4 µm); comissura (16,2-16,6 µm); laesura (29,1-30,0 µm). **Prancha/Plate 9:2.**

Adiantum terminatum Kunze ex Miquel (CVRD5600): esporos subtriangulares de lados côncavos em vista polar, tamanho médio, triletes, escabrados, laesura serrilhada. DE (37,8-41,9 µm); comissura (13,4-21,2 µm); laesura (22,5-25,0 µm). **Prancha/Plate 9:3.**

Ceratopteris thalictroides (Linné) Brongniart (CVRD8101): esporos subtriangulares em vista polar, muito grandes, triletes, com cicatrizes paralelas em relevo, mais ou menos retas, separadas por depressões estreitas. DE (107,9-114,9 µm); comissura (20,3-23,6 µm); laesura (36,2-42,8 µm). **Prancha/Plate 9:4.**

Doryopteris pentagona Raddi (CVRD5620): esporos subtriangulares em vista polar, pequenos, triletes, microrreticulados. DE (22,5-24,7 µm); comissura (9,5-12,5 µm) laesura (16,9-17,1 µm). **Prancha/Plate 10:1.**

Hemionitis tomentosa (Lamarck) Raddi (CVRD5621): esporos subtriangulares em vista polar, tamanho médio, triletes, rugulados, laesura de difícil visualização devido a ornamentação. DE (31,3-31,9 µm); comissura (7,0-8,5 µm); laesura (16,2-12,0 µm). **Prancha/Plate 10:2.**

Pityrogramma calomelanos (Linnaeus) Link (CVRD5936): esporos subtriangulares em vista polar, grandes, triletes, rugulados no polo distal, sulcos paralelos no polo proximal, cingulado, com cínculo na região equatorial. DE (48,4-51,0 µm); comissura (14,5-16,2 µm); laesura (27,8-29,9 µm). **Prancha/Plate 10:3.**

Pteris brasiliensis Raddi (CVRD4485): esporos subtriangulares de lados côncavos em vista polar, grandes, triletes, verrucados no polo distal, verrugas irregulares e lábios ornamentados ao longo da comissura tornando a laesura proeminente no polo proximal, cingulados, com cíngulo irregular na região equatorial. DE (55-60,2 µm); comissura (16,7-22,4 µm); laesura (34,8-43,2 µm). **Prancha/Plate 10:4.**

Pteris cretica Linnaeus (CVRD9833): esporos subtriangulares em vista polar, tamanho médio, triletes, equinados, com espinhos de pontas arredondadas regularmente distribuídos ao longo do esporo, cingulado, com cíngulo na região equatorial. DE (37,2-38,1 µm); braço da laesura (13,7-14,3); laesura (23,9-28,2 µm). **Prancha/Plate 10:5.**

Pteris denticulata Swartz (CVRD8538): esporos subtriangulares em vista polar, tamanho médio, triletes, verrucados, com lábios ornamentados ao longo da comissura tornando a laesura proeminente, cingulados, com cíngulo na região equatorial. DE (32,6-41,6 µm); comissura (11,0-14,0 µm); laesura (21,2-24,3 µm). **Prancha/Plate 11:1.**

Pteris leptophylla Swartz (CVRD10247): esporos subtriangulares de lados côncavos em vista polar, tamanho médio, triletes, verrucados, com lábios bem marcados ao longo da linha de comissura que se apresenta ondulada, laesura proeminente, cingulados, com cíngulo na região equatorial. DE (28,4-30,0 µm); comissura (10,9-12,2 µm); laesura (19,2-19,8 µm). **Prancha/Plate 11:2.**

Pteris schuwarckeana Christ. (CVRD1426): esporos subtriangulares de lados côncavos em vista polar, grandes, triletes, verrucados, com lábios proeminentes ao redor da laesura, cingulados, com cíngulo na região equatorial. DE (49,5-51,3 µm); comissura (18,3-18,9 µm); laesura (33,9-38,8 µm). **Prancha/Plate 11:3.**

Salviniaceae

Esta família de pequenas samambaias aquáticas flutuantes contém apenas dois gêneros (*Azolla* e *Salvinia*). No Brasil, esses dois gêneros ocorrem em quase todas as áreas geográficas, não sendo muito representado no Brasil Central. *Azolla* possui microscoporos reunidos em mássulas com glochidias radiando do centro dessas estruturas, ou seja, estruturas alongadas com um tipo de gancho em sua parte terminal.

Family of small floating aquatic ferns containing only two genera (*Azolla* and *Salvinia*). In Brazil, these two genera occur in almost all geographic areas, and are not very well represented in the central region. *Azolla* has microscopores united in massulae. Radiating from its center, are the glochidia, elongated structures with hook-like structures in their ends.

***Azolla* sp.** (CVRD12229): esporos circulares em vista polar, pequenos, triletes, psilados. DE (20,1-22,3 μm); comissura (6,4-8,6 μm); laesura (12,5-13,4 μm). **Prancha/Plate 11:4.**

Schizaeaceae

Família de samambaias terrestres e epífitas com distribuição cosmopolita, encontradas principalmente nas florestas tropicais ou em locais úmidos. *Actinostachys* é um gênero que frequentemente ocorre em solos deficientes em umidade ou nutrientes.

Family of terrestrial and epiphytic ferns of worldwide distribution, especially in rain forests or humid places. *Actinostachys* often occurs on soils deficient in moisture or nutrients.

Actinostachys pennula (Swartz) Hook (CVRD4968): esporos reniformes, muito grandes, monoletes, foveolados. EM (84,2-87,2 μm); Em (34,9-37,7 μm). **Prancha/Plate 12:1.**

Tectariaceae

Família de samambaias terrestres ou rupestres de distribuição pantropical é representada principalmente pelo gênero *Tectaria*, que possui cerca de 150 espécies, das quais 35 estão nas Américas. No Brasil são encontradas nas diferentes regiões com exceção do Brasil Central e do Nordeste. Seus esporos mostram muita semelhança com os grãos monoletes de Polypodiaceae e outras famílias. *Trilophyllum*, por outro lado, tem esporos triletes.

Family of terrestrial ferns or rupestral (high altitude grasslands) of pantropical distribution represented mainly by *Tectaria*, with about 150 species, 35 of which in the Americas. In Brazil, they are found in different regions, with the exception of central and northeastern areas. Their spores show much similarity to the Polypodiaceae monolete spores and some of other ferrn families. *Trilophyllum*, on the other hand, contains trilete spores.

Tectaria incisa Cavanilles (CVRD10245): esporos elipsoidais, tamanho médio, monoletes, rugulados. EM (45,2-49,3 μm); Em (26,7-29,2 μm). **Prancha/Plate 12:2.**

Thelypteridaceae

Família de pteridófitas eretas, decumbentes, terrestres ou rupestres, de distribuição cosmopolita e encontrada praticamente em todo o Brasil. Seus esporos monoletes, reticulados, rugulados, equinados em alguns gêneros podem ter a superfície com pequenos poros.

Family of erect, decumbent, terrestrial or rupestrial ferns of cosmopolitan distribution, found all over Brazil. Its spores are usually monolete, reticulate, rugulate, echinate, and some genera can present small pores on their surface.

Macrothelipteris torresiana (Gaudich.) Ching (CVRD8415): esporos elipsoidais, tamanho médio, monoletes, rugulados. EM (43,4-45,7 μm); Em (26,0-28,2 μm). **Prancha/Plate 12:3.**

Thelypteris conspersa (Schrad.) A. R. Smith (CVRD5939): esporos elipsoidais, tamanho médio, eixo polar maior que o eixo equatorial, monoletes, rugulados. EM (40,3-46,8 μm); Em (25,8-28,9 μm). **Prancha/Plate 12:4.**

Thelypteris dentata (Forssk.) E. P. St. John (CVRD5568): esporos reniformes, tamanho médio, monoletes, rugulados. EM (35,6-37,6 μm); Em (19,6-21,3 μm). **Prancha/Plate 12:5.**

Monocotiledôneas
Monocots

Alismataceae

Família de ervas aquáticas parcialmente submersas, flutuantes com distribuição cosmopolita com apenas três gêneros (*Echinodorus*, *Hydrocleis*, *Sagittaria*) e cerca de 25 espécies nativas no Brasil, a maioria pertencente a *Echinodorus*. Os grãos esféricos desta família são porados, mas estas aberturas não são conspícuas, pois estão cobertas por uma membrana recoberta por pequenos espinhos.

Family of partially submerged or floating aquatic herbs with cosmopolitan distribution. It has only three genera (*Echinodorus*, *Hydrocleis*, *Sagittaria*) and 25 native species in Brazil, most of them belonging to *Echinodorus*. The spherical grains of this family are porate, but these apertures are not conspicuous, since they are covered by a membrane with small spines.

Echinodorus bolivianus (Rusby) Holm-Niels (CVRD6666): grãos de pólen mônades, tamanho médio, periporados, esféricos, escabrados, poros circulares. D (30,2-32,3 μm).
Prancha/Plate 13:1.

Hydrocleis nymphoides (Humb. & onpl. Ex. Willdenow.) Buchenau (CVRD6793): grãos de pólen mônades, tamanho médio, porados, esféricos, equinados, poros circulares. D (28,3-35,0 μm). **Prancha/Plate 13:2.**

Limnocharis flava (Linnaeus.) Buchenau (CVRD8886): grãos de pólen mônades, tamanho médio, porados, esféricos, psilados a escabrados, poros irregulares. D (24,2-30,7 μm).
Prancha/Plate 13:3.

Amaryllidaceae

Família monocotiledônea basal representada por ervas em vários ecossistemas brasileiros. *Hippeastrum* possui espécies epífitas na Mata Atlântica, mas também é encontrado em vegetação rupestre de altitude. Seus grandes grãos monosulcados possuem bela ornamentação reticulada, uma característica geral dos gêneros desta família.

A basal monocotyledonous family represented by herbs in several Brazilian ecosystems. *Hippeastrum* has epiphytic species in the Atlantic Rainforest, but is also found in high elevation open savanas. It has large monosulcate grains with reticulate ornamentation, a general characteristic of its spores.

Hippeastrum reticulatum (L'Hér.) Herb. (CVRD6466): grãos de pólen mônades, grandes, monosulcados, elipsoidais, reticulados, heterobrocados. EM (57,4-70,2 μm); Em (26,8-36,1 μm). **Prancha/Plate 13:4.**

Araceae

Família de ervas, escandentes ou epífitas, algumas aquáticas flutuantes de distribuição cosmopolita, com 35 gêneros e cerca de 400 espécies nativas no Brasil, com muita representatividade na Mata Atlântica e na Amazônia. Por pertencer aos grupos basais de angiospermas, apresenta grãos de pólen sulcados, podendo ser mono-, di-, tri, tetrasulcados, zonisulcados, poliplicados (*Spathiphyllum*), e até porados. Este último pode ser confundido com os grãos de *Ephedra*, gênero de ervas pertencentes às gimnospermas. Alguns grãos pequenos podem ser confundidos com Bromeliaceae.

Family of herbs, scandent, epiphytes, and some floating aquatic plants with worldwide distribution, containing 35 genera and 400 native species in Brazil, with great representation in the Atlantic Rainforest and in the Amazon. The position of this family in the basal angiosperm groups accounts for is sulcate, mono-, di-, tri- and tetrasulcate, zonosulcate and even polyplicate pollen (*Spathiphyllum*). This latter taxon can be easily mistaken with *Ephedra*, a gymnospermous herb. Some small grains can be mistaken with those of Bromeliaceae.

Dracontioides desciscens (Schott) Engl. (CVRD9026): grãos de pólen mônades, tamanho médio, monosulcados, elipsoidais, reticulados, heterobrocados. EM (24,0-25,5 μm); Em (18,1-21,2 μm). **Prancha/Plate 13:5.**

Heteropsis rigidifolia Engl. (CVRD7151): grãos de pólen mônades, tamanho médio, monosulcados, elipsoidais, escabrados. EM (39,8-44,2 μm); Em (29,1-40,2 μm). **Prancha/Plate 13:6.**

Philodendron follii Nadruz. (CVRD9027): grãos de pólen mônades, grandes, monosulcados, elipsoidais, escabrados. EM (47,4-55,2 μm); Em (36,3-38,2 μm). **Prancha/Plate 14:1.**

Arecaceae

Família das palmeiras, que possui distribuição pantropical com cerca de 200 gêneros e 2.000 espécies. No Brasil ocorrem cerca de 40 gêneros e 200 espécies, presentes em quase todos os ecossistemas brasileiros. Devido à sua grande importância para as populações indígenas, o estudo de seus grãos de pólen pode contribuir com o entendimento de ocupações humanas, assim como estudos relacionados à manipulação antropogênica de formações vegetais pretéritas.

Family of palms with pantropical distribution, with about 200 genera and 2000 species. In Brazil, 40 genera and 200 species are present in almost all ecosystems. Due to its great importance for indigenous populations, studying Arecaceae pollen may contribute to the understanding of human occupations, as well as to studies related to anthropogenic manipulation of past plant formations.

Allagoptera arenaria (Gomes) Kuntze (CVRD6004): grãos de pólen mônades, tamanho médio, monosulcados, âmbito piriforme, prolatos, microrreticulados. EM (34,5-36,3 μm); Em (18,5-24,2 μm). **Prancha/Plate 14:2.**

Allagoptera caudescens (Mart.) Kuntze (CVRD5810; CVRD5787): grãos de pólen mônades, tamanho médio, monosulcados, âmbito piriforme, prolatos, microrreticulados. EM (29,2-32,9 µm); Em (16,4-19,9 µm). **Prancha/Plate 14:3.**

Astrocaryum aculeatissimum (Schott) Burret (CVRD7226): grãos de pólen mônades, grandes, tricotomosulcados, âmbito elíptico, subtriangulares, microrreticulados. E: (48,7-56,4 µm). **Prancha/Plate 14:4.**

Attalea humilis Martius ex Spreng (CVRD2552): grãos de pólen mônades, tamanho médio, tricotomosulcados, âmbito elíptico, subtriangulares a circulares, microrreticulados. E (45,2-46,3 µm). **Prancha/Plate 14:5.**

Bactris bahiensis Noblick ex A. J. Hend. (CVRD7258): grãos de pólen mônades, tamanho médio, tricotomosulcados, âmbito elíptico, subtriangulares, reticulados. E (28,5-37,8 µm). **Prancha/Plate 15:1.**

Bactris setosa Martius (CVRD1774): grãos de pólen mônades, tamanho médio, monosulcados, âmbito piriforme, prolatos, microrreticulados. EM (27,9-39,2 µm); Em (17,9-25,0 µm). **Prancha/Plate 15:2.**

Desmoncus humilis (Wallace) Burret. (CVRD1766): grãos de pólen mônades, tamanho médio, tricotomonosulcados, âmbito elíptico, subtriangulares, microrreticulados. E (41,0-46,5 µm). **Prancha/Plate 15:3.**

Desmoncus orthacanthos Martius (CVRD1696): grãos de pólen mônades, tamanho médio, monosulcados, âmbito oval, prolatos, microrreticulados. EM (26,0-32,8 µm); Em (17,3-33,1 µm). **Prancha/Plate 15:4.**

Euterpe edulis Martius (CVRD9228): grãos de pólen mônades, tamanho médio, monosulcados, âmbito oval, prolatos, microrreticulados. EM (30,3-32,8 µm); Em (17,0-23,3 µm). **Prancha/Plate 15:5.**

Geonoma elegans Martius (CVRD7306): grãos de pólen mônades, tamanho médio, monosulcados, âmbito navicular, prolatos, microrreticulados. EM (22,4-34,5 µm); Em (23,4-33,1 µm). **Prancha/Plate 15:6.**

Geonoma pohliana* subsp. *linharensis A. J. Hend (CVRD2194): grãos de pólen mônades, tamanho médio, monosulcados, âmbito piriforme, prolatos, microrreticulados. EM (26,9-29,0 µm); Em (16,7-18,3 µm). **Prancha/Plate 15:7.**

Asparagaceae

O gênero *Herrreria*, outrora pertencente a Agavaceae, foi colocado recentemente na família Asparagaceae. São plantas herbáceas ou lianas com distribuição também no Brasil Central. Por pertencer ao clado das monocotiledôneas basais, sua morfologia é determinada pela condição primitiva, ou seja, monosulcada.

Herrreria, formerly belonging to Agavaceae, was recently placed in this family. They are herbaceous plants or lianas with distribution also in Central Brazil. Its position within basal monocotyledonous families accounts for the presence of monosulcate grains.

Herreria glaziovii Lecomte (CVRD1506): grãos de pólen mônades, tamanho médio, monosulcados, ovais, microrreticulados. EM (37,8-44,8 µm); Em (28,3-32,8 µm). **Prancha/Plate 16:1.**

Commelinaceae

Família de ervas e lianas com 13 gêneros e cerca de 60 espécies no Brasil. Espécies de *Commelina* são pioneiras e algumas são encontradas em várzeas e solos alagados. Os grãos monosulcados podem ser diferenciados daqueles de outras monocotiledôneas muitas vezes pelo tamanho. Os grãos de Bromeliaceae e Dioscoreaceae tendem a ser relativamente maiores e os de Myristicaceae têm reticulações mais robustas.

Family of herbs and lianas with 13 genera and about 60 species in Brazil. Some species of *Commelina* are pioneers in successional stages and can be found in floodplains and flooded soils. The monosculcate grains can oftentimes be differentiated from those of other monocotyledons by size. The grains of Bromeliaceae and Dioscoreaceae tend to be relatively larger and those of Myristicaceae have larger reticula.

Commelina rufipes Seub. (CVRD6530): grãos de pólen mônades, tamanho médio, monosulcados, elipsoidais, microgemados. EM (33,0-40,4 μm); Em (25,0-26,3 μm).

Prancha/Plate 16:2.

Dichorisandra hexandra (Aubl.) Standl. (CVRD5142): grãos de pólen mônades, tamanho médio, monosulcados, ovais, escabrados. EM (23,4-28,6 μm); Em (33,2-38,7 μm).

Prancha/Plate 16:3.

Gibasis geniculata (Jacq.) Rohweder (CVRD4205): grãos de pólen mônades, pequenos, monosulcados, reniformes, escabrados. EM (17,4-22,1 μm); Em (23,2-24,7 μm).

Prancha/Plate 16:4.

Cyperaceae

Família de ervas geralmente rizomatosas, raramente lianas ou plantas arborescentes de distribuição cosmopolita com 45 gêneros e cerca 600 espécies nativas no Brasil encontradas principalmente em áreas abertas alagadas. Por essa razão é recomendado sua inclusão no grupo das plantas aquáticas em estudos do Quaternário e sua interpretação paleoambiental como indicadora de umidade. Os grãos são fáceis de serem identificados pela condição ulcerada, ou seja, uma ou mais áreas onde a parede do grão é bem fina por onde sai o tubo polínico. Muitas vezes essas áreas adquirem o formato de poros, por isso são denominados de poroides, que podem variar de um a seis. Muitos são inaperturados.

Family of herbs, usually rhizomatous, rarely lianas or arborescent plants of worldwide distribution, containing 45 genera and about 600 species native to Brazil, occuring mainly in open flooded areas. For this reason, it is recommended to include the sedges into the goup of aquatic plants, during the development of paleoclimatically based Quaternary studies. In terms of paleoenvironmental interpretations, sedges can be defined as indicators of humidity. The grains are easy to identify due to the ulcerate condition, that is, one or more areas where the grain wall is very thin and through which the pollen tube can grow. These ulcerate areas often present the shape of pores, therefore called poroids, which can range from one to six. Many of its pollen grains are inaperturate.

***Calyptrocarya* sp.** (CVRD8139): grãos de pólen mônades, tamanho médio, triporados, heteropolares, escabrados. EM (23,3-25,0 μm); Em (22,1-22,6 μm). **Prancha/Plate 16:5.**

Cyperus distans Linnaeus f. (CVRD7153): grãos de pólen mônades, tamanho médio, 3-4 porados, heteropolares, microrreticulados. EM (23,3-25,2 μm); Em (17,0-22,0 μm). **Prancha/Plate 16:6.**

Fimbristylis autumnalis (Linnaeus) Roemer & J. A. Schultes (CVRD5900): grãos de pólen mônades, tamanho médio, triporados, heteropolares, microrreticulados. EM (22,4-25,5 μm); Em (21,6-24,1 μm). **Prancha/Plate 16:7.**

Kyllinga vaginata Lam. (CVRD5705): grãos de pólen mônades, pequenos, 3-4 porados, heteropolares, escabrados. EM (20,1-24,3 μm); Em (18,2-23,8 μm). **Prancha/Plate 16:8.**

Oxycaryum cubense (Poepp. & Kunth) Lye (CVRD6876): grãos de pólen mônades, tamanho médio, triporados, heteropolares, escabrados. EM (28,1-32,0 μm); Em (20,1-24,8 μm). **Prancha/Plate 17:1.**

Pleurostachys foliosa Kunth (CVRD6704): grãos de pólen mônades, pequenos, triporados, heteropolares, escabrados. EM (17,3-19,9 μm); Em (13,9-16,2 μm). **Prancha/Plate 17:2.**

Rhynchospora emaciata (Nees) Boeckeler (CVRD6836): grãos de pólen mônades, tamanho médio, triporados, heteropolares, escabrados. EM (26,7-27,2 μm); Em (19,6-21,5 μm). **Prancha/Plate 17:3.**

Scleria latifolia Swartz (CVRD1214): grãos de pólen mônades, pequenos, monoporados, esféricos, microrreticulados. D (16,5-23,5 μm). **Prancha/Plate 17:4.**

Dioscoreaceae

Família de lianas e ervas com distribuição pantropical. No Brasil ocorrem três gêneros (*Dioscorea, Hyperocarpa* e *Tacca*). *Dioscorea* é o gênero dos tubérculos popularmente chamados de carás, muito utilizados na alimentação e, portanto, de interesse arqueológico e arqueobotânico. *Dioscorea* possui grãos mono, di- e trisulcados, muitas vezes difíceis de serem visualizados e algumas espécies (*D. spindoides*), com grãos maiores, podem ser confundidas com grãos de Arecaceae. Alguns podem ter estrias.

Family of lianas and herbs with pantropical distribution. In Brazil there are three genera (*Dioscorea, Hyperocarpa* and *Tacca*). *Dioscorea* is the genus of the tubercles popularly called "*carás*", much used as an important source of carbohydrates, therefore, of archaeological and archaeobotanical interest. *Dioscorea* has mono-, di-, and trisulcate grains and it is often hard to visualize these apertures. Furthermore, some species (*D. spindoides*) have larger grains and may be mistaken with grains of Arecaceae. Some are striate.

Dioscorea dodecaneura Vell. (CVRD4412): grãos de pólen mônades, tamanho médio, monosulcados, elipsoidais, microrreticulados. EM (24,7-30,7 μm); Em (21,1-27,0 μm). **Prancha/Plate 17:5.**

Eriocaulaceae

Famílias de ervas, terrestres, paludosas ou ocasionalmente aquáticas de distribuição pantropical com nove gêneros e cerca de 600 espécies nativas no Brasil, onde um dos centros de sua diversidade está nos campos rupestres. Algumas espécies são encontradas também em dunas na Caatinga e em restingas da costa brasileira. Os grãos de pólen de *Eriocaulon*, *Actinocephalus* e *Syngonanthus* são inconfundíveis pela sua condição espiraperturada, onde a abertura forma uma linha contínua e espiralada.

Family of terrestrial, paludous or occasionally aquatic herbs, with pantropical distribution, with nine genera and about 600 native species in Brazil, where one of the centers of their diversity is in high elevation open savanas (altitude campos). Some species are also found on dunes in the hyperxerophilous *Caatinga* and in the *Restinga* of the Brazilian coast. The pollen grains of *Eriocaulon*, *Actinocephalus* and *Syngonanthus* are unmistakably recongnized due to their spiraperturate morphology, where the aperture forms a continuous spiral line.

Actinocephalus ramosus (Wikstr.) Sano (CVRD1262): grãos de pólen mônades, tamanho médio, colpados, espiraperturados, esféricos, equinados. D (25,9-28,5 µm).

Prancha/Plate 17:6.

Syngonanthus restingensis (Moldenke) Giul. (CVRD5039): grãos de pólen mônades, tamanho médio, colpados, espiraperturados, esféricos, equinados. D (26,3-33,0 µm).

Prancha/Plate 17:7.

Mayacaceae

Família de ervas geralmente submersas com distribuição disjunta, na região neotropical, exceto a região andina, e com uma espécie nativa no Sul da África, todas dentro de um único gênero, que conta com quatro ou cinco espécies no Sul e Sudeste do Brasil. Grãos monosulcados, com ornamentação microreticulada a escabrada, relativamente parecidos com os de Commelinaceae.

A family of generally submerged herbs with disjunct distribution in the neotropical region, except the Andean region, and with one native specie in South Africa, all within a single genus with four or five species in the South and Southeast of Brazil. Monosulcate grains with ornamentation varying between reticulate to scabrate. The pollen grains are relatively similar to those of Commelinaceae.

Mayaca fluviatilis Aublet (CVRD6867): grãos de pólen mônades, monosulcados, elipsoidais, escabrados. EM (28,0-28,8 µm); Em (18,2-21,4 µm). **Prancha/Plate 18:1.**

Mayaca kunthii Seub. (CVRD8098): grãos de pólen mônades, monosulcados, elipsoidais, escabrados. EM (21,9-24,5 µm); Em (28,2-36,2 µm). **Prancha/Plate 18:2.**

Poaceae

Família das gramíneas de grande importância em estudos do Quaternário e com um só tipo morfológico (monoporado, psilado a escabrado, raramente microrreticulado) que engloba espécies terrestres, aquáticas, bambus de pequeno e grande porte, que vivem tanto em florestas como em vegetação aberta, além de incluir os cereais (arroz, milho, etc) de grande valor nos estudos arqueológicos e arqueobotânicos. Uma das grandes dificuldades nos estudos do Quaternário tem sido a interpretação, por alguns autores, de Poaceae apenas de vegetação seca e de formações apenas abertas. O palinológo do Quaternário deve sempre lembrar que muitas gramíneas são aquáticas e muitas vivem no estrato herbáceo de florestas fechadas (*Bambusa*, *Chusquea*, *Merostachys*). Em algumas florestas de Araucária da Serra da Mantiqueira, ocorrem espécies arbóreas nativas de até 20 metros ou mais, não associadas a perturbação antropogênica. O grão de pólen de *Zea mays* (diâmetro polar 85 µm -125 µm) normalmente só pode ser confirmado se essa dimensão atingir pelo menos 100 µm.

Family of grasses and of great importance in Quaternary studies containing a single morphological type (monoporate, psilate to scabrate, rarely microreticulate) that includes terrestrial species, aquatic, small and large bamboos, that live in forests as well as in open vegetation. Furthermore, the family includes cereals (rice, corn, etc.) of great value in archaeological and archaeobotanical studies. One of the great difficulties in Quaternary studies has been the interpretation by some authors of Poaceae as indicator of dry vegetation and open formations. Therefore, we recommend Quaternary palynologist always remember that many grasses are aquatic and can occur in the herbaceous strata of closed forests (*Bambusa*, *Chusquea*, *Merostachys*). In the Araucaria forests of the Serra da Mantiqueira, native species of *Bambusa* can reach up to 20 m or more in height and are not related to successional stages or human interference on the landscape. The pollen grain of *Zea mays* (polar diameter 85 µm -125 µm) only can be confirmed if it reaches at least 100 µm.

Andropogon bicornis Linnaeus (CVRD4067): grãos de pólen mônades, tamanho médio, monoporados, esféricos, escabrados, poros circulares com ânulo. D (34,0-37,9 µm). **Prancha/Plate 18:3.**

Cenchrus purpureus (Schumach.) Morrone (CVRD5256): grãos de pólen mônades, tamanho médio, monoporados, esféricos, escabrados, poros circulares com ânulo. D (21,4-36,1 µm). **Prancha/Plate 18:4.**

Chloris elata Desv. (CVRD5530): grãos de pólen mônades, tamanho médio, monoporados, esféricos, escabrados, poros circulares com ânulo. D (23,4-31,4 µm). **Prancha/Plate 18:5.**

Chusquea oxylepis (Hackel) Ekman. (CVRD7969): grãos de pólen mônades, grandes, monoporados, esféricos, escabrados, poros circulares com ânulo. D (45,1-54,4 µm). **Prancha/Plate 18:6.**

Cryptochloa capillata (Trinius) Soderstrom (CVRD5612): grãos de pólen mônades, tamanho médio, monoporados, esféricos, psilados, poros circulares com ânulo. D (25,1-29,4 µm). **Prancha/Plate 19:1.**

Cynodon dactylon (Linnaeus) Pers. (CVRD5416): grãos de pólen mônades, pequenos, monoporados, esféricos, escabrados, poros circulares com ânulo. D (21,4-25,0 µm). **Prancha/Plate 19:2.**

Dactyloctenium aegyptium (Linnaeus) Willd. (CVRD5443): grãos de pólen mônades, tamanho médio, monoporados, esféricos, escabrados, poros circulares com ânulo. D (31,0-38,4 µm). **Prancha/Plate 19:3.**

Eriochrysis cayennensis P. Beauv. (CVRD5096): grãos de pólen mônades, tamanho médio, monoporados, esféricos, escabrados, poros circulares com ânulo. D (29,3-33,6 µm). **Prancha/Plate 19:4.**

Ichnanthus bambusiflorus (Trinius) Döll. (CVRD5227): grãos de pólen mônades, tamanho médio, monoporados, esféricos, escabrados, poros circulares com ânulo. D (20,5-34,0 µm). **Prancha/Plate 19:5.**

Megathyrsus maximus (Jacq). B. K. Simon & S. W. L. Jacobs (CVRD5241): grãos de pólen mônades, tamanho médio, monoporados, esféricos, escabrados, poros circulares com ânulo. D (30,5-35,3 µm). **Prancha/Plate 19:6.**

Parodiolyra micrantha (Kunth) Davidse & Zuloaga (CVRD2848): grãos de pólen mônades, tamanho médio, monoporados, esféricos, escabrados, poros circulares com ânulo. D (24,3-27,1 µm). **Prancha/Plate 20:1.**

Raddia lancifolia R. P. Oliveira & Longhi-Wagner (CVRD6063): grãos de pólen mônades, pequenos, monoporados, esféricos, psilados, poros circulares com ânulo. D (18,1-23,3 µm). **Prancha/Plate 20:2.**

Rottboellia cochinchinensis (Lour.) Clayton (CVRD5512): grãos de pólen mônades, tamanho médio, monoporados, esféricos, escabrados, poros circulares com ânulo. D (41,8-45,8 µm). **Prancha/Plate 20:3.**

Schizachyrium sanguineum (Retz.) Alston (CVRD5708): grãos de pólen mônades, tamanho médio, monoporados, esféricos, escabrados, poros circulares com ânulo. D (41,8-45,6 µm). **Prancha/Plate 20:4.**

Sporobolus jacquemontii Kunth (CVRD5422): grãos de pólen mônades, pequenos, monoporados, esféricos, escabrados, poros circulares com ânulo. D (20,7-23,9 µm). **Prancha/Plate 20:5.**

Trichanthecium cyanescens (Nees ex Trin.) Zuloaga & Morrone (CVRD5062): grãos de pólen mônades, tamanho médio, monoporados, esféricos, escabrados, poros circulares com ânulo. D (27,8-31,5 µm). **Prancha/Plate 20:6.**

***Tripsacum* sp.** (CVRD5452): grãos de pólen mônades, tamanho médio, monoporados, esféricos, escabrados, poros circulares com ânulo. D (24,5-45,4 µm). **Prancha/Plate 21:1.**

Urochloa brizantha (A. Rich) R. D. Webster (CVRD5918): grãos de pólen mônades, tamanho médio, monoporados, esféricos, escabrados, poros circulares com ânulo. D (31,1-42,4 µm). **Prancha/Plate 21:2.**

Pontederiaceae

Família de ervas aquáticas, muitas vezes encontradas em associação com ninfáceas em praticamente todo o Brasil em áreas periodicamente alagadas ou em lagos e pequenas lagoas permanentes. Dentro dessa família destaca-se a conhecida aguapé (*Eichhornia azurea*). Os grãos podem ser mono-, ou di- ou até trisulcados.

Family of aquatic herbs often found in association with Nymphaceae basically all over Brazil. They occur in periodically flooded areas or lakes and small permanent ponds. Within this family stands out the well-known "*aguapé*" (*Eichhornia azurea*). Pollen rains may be mono-, or di- or even trisulcate.

Eichhornia azurea (Swartz) Kunth (CVRD5027; CVRD10471): grãos de pólen mônades, grandes, monosulcados, reniformes, escabrados a microverrugados. EM (41,9-54,8 µm); Em (17,8-34,2 µm). **Prancha/Plate 21:3.**

Smilacaceae

Família de lianas geralmente recobertas por espinhos com ampla distribuição tropical e subtropical com somente um gênero nativo (*Smilax*). Os grãos desta família são inaperturados e relativamente pequenos, caracteres que podem facilitar a identificação.

Family of lianas usually covered by thorns, presenting broad tropical and subtropical distribution with only one native genus (*Smilax*). The pollen grains of this family are inaperturate and relatively small, which may facilitate their identification.

Smilax brasiliensis Sprengel (CVRD12581): grãos de pólen mônades, pequenos, inaperturados, esféricos, escabrados. D (16,3-18,9 μm). **Prancha/Plate 21:4.**

Typhaceae

Família de ervas de ambientes alagados de grande interesse arqueobotânico em estudos do Quaternário, com um só gênero e cerca de 15 espécies, das quais duas são nativas no Brasil. Seus grãos, dispersos pelo vento em tétrades e eventualmente em mônades, são monoporados. Recomenda-se a inclusão deste táxon dentro do grupo das ervas aquáticas durante o processo de inserção de dados palinológicos em programas de cálculos de porcentagem e concentração para interpretação paleoambiental.

Family of herbs in flooded environments and of great archaeobotanical interest in Quaternary studies. It contains a single genus and about 15 species, two of which are native to Brazil. Its grains, dispersed by the wind in tetrads and eventually monads, are monoporate. It is recommended to include this taxon within the group of aquatic herbs during the process of insertion of palynological data into computer programs, used for the calculation of percentage and concentration for paleoenvironmental interpretation.

***Typha* sp.** (CVRD4593): grãos de pólen mônades, tamanho médio, monoporados, heteropolares, esféricos, reticulados, homobrocados, simplicolumelados, poros irregulares. P (20,9-28,6 μm); E (31,3-34,2 μm). **Prancha/Plate 21:5.**

Xyridaceae

Família de ervas que ocorrem em áreas alagáveis em todo o Brasil. Por pertencer ao grupo das monocotiledôneas, a morfologia polínica é simples e caracterizada por grãos monosulcados, uma indicação de sua condição basal dentro da linha evolutiva do grão de pólen.

Family of herbs occuring in wetlands throughout Brazil with pollen morphology characterized by monosulcate grains, an indication of its basal condition within the evolutionary line of the pollen grain.

Xyris jupicai Richards (CVRD1956): grãos de pólen mônades, tamanho médio, monosulcados, elipsoidais, microrreticulados. EM (41,2-43,4 μm); Em (28,5-33,5 μm). **Prancha/Plate 21:6.**

Eudicotiledôneas, Magnoliídeas e Nymphaeales

Eudicots, Magnoliids and Nymphaeales

Acanthaceae

Família de ervas e arbustos, algumas epífitas, com grande diversidade morfológica (euripolínica) com táxons dicolpados a policolpados (3-8 colpados), dicolporados (em outras floras), espiroaperturados, tricolporados, 2 a poliporados. Grãos com tamanho variável, entre 17 µm - 130 µm, na flora brasileira. As síndromes de polinização nesta família englobam a quiropterofilia, ornitofilia e entomofilia, que podem explicar sua baixa representação em sedimentos quaternários.

Family of herbs, shrubs, and some epiphytes, with pollen grains characterized by great morphological diversity (eurypalynous) ranging from dicolpate to polycolpate (3-8 colpate), dicolporate (in other floras), spiroaperturate, tricolporate, 2 to polyporates grains. In the Brazilian flora its pollen grains have variable size, ranging between 17 µm and 130 µm. The pollination syndromes in this family include chiropterophily, ornithophily and entomophily, which may explain its low representation in Quaternary sediments.

Aphelandra harleyi Wasshausen (CVRD1298): grãos de pólen mônades, grandes, tricolpados, âmbito subtriangular, perprolatos, microrreticulados. P (59,9-77,0 µm); E (23,8-27,2 µm). **Prancha/Plate 22:1.**

Aphelandra longiflora (Lindl.) Profice (CVRD8604): grãos de pólen mônades, grandes, tricolpados, âmbito subtriangular, perprolatos, microrreticulados. P (21,1-29,6 µm); E (47,0-72,9 µm). **Prancha/Plate 22:2.**

Chameranthemum beyrichii Nees (CVRD5465): grãos de pólen mônades, grandes, tricolporados, presença de pseudocolpos, âmbito circular, suboblatos, reticulados, homobrocados, poros circulares. P (42,0-52,0 µm); E (40,0-48,0 µm). **Prancha/Plate 22:3.**

Justicia cydoniifolia (Nees) Lindau. (CVRD8121): grãos de pólen mônades, grandes, dicolporados, âmbito elíptico, prolatos, reticulados, homobrocados, exina afinada nos polos e mais espessa na região equatorial, poros elípticos. P (63,2-80,2 µm); E (38,5-52,1 µm). **Prancha/Plate 22:4.**

Justicia pectoralis Jacq. (CVRD5973): grãos de pólen mônades, tamanho médio, diporados, âmbito elíptico, prolatos, reticulados, homobrocados, exina um pouco mais afinada nos polos, poros circulares. P (21,8-24,2 µm); E (25,9-40,1 µm). **Prancha/Plate 23:1.**

Justicia symphyantha (Nees ex Mart.) Lindau (CVRD5870): grãos de pólen mônades, tamanho médio, diporados, âmbito elíptico, prolatos, reticulados, homobrocados, exina afinada nos polos e mais espessa na região equatorial, poros elípticos. P (11,2-19,7 µm); E (22,3-28,7 µm). **Prancha/Plate 23:2.**

Lepidagathis nemoralis (Mart. Ex Nees) Kameyama (CVRD7282): grãos de pólen mônades, grandes, tricolporados, subprolatos, reticulados, heterobrocados, exina afinada nos polos, poros circulares, colpos com margem. P (43,2-58,3 µm); E (50,0-70,0 µm). **Prancha/Plate 23:3.**

Mendoncia velloziana (C. Martius) Nees (CVRD6565): grãos de pólen mônades, grandes, 5-colporados, âmbito quinquangular, subprolatos, microrreticulados, poros lolongados e colpos curtos. P (43,0-47,0 µm); E (40,5-55,0 µm). **Prancha/Plate 23:4.**

Thyrsacanthus ramosus (Nees) A. Côrtes & Rapini (CVRD1668): grãos de pólen mônades, grandes, tricolporados, presença de pseudocolpos, âmbito subtriangular, subprolatos, reticulados, heterobrocados, poros circulares. P (35,0-47,0 µm); E (38,0-53,0 µm). **Prancha/Plate 23:5.**

Achariaceae

Os dois gêneros aqui reportados tradicionalmente pertenciam a Flacourtiaceae, detentora de uma grande diversidade morfológica que engloba grãos tricolporados a estefanocolporados. Em Achariaceae encontram-se árvores, arbustos e ervas escandentes com reduzida diversidade morfológica de pólen, estes normalmente tricolporados, ocasionalmente dicolporados como em *Guthria* (África).

The two genera traditionally reported here belonged to Flacourtiaceae, which has a great morphological diversity that includes tricolporates to stephanocolporates grains. In Achariaceae, there are scandant trees, shrubs and herbs with reduced morphological diversity of pollen, usually tricolporate, or ocasionally dicolporate as in *Guthria* (Africa).

Carpotroche brasiliensis (Raddi) A. Gray (CVRD511): grãos de pólen mônades, tricolporados, âmbito subtriangular, subprolatos, microrreticulados, poros lalongados. P (21,5-22,3 µm); E (27,0-32,0 µm). **Prancha/Plate 23:6.**

Kuhlmanniodendron apterocarpum (Kuhlm.) Flaschi & Groppo (CVRD6684): grãos de pólen mônades, tricolporados, âmbito subtriangular, subprolatos, microrreticulados, poros retangulares. P (24,0-29,0 µm); E (26,1-33,9 µm). **Prancha/Plate 24:1.**

Amaranthaceae

Família de ervas e subarbustos, predominantemente tropical com grãos geralmente pequenos, 12 µm a 40 µm em diâmetro, fenestrados (forados) e periporados parecidos com grãos das famílias Chenopodiaceae e Caryophyllaceae, separados principalmente pelo número de poros. Por possuírem dispersão anemófila são táxons relativamente comuns em contagens palinológicas de sedimentos quaternários.

Family of herbs and shrubs predominantly tropical with generally small pollen grains, 12 µm to 40 µm in diameter, fenestrate (lophate) and periporate, similar to grains of

Chenopodiaceae and Caryophyllaceae, separated mainly by the number of pores. Due to anemophilous dispersion they are relatively common taxa in palynological counts of Quaternary sediments.

Alternanthera philoxeroides (Mart.) Griseb (CVRD5990): grãos de pólen mônades, tamanho médio, pantoporados, esféricos, reticulados, homobrocados, poros circulares localizados nos lúmens dos retículos, cerca de 6 poros por face. D (22,7-26,2 μm). **Prancha/Plate 24:2.**

Alternanthera sessilis (Linné) R. Br. Ex De Candolle (CVRD5953): grãos de pólen mônades, pequenos, pantoporados, esféricos, reticulados, homobrocados, poros circulares localizados nos lúmens dos retículos, em média cerca de 6 poros por face. D (18,3-20,0 μm). **Prancha/Plate 24:3.**

Amaranthus spinosus Linnaeus (CVRD5274): grãos de pólen mônades, tamanho médio, pantoporados, esféricos, escabrados, poros circulares, sendo mais de 20 poros. D (22,9-28,0 μm). **Prancha/Plate 24:4.**

Amaranthus viridis Linnaeus (CVRD5217): grãos de pólen mônades, pequenos, pantoporados, esféricos, escabrados, poros circulares, sendo mais de 15 poros. D (20,8-24,7 μm). **Prancha/Plate 24:5.**

Blutaparon portulacoides (A. St.-Hill) Mears (CVRD9645): grãos de pólen mônades, tamanho médio, pantoporados, esféricos, reticulados, homobrocados, poros circulares localizados nos lúmens dos retículos, sendo mais de 20 poros. D (23,2-33,0 μm). **Prancha/Plate 24:6.**

***Chenopodium* sp.** (CVRD6486): grãos de pólen mônades, tamanho médio, pantoporados, esféricos, escabrados, poros circulares, sendo mais de 20 poros. D (22,2-27,3 μm). **Prancha/Plate 24:7.**

Gomphrena perenis Linnaeus (CVRD5963): grãos de pólen mônades, tamanho médio, pantoporados, esféricos, reticulados, homobrocados, poros circulares localizados nos lúmens dos retículos. D (21,5-32,1 μm). **Prancha/Plate 24:8.**

Hebanthe eriantha (Poir.) Pedersen (CVRD6600): grãos de pólen mônades, pequenos, pantoporados, esféricos, reticulados, homobrocados, poros circulares localizados nos lúmens dos retículos. D (15-24,3 μm). **Prancha/Plate 24:9; 24:10.**

Anacardiaceae

Família bem representada em vários ecossistemas brasileiros com grãos notoriamente reconhecidos por sua ornamentação estriada, estriada-reticulada mais abundante, embora muitos táxons sejam apenas reticulados. Grãos com grande amplitude de tamanho, com dimensões entre 25 μm e 60 μm. Apesar do predomínio de polinização entomófila vários gêneros são encontrados em análises palinológicas do Quaternário.

Family well represented in several Brazilian ecosystems with pollen grains notoriously recognized for their striate ornamentation, atlthough the reticulate-striate pattern is more abundant and many taxa are only reticulate. Grains with large size range, with dimensions between 25 μm and 60 μm. Despite the predominance of entomophilous pollination, several genera are found in Quaternary palynological analyses.

Astronium concinnum Schott (CVRD333): grãos de pólen mônades, tamanho médio, tricolporados, âmbito subtriangular, estriados-reticulados, heterobrocados, lúmens alongados e paralelos, poros lalongados. P (24,7-26,6 µm); E (26,1-27,0 µm). **Prancha/Plate 25:1.**

Astronium graveolens Jacq. (CVRD1120): grãos de pólen mônades, tamanho médio, tricolporados, âmbito subtriangular, subprolatos, estriados-reticulados, heterobrocados, lúmens alongados e paralelos, poros lalongados. P (25,0-29,1 µm); E (24,9-27,5 µm). **Prancha/Plate 25:2.**

Myracrodruon urundeuva Freire Allemão (CVRD6570): grãos de pólen mônades, tamanho médio, tricolporados, âmbito subtriangular, subprolatos, estriados-reticulados, heterobrocados, lúmens alongados e paralelos, poros lalongados e apresentam ectânulo em vista polar. P (24,7-26,2 µm); E (21,5-23,1 µm). **Prancha/Plate 25:3.**

Schinus terebinthifolius Raddi (CVRD3153): grãos de pólen mônades, pequenos, tricolporados, âmbito triangular convexo, subprolatos, estriados-reticulados, heterobrocados, lúmens alongados e paralelos, poros lalongados e apresentam ectânulo em vista polar. P (21,4-22,3 µm); E (19,7-22,1 µm). **Prancha/Plate 25:4.**

Spondias macrocarpa Engl. (CVRD102): grãos de pólen mônades, tamanho médio, tricolporados, âmbito subtriangular, subprolatos, reticulados, homobrocados, duplicolumelados, poros elípticos e em vista polar apresentam ectânulo, endânulo e vestibulum. P (38,7-41,1 µm); E (33,7-36,9 µm). **Prancha/Plate 25:5.**

Spondias venulosa (Engl.) Mart. ex Engl. (CVRD90): grãos de pólen mônades, tamanho médio, tricolporados, âmbito subtriangular, subprolatos, estriados, poros elípticos e com ectânulo. P (35,5-42,3 µm); E (28,8-32,6 µm). **Prancha/Plate 25:6.**

Tapirira guianensis Aublet (CVRD193): grãos de pólen mônades, pequenos, tricolporados, âmbito subtriangular, subprolatos, estriados, poros lalongados. P (17,8-23,6 µm); E (18,5-21,6 µm). **Prancha/Plate 26:1.**

Thyrsodium spruceanum Salzm. ex Benth (CVRD316): grãos de pólen mônades, tamanho médio, tricolporados, âmbito subtriangular, oblato esferoidais, escabrados, poros lalongados. P (29,9-30,7 µm); E (28,8-32,5 µm). **Prancha/Plate 26:2.**

Annonaceae

Família predominantemente arbórea com polinização entomófila e amplamente encontrada em diferentes ecossistemas tropicais. Os grãos de pólen são raramente encontrados em estudos do Quaternário, fato atribuído principalmente a exinas delicadas e não resistentes ao processamento químico padrão. Grãos inaperturados com grande amplitude de tamanho, que pode chegar até 250 µm em alguns táxons com dispersão polínica em tétrades. Ornamentação variada, com alguns táxons psilados, escabrados e baculados.

Family predominantly arboreal with entomophilous pollination and widely found in different tropical ecosystems. The pollen grains are rarely found in Quaternary studies, a fact attributed mainly to the delicate exine not resistant to standard chemical processing. Inaperturate grains have large size range, which can reach up to 250 µm in some taxa. Pollen dispersion usually in tetrads. Pollen grains with various ornamentation patterns, including psilate, scabrate and baculate among others.

Annona acutiflora Mart. (CVRD5470; CVRD3419): grãos de pólen mônades, grandes, inaperturados, elíticos, clavados. EM (81,0-97,7 μm); Em (55,5-74,83 μm). **Prancha/Plate 26:3.**

Annona dolabripetala Raddi (CVRD865): grãos de pólen mônades, grandes, inaperturados, esféricos, reticulados. D (29,4-55,4 μm). **Prancha/Plate 26:4.**

Annona glabra Linnaeus (CVRD1066): grãos de pólen mônades, muito grandes, inaperturados, elípticos, clavados. EM (92,7-159,1 μm); Em (60,2-103,1 μm). **Prancha/Plate 26:5.**

Ephedranthus dimerus J. C. Lopes, Chatrou & Mello-Silva (CVRD1060): grãos de pólen mônades, grandes, inaperturados, elípticos, reticulados. EM (43,8-57,4 μm); Em (31,2-43,1 μm). **Prancha/Plate 27:1.**

Hornschuchia bryotrophe Nees (CVRD5614; CVRD9880): grãos de pólen mônades, grandes, inaperturados, esféricos, reticulados. D (59,2-74,1 μm). **Prancha/Plate 27:2.**

Hornschuchia citriodora D. M. Johnson (CVRD10713): grãos de pólen mônades, grandes, inaperturados, elípticos, gemados. EM (92,3 μm); Em (66,9 μm). Obs.: Medida de apenas um grão. **Prancha/Plate 27:3.**

Hornschuchia myrtillus Nees (CVRD6403): grãos de pólen mônades, grandes, inaperturados, esféricos, reticulados. D (42,6-60,2 μm). **Prancha/Plate 27:4.**

Apocynaceae

Família de árvores, arbustos, ervas de ampla representação em quase todos os ecossistemas brasileiros, euripolínica com grãos estefanocolpados, diporados, triporados, periporados, estefanoporado, tricolporados, com sexinas psiladas, granuladas, com poros, na sua maioria, notoriamente circulares e anulados. Grãos com grande amplitude de tamanho entre cerca 25 μm a 160 μm. Alguns táxons, por outro lado, são zonorados com ampla área hialina na zona equatorial e com poros fortemente lalongados.

Family of trees, shrubs and herbs of broad representation in almost all Brazilian ecosystems. It is an eurypalynous family with stephanocolpate, diporate, triporate, periporate, stephanoporate and tricolporate grains. The exine in general is psilate or granulate, and the pores are mostly circular and annulate. Grains with a large size range varying between 25 μm and 160 μm. Some taxa, on the other hand, are zonorate with ample hyaline areas in the equatorial zone and lalongate pores.

Forsteronia leptocarpa (Hook. & Arn.) A. DC. (CVRD4680): grãos de pólen mônades, tamanho médio, triporados, zonoporados, âmbito circular, suboblatos a circulares, psilados, poros circulares com ânulo. P (28,1-34,1 μm); E (32,2-37,3 μm). **Prancha/Plate 28:1.**

Forsteronia montana Müll. Arg. (CVRD6664): grãos de pólen mônades, tamanho médio, 3-4 porados, zonoporados, âmbito subtriangular a circular, suboblatos a circulares, escabrados, poros circulares com ânulo. P (23,4-26,2 μm); E (23,7-26,0 μm). **Prancha/Plate 28:2.**

Geissospermum laeve (Vellozo) Miers. (CVRD1141): grãos de pólen mônades, grandes, 5-colpado, âmbito circular, subprolatos, microrreticulados, colpos com margem. P (39,4-43,6 μm); E (37,3-44,3 μm). **Prancha/Plate 28:3.**

Himatanthus bracteatus (A. DC.) R. E. Woodson (CVRD2211): grãos de pólen mônades, grandes, tricolporados, âmbito subtriangular, suboblatos, escabrados, poros lolongados. P (39,4-42,0 μm); E (36,1-38,6 μm). **Prancha/Plate 28:4.**

Lacmellea pauciflora (Kuhlm.) Markgr. (CVRD4648): grãos de pólen mônades, grandes, 4-porados, zonoporados, âmbito quadrangular, oblatos, psilados, poros circulares. P (27,5-28,6 μm); E (35,9-41,8 μm). **Prancha/Plate 28:5.**

Malouetia cestroides (Nees ex Mart.) Müll. Arg. (CVRD2979): grãos de pólen mônades, grandes, triporados, âmbito elíptico a circular, circulares, microrreticulados, heterobrocados, poros circulares com ânulo. P (20,2-31,8 μm); E (33,4-36,9 μm). **Prancha/Plate 28:6.**

Mandevilla funiformis (Vell.) K. Schum. (CVRD10451): grãos de pólen mônades, muito grandes, 4-porados, âmbito circular, suboblatos, psilados, poros circulares com ânulo. P (106,8-107,7 μm); E (69,9-107,8 μm). **Prancha/Plate 29:1.**

Mandevilla hirsuta (A. Rich.) K. Schum. (CVRD8353): grãos de pólen mônades, muito grandes, 4-porados, âmbito circular, oblatos a circulares, psilados, poros circulares com ânulo. P (94,9-120,3 μm); E (106,6-128,4 μm). **Prancha/Plate 29:2.**

Peltastes pulcher (Miers) J. F. Morales (CVRD7186; CVRD4640): grãos de pólen mônades, grandes, 3-4 porados, âmbito circular, circulares a suboblatos, escabrados, poros circulares com ânulo. P (49,5-63,8 μm); E (50,1-63,8 μm). **Prancha/Plate 29:3.**

Prestonia coalita (Vellozo) Woodson (CVRD6455; CVRD4250): grãos de pólen mônades, grandes, 4-porados, âmbito circular, suboblatos a circulares, escabrados, poros circulares com ânulo. P (49,4-63,9 μm); E (50,3-65,3 μm). **Prancha/Plate 29:4.**

Rauvolfia capixabae I. Koch & Kinoshita-Gouveia (CVRD10145): grãos de pólen mônades, grandes, tricolporados, colpos curtos, âmbito subtriangular, oblatos, escabrados, poros circulares. P (44,9-50,7 μm); E (64,3-70,9 μm). **Prancha/Plate 29:5.**

Skytanthus hancorniifolius (A. DC.) Miers (CVRD8424): grãos de pólen mônades, grandes, tricolporados, âmbito subtriangular, subprolatos, escabrados, poros elípticos. P (30,0-39,5 μm); E (32,2-36,4 μm) **Prancha/Plate 29:6.**

Tabernaemontana flavicans Willd. ex Roem. & Schult (CVRD5753): grãos de pólen mônades, grandes, 4-colporados, colpos curtos, endocingulados, âmbito circular, prolatos, psilados, poros elípticos. P (70,3-75,3 μm); E (46,6-50,4 μm). **Prancha/Plate 30:1.**

Tabernaemontana hystrix Steud. (CVRD3631): grãos de pólen mônades, grandes, tricolporados, colpos curtos, endocingulados, âmbito subtriangular, subprolatos, escabrados, poros elípticos. P (36,0-42,0 μm); E (36,2-37,9 μm). **Prancha/Plate 30:2.**

Temnadenia* aff. *odorifera (Vellozo) J. F. Morales (CVRD8627): grãos de pólen mônades, grandes, triporados, zonoporados, âmbito circular, circulares a oblatos, psilados, poros circulares com ânulo. P (67,0-80,0 μm); E (78,0-83,0 μm). **Prancha/Plate 30:3.**

Aquifoliaceae

Família de árvores ou arbustos, sempre-verdes ou decíduos e normalmente dioicos, fenômeno que pode explicar a sua boa representação em sedimentos quaternários. Nos ecossistemas brasileiros predomina o gênero *Ilex*, que geralmente ocorre em florestas ou ambientes úmidos em regiões montanas acima de 1.000 metros. Os grãos de *Ilex* são tricolpados clavados e alguns casos é possível observar um poro mal definido (poróide). Dimensões de 20 μm a 50 μm.

Family of trees or shrubs, deciduous or evergreen and usually dioecious, which may explain its excellent representation in Quaternary sediments. In Brazilian ecosystems the genus *Ilex* predominates, generally occuring in forests or humid environments in mountainous regions above 1000 meters. The grains of *Ilex* are tricolpate, clavate and in some cases it is possible to observe a pore that is not well defined (poroid). Dimensions from 20 µm to 50 µm.

Ilex amara (Vellozo) Loes. (CVRD1229): grãos de pólen mônades, tamanho médio, tricolpados, âmbito subtriangular, subprolatos, clavados. P (24,0-25,8 µm); E (24,3-28,3 µm). **Prancha/Plate 30:4.**

Ilex floribunda Reissek ex Maxim. (CVRD1202): grãos de pólen mônades, pequenos, tricolporados, âmbito subtriangular, subprolatos, clavados, poros lalongados. P (19,8-24,0 µm); E (20,5-23,4 µm). **Prancha/Plate 30:5.**

Araliaceae

Família de árvores e arbustos com vários gêneros, três deles bem representados nos ecossistemas brasileiros: *Didymopanax*, *Dendropanax* e *Schefflera*. Grãos normalmente tricolporados, algumas vezes 2 ou 4-colporados e até com 3 colpos ou 6 colpóides. *Didymopanax* e *Schefflera* são relativamente comuns em sedimentos quaternários. A separação de gêneros normalmente leva em conta primeiramente o formato dos poros.

Family of trees and shrubs with several genera, three of them well represented in Brazilian ecosystems: *Didymopanax*, *Dendropanax* and *Schefflera*. Grains usually tricolporate, sometimes 2 or 4-colporate and even with 3 colpi or 6 colpoids. *Didymopanax* and *Schefflera* are relatively common in Quaternary sediments. The separation of genera usually takes into account the shape of their pores.

Dendropanax brasiliensis (Seem.) Frodin. (CVRD21): grãos de pólen mônades, tricolporados, circulares em vista polar, circulares a suboblatos em vista equatorial, superfície escabrada, parede com espessura homogênea, poros lalongados. P (25,3-29,6 µm); E (27,1-30,5 µm). **Prancha/Plate 30:6**

Schefflera morototoni (Aulet) B. Maguire, J.A. Steyermark & D.G. Frodin (CVRD1116): grãos de pólen mônades, tricolporados, triangulares convexos em vista polar, suboblatos em vista equatorial, superfície reticulada, parede com espessura homogênea, poros retangulares/lalongados. P (21,1-24,1 µm); E (24,5-26,2 µm). **Prancha/Plate 31:1.**

Schefflera selloi (Marchal) Frodin & Fiaschi selloi (CVRD1288): grãos de pólen mônades, tricolporados, triangulares convexos em vista polar, suboblatos em vista equatorial, superfície reticulada, parede com espessura homogênea, poros retangulares/lalongados. P (22,1-24,2 µm); E (26,9-27,5 µm). **Prancha/Plate 31:2.**

Aristolochiaceae

Família de lianas lenhosas restritas a matas tanto da Floresta Atlântica como da Amazônia, com grãos grandes, inaperturados e de fácil identificação. Contudo, seu tipo polínico não é representado em estudos palinológicos do Quaternário, pois sua exina é destruída pela reação de acetólise ou se sobreviver o tratamento os grãos amassados obstruem sua identificação.

Family of woody lianas restricted to Atlantic Rainforest and Amazonia with large pollen grain that are inaperturate and easy to be identified. However, its pollen type is not well represented in Quaternary palynological studies, possibly because its exine is destroyed during the acetolysis reaction or if it does survive the treatment the grains may appear wrinkled or folded, thus hindering its identification.

Aristolochia cymbifera Mart. & Zucc. (CVRD8669): grãos de pólen mônades, grandes, inaperturados, esféricos, verrucados. D (49,0-51,0 µm). **Prancha/Plate 31:3.**

Aristolochia zebrina J. Freitas & F. González (CVRD6880): grãos de pólen mônades, tamanho médio, inaperturados, esféricos, verrucados. D (38,0-40,0 µm). **Prancha/Plate 31:4.**

Asteraceae

Na flora brasileira é família predominantemente de ervas e lianas, mas com algumas espécies arbóreas muito importantes em florestas como *Eremanthus*, *Vernonia*, *Vernonanthura*, *Piptocarpha*, *Stiftia*, entre outros. Desta forma recomenda-se muito cuidado na interpretação do sinal de asteráceas, pois nele podem se encontrar elementos arbóreos de até 20 metros de altura e não se recomenda a soma de Poaceae e Asteraceae para indicar sinal típico de vegetação aberta em estudos quaternários.

In the Brazilian flora, it is a family predominantly composed on herbs and lianas, but with some very important tree species in forests such as *Eremanthus*, *Vernonia*, *Vernonanthura*, *Piptocarpha*, *Stiftia*, among others. Therefore, it is recommended extra care during the interpretation of the Asteraceae signal, for it can represent arboreal elements up to 20 meters high. The sum of Poaceae and Asteraceae is not recommended to indicate a typical sign of open vegetation in Quaternary studies.

Acanthospermum australe (Loefl.) Kuntze (CVRD5050): grãos de pólen mônades, tamanho médio, tricolporados, âmbito subtriangular, suboblatos, equinados, poros elípticos. P (19,3-22,2 µm); E (23,2-28,6 µm). **Prancha/Plate 31:5.**

Achillea millefolium Linnaeus (CVRD5972): grãos de pólen mônades, pequenos, tricolporados, âmbito subtriangular, suboblatos, equinados, poros circulares. P (22,7-23,6 µm); E (22,4-24,4 µm). **Prancha/Plate 31:6.**

Achyrocline satureioides (Lam.) DC. (CVRD4248): grãos de pólen mônades, tamanho médio, tricolporados, âmbito subtriangular, suboblatos, equinados, poros circulares. P (19,1-22,1 µm); E (19,3-25,6 µm). **Prancha/Plate 32:1.**

Baccharis reticularia DC. (CVRD3924): grãos de pólen mônades, pequenos, tricolporados, âmbito subtriangular, oblato esferoidais, equinados, poros elípticos. P (13,9-16,0 µm); E (15,5-18,0 µm). **Prancha/Plate 32:2.**

Barrosoa betoniciformis (DC.) R.M. King & H. Rob (CVRD5913): grãos de pólen mônades, pequenos, tricolporados, âmbito subtriangular, subprolatos, equinados, poros lalongados. P (17,0-20,0 µm); E (17,4-21,5 µm). **Prancha/Plate 32:3.**

Bidens cynapifolia Kunth (CVRD4193): grãos de pólen mônades, tamanho médio, 3-4 colporados, âmbito circular, esferoidais, equinados, poros lalongados. P (25,5-27,3 µm); E (26,0-28,2 µm). **Prancha/Plate 32:4.**

Centratherum punctatum Cass. (CVRD6603): grãos de pólen mônades, tamanho médio, 3-4 colporados, âmbito subtriangular a quadrangular, suboblatos, equinolofados, poros circulares a elípticos. P (34,5-39,1 μm); E (39,5-48,7 μm); Espinhos (2,3-3,6 μm). **Prancha/Plate 32:5a,b.**

Chaptalia nutans (L.) Polak (CVRD5024): grãos de pólen mônades, tamanho médio, porados, esféricos, equinolofados, poros circulares e localizados nos lumens aperturais. P (33,2-35,5 μm); E (38,0-40,4 μm); Espinhos (2,7-4,9 μm). **Prancha/Plate 33:1.**

Chromolaena maximiliana (Schrad. Ex DC.) R.M.King & H.Rob (CVRD1503): grãos de pólen mônades, tamanho médio, 3-4 colporados, âmbito subtriangular, oblato esferoidais, equinados, poros circulares a lalongados. P (23,1-25,9 μm); E (20,3-25,8 μm). **Prancha/Plate 33:2.**

Conocliniopsis prasiifolia (DC.) R.M. King & H. Rob (CVRD6324): grãos de pólen mônades, pequenos, tricolporados, âmbito subtriangular, oblato esferoidais, equinados, poros elípticos. P (18,5-19,1 μm); E (18,4-19,1 μm). **Prancha/Plate 33:3.**

Conyza floribunda Kunth (CVRD5077): grãos de pólen mônades, pequenos, tricolporados, âmbito circular, suboblatos, equinados, poros lalongados. P (18,6-19,2 μm); E (19,3-22,2 μm). **Prancha/Plate 33:4.**

Cyanthillium cinereum (L.) H. Rob (CVRD5135): grãos de pólen mônades, tamanho médio, porados, esféricos, equinolofados, poros circulares e localizados nos lumens aperturais. D (27,5-34,0 μm). **Prancha/Plate 33:5.**

Eclipta prostrata (L.) L. (CVRD9171): grãos de pólen mônades, pequenos, tricolporados, âmbito subtriangular, oblato esferoidais, equinados, poros circulares. P (23,3-23,5 μm); E (20,8-22,5 μm). **Prancha/Plate 33:6.**

Emilia fosbergii Nicolson (CVRD9161): grãos de pólen mônades, tamanho médio, tricolporados, âmbito subtriangular, oblato esferoidais, equinados, poros lalongados. P (33,2-36,3 μm); E (26,3-29,4 μm). **Prancha/Plate 33:7.**

Enydra sessilis (Sw.) DC. (CVRD5033): grãos de pólen mônades, tamanho médio, tricolporados, âmbito subtriangular, oblato esferoidais, equinados, poros lalongados. P (43,1-45,2 μm); E (25,5-33,4 μm). **Prancha/Plate 34:1.**

Ethulia conyzoides Linnaeus (CVRD5539): grãos de pólen mônades, tamanho médio, tricolporados, âmbito subtriangular, esféricos a oblato esferoidais, equinados, poros circulares. P (29,8-34,3 μm); E (34,1-38,1 μm); Espinhos (1,9-2,8 μm). **Prancha/Plate 34:2a,b.**

Fleischmannia remotifolia (DC.) R.M. King & H. Rob (CVRD5955): grãos de pólen mônades, pequenos, tricolporados, âmbito subtriangular, oblato esferoidais, equinados, poros lalongados. P (20,6-20,7 μm); E (20,7-21,6 μm). **Prancha/Plate 34:3.**

Hebeclinium macrophyllum (Linnaeus) DC. (CVRD6088): grãos de pólen mônades, pequenos, tricolporados, âmbito subtriangular a trilobado, subprolatos, equinados, poros lalongados. P (18,2-19,2 μm); E (17,2-19,3 μm). **Prancha/Plate 34:4.**

Heterocondylus vitalbae (DC.) R.M. King & H. Rob (CVRD8898): grão de pólen mônades, tamanho médio, tricolporados, âmbito subtriangular, oblato esferoidais, equinados, poros lalongados. P (24,0-24,3 μm); E (23,0-25,5 μm). **Prancha/Plate 34:5.**

Lepidaploa araripensis (Gardner) H.Rob (CVRD5121): grãos de pólen mônades, tamanho médio, porados, esféricos, equinolofados, poros circulares e localizados nos lumens aperturais. D (33,7-42,7 µm). **Prancha/Plate 35:1.**

Mikania diversifolia DC. (CVRD1320): grãos de pólen mônades, pequenos, tricolporados, âmbito subtriangular, circulares a subprolatos, equinados, poros circulares. P (17,2-19,4 µm); E (19,2-19,5 µm). **Prancha/Plate 35:2.**

Orthopappus angustifolius (Sw.) Gleason (CVRD4203): grãos de pólen mônades, tamanho médio, tricolporados, âmbito circular, circulares, equinolofados, poros retangulares. P (35,3-40,8 µm); E (35,1-41,2 µm). **Prancha/Plate 35:3a,b.**

Piptocarpha ramiflora (Spreng.) Baker (CVRD1322): grãos de pólen mônades, tamanho médio, tricolporados, âmbito subtriangular, oblato esferoidais, equinados, poros côncavos. P (34,5-38,3 µm); E (34,2-46,4 µm). **Pranchas/Plates 35:4; 36:1.**

Pluchea sagittalis (Lam.) Cabrera (CVRD5031): grãos de pólen mônades, pequenos, tricolporados, âmbito subtriangular, oblato esferoidais, equinados, poros elípticos. P (22,3-24,0 µm); E (20,5-22,8 µm). **Prancha/Plate 36:2.**

Porophyllum ruderale (Jacq.) Cass (CVRD3957): grãos de pólen mônades, tamanho médio, tricolporados, âmbito circular, suboblatos, equinados, poros lalongados. P (30,3-34,5 µm); E (29,5-32,0 µm). **Prancha/Plate 36:3a,b.**

Praxelis clematidea (Griseb.) R.M. King & H. Robinson (CVRD5110): grãos de pólen mônades, pequenos, tricolporados, âmbito subtriangular, oblato esferoidais, equinados, poros lalongados. P (17,7-20,9 µm); E (20,0-21,7 µm). **Prancha/Plate 36:4.**

Sonchus oleraceae Linnaeus (CVRD3953): grãos de pólen mônades, tamanho médio, porados, esféricos, equinolofados, poros circulares e localizados nos lumens aperturais. D (27,0-34,1 µm). **Prancha/Plate 36:5.**

Stifftia hatschbachii H. Rob (CVRD4635): grãos de pólen mônades, grandes, tricolporados, âmbito trilobado, prolatos, equinados, poros lalongados. P (56,0-67,8 µm); E (49,2-56,6 µm). **Prancha/Plate 37:1.**

Symphyopappus reticulatus Baker (CVRD1105): grãos de pólen mônades, tamanho médio, tricolporados, âmbito subtriangular, oblato esferoidais, equinados, poros côncavos a retangulares. P (22,2-29,4 µm); E (29,8-23,9 µm). **Prancha/Plate 37:2.**

Synedrella nodiflora (Linnaeus) Gaertn. (CVRD7406): grãos de pólen mônades, pequenos, tricolporados, âmbito circular, suboblatos, equinados, poros lalongados. P (19,8-20,2 µm); E (20,7-21,1 µm). **Prancha/Plate 37:3.**

Trichogoniopsis adenantha (DC.) R.M. King & H. Rob (CVRD5486): grãos de pólen mônades, pequenos, tricolporados, âmbito subtriangular, oblato esferoidais, equinados, poros circulares. P (18,2-18,6 µm); E (20,9-21,2 µm). **Prancha/Plate 37:4.**

Tridax procumbens Linnaeus (CVRD5123): grãos de pólen mônades, tamanho médio, 4-colporados, âmbito quadrangular, circulares, equinados, poros lalongados a retangulares. P (27,4-27,8 µm); E (26,0-27,4 µm). **Prancha/Plate 37:5.**

Vernonanthura divaricata (Spreng.) H. Rob (CVRD1158): grãos de pólen mônades, tamanho médio, tricolporados, âmbito subtriangular, suboblatos, equinados, poros circulares. P (29,6-31,5 µm); E (32,5-34,0 µm). **Pranchas/Plates 37:6; 38:1.**

Vernonanthura polyanthes (Sprengel) Veja & Dematteis (CVRD2836): grãos de pólen mônades, tamanho médio, tricolporados, âmbito subtriangular, suboblatos, equinados, poros circulares. P (25,6-31,2 μm); E (26,6-36,6 μm). **Prancha/Plate 38:2a,b.**

Youngia japonica (Linnaeus) DC. (CVRD5473): grãos de pólen mônades, tamanho médio, porados, esféricos, equinolofados, poros circulares e localizados nos lumens aperturais. D (24,0-27,0 μm). **Prancha/Plate 38:3.**

Begoniaceae

Família de ervas comumente restritas a locais úmidos como em margens de rios e lagos entre outros, com grãos de pólen bem pequenos, tricolporados e psilados. Em estudos quaternários recomenda-se enquadrá-los no grupo das ervas aquáticas para uma melhor reconstituição da vegetação litorânea onde predominam macrófitas e até arbustos de *Ludwigia* e *Mimosa*.

Family of herbs commonly restricted to wet places such as river and lake margins, among other humid habitats. Pollen grains are very small, tricolporate and psilate. In Quaternary studies, it is recommended to place them in the group of aquatic herbs for a better reconstitution of the coastal vegetation, where macrophytes and even shrubs of *Ludwigia* and *Mimosa* predominate.

Begonia convolvulacea (Klotzsch) A. DC (CVRD5462): grãos de pólen mônades, pequenos, tricolporados, âmbito trilobado, prolatos, psilados, poros lalongados. P (14,5-17,3 μm); E (7,6-10,8 μm). **Prancha/Plate 38:4.**

Begonia fischeri Schrank (CVRD4461): grãos de pólen mônades, pequenos, tricolporados, âmbito trilobado, prolatos, psilados, poros lalongados. P (13,5-15,9 μm); E (7,5-8,1 μm). **Prancha/Plate 38:5.**

Bignoniaceae

Família de árvores, arbustos, lianas, e ervas de ampla representação em praticamente todos os ecossistemas brasileiros, euripolínica com grãos inaperturados, 3-colporoidados a estefanocolpados. Em grande parte dos táxons, a visualização em microscopia óptica pode ser relativamente difícil, o que leva muitos autores a identificá-los como grãos apenas colpados. Ornamentação principalmente caracterizada por paredes escabradas e reticuladas.

Family of trees, shrubs, lianas, and herbs of wide representation in practically all Brazilian ecosystems. It is eurypalynous with inaperturate, 3-colporoid to stephanocolpate grains. In most taxa, the visualization under light microscopy can be relatively difficult, which leads many authors to identify them as just colpate grains. Ornamentation is mainly characterized by scabrate and reticulate walls.

Adenocalymma aurantiacum Udulutsch & Assis (CVRD8887): grãos de pólen mônades, grandes, inaperturados, esféricos, reticulados, homobrocados, simplicolumelados. D (65,1-79,8 μm). **Prancha/Plate 39:1.**

Adenocalymma neoflavidum L.G. Lohmann (CVRD4634): grãos de pólen mônades, grandes, pantossincolpados, esféricos, reticulados, homobrocados, simplicolumelados. D (37,4-58,5 μm). **Prancha/Plate 39:2.**

Amphilophium bauhinioides (Bureau ex Baill.) L.G. Lohmann (CVRD8082): grãos de pólen mônades, grandes, estefanocolpados, suboblatos, âmbito heptalobado, reticulados, heterobrocados, simplicolumelados. P (73,0-76,9 µm); E (58,5-64,4 µm). **Prancha/Plate 39:3a,b.**

Amphilophium crucigerum (Linnaeus) L.G. Lohmann (CVRD1251): grãos de pólen mônades, grandes, inaperturados, esféricos, reticulados, homobrocados, simplicolumelados. D (65,1-76,1 µm). **Prancha/Plate 39:4.**

Amphilophium frutescens (DC.) L.G. Lohmann (CVRD8392): grãos de pólen mônades, grandes, inaperturados, esféricos, reticulados, homobrocados. D (36,5-59,4 µm). **Prancha/Plate 40:1.**

Anemopaegma chamberlaynii (Sims) Burean. & K. Schum. (CVRD2607): grãos de pólen mônades, grandes, estefanocolporados, âmbito circular, suboblatos, reticulados, homobrocados. P (45,5-64,9 µm); E (61,9-62,3 µm). **Prancha/Plate 40:2.**

Anemopaegma setilobum A. H. Gentry (CVRD1280): grãos de pólen mônades, grandes, 5 colpados, âmbito pentalobado, subprolatos, reticulados, homobrocados, simplicolumelados. P (60,2-62,4 µm); E (57,3-60,1 µm). **Prancha/Plate 40:3.**

Bignonia corymbosa (Vent.) L. G. Lohmann (CVRD7403): grãos de pólen mônades, tamanho médio, inaperturados, esféricos, reticulados, homobrocados, simplicolumelados. D (40,8-44,8 µm). **Prancha/Plate 40:4.**

Bignonia prieurei DC. ex Seem. (CVRD7906): grãos de pólen mônades, tamanho médio, tricolporados, âmbito trilobado, subprolatos, reticulados, homobrocados, simplicolumelados. P (40,2-41,2 µm); E (38,7-41,2 µm). **Prancha/Plate 40:5.**

Bignonia sciuripabula (K. Schum.) L. G. Lohmann (CVRD8373): grãos de pólen mônades, tamanho médio, inaperturados, esféricos a elípticos, reticulados, homobrocados, simplicolumelados. D (31,2-41,2 µm). **Prancha/Plate 41:1.**

Cuspidaria lasiantha (Bureau & K. Schum.) L. G. Lohmann (CVRD2533): tétrades tetraédricas, grãos isolados tricolporados, âmbito trilobado, psilados. D (37,2-57,0 µm). **Prancha/Plate 41:2.**

Cybistax antisyphilitica (Mart.) Mart. (CVRD8890): grãos de pólen mônades, tamanho médio, tricolporados, âmbito trilobado, prolatos a subprolatos, reticulados, heterobrocados, colpos com margem. P (31,7-40,1 µm); E (32,9-31,1 µm). **Prancha/Plate 41:3.**

Dolichandra unguiculata (Vellozo) L. G. Lohmann (CVRD6946): grãos de pólen mônades, tamanho médio, tricolporados, âmbito trilobado, circulares em vista equatorial, reticulados, homobrocados, simplicolumelados. P (28,4-32,3 µm); E (28,8-32,1 µm). **Prancha/Plate 41:4.**

Fridericia conjugata (Vellozo) L. G. Lohmann (CVRD1265): grãos de pólen mônades, tamanho médio, tricolporados, âmbito trilobado, subprolatos, escabrados, poros elípticos. P (26,9-28,1 µm); E (27,8-28,9 µm). **Prancha/Plate 41:5.**

Fridericia platyphylla (Cham.) L. G. Lohmann (CVRD4313): grãos de pólen mônades, tamanho médio, tricolporados, âmbito trilobado, subprolatos, microrreticulados, homobrocados, simplicolumelados, exina fina nos polos, poros elípticos. P (36,8-39,4 µm); E (37,5-40,1 µm). **Prancha/Plate 42:1a,b.**

Gardnerodoxa mirabilis Sandwith (CVRD5374): grãos de pólen mônades, tamanho médio, tricolporados, âmbito trilobado, circulares em vista equatorial, reticulados, homobrocados. P (37,1-39,0 µm); E (36,5-48,0 µm). **Prancha/Plate 42:2a,b.**

Handroanthus bureavii (Sandwith) S. O. Grose (CVRD10584): grãos de pólen mônades, tamanho médio, tricolporados, âmbito trilobado, oblato esferoidais, reticulados, homobrocados, simplicolumelados, poros elípticos. P (25,0-27,2 µm); E (25,7-29,8 µm). **Prancha/Plate 43:1.**

Jacaranda macrantha Cham. (CVRD2037): grãos de pólen mônades, tamanho médio, tricolporados, âmbito trilobado, subprolatos, escabrados. P (38,0-38,1 µm); E (42,7-45,9 µm). **Prancha/Plate 43:2a,b.**

Jacaranda obovata Cham. (CVRD1489): grãos de pólen mônades, tamanho médio, tricolporados, âmbito trilobado, suboblatos, escabrados, exina espessa nos polos, poros elípticos. P (38,2-42,3 µm); E (37,6-39,5 µm). **Prancha/Plate 43:3a,b.**

Lundia virginalis DC. (CVRD2526): grãos de pólen mônades, tamanho médio, tricolporados, âmbito triangular convexo, subprolatos, escabrados, poros elípticos. P (38,8-41,1 µm); E (36,4-35,6 µm). **Prancha/Plate 44:1.**

Mansoa difficilis (Cham.) Bureau & K. Schum. (CVRD1439): grãos de pólen mônades, tamanho médio, pantossincolpados, esféricos, reticulados, homobrocados, duplicolumelados. D (41,7-44,4 µm). **Prancha/Plate 44:2.**

Paratecoma peroba (Record & Mell) Kuhlm. (CVRD8908; CVRD967): grãos de pólen mônades, tamanho médio, tricolporados, âmbito triangular convexo a trilobado, suboblatos a subprolatos, reticulados, heterobrocados, simplicolumelados. P (39,0-50,0 µm); E (34,8-44,9 µm). **Prancha/Plate 44:3a,b.**

Pleonotoma albiflora (Salzm. ex DC.) A.H. Gentry (CVRD9320; CVRD10565): grãos de pólen mônades, grandes, tricolporados, âmbito triangular convexo, subprolatos, reticulados, homobrocados, simplicolumelados. P (35,7-54,4 µm); E (42,4-54,1 µm). **Prancha/Plate 45:1a,b; 2a,b.**

Pyrostegia venusta (Ker-Gawler) Miers. (CVRD1672): grãos de pólen mônades, tamanho médio, tricolporados, âmbito trilobado, prolatos, reticulados, homobrocados, simplicolumelados. P (46,0-48,9 µm); E (36,0-39,8 µm). **Prancha/Plate 46:1.**

Sparattosperma leucanthum (Vellozo) K. Schum. (CVRD9905): grãos de pólen mônades, tamanho médio, pantossincolpados, esféricos, reticulados, heterobrocados, simplicolumelados. D (37,7-42,2 µm). **Prancha/Plate 46:2.**

Stizophyllum riparium (Kunth) Sandwith. (CVRD7099): grãos de pólen mônades, tamanho médio, tricolporados, âmbito trilobado, subprolatos, reticulados, homobrocados, simplicolumelados, exina fina nos polos. P (31,8-37,0 µm); E (31,4-35,6 µm). **Prancha/Plate 46:3.**

Tecoma stans (Linnaeus) Jussieu ex. Kunth (CVRD8611): grãos de pólen mônades, tamanho médio, tricolpados, âmbito circular, suboblatos, microrreticulados, homobrocados, aberturas nas laterais. P (27,2-30,2 µm); E (35,2-36,3 µm). **Prancha/Plate 46:4.**

Tynanthus cognatus (Cham.) Miers. (CVRD4223): grãos de pólen mônades, tamanho médio, tricolporados, âmbito trilobado, subprolatos, microrreticulados, homobrocados. P (36,9-44,5 µm); E (41,2-44,1 µm). **Prancha/Plate 47:1.**

Xylophragma myrianthum (Cham. Ex Steud.) Sprague (CVRD7093): grãos de pólen mônades, tamanho médio, tricolporados, âmbito triangular convexo, suboblatos, reticulados, heterobrocados, aberturas nas laterais. P (32,0-40,8 µm); E (39,2-40,4 µm). **Prancha/Plate 47:2a,b.**

Zeyheria tuberculosa (Vellozo) Bureau ex Verl. (CVRD3640): grãos de pólen mônades, tamanho médio, tricolporados, âmbito circular, subprolatos, reticulados, homobrocados, simplicolumelados. P (24,7-34,7 µm); E (33,7-35,6 µm). **Prancha/Plate 47:3.**

Bixaceae

Família com um só gênero e poucas espécies, com grãos de dimensões médias muito parecidos com os das famílias Cochlospermaceae e Cistaceae, motivo pelo qual muitos analistas de sedimentos quaternários muitas vezes os colocam na categoria tricolporados pequenos e indeterminados, possivelmente indicadores de táxons arbóreos.

Family with a single genus and few species, with medium-sized grains very similar to those of Cochlospermaceae and Cistaceae, possibly the reason why many Quaternary sediment analysts often place them in the tricolporate small and indeterminate categories, possibly indicating arboreal taxa.

Bixa arborea Huber (CVRD872): grãos de pólen mônades, tricolporados, trilobados em vista polar, subprolatos, escabrados, parede com espessura homogênea, poro elíptico a circular. P (26,6-27,8 µm); E (22,7-24,2 µm). **Prancha/Plate 47:4.**

Bonnetiaceae

Outrora pertencente à família Theaceae, *Bonnetia*, possui grãos parecidos com alguns membros de Clusiaceae (*Platonia*). Seus grãos são muito conspícuos e consideravelmente grandes com parede grossa, que possui certa semelhança com a de *Caryocar* (Caryocaraceae). São arbustos, arvoretas e até árvores encontrados em savanas com solo arenoso, restingas litorâneas e em campos rupestres e florestas de altitude.

Formerly belonging to Theaceae, *Bonnetia* has grains similar to some members of Clusiaceae (*Platonia*), which are very conspicuous and considerably large with thick wall, having some resemblance to that of *Caryocar* (Caryocaraceae). They are shrubs and even trees found in savanas on sandy soils, *Restinga*, high elevation open savanas (altitude campos) and in montane forests.

Bonnetia stricta (Nees) Nees & Mart (CVRD9243): grãos de pólen mônades, tamanho médio, tricolporados, âmbito triangular côncavo, suboblatos, escabrados, poros elípticos, colpos com margem. P (45,0-50,8 µm); E (48,1-50,1 µm). **Prancha/Plate 48:1a,b.**

Boraginaceae

Família importante de árvores e ervas, euripolínica, mas que na flora brasileira pode ser dividida palinologicamente em três grupos morfológicos: di/ triporados, tricolporados e heterocolpados. A condição tricolporada, microequinada facilita a identificação de *Cordia acutifolia* em contraste a *C. aberrans*. As gemas/verrugas protuberantes de *Tournefortia bicolor* também permitem sua rápida identificação.

An important family of trees and herbs, eurypalynous family which, in the Brazilian flora can be divided into three morphological groups: di/triporate, tricolporate and heterocolpate grains. The tricolporate and microechinate morphological types facilitate the identification of *Cordia acutifolia* in contrast to *C. aberrans*. The protruding gemmae/verrucae of *Tournefortia bicolor* also permit its rapid identification.

Cordia aberrans I. M. Johnst. (CVRD10249): grãos de pólen mônades, tricolporados, âmbito triangular convexo, suboblatos, granulados a gemados, espessura da parede homogênea. P (39,6-62,6 µm); E (42,5-74,2 µm). **Prancha/Plate 48:2a,b.**

Cordia acutifolia Fresen. (CVRD16): grãos de pólen mônades, tricolporados, âmbito trilobado a circular, circulares a suboblatos, escabrados a microequinados, espessura da parede homogênea, poros elípticos. P (35,0-39,8 µm); E (36,9-40,0 µm). **Prancha/Plate 48:3.**

Cordia hatschbachii J. S. Miller (CVRD9000): grãos de pólen mônades, tricolporados, âmbito trilobado a circular, circulares a suboblatos, escabrados a microequinados, espessura da parede homogênea, poros circulares a elípticos. P (36,2-2,3 µm); E (39,1-46,4 µm). **Prancha/Plate 49:1.**

***Heliotropium* sp.** (CVRD6069): grãos de pólen mônades, tricolporados, âmbito triangular reto, retangulares, reticulados a foveolados, parede com espessura homogênea, poros elípticos. P (40,6-46,9 µm); E (27,1-28,9 µm). **Prancha/Plate 49:2.**

Tournefortia bicolor Sw. (CVRD1238): grãos de pólen mônades, diporados a triporados, esféricos, gemados, poros circulares. D (15,3-17,6 µm). **Prancha/Plate 49:3.**

Tournefortia rubicunda Salzm. ex DC. (CVRD7102): grãos de pólen mônades, heterocolpados, âmbito circular, subprolatos, psilados, parede com espessura homogênea, poro retangulares a elípticos. P (24,5-27,2 µm); E (22,0-23,1 µm). **Prancha/Plate 49:4.**

Tournefortia paniculata Cham. (CVRD10784): grãos de pólen mônades, heterocolpados, âmbito circular, circulares a subprolatos, psilados, parede com espessura homogênea, poros elípticos. P (21,5-24,1 µm); E (20,5-24,2 µm). **Prancha/Plate 49:5.**

Brassicaceae

Esta família inclui ervas, arbustos e árvores presentes em vários ecossistemas brasileiros, mas *Cardamine* é uma erva pioneira (invasora) no processo de sucessão vegetal e pode auxiliar o analista Quaternário a identificar fases de abertura de florestas, natural ou antrópica, especialmente quando associado com outros indicadores paleoambientais, tais como *Cecropia*.

This family includes herbs, shrubs and trees present in several Brazilian ecosystems, but *Cardamine* is a pioneer herb (invasive) in plant successional stages and can help the Quaternary analyst to identify phases of natural or anthropogenic forest opening, especially when associated with other paleoenvironmental indicators such as *Cecropia*.

Cardamine flexuosa Withering (CVRD5796): grãos de pólen mônades, tamanho médio, tricolporados, âmbito triangular convexo, suboblatos a oblatos esferoidais, equinados, poros lalongados. P (21,1-25,5 µm); E (20,4-31,0 µm). **Prancha/Plate 49:6.**

Burseraceae

Família de importante representação em estudos palinológicos da floresta amazônica e atlântica, composta de árvores de grande porte. Grãos de pólen relativamente fáceis de serem identificados graças ao âmbito triangular, ornamentação psilada a microgranulada, a paredes relativamente grossas e a poros conspícuos lalongados, que podem dar aspecto zonorado a alguns grãos.

Family composed of large trees and of important representation in palynological studies of Amazonia and the Atlantic Rainforest. Pollen grains relatively easy to identify due to their triangular amb, psilate or microgranulate ornamentation, relatively thick walls and conspicuous lalongates pores, which may give zonorate appearance to some grains.

Crepidospermum atlanticum Daly (CVRD714): grãos de pólen mônades, tricolporados, âmbito triangular reto, subprolatos, escabrados a psilados, parede com espessura homogênea, poros retangulares a lalongados. P (28,3-30,1 μm); E (20,6-24,2 μm). **Prancha/Plate 50:1.**

Protium heptaphyllum* subsp. *heptaphyllum (Aublet) Marchand (CVRD2676): grãos de pólen mônades, tricolporados, âmbito triangular convexo, subprolatos, psilados, parede com espessura homogênea, poros retangulares a lalongados. P (25,3-27,2 μm); E (19,8-23,0 μm). **Prancha/Plate 50:2.**

Trattinickia mensalis Daly (CVRD7196): grãos de pólen mônades, tricolporados, âmbito triangular convexo, retangulares a subprolatos, escabrados, parede com espessura homogênea, poros retangulares a elípticos. P (26,4-37,3 μm); E (20,0-25,5 μm). **Prancha/Plate 50:3.**

Cabombaceae

Família de ervas aquáticas submersas em águas transparentes, especialmente na Floresta Amazônica, outrora incluída na família Nymphaeaceae, com a qual não compartilha a condição morfológica estriada. Como são encontradas em rios e igarapés, sua abundância pode ajudar o palinólogo do Quaternário a entender de forma mais completa paleosistemas fluviais, quando em associação com outros bioindicadores.

Family of aquatic herbs submerged in clear water, especially in Amazonian forests. It was formerly included in Nymphaeaceae, but does not share the striate morphological condition. As they are found in rivers and streams, their abundance may help Quaternary palynologists to reconstruct fluvial paleosystems when in association with other bioindicators.

Cabomba aquatica Aubl. (CVRD5019; CVRD5622): grãos de pólen mônades, grandes, monosulcados, elipsoidais, estriados, colpos com margem. EM (74,7-92,9 μm); Em (38,8-63,0 μm). **Prancha/Plate 50:4.**

Cactaceae

Família tipicamente xerófila de grande representação na Caatinga e em transições Cerrado/ Caatinga no norte de Minas Gerais e em vegetações mais secas. Na Mata Atlântica, ocorre o gênero epífito *Rhipsalis*, caracterizado por grãos relativamente grandes, e *Pereskia*, comum em ambientes florestais neotropicais. Apesar de sua polinização entomófila, a representação de cactáceas em sedimentos quaternários não é incomum.

A typically xerophilous family of great representation in the *Caatinga* and in the *Cerrado/ Caatinga* transition in northern Minas Gerais and in drier vegetation types.

Rhipsalis, characterized by relatively large pollen grains, occurs in the Atlantic Rainforest whereas *Pereskia* is common in neotropical forest environments. Despite its entomophilous pollination, the representation of Cactaceae in Quaternary sediments is not uncommon.

Brasiliopuntia brasiliensis (Willd.) A. Berger (CVRD1688): grãos de pólen mônades, tamanho muito grande, inaperturados, esféricos a elípticos, reticulados, homobrocados, simplicolumelados. D (109,9-166,3 μm). **Prancha/Plate 51:1.**

Pereskia grandifolia Haw. (CVRD3869): grãos de pólen mônades, tamanho grande a muito grande, pericolpados, âmbito circular, prolatos, reticulados, homobrocados, simplicolumelados. P (44,4-105,8 μm); E (38,7-97,8 μm). **Prancha/Plate 51:2a,b.**

Pilosocereus arrabidae (Lem.) Byler & Rowley (CVRD3542): grãos de pólen mônades, tamanho grande a muito grande, tricolpados, âmbito triangular convexo, prolatos, equinados. P (78,2-121,3 μm); E (66,3-105,2 μm). **Prancha/Plate 51:3.**

Calophyllaceae

Família de árvores composta por gêneros outrora pertences a Clusiaceae. *Kielmeyera* é particularmente abundante nos cerrados, mas com espécies encontradas em ambientes florestais, enquanto *Calophyllum brasiliense* tem ampla distribuição desde a Amazônia até Santa Catarina, especialmente na Mata Atlântica. *Calophyllum* pode ter grãos di- e tricolporados, suboblatos a prolatos já que *Kielmeyera* é sempre dispersa em grandes tétrades tetraédricas com grãos reticulados.

Family of trees composed of genera formerly belonging to Clusiaceae. *Kielmeyera* is particularly abundant in the *Cerrado*, but some species are found in forest environments, while *Calophyllum brasiliense* has a wide distribution from the Amazonia to Santa Catarina, especially in the Atlantic Rainforest. *Calophyllum* may have di- and tricolporate, suboblate to prolate grains, whereas *Kielmeyera* is always dispersed in large tetrahedral tetrads with reticulate grains.

Calophyllum brasiliense Cambess. (CVRD2543): grãos de pólen mônades, tamanho médio, tricolporados, âmbito circular a subtriangular, circulares a subprolatos, microrreticulados, parede com espessura homogênea, poros lalongados, colpos com margem. P (26,8-30,6 μm); E (25,0-31,7 μm). **Prancha/Plate 52:1.**

Kielmeyera albopunctata Saddi. (CVRD172): tétrades tetraédricas, tamanho grande, grãos isolados tricolporados, âmbito subtriangular, reticulados, poros lalongados a retangulares. D (74,8-82,4 μm). **Prancha/Plate 52:2.**

Kielmeyera occhioniana Saddi. (CVRD187): tétrades tetraédricas, tamanho grande, grãos isolados tricolporados, parasincolporados, âmbito subtriangular, reticulados, poros elípticos a retangulares. D (78,7-95,7 μm). **Prancha/Plate 52:3.**

Calyceraceae

Família de ervas ou subarbustos, que outrora foi associada a Asteraceae, mas de distribuição costeira, em dunas ou próximas a praias. A morfologia polínica apoiou a separação de *Aci-*

carpha de Asteraceae uma vez que este gênero tem âmbito triangular, ausência de espinhos, e vista equatorial que pode ser confundida com a de algumas Fabaceae.

Family of herbs or shrubs, which was formerly associated with Asteraceae. It has coastal distribution, as in dunes or near sandy beaches. Pollen morphology supported the separation of *Acicarpha* from Asteraceae as this genus has a triangular amb, absence of spines, and equatorial view that can be mistaken with those of some Fabaceae.

Acicarpha spathulata Robert Brown (CVRD4106): grãos de pólen mônades, pequenos, tricolporados, âmbito triangular reto, suboblatos, escabrados, poros côncavos. P (17,0-17,8 µm); E (17,8-21,1 µm). **Prancha/Plate 52:4.**

Campanulaceae

Família predominantemente de ervas, encontradas principalmente em campos e vegetação aberta em vários ecossistemas brasileiros. É uma família euripolínica e *Centropogon* tem morfologia que mostra uma certa semelhança com grãos de alguns gêneros de Solanaceae e Euphorbiaceae.

Family predominantly composed of herbs found mainly in fields and open vegetation in several Brazilian ecosystems. It is a eurypalynous family. *Centropogon* has pollen morphology displaying a certain resemblance to grains of some genera of Solanaceae and Euphorbiaceae.

Centropogon cornutus Linnaeus Druce (CVRD5950): grãos de pólen mônades, tamanho médio, tricolporados, âmbito triangular convexo, suboblatos, microrreticulados, homobrocados, simplicolumelados, poros circulares, aberturas nas laterais. P (29,3-30,3 µm); E (29,6-33,9 µm). **Prancha/Plate 52:5.**

Cannabaceae

Celtis e *Trema* são importantes táxons polínicos nos estudos do Quaternário, pois representam árvores ou arbustos de florestas em diferentes estágios sucessionais. Outrora estavam inseridos na família Ulmaceae, representada por grãos pequenos tri- a tetraporados, de grande afinidade morfológica com Urticaceae/Moraceae.

Celtis and *Trema* are important pollen taxa in Quaternary studies for representing forest trees or shrubs in different successional stages. They were formerly placed in Ulmaceae, represented by small tri- to tetraporate grains, of great morphological affinity with Urticaceae/Moraceae.

Celtis brasiliensis (Gardner) Planch. (CVRD7124): grãos de pólen mônades, pequenos, triporados, âmbito triangular convexo, suboblatos a esferoidais, escabrados, poros circulares com ânulo. P (16,2-22,5 µm); E (10,2-20,9 µm). **Prancha/Plate 52:6.**

Capparaceae

Família de arbustos e árvores, que sofreu modificações com a perda de *Cleome* (tetraperturado). Em *Capparis* os grãos podem ser 3-4 aperturados. O táxon arbóreo *Colicodendron* é endêmico da Mata Atlântica do sul da Bahia e norte do Espírito Santo enquanto que *Crateva tapia* tem ampla distribuição neotropical. Os grãos são tricolporados com poros bastante conspícuos, que podem sugerir semelhança aos de algumas Fabaceae.

Family of shrubs and trees, which had modifications with the change of *Cleome* (tetraperturate). *Capparis* grains can be 3-4 aperturate. The arboreal taxon *Colicodendron* is endemic to the Atlantic Rainforest of southern Bahia and northern Espírito Santo, while *Crateva tapia* has a broad neotropical distribution. Their grains are tricolporate with very conspicuous pores, which may look similar to some members of Fabaceae.

Colicodendron yco (Mart.) Mart. (CVRD3845): grãos de pólen mônades, tamanho médio, tricolporados, âmbito triangular convexo, subprolatos, microrreticulados, homobrocados, simplicolumelados, poros circulares, colpos com margem. P (31,9-32,3 μm); E (28,4-30,3 μm). **Prancha/Plate 53:1.**

Crateva tapia Linnaeus (CVRD422): grãos de pólen mônades, tamanho médio, tricolporados, âmbito triangular convexo, subprolatos, microrreticulados, homobrocados, simplicolumelados, exina fina nos polos, poros lalongados. P (25,6-26,1 μm); E (21,3-23,6 μm). **Prancha/Plate 53:2.**

Cardiopteridaceae

Outrora em Icacinaceae, *Citronella* é um gênero de árvores de pequeno porte, comum em ambientes florestais, especialmente em florestas úmidas associadas a sistemas fluviais. Trata-se de grãos pequenos, tricolporados, microrreticulados que podem ser confundidos com alguns gêneros de leguminosas.

Formely in Icacinaceae, *Citronella* is a genus of small trees common in forest environments, especially in humid forests associated with river systems. These are small, tricolporate, microreticulate grains, which can be mistaken with some genera of Fabaceae.

Citronella paniculata (Mart.) Howard. (CVRD610): grãos de pólen mônades, tricolporados, âmbito triangular convexo, suboblatos a esferoidais, reticulados, homobrocados, simplicolumelados, poros retangulares. P (21,8-23,6 μm); E (21,1-24,3 μm). **Prancha/Plate 53:3.**

Caricaceae

Família de árvores das matas semi-deciduas e ombrófilas dos neotropicos. Grãos tricolporados, que variam de 25 a 50 μm. Os dois mais importantes gêneros da flora brasileira são *Carica* e *Jacaratia*, que podem ser separados pelo tamanho e pela exclusividade de colpos com ausência de margo em *Jacaratia*. Em *Carica cauliflora* os poros são inconspícuos enquanto que em *Carica papaya*, estes são evidentes. Essa informação pode facilitar análises de cunho etno- e arqueobotânico.

Family of semi-deciduous and ombrophilous trees of the Neotropics. Tricolporate grains ranging in size from 25 to 50 μm. The two most important genera in Brazilian flora are *Carica* and *Jacaratia*, which can be separated by size and exclusive presence of colpi without margo in *Jacaratia*. In *Carica cauliflora*, pores are inconspicuous, whereas in *Carica papaya* these are evident. This information can facilitate the interpretation of Quaternary studies on ethno- and archaeobotanical issues.

Jacaratia heptaphylla (Vellozo) A. DC. (CVRD1243): grãos de pólen mônades, tamanho médio, tricolporados, âmbito trilobado a circular, subprolatos, reticulados, parede com espessura homogênea, poros lalongados. P (27,5-29,6 μm); E (24,1-25,3 μm). **Prancha/Plate 53:4.**

Caryocaraceae

Família de grande importância em estudos climáticos e antropogênicos devido à importância de *Caryocar* para populações indígenas, contudo é importante mencionar que *Caryocar edule*, assim como outras espécies na Amazônia, é uma árvore do dossel emergente, onde pode atingir 40 metros de altura. A morfologia geral do grão de *Caryocar* é muito conspícuas graças às proeminentes calotas polares e equatoriais e padrão reticulado-anastomosado, enquanto que *Anthodiscus* chama atenção pela zona hialina (zonorado) ao redor do equador, o que pode facilitar sua identificação.

Family of great importance in climatic and anthropogenic studies due to the importance of *Caryocar* to indigenous populations. However, it is important to mention that *Caryocar edule* as well as other species of this genus both in Amazonia and the Atlantic Rainforest is an emergent canopy tree that can reach up 40 meters in height. The general morphology of the *Caryocar* grain is very conspicuous with prominent polar and equatorial caps and reticulate-anastomosed pattern, whereas *Anthodiscus* has a hyaline zone (zonorate) around the equator, which may facilitate its identification.

Anthodiscus amazonicus Gleason & A. C. Sm. (CVRD2313): grãos de pólen mônades, tamanho médio, tricolporados, âmbito trilobado a circular, subprolatos, escabrados, parede com espessura homogênea, poros lalongados. P (23,0-27,1 μm); E (21,1-23,7 μm). **Prancha/Plate 53:5.**

Caryocar edule Casar. (CVRD128): grãos de pólen mônades, grandes, tricolporados, âmbito triangular convexo, subprolatos, reticulados, parede engrossada nos polos e no equador, poros elípticos, colpos com margem. P (49,2-52,8 μm); E (43,7-45,9 μm). **Prancha/Plate 53:6.**

Celastraceae

Família de árvores, ervas e arbustos em vários ecossistemas brasileiros. Em estudos do Quaternário destaca-se a presença de *Maytenus* em vários diagramas polínicos, indicadores de condições florestais. Uma das características marcantes de seus pequenos grãos de pólen tricolporados é o forte adensamento de microbáculas em condição simpli-baculada, que muito ajuda a identificação. Em *Plenckia*, as densas microbáculas são bastante altas.

Family of trees, herbs and shrubs in several Brazilian ecosystems. In Quaternary studies *Maytenus* appears in several pollen diagrams as indicator of forest conditions. One of the features of its small tricolporate pollen grains is the high density of microbacula (simplibaculate), which greatly facilitates its identification. In *Plenckia* the microbacula are quite extensive.

Elachyptera festiva (Miers) A. C. Sm. LC (CVRD8928): grãos de pólen mônades, pequenos, tricolporados, âmbito triangular reto, suboblatos, reticulados, parede com espessura homogênea, poros circulares, colpos com margem. P (17,1-17,5 μm); E (20,0-21,2 μm). **Prancha/Plate 54:1.**

Maytenus evonimoides Reissek (CVRD2828): grãos de pólen mônades, pequenos, tricolporados, âmbito circular a trilobado, circulares, reticulados, poros côncavos. P (19,6-20,2 μm); E (18,4-19,7 μm). **Prancha/Plate 54:2.**

Maytenus obtusifolia Mart. (CVRD3355): grãos de pólen mônades, pequenos, tricolporados, âmbito circular a trilobado, circulares, reticulados, parede com espessura homogênea, poros elípticos a côncavos. P (18,2-21,1 μm); E (18,1-20,4 μm). **Prancha/Plate 54:3.**

Maytenus schumanniana Loes. (CVRD6410; CVRD8956): grãos de pólen mônades, pequenos, tricolporados, âmbito trilobado, subprolatos a circulares, reticulados, poros elípticos a lalongados. P (18,5-20,5 μm); E (17,7-21,3 μm). **Prancha/Plate 54:4,5.**

Pristimera celastroides (Kunth) A.C. Sm (CVRD9914): grãos de pólen mônades, pequenos, tricolporados, âmbito triangular convexo, suboblatos, psilados, parede com espessura homogênea, poros elípticos. P (16,2-17,1 μm); E (17,9-18,2 μm). **Prancha/Plate 54:6.**

Salacia elliptica (Mart. ex Schult.) G.Don (CVRD7021): grãos de pólen mônades, tamanho médio, tricolporados, âmbito circular, circulares, reticulados, parede com espessura homogênea, poros circulares. P (31,0-34,0 μm); E (30,9-33,5 μm). **Prancha/Plate 54:7.**

Salacia krigsneri Lombardi (CVRD6245): grãos de pólen mônades, tamanho médio, tricolporados, âmbito circular a triangular convexo, suboblatos a subprolatos, reticulados, parede com espessura homogênea, poros elípticos, colpos com margem. P (22,8-24,5 μm); E (27,3-27,9 μm). **Prancha/Plate 54:8.**

Tontelea miersii (Peyr.) A. C. Sm. (CVRD4806): grãos de pólen mônades, pequenos, tricolporados, âmbito circular a triangular convexo, suboblatos a circulares, reticulados, poros circulares a elípticos, colpos com margem. P (18,0-18,4 μm); E (18,6-18,9 μm).**Prancha/Plate 55:1.**

Chrysobalanaceae

Família de árvores e arbustos de grande expressão na flora amazônica. Os grãos possuem grande variedade de formas ornamentais, contudo dois caracteres morfológicos que podem facilitar a identificação: a presença de âmbito triangular e a espessura da exina que pode variar de 2 até 4 μm (em alguns casos), por isso recomenda-se a montagem em meios não fixos que permitam a rotação dos grãos durante o exame.

Family of trees and shrubs of great expression in Amazonia, with pollen grains showing great variety of forms; however two morphological characters are useful to facilitate its identification such as the presence of triangular amb and exine thickness, that can vary from 2 to 4 μm in some cases. Therefore, we recommend pollen analysts to mount slides in non-fixed media that allow rotation of the grains during examination.

Couepia belemii Prance (CVRD841): grãos de pólen mônades, tamanho médio, tricolporados, âmbito triangular reto, suboblatos, escabrados, poros conspícuos. P (25,8-27,0 μm); E (28,4-32,3 μm). **Prancha/Plate 55:2.**

Couepia ovalifolia (Schott) Hook. ex Benth. (CVRD1221): grãos de pólen mônades, tamanho médio, tricolporados, âmbito triangular reto, suboblatos, escabrados, poros lalongados e côncavos. P (23,0-26,5 μm); E (27,2-32,5 μm). **Prancha/Plate 55:3.**

Couepia schottii Fritsch (CVRD96): grãos de pólen mônades, tamanho médio, tricolporados, âmbito triangular reto, suboblatos, escabrados, poros lalongados e côncavos. P (25,4-27,0 μm); E (26,9-32,9 μm). **Prancha/Plate 55:4.**

Exellodendron gracile (Kuhlm.) Prance. (CVRD3003): grãos de pólen mônades, tamanho médio, tricolporados, âmbito triangular convexo, suboblatos, escabrados, poros lalongados. P (21,6-21,7 μm); E (26,5-26,8 μm). **Prancha/Plate 55:5.**

Hirtella bahiensis Prance (CVRD86): grãos de pólen mônades, tamanho médio, tricolporados, âmbito triangular convexo, suboblatos, escabrados, poros lalongados e côncavos. P (24,0-25,8 μm); E (26,4-31,1 μm). **Prancha/Plate 55:6.**

Hirtella corymbosa Cham. & Schltdl. (CVRD1290): grãos de pólen mônades, tamanho médio, tricolporados, âmbito triangular reto ou convexo, suboblatos, escabrados, poros lalongados e côncavos. P (23,3-28,3 μm); E (31,7-31,8 μm). **Prancha/Plate 56:1.**

Licania belemii Prance (CVRD206): grãos de pólen mônades, tamanho médio, tricolporados, âmbito triangular convexo, suboblatos, escabrados, poros lalongados e côncavos. P (17,1-19,7 μm); E (18,6-24,5 μm). **Prancha/Plate 56:2.**

Licania littoralis Warm. (CVRD599): grãos de pólen mônades, pequenos, tricolporados, âmbito triangular convexo, suboblatos, escabrados, poros lalongados e côncavos. P (16,3-18,9 μm); E (17,9-19,9 μm). **Prancha/Plate 56:3.**

Licania micrantha Miq. (CVRD8334): grãos de pólen mônades, pequenos, tricolporados, âmbito triangular convexo, suboblatos, escabrados, poros conspícuos. P (16,6-17,7 μm); E (20,6-22,0 μm). **Prancha/Plate 56:4.**

Parinari excelsa Sabine (CVRD49): grãos de pólen mônades, tamanho médio, tricolporados, âmbito triangular reto, suboblatos, escabrados, poros conspícuos. P (30,1-30,6 μm); E (29,7-30,8 μm). **Prancha/Plate 56:5.**

Cleomaceae

Dois gêneros outrora agrupados em Capparaceae e agora reunidos nesta família, que não possui unidade morfológica polínica. Grãos de *Cleome* podem ser 3-4 aperturados, pequenos e ornamentados por microequinas, que assemelham-se razoavelmente aos de *Cordia* (Boraginaceae), enquanto que a ornamentação microbaculada de *Dactylaena* pode lembrar, sob microscopia óptica, a condição simpli-baculada de vários gêneros de Celastraceae, como *Maytenus*.

Two genera formerly grouped in Capparaceae and now reunited in this family, that does not have pollen morphological unity. Grains of *Cleome* can be 3-4 aperturate, small and microechinate, resembling those of *Cordia* (Boraginaceae). The microbaculate ornamentation of *Dactylaena* may resemble, under light microscopy, the simplibaculate ornamentatin of several genera of Celastraceae, such as *Maytenus*.

Dactylaena microphylla Eichler (CVRD5226): grãos de pólen mônades, pequenos, tricolporados, âmbito triangular convexo, subprolatos, microrreticulados, homobrocados, simplicolumelados, poros lalongados. P (21,5-23,0 μm); E (13,6-17,3 μm). **Prancha/Plate 56:6.**

Tarenaya hassleriana (Chodat) Iltis (CVRD5191): grãos de pólen mônades, pequenos, tricolporados, âmbito triangular convexo, subprolatos, equinados, poros lalongados. P (19,5-24,6 µm); E (15,3-20,7 µm). **Prancha/Plate 56:7.**

Clethraceae

Clethra é um gênero de árvores ou arbustos, com ampla maioria das espécies distribuídas na Amazônia, no Sul e Sudeste do Brasil. Nessas duas últimas regiões é comum em florestas montanas espécimes de *C. scabra*. Sua morfologia polínica, ao contrário de outros gêneros da família Clethraceae, mostra uma certa semelhança a de alguns gêneros de leguminosas.

Clethra is a genus of trees or shrubs, with a large majority of species distributed in Amazonia, in the South and Southeastern Brazil. In these two regions specimens of *C. scabra* are common in montane forests. Its pollen morphology, unlike other genera of the Clethraceae, shows a certain resemblance to that of some genera of Fabaceae.

Clethra scabra Pers. (CVRD2130): grãos de pólen mônades, pequenos, triporados, âmbito triangular reto, suboblatos, psilados, poros retangulares a côncavos. P (12,8-16,4 µm); E (15,9-16,1 µm). **Prancha/Plate 57:1.**

Clusiaceae

Família de arbustos, árvores, algumas epífitas, com distribuição pantropical com 18 gêneros e cerca de 150 espécies no Brasil, onde ocorrem em vários ecossistemas. *Clusia*, *Garcinia*, *Rheedia* e *Symphonia* possuem espécies árbóreas de pequeno a grande porte, até cerca de 20 m de altura tanto na Amazônia como na Mata Atlântica. Família com grãos tricolporados, peroblatos a prolatos a grãos porados (*Symphonia*) com âmbito circular, triangular, quadrangular a pentagonal (*Symphonia*). Em *Garcinia intermedia* ocorrem colpos sincolpados, muito parecidos com os de outras famílias, sendo necessário o exame da vista equatorial para diferenciá-los.

Family of shrubs, trees, some epiphytes, with pantropical distribution. It has 18 genera and about 150 species in Brazil, where they occur in several ecosystems. *Clusia*, *Garcinia*, *Rheedia* and *Symphonia* have arboreal species from small to large, up to about 20 m in height in both the Amazon and Atlantic Rainforest. Family with tricolporate, peroblate to prolate and porate grains (*Symphonia*) with circular amb, triangular, quadrangular to pentagonal in shape (*Symphonia*). *Garcinia intermedia* is syncolpate, very similar to those of other families, being recommended the examination of the equatorial view to differentiate them.

Clusia marizii Gomes da Silva & B. Weinb. (CVRD11304): grãos de pólen mônades, tamanho médio, tricolporados a tetracolporados, âmbito circular, oblatos a suboblatos, granulados, poros inconspícuos. P (22,7-29,4 µm); E (32,1-40,6 µm). **Prancha/Plate 57:2a,b.**

Garcinia brasiliensis Mart. (CVRD2341; CVRD10600): grãos de pólen mônades, tamanho médio, tricolporados, âmbito trilobado, circular ou subtriangular, circulares a subprolatos, escabrados, poros lalongados a retangulares. P (30,0-42,3 µm); E (23,2-39,6 µm).
Prancha/Plate 57:3.

Garcinia gardneriana (Planch. & Triana) Zappi. (CVRD475; CVRD6668): grãos de pólen mônades, tamanho médio, tricolporados, âmbito trilobado, subprolatos, escabrados, poros circulares. P (24,1-28,8 μm); E (16,4-25,9 μm). **Pranchas/Plates 57:4; 58:1.**

Garcinia intermedia (Pittier) Hammel (CVRD8870): grãos de pólen mônades, tamanho médio, tricolporados, âmbito circular a subtriangular, subprolatos, escabrados, poros lalongados a retangulares. P (36,0-36,9 μm); E (31,7-32,5 μm). **Prancha/Plate 58:2.**

Symphonia globulifera Linn. (CVRD284): grãos de pólen mônades, tamanho grande, tetraporados a pentaporados, âmbito quadrangular a quinquangular, suboblatos, escabrados, poros circulares. P (55,9-63,9 μm); E (49,0-56,6 μm). **Prancha/Plate 58:3a,b.**

Tovomita fructipendula (Rui & Pav.) Cambess (CVRD4679): grãos de pólen mônades, tamanho médio, tricolporados, âmbito circular a subtriangular, circulares a subprolatos, microrreticulados, colpos com margem, poros elípticos. P (28,8-39,2 μm); E (26,1-36,2 μm). **Prancha/Plate 59:1.**

Combretaceae

Com exceção de *Buchenavia*, é inegável a semelhança morfológica entre Combretaceae e Melastomataceae. Alguns analistas do Quaternário atribuem à primeira família alguns grãos robustos com paredes relativamente grossas. Outros preferem agrupá-los na categoria Melastomataceae/Combretaceae. Esta dificuldade torna-se preocupante em vegetação de mangue devido à presença de *Laguncularia* (Combretaceae). Para resolver isso, alguns analistas atribuem grãos heterocolporados a este gênero somente quando o espectro polínico total incluir *Rhizophora*, *Hibiscus*, *Avicennia* e *Acrostichum*.

Except for *Buchenavia*, the morphological similarity between Combretaceae and Melastomataceae is undeniable. Some Quaternary analysts attribute to the first family some large grains with relatively thick walls. Others prefer to group them in the category Melastomataceae/Combretaceae. This difficulty becomes problematic in mangrove vegetation due to the presence of *Laguncularia* (Combretaceae). To solve this impass, some analysts attribute heterocolporate grains to this genus only when the total pollen spectrum includes *Rhizophora*, *Hibiscus*, *Avicennia* and *Acrostichum*.

Buchenavia parvifolia* subsp. *rabelloana (Mattos) Alwan et Stace (CVRD8283): grãos de pólen mônades, pequenos, tricolporados, âmbito triangular côncavo, subprolatos, escabrados, poros elípticos a retangulares. P (23,2-24,7 μm); E (21,7-24,1 μm). **Prancha/Plate 59:2.**

Buchenavia tetraphylla (Aubl.) R. A. Howard (CVRD3247): grãos de pólen mônades, pequenos, tricolporados, âmbito triangular convexo, circulares, escabrados, parede com espessura homogênea, poros inconspícuos. P (20,1-21,8 μm); E (20,6-21,8 μm). **Prancha/Plate 59:3.**

Combretum fruticosum (Loefl.) Stuntz. (CVRD1671): grãos de pólen mônades, tamanho médio, heterocolpados, âmbito hexalobado, circulares a subprolatos, psilados, parede com espessura homogênea, poros elípticos. P (25,3-29,3 μm); E (23,9-25,9 μm). **Prancha/Plate 59:4.**

Combretum laxum Jacq. (CVRD2553): grãos de pólen mônades, pequenos, heterocolpados, âmbito hexalobado, subprolatos, psilados, parede com espessura homogênea, poros elípticos. P (18,0-22,8 μm); E (17,6-19,2 μm). **Prancha/Plate 59:5.**

Conocarpus erectus Linnaeus (CVRD3500): grãos de pólen mônades, pequenos, heterocolpados, âmbito hexalobado, circulares a subprolatos, psilados, poros elípticos. P (19,3-20,4 μm); E (17,9-18,9 μm). **Prancha/Plate 59:6.**

Terminalia argentea Mart & Zucc (CVRD1091): grãos de pólen mônades, pequenos, heterocolpados, âmbito hexalobado, subprolatos, escabrados, poros circulares. P (20,2-23,1 μm); E (19,7-21,4 μm). **Prancha/Plate 60:1.**

Terminalia glabrescens Mart. (CVRD3443): grãos de pólen mônades, pequenos, heterocolpados, âmbito hexalobado, circulares a subprolatos, psilados, poros circulares. P (18,5-19,8 μm); E (17,3-18,7 μm). **Prancha/Plate 60:2.**

Terminalia mameluco Pickel (CVRD347): grãos de pólen mônades, pequenos, heterocolpados, âmbito hexalobado, subprolatos, escabrados a psilados, poros elípticos. P (19,1-19,7 μm); E (16,7-18,4 μm). **Prancha/Plate 60:3.**

Connaraceae

Família de árvores e arbustos das florestas assim como em vegetação de campos de altitude, possui grãos tricolporados pequenos com poros inconspícuos a conspícuos, alguns com âmbito triangular e muito parecidos com os de muitas outras famílias de angiospermas. A condição simpli-baculada, onde as microbáculas encontram-se densamente agrupadas pode assemelhar-se a grãos de gêneros de Celastraceae.

Family of trees and shrubs in forests as well as in highland vegetation. It has small tricolporate grains, with inconspicuous to conspicuous pores, some with triangular amb and very similar to many other angiosperm families. The simplibaculate condition of densely grouped microbacula may resemble the pattern found in grains of Celastraceae.

Connarus detersus Planch. (CVRD12492): grãos de pólen mônades, tamanho médio, tricolporados, âmbito trilobado, circulares a subprolatos, reticulados, parede com espessura homogênea. P (22,6-25,5 μm); E (23,0-24,9 μm). **Prancha/Plate 60:4.**

Rourea gardneriana Planch. (CVRD4089): grãos de pólen mônades, pequenos, tricolporados, âmbito circular a triangular convexos, suboblatos, reticulados, parede com espessura homogênea, poros elípticos a circulares. P (23,2-24,9 μm); E (20,7-23,2 μm). **Prancha/Plate 60:5.**

Rourea glaziovii Schelleberg (CVRD4979): grãos de pólen mônades, tamanho médio, tricolporados, âmbito circular a triangular convexo, oblatos a suboblatos, reticulados, parede com espessura homogênea, poros inconspícuos. P (18,3-19,6 μm); E (24,9-26,1 μm). **Prancha/Plate 60:6.**

Convolvulaceae

Família de ervas terrestres, trepadeiras e outros hábitos de grande importância para a nutrição de povos indígenas (*Ipomea*) com grãos geralmente grandes (*Cayaponia*), porados e equinados, que nas florestas tropicais são representados por gêneros com grãos de tamanho médio, tricolporados, muitos equinados e geralmente simpli-baculados, enquanto que alguns são estriados.

Family of terrestrial herbs, lianas and other habits of great importance for the nutrition of indigenous people (*Ipomea*). Pollen grains are usually large (*Cayaponia*), porate and echinate. In tropical forests this family is represented by genera with medium-sized pollen grains, tricolporate, many of them are echinate and generally simplibaculate, while some are striate.

Evolvulus maximiliani Mart. ex Choisy (CVRD1624): grãos de pólen mônades, tamanho médio, pantocolpados, esféricos, microequinados, colpos sem margem. D (28,1-38,9 μm). **Prancha/Plate 60:7.**

Evolvulus nummularius Linnaeus (CVRD5838): grãos de pólen mônades, tamanho médio, 5-colpados, esféricos, microequinados, colpos sem margem. D (34,5-38,6 μm). **Prancha/Plate 61:1.**

Jacquemontia glaucescens Choisy (CVRD6840): grãos de pólen mônades, grandes, tricolpados, âmbito subtriangular, subprolatos, equinados. P (53,4-63,5); E (55,3-71,1). **Prancha/Plate 61:2.**

Merremia macrocalyx (Ruiz & Pav.) O'Donell (CVRD1309): grãos de pólen mônades, grandes, tricolpados, âmbito triangular convexo, subprolatos, equinados. P (64,7-66,8 μm); E (67,7-78,8 μm). **Prancha/Plate 61:3.**

Odonellia eriocephala (Moric.) K.R. Robertson (CVRD5712): grãos de pólen mônades, grandes, estefanocolpados, âmbito hexalobado, circulares, equinados. P (64,7-66,8 μm); E (67,7-78,8 μm). **Prancha/Plate 61:4.**

Crassulaceae

Família de ervas suculentas ou arbustos com um só gênero nativo (*Crassula*). *Kalanchoe* foi introduzido e ocorre espontaneamente em vários ecossistemas brasileiros. Seus grãos, relativamente grandes, podem ser eventualmente confundidos com alguns gêneros das famílias Rosaceae e Chrysobalanaceae, devido a sua ornamentação com leve semelhança às paredes estriadas.

Family of succulent herbs or shrubs with a single native genus (*Crassula*). *Kalanchoe* was introduced and occurs spontaneously in several Brazilian ecosystems. Its relatively large grains may eventually be mistaken with some genera of Rosaceae and Chrysobalanaceae, due to their striate ornamentation.

Kalanchoe pinnata Pers. (CVRD10354): grãos de pólen mônades, tamanho médio, tricolporados, âmbito triangular convexo, subprolatos, escabrados, poros retangulares e côncavos. P (33,2-34,2 μm); E (27,4-31,3 μm). **Prancha/Plate 61:5.**

Cucurbitaceae

Família de ervas rastejantes, trepadeiras, raramente subarbustos ou arbustos, com cerca de 30 gêneros e 200 espécies no Brasil. Nela estão algumas plantas cultivadas e algumas são táxons pioneiros em áreas perturbadas. É de grande interesse para estudos sobre instalação da agricultura durante o Holoceno. É uma família euripolínica com grãos colpados, colporados,

porados ou pantoporados que variam de 18 μm a mais de 180 μm (*Curcubita*). Tétrades são encontradas em *Gurania*.

Family of crawling herbs, climbers, rarely shrubs, with about 30 genera and 200 species in Brazil. Some are cultivated plants and some are pioneering taxa in disturbed areas. It is of great interest in studies about the history of agriculture during the Holocene. It is an eurypalynous family with colpate, colporate, porate or pantoporate grains that range from 18 μm to more than 180 μm (*Curcubita*). Tetrads are found in *Gurania*.

Cayaponia trifoliata Cogn. (CVRD4246): grãos de pólen mônades, grandes, 6-porados, esféricos, equinados, poros circulares. D (90,0-92,0 μm). **Prancha/Plate 62:1a,b.**

Fevillea trilobata Linnaeus (CVRD1315): grãos de pólen mônades, tamanho médio, tricolporados, âmbito trilobado, subprolatos, estriados, poros lolongados. P (24,5-27,6 μm); E (21,5-24,6 μm). **Prancha/Plate 62:2.**

Melothria pendula Linnaeus (CVRD6287): grãos de pólen mônades, grandes, tricolporados, âmbito circular, suboblatos, reticulados, heterobrocados, poros quadrangulares. P (55,3-59,9 μm); E (62,0-68,5 μm). **Prancha/Plate 62:3.**

Momordica charantina Linnaeus (CVRD4200): grãos de pólen mônades, grandes, tricolporados, âmbito circular, subprolatos, reticulados, homobrocados. P (59,9-68,0 μm); E (61,9-63,0 μm). **Prancha/Plate 62:4.**

Dichapetalaceae

Família de árvores, arbustos, lianas de distribuição neotropical com apenas três gêneros (*Dichapetalum*, *Stephanopodium* e *Tapura*) e cerca de 160 espécies, a maioria pertencente a *Dichapetalum*. Os três gêneros ocorrem no Brasil, onde são encontradas 50 espécies, a maioria delas na Amazônia, com algumas espécies de *Stephanopodium* são nativas na Mata Atlântica. Os grãos de pequenos e tricolporados de *S. blanchetianum* tem uma relativa semelhança a de alguns gêneros de Euphorbiaceae.

Family of trees, shrubs and lianas of neotropical distribution with only three genera (*Dichapetalum*, *Stephanopodium* and *Tapura*) and about 160 species, most of them belonging to *Dichapetalum*. These three genera occur in Brazil, with 50 species found mainly in Amazonia while some species of *Stephanopodium* are native to the Atlantic Rainforest. The small and tricolporate grains of *S. blanchetianum* have a relative resemblance to those of some genera of Euphorbiaceae.

Stephanopodium blanchetianum Baillon (CVRD717): grãos de pólen mônades, pequenos, tricolporados, âmbito subtriangular, suboblatos, psilados, poros lalongados. P (15,8-18,3 μm); E (19,1-23,2 μm). **Prancha/Plate 62:5.**

Dilleniaceae

Família de árvores, lianas e raras ervas com grãos pequenos a médios, tricolporados, prolatos a suboblatos e reticulados, indicadores de ambientes florestais, contudo *Curatella americana* é um excelente indicador de cerrado. Sua presença, ainda que baixa em termos de porcentagem e concentração de grãos, em estudos do Quaternário, paleovegetacionais, arqueológicos e etnobotânicos pode ter grande importância.

Family of trees, lianas and rare herbs with small to medium-sized, tricolporate, prolate to suboblate and reticulate pollen grains. They can be indicators of forest environments, however *Curatella americana* is an excellent indicator of *Cerrado* (tropical savana) Although represented with low percentage and concentration in Quaternary pollen diagrams, the presence of Dilleniaceae may be of great importance in palaeovegetational, archaeological and ethnobotanical studies.

Curatella americana Linnaeus (CVRD2055): grãos de pólen mônades, pequenos, tricolporados, âmbito trilobado, subprolatos, microrreticulados, poros quadrados. P (18,9-20,9 µm); E (17,0-19,4 µm). **Prancha/Plate 62:6.**

Davilla flexuosa A. St.-Hill. (CVRD1284): grãos de pólen mônades, tamanho médio, tricolporados, âmbito triangular convexo, suboblatos, reticulados, homobrocados, poros circulares e grandes, colpos com margem. P (27,3-31,7 µm); E (25,4-34,1 µm); Poros (4,4-6 µm). **Prancha/Plate 63:1.**

Davilla grandiflora Moric. ex Eichler (CVRD11874): grãos de pólen mônades, tamanho médio, tricolporados, âmbito triangular convexo, suboblatos, reticulados, homobrocados, exina fina nos polos, poros circulares e grandes, colpos com margem. P (28,6-32,8 µm); E (29,0-37,4 µm); Poros (5,3-8,5 µm). **Prancha/Plate 63:2.**

Doliocarpus validus Kubitzki (CVRD12164): grãos de pólen mônades, pequenos, tricolporados, âmbito trilobado, subprolatos, reticulados, homobrocados, poros lolongados. P (16,7-20,4 µm); E (19,3-23,5 µm). **Prancha/Plate 63:3.**

Tetracera breyniana Schltdl. (CVRD10595): grãos de pólen mônades, tamanho médio, tricolporados, âmbito triangular convexo, suboblatos, microrreticulados, poros circulares e grandes. P (19,0-19,8 µm); E (24,0-26,2 µm); Poros (5,8-8,2 µm). **Prancha/Plate 63:4.**

Ebenaceae

Família de árvores e arbustos com apenas dois gêneros no Brasil (*Diospyros* e *Lissocarpa*) indicadores de ambiente florestal. É uma família com distribuição atlântico/amazônica no Brasil, onde também são encontrados nas florestas semideciduais e em transições para cerrado. Grãos de tamanho médio, tricolporados, prolatos a suboblatos com âmbito levemente triangular com colpos que quase alcançam a zona polar.

Family of trees and shrubs with only two genera in Brazil (*Diospyros* and *Lissocarpa*), indicators of forest habitats. It is a family with the typical Atlantic Rainforest/Amazonia disjunct distribution in Brazil, where they are also found in semideciduous forests and *Cerrado* ecotones. Grains of medium size, tricolporate, prolate to suboblate, amb slightly triangular and colpi almost reaching the polar zone.

Diospyros apeibocarpos Raddi (CVRD960): grãos de pólen mônades, tamanho médio, tricolporados, âmbito triangular convexo, circulares a subprolatos, escabrados, parede com espessura homogênea, poros grandes e elípticos. P (41,0-46,1 µm); E (42,7-44,8 µm). **Prancha/Plate 63:5.**

Diospyros capreaefolia Mart. ex Hiern (CVRD12584): grãos de pólen mônades, tamanho médio, tricolporados, âmbito triangular convexo a circular, suboblatos, escabrados, parede com espessura homogênea, poros lalongados a côncavos. P (28,1-33,8 μm); E (37,4-40,1 μm). **Prancha/Plate 63:6.**

Diospyros inconstans Jacq. (CVRD11069): grãos de pólen mônades, tamanho médio, tricolporados, âmbito triangular convexo, subprolatos, escabrados, parede com espessura homogênea, poros retangulares a lalongados, colpos com margem. P (38,3-40,7 μm); E (34,7-39,0 μm). **Prancha/Plate 64:1.**

Elaeocarpaceae

Família de árvores com maior representação na Amazônia, com destaque aos gêneros *Sloanea* e *Crinodedron*. Este último é nativo de florestas montanas de Santa Catarina. Para os estudos do Quaternário, o gênero *Sloanea* permite ao paleoecólogo inferir a paleoarquitetura da vegetação, uma vez que representa grandes árvores do dossel. Grãos parecidos com os de Elaeocarpaceae são encontrados na família Salicaceae, tais como *Banara*, *Homalium*, *Prockia* e *Xylosma*, gêneros importantes em diferentes ecossistemas florestais brasileiros.

Family of trees with greater representation in Amazonia, especially *Sloanea* and *Crinodedron*. The latter is native to montane forests of Santa Catarina. In Quaternary studies *Sloanea* allows the paleoecologist to infer the paleoarchitecture of the vegetation, since it represents very large trees of the canopy. Grains similar to those of Elaeocarpaceae are found in Salicaceae, such as *Banara*, *Homalium*, *Prockia* and *Xylosma*, important genera in different Brazilian forest ecosystems.

Sloanea granulosa Ducke (CVRD308): grãos de pólen mônades, pequenos, tricolporados, âmbito triangular convexo a circular, suboblatos a circulares, psilados, parede com espessura homogênea, poros circulares a elípticos. P (13,1-14,5 μm); E (14,4-14,9 μm). **Prancha/Plate 64:2.**

Sloanea guianensis (Aubl.) Benth. (CVRD793): grãos de pólen mônades, pequenos, tricolporados, âmbito circular, circulares a subprolatos, psilados, parede com espessura homogênea, poros inconspícuos. P (14,9-15,6 μm); E (14,0-15,0 μm). **Prancha/Plate 64:3.**

Sloanea retusa Uittien (CVRD698): grãos de pólen mônades, pequenos, tricolporados, âmbito circulares, circulares a subprolatos, psilados, parede com espessura homogênea, poros elípticos. P (13,0-14,5 μm); E (13,1-14,2 μm). **Prancha/Plate 64:4.**

***Sloanea* sp.** (CVRD10459): grãos de pólen mônades, pequenos, tricolporados, âmbito circular, circulares, psilados, parede com espessura homogênea, poros circulares a elípticos. P (13,2-13,6 μm); E (13,5-13,6). **Prancha/Plate 64:5.**

Ericaceae

No Brasil é uma família de árvores de até 6 m e arbustos encontrados quase que exclusivamente em altas elevações, particularmente nos campos rupestres do Sul e Sudeste, pertencentes a 12 gêneros nativos. Seus grãos reunidos em tétrades são inconfundíveis e têm grande importância nos estudos do Quaternário, pois podem ser empregados em estudos de determinação de paleotemperaturas durante ciclos glaciais.

In Brazil it is a family with 12 native genera, representing trees up to 6 m tall and shrubs found almost exclusively in high elevations, particularly in the southern and southeastern high altitude open savanas (altitude campos). Grains in tetrads are unmistakable and of great importance in Quaternary studies, as they can be used in studies directed to the reconstruction of paleotemperatures during glacial cycles.

Agarista revoluta* var. *revoluta W.S. Judd (CVRD1227): tétrades tetraédricas, tamanho médio, grãos isolados tricolporados, âmbito circular, escabrados e colpos sem margem. D (40,7-48,6 µm). **Prancha/Plate 64:6.**

Gaylussacia brasiliensis (Spr.) Meissner (CVRD1223): tétrades tetraédricas, tamanho médio, grãos isolados tricolporados, âmbito circular, microrreticulados, homobrocados, simplicolumelados e colpos com margem. D (34,4-50,7 µm). **Prancha/Plate 64:7.**

Erythroxylaceae

Família exclusivamente arbórea de ocorrência na Mata Atlântica, na Amazônia e também nos cerrados onde *Erythroxylum* é um gênero bastante conspícuo. Possui grãos pequenos a médios com âmbito relativamente triangular, que pode ajudar na identificação. Grãos de *Erythroxylum* aparecem com relativa frequência em diagramas polínicos do Quaternário do Brasil.

Family exclusively arboreal in the Atlantic Rainforest, in the Amazonia and also in the *Cerrado*, where *Erythroxylum* is a very conspicuous genus. It has small to medium-sssized grains with a relatively triangular amb, which can facilitate the identification. *Erythroxylum* is relatively frequent in Quaternary pollen diagrams.

Erythroxylum affine A. St.-Hil. (CVRD493): grãos de pólen mônades, tricolporados, âmbito trilobado a circular, subprolatos, reticulados, parede com espessura homogênea, poros côncavos a lalongados, colpos com margem. P (26,6-30,3 µm); E (20,3-23,1 µm). **Prancha/Plate 65:1.**

Erythroxylum hamigerum O. E. Schulz (CVRD2366): grãos de pólen mônades, tamanho médio, tricolporados, âmbito triangular convexo, subprolatos a circulares, reticulados, parede com espessura homogênea, poros lalongados. P (41,4-45,9 µm); E (38,8-43,4 µm). **Prancha/Plate 65:2a,b.**

Erythroxylum macrophyllum Cav. (CVRD634): grãos de pólen mônades, tamanho médio, tricolporados, âmbito triangular convexo a circular, subprolatos a circulares, reticulados, parede com espessura homogênea, poros côncavos a elípticos. P (32,9-34,2 µm); E (32,0-36,9 µm). **Prancha/Plate 65:3.**

Erythroxylum passerinum Mart. (CVRD1825): grãos de pólen mônades, tamanho médio, tricolporados, âmbito trilobado a circular, subprolatos a circulares, reticulados, poros lalongados, colpos com margens. P (22,8-26,1 µm); E (23,5-24,3 µm). **Prancha/Plate 65:4.**

Erythroxylum pulchrum A. St.-Hil. (CVRD523): grãos de pólen mônades, tamanho médio, tricolporados, âmbito triangular convexo a trilobado, subprolatos, reticulados, parede com espessura homogênea, poros côncavos a lalongados, colpos com margens. P (28,1-34,9 µm); E (21,7-26,0 µm). **Prancha/Plate 66:1.**

Erythroxylum squamatum Sw. (CVRD2600): grãos de pólen mônades, tamanho médio, tricolporados, âmbito trilobado a triangular convexo, subprolato a circular, reticulados, parede com espessura homogênea, poros lalongados. P (28,1-32,5 μm); E (25,5-29,4 μm). **Prancha/Plate 66:2.**

Erythroxylum subrotundum A. St.-Hil (CVRD4670): grãos de pólen mônades, tamanho médio, tricolporados, âmbito triangular convexo, subprolatos a circulares, reticulados, parede com espessura homogênea, poros lalongados, colpos com margens. P (26,9-28,1 μm); E (27,2-29,4 μm). **Prancha/Plate 66:3.**

Erythroxylum subsessile (Mart.) O.E. Schulz (CVRD2208): grãos de pólen mônades, tamanho médio, tricolporados, âmbito circular, subprolatos, reticulados, parede com espessura homogênea, poros lalongados. P (32,0-32,9 μm); E (28,6-29,8 μm). **Prancha/Plate 66:4.**

Erythroxylum tenue Plowman (CVRD6395): grãos de pólen mônades, tamanho médio, tricolporados, âmbito triangular convexo a trilobado, subprolatos a circulares, reticulados, parede com espessura homogênea, poros lalongados. P (34,9-35,5 μm); E (31,0-33,3 μm). **Prancha/Plate 66:5.**

Euphorbiaceae

Família com cerca de 70 gêneros e 1.000 espécies somente no Brasil, com hábito arbóreo, herbáceo e lianas. Alguns táxons são afilos com semelhança superficial às Cactacéas, um caso espetacular de analogia e convergência evolutiva. Família euripolínica, com grãos inaperturados, colpados, colporados, com tamanhos que variam de 20 μm a mais de 50 μm. No Brasil, são encontrados praticamente em todos os ecossistemas e a interpretação paleoambiental deve ser restrita aos requerimentos ecológicos de cada gênero e ao espectro polínico total da amostra sedimentar.

Family with about 70 genera and 1000 species only in Brazil, composed of trees, shrubs and lianas. Some taxa are aphyllous showing a superficial resemblance to Cactaceae, a spectacular case of analogy and evolutionary convergence. Eurypalynous family with inaperturate, colpate, colporate grains arranging in size from 20 μm to more than 50 μm. In Brazil, they are found practically in all ecosystems and therefore its use in paleoenvironmental interpretation must be supported by ecological characteristics of each genus in the total pollen spectrum of the sedimentary sample.

Actinostemon* cf. *concolor (Sprengel) Müll. Arg. (CVRD9756): grãos de pólen mônades, pequenos a tamanho médio, tricolporados, âmbito trilobado, suboblatos a circulares, microrreticulados, poros circulares. P (22,0-25,0 μm); E (25,0-28,0 μm). **Prancha/Plate 66:6.**

Actinostemon klotzschii (Didr.) Pax (CVRD956): grãos de pólen mônades, pequenos a tamanho médio, tricolporados, âmbito circular, suboblatos a circulares, microrreticulados, poros retangulares a inconspícuos. P (22,1-25,5 μm); E (22,5-28,0 μm). **Prancha/Plate 67:1.**

Alchornea triplinervia (Spreng.) Müll. Arg. (CVRD225): grãos de pólen mônades, pequenos, tricolporados, âmbito subtriangular, suboblatos a circulares, escabrados, poros lalongados, com opérculo. P (14,9-20,0 μm); E (17,4-21,4 μm). **Prancha/Plate 67:2.**

Aparisthmium cordatum (A. Juss.) Baill (CVRD819): grãos de pólen mônades, pequenos a tamanho médio, tricolporados, âmbito subtriangular, suboblatos, escabrados, poros lalongados, com opérculo. P (18,2-21,9 μm); E (20,8-28,7 μm). **Prancha/Plate 67:3.**

Brasiliocroton mamoninha P. E. Berry & Cordeiro (CVRD3596): grãos de pólen mônades, tamanho médio, inaperturados, esféricos, pilados, com "padrão croton" com 5 a 7 unidades prismáticas em cada unidade ornamental. D (28,4-39,6 µm). **Prancha/Plate 67:4a,b.**

Caperonia palustris Linnaeus A. St.-Hil. (CVRD5032): grãos de pólen mônades, tamanho médio, tricolporados, âmbito circular a triangular, suboblatos, retipilados, poros retangulares, com opérculo. P (23,9-28,0 µm); E (27,8-37,6 µm). **Prancha/Plate 67:5.**

Caryodendron janeirense Müll. Arg. (CVRD4685): grãos de pólen mônades, tamanho médio, tricolporados, âmbito trilobado a subtriangular, circulares, subprolatos ou rômbicos, microrreticulados, poros lalongados. P (25,4-33,9 µm); E (23,5-34,8 µm). **Prancha/Plate 67:6.**

Chamaesyce hirta Linnaeus (CVRD5835): grãos de pólen mônades, tamanho pequeno, tricolporados, âmbito trilobado a subtriangular, subprolatos a prolatos, microrreticulados, poros elípticos a lalongados, colpos com margem. P (20,6-23,4 µm); E (15,8-19,4 µm). **Prancha/Plate 67:7.**

Cnidoscolus urens (L.) Arthur (CVRD2199): grãos de pólen mônades, tamanho médio a grande, hexaporados, aproximadamente esféricos, pilados, com "padrão croton" com 6 a 7 unidades prismáticas em cada unidade ornamental, poros circulares, sendo que os poros de cada hemisfério são arranjados em um padrão triangular e se sobrepõem aos poros do outro hemisfério. D (42,0-54,8 µm). **Prancha/Plate 68:1.**

Croton lundianus (Didr.) Müll. Arg. (CVRD4908): grãos de pólen mônades, tamanho médio a grande, inaperturados, esféricos, pilados, com "padrão croton" com 5 a 7 unidades prismáticas em cada unidade ornamental. D (39,2-53,8 µm). **Prancha/Plate 68:2a,b.**

Dalechampia ficifolia Lam. (CVRD1285): grãos de pólen mônades, tamanho médio a grande, tricolporados, âmbito circular, circulares a subprolatos, retipilados, poros zonorados. P (39,3-50,2 µm); E (37,2-53,3 µm). **Prancha/Plate 68:3.**

Euphorbia cyathophora Murray. (CVRD6078): grãos de pólen mônades, tamanho médio, tricolporados, âmbito circular a trilobado, circulares a subprolatos, retipilados, poros elípticos. P (33,9-50,4 µm); E (31,6-48,4 µm). **Prancha/Plate 68:4.**

Euphorbia hyssopifolia Linnaeus (CVRD5119): grãos de pólen mônades, tamanho pequeno a médio, tricolporados, âmbito subtriangular a trilobado, subprolatos a prolatos, microrreticulados, poros elípticos a lalongados. P (23,0-32,4 µm); E (16,4-25,2 µm). **Prancha/Plate 69:1.**

Glycydendron espiritosantense Kuhlm. (CVRD810): grãos de pólen mônades, tamanho médio, tricolporados, âmbito circular a trilobado, suboblatos a circulares, pilados, poros inconspícuos a elípticos. P (32,8-46,0 µm); E (39,7-49,4 µm). **Prancha/Plate 69:2.**

Joannesia princeps Vellozo (CVRD306): grãos de pólen mônades, tamanho médio a grande, inaperturados, esféricos, pilados, com "padrão croton" com 5 a 7 unidades prismáticas em cada unidade ornamental. D (43,7-64,9 µm). **Prancha/Plate 69:3a,b.**

Mabea* cf. *paniculata Spruce ex Benth (CVRD1301): grãos de pólen mônades, tamanho médio, tricolporados, âmbito circular a trilobado, subprolatos a prolatos, reticulados, simplicolumelados, exina levemente engrossada nos polos, poros elípticos a lalongados. P (27,2-38,5 µm); E (26,8-32,1 µm). **Prancha/Plate 69:4.**

Manihot tripartita (Spreng.) Müll. Arg. (CVRD2724): grãos de pólen mônades, tamanho grande a muito grande, inaperturados, aparentemente esféricos, pilados, com "padrão croton" com 5 a 7 unidades prismáticas em cada unidade ornamental. D (104,0-120,0 µm). **Prancha/Plate 69:5a,b.**

Maprounea* cf. *guianensis Aubl. (CVRD361): grãos de pólen mônades, tamanho pequeno a médio, tricolporados, âmbito trilobado, subprolatos a prolatos, microrreticulados, poros elípticos a lalongados. P (22,7-25,4 µm); E (17,3-21,4 µm). **Prancha/Plate 70:1.**

***Micrandra* sp.** (CVRD5292): grãos de pólen mônades, tamanho médio, inaperturados, esféricos, pilados, com "padrão croton" com 5 a 7 unidades prismáticas em cada unidade ornamental. D (32,2-41,0 µm). **Prancha/Plate 70:2a,b.**

***Microstachys* sp.** (CVRD7311): grãos de pólen mônades, tamanho pequeno a médio, tricolporados, âmbito trilobado, circulares a subprolatos, microrreticulados, poros lalongados, colpos com margem. P (24,4-30,7 µm); E (23,6-27,6 µm). **Prancha/Plate 70:3.**

Pachystroma ilicifolium (Nees) I.M. Johnst. (CVRD8972): grãos de pólen mônades, tamanho médio, tricolporados, âmbito trilobado, circulares a subprolatos, microrreticulados, poros circulares a elípticos, colpos sem margem. P (29,1-38,6 µm); E (22,5-34,7 µm). **Prancha/Plate 70:4.**

Pausandra morisiana (Casar.) Radlk. (CVRD463): grãos de pólen mônades, tamanho médio a grande, inaperturados, esféricos, pilados, com "padrão croton" com 5 a 7 unidades prismáticas em cada unidade ornamental. D (40,9-55,4 µm). **Prancha/Plate 70:5a,b.**

Plukenetia verrucosa Sm. (CVRD4394): grãos de pólen mônades, tamanho pequeno, tricolporados, âmbito circular a trilobado, suboblatos a circulares, microrreticulados, poros inconspícuos. P (18,6-21,6 µm); E (19,4-22,2 µm). **Prancha/Plate 71:1.**

Ricinus communis Linnaeus (CVRD5549): grãos de pólen mônades, tamanho pequeno a médio, tricolporados, âmbito circular a subtriangular, suboblatos a circulares, microrreticulados, poros lalongados. P (22,0-27,6 µm); E (23,1-28,6 µm). **Prancha/Plate 71:2.**

Romanoa tamnoides (A. Juss.) Radcl.-Sm. (CVRD4349): grãos de pólen mônades, tamanho médio, tricolporados, âmbito circular a subtriangular, suboblatos a circulares, microrreticulados, colpos com margens, poros elípticos. P (32,0-35,9 µm); E (34,5-42,5 µm). **Prancha/Plate 71:3.**

Sapium glandulatum (Vellozo) Pax. (CVRD748): grãos de pólen mônades, tamanho médio, tricolporados, âmbito triangular a subtriangular, pticoaperturado, subprolatos, microrreticulados, poros zonorados. P (33,4-43,9 µm); E (26,7-34,8 µm). **Prancha/Plate 71:4.**

Sebastiania brasiliensis Spreng. (CVRD4026): grãos de pólen mônades, tamanho pequeno, tricolporados, âmbito circular a trilobado, circulares em vista equatorial, superfície microreticulada, colpos com margem, poros circulares. P (17,4-21,4 µm); E (16,5-20,4 µm). **Prancha/Plate 71:5.**

Sebastiania discolor (Spreng.) Muell. Arg. (CVRD1335): grãos de pólen mônades, tamanho pequeno a médio, tricolporados ou tetracolporados, âmbito subtriangular a circular, suboblatos a circulares, microrreticulados, poros circulares a elípticos. P (21,2-30,1 µm); E (23,4-31,1 µm). **Prancha/Plate 71:6**

Senefeldera verticillata (Vell.) Croizat. (CVRD91): grãos de pólen mônades, tamanho pequeno a médio, tricolporados, âmbito trilobado, suboblatos a subprolatos, microrreticulados, poros retangulares a lalongados. P (23,5-26,4 µm); E (21,6-27,8 µm). **Prancha/Plate 71:7.**

***Tragia* sp.** (CVRD8355): grãos de pólen mônades, tamanho pequeno a médio, tricolpados a tricolporados, âmbito circular a subtriangular, suboblatos a circulares, poros inconspícuos. P (19,3-26,4 μm); E (20,0-26,4 μm). **Prancha/Plate 72:1.**

Fabaceae - Caesalpinioideae

Ervas, arbustos, árvores ou lianas. Subfamília euripolínica em relação à maioria dos caracteres morfológicos e diagnósticos que engloba grãos tricolporados psilados pequenos a grãos tricolporados psilados grandes, alguns com poros inconspícuos com semelhança a tricolpados lisos, a robustamente ornamentados com reticulações ou estrias, gemas, dispersos em mônades até tétrades como no caso de alguns táxons amazônicos como *Dinizia* e *Elizabetha*.

Herbs, shrubs, trees or lianas. Eurypalynous subfamily that includes mostly psilate and tricolporate grains, varying in size from small to large. It also has pollen grains with inconspicuous pores, psilate tricolpate, reticulate, striate, gemmate ornamentation, dispersed as monads or tetrads as found in some amazonian taxa such as *Dinizia* and *Elizabetha*.

Apuleia leiocarpa (Vogel) J. F. Macbr. (CVRD32; CVRD267): grãos de pólen mônades, tamanho médio, tricolporados, âmbito triangular convexo a trilobado, subprolatos, microrreticulados, homobrocados, poros circulares, aberturas nas laterais nos grãos de âmbito triangular. P (24,6-27,1 μm); E (21,1-24,0 μm). **Prancha/Plate 72:2.**

Arapatiella psilophylla (Harms) R. S. Cowan (CVRD1983): grãos de pólen mônades, grandes, triporados, âmbito triangular subtriangular a circular, circulares, reticulados, pilas formando muros sinuosos, poros circulares. D (69,1-76,0 μm). **Prancha/Plate 72:3.**

Barnebydendron riedelii (Tul.) J. H. Kirkbr. (CVRD581; CVRD9356): grãos de pólen mônades, tamanho médio, tricolporados, âmbito triangular convexo a trilobado, suboblatos a subprolatos, reticulados, homobrocados, poros circulares com ânulos. P (34,7-38,7 μm); E (32,4-43,6 μm). **Prancha/Plate 72:4.**

Caesalpinia coriaria (Jacq.) Willd. (CVRD6764): grãos de pólen mônades, tamanho médio, tricolporados, âmbito triangular convexo, suboblatos a subprolatos, reticulados, homobrocados, poros elípticos, aberturas nas laterais com ectânulo. P (35,0-37,1 μm); E (35,7-41,1 μm). **Prancha/Plate 72:5a,b.**

Cassia ferruginea (Schrad.) Schrad. ex DC. (CVRD23): grãos de pólen mônades, tamanho médio, tricolporados, âmbito triangular convexo, subprolatos, reticulados, homobrocados. P (29,0-31,5 μm); E (27,2-29,3 μm). **Prancha/Plate 73:1.**

Cenostigma tocantinum Ducke (CVRD1721): grãos de pólen mônades, grandes, tricolporados, âmbito triangular convexo, subprolatos, reticulados, heterobrocados, retículo na área apertural menor, simplicolumelados, poros elípticos, aberturas nas laterais. P (49,6-52,8 μm); E (51,1-56,9 μm). **Prancha/Plate 73:2a,b.**

Chamaecrista aspleniifolia (H. S. Irwin & Barney) H. S. Irwin (CVRD215): grãos de pólen mônades, tamanho médio, tricolporados, âmbito triangular convexo, subprolatos a prolatos, microrreticulados, homobrocados, poros circulares. P (38,8-42,3 μm); E (32,1-35,0 μm). **Prancha/Plate 73:3.**

Chamaecrista bahiae (H. S. Irwin) H. S. Irwin & Barneby (CVRD9380): grãos de pólen mônades, tamanho médio, tricolporados, âmbito trilobado, subprolatos a prolatos, microrreticulados, homobrocados, poros elípticos. P (44,6-47,2 μm); E (30,2-36,8 μm). **Prancha/Plate 73:4.**

Copaifera langsdorffii Desf. (CVRD3023): grãos de pólen mônades, tamanho médio, tricolporados, anguloaperturados, âmbito triangular reto, rômbicos, microrreticulados, homobrocados, poros côncavos. P (20,5-23,6 μm); E (21,0-26,7 μm). **Prancha/Plate 74:1.**

Copaifera lucens Dwyer (CVRD6425): grãos de pólen mônades, pequenos, tricolpados, anguloaperturados, âmbito triangular reto, rômbicos, escabrados. P (22,5-25,2 μm); E (20,8-25,8 μm). **Prancha/Plate 74:2.**

Dialium guianense (Aubl.) Sandw. (CVRD168): grãos de pólen mônades, pequenos, tricolporados, âmbito triangular convexo, subprolatos a oblato esferoidais, microrreticulados, homobrocados. P (16,7-18,4 μm); E (16,8-17,5 μm). **Prancha/Plate 74:3.**

Dimorphandra jorgei M. F. Silva (CVRD1183): grãos de pólen mônades, tamanho médio, tricolporados, âmbito triangular convexo, suboblatos, reticulados, homobrocados, poros circulares. P (25,8-28,0 μm); E (23,3-30,4 μm). **Prancha/Plate 74:4.**

Goniorrhachis marginata Taub. (CVRD4759): grãos de pólen mônades, tamanho médio, tricolporados, âmbito triangular convexo, subprolatos, reticulados, homobrocados, poros circulares. P (34,2-34,6 μm); E (29,2-35,7 μm). **Prancha/Plate 74:5.**

Hymenaea aurea Lee & Langenh. (CVRD3572): grãos de pólen mônades, tamanho médio, tricolporados, sincolporados, âmbito triangular convexo, subprolatos, reticulados, homobrocados, poros circulares. P (40,3-45,7 μm); E (35,6-43,3 μm). **Pranchas/Plates 74:6, 75:1.**

***Hymenaea* sp. nov.** (CVRD509): grãos de pólen mônades, tamanho médio, tricolporados, âmbito triangular convexo, subprolatos, reticulados, homobrocados, poros circulares. P (37,7-44,4 μm); E (28,8-39,3 μm). **Prancha/Plate 75:2.**

Macrolobium latifolium Vogel (CVRD36; CVRD8365): grãos de pólen mônades, grandes, tricolporados, âmbito triangular convexo, subprolatos a prolatos, estriados, poros circulares a elípticos. P (42,3-52,5 μm); E (35-42,3 μm). **Prancha/Plate 75:3a,b.**

Melanoxylum brauna Schott. (CVRD163): grãos de pólen mônades, tamanho médio, tricolporados, âmbito triangular convexo, suboblatos, reticulados, homobrocados, poros circulares. P (32,9-34,7 μm); E (32,7-35,0 μm). **Prancha/Plate 75:4.**

Moldenhawera papillanthera L. P. Queiroz, G. P. Lewis & Allkin (CVRD260): grãos de pólen mônades, tamanho médio, tricolporados, trilobados, subprolatos, reticulados, homobrocados, poros circulares. P (33,5-39,7 μm); E (35,4-35,7 μm). **Prancha/Plate 76:1.**

Peltogyne angustiflora Ducke (CVRD8863): grãos de pólen mônades, grandes, tricolporados, âmbito triangular reto, subprolatos, verrucados, homobrocados, poros elípticos. P (40,5-50,5 μm); E (41,5-51,5 μm). **Prancha/Plate 76:2a,b.**

Peltogyne confertiflora (Mart. ex Hayne) Benth. (CVRD131): grãos de pólen mônades, tamanho médio, tricolporados, âmbito triangular reto, suboblatos, gemados, poros circulares. P (39,3-44,4 μm); E (45,5-50,0 μm). **Pranchas/Plates 76:3, 77:1.**

Peltophorum dubium (Spreng.) Taub. (CVRD2575): grãos de pólen mônades, tamanho médio, tricolporados, âmbito trilobado, circulares, reticulados, homobrocados, simplicolumelados, poros circulares. P (39,9-42,1 μm); E (39,5-42,8 μm). **Prancha/Plate 77:2a,b.**

Phanera microstachya (Raddi) L. P. Queiroz (CVRD6760): grãos de pólen mônades, tamanho médio, triporados, âmbito triangular reto, suboblatos, gemados e escabrados, poros circulares. P (34,1-40,0 μm); E (26,7-44,7 μm). **Prancha/Plate 77:3a,b.**

Poeppigia procera C. Presl (CVRD203): grãos de pólen mônades, pequenos, tricolporados, âmbito trilobado, subprolatos, reticulados, homobrocados, poros circulares. P (20,8-23,2 μm); E (15,4-18,7 μm). **Prancha/Plate 78:1.**

Schizolobium parahyba (Vell.) Blake (CVRD681): grãos de pólen mônades, tamanho médio, tricolporados, âmbito triangular convexo, subprolatos, reticulados, homobrocados, simplicolumelados, poros circulares. P (24,6-26,1 μm); E (23,8-25,8 μm); Poros (13,4-22,4 μm). **Prancha/Plate 78:2.**

Senna affinis (Benth.) H. S. Irwin & Barneby (CVRD7284): grãos de pólen mônades, tamanho médio, tricolporados, âmbito circular, subprolatos, escabrados, operculados, poros elípticos. P (40,4-44,9 μm); E (40,1-48,1 μm). **Prancha/Plate 78:3a,b.**

Senna alata (Linnaeus) Roxb. (CVRD9532): grãos de pólen mônades, tamanho médio, tricolporados, âmbito triangular convexo, subprolatos, microrreticulados, homobrocados, poros circulares. P (30,5-34,1 μm); E (25,4-32,1 μm). **Prancha/Plate 78:4.**

Senna australis (Vell.) H. S. Irwin & Barneby (CVRD1197): grãos de pólen mônades, tamanho médio, tricolporados, âmbito triangular convexo, subprolatos, reticulados, homobrocados, poros côncavos a circulares. P (36,6-37,4 μm); E (29,8-33,6 μm). **Prancha/Plate 78:5.**

Senna occidentalis (Linnaeus) Link. (CVRD9514): grãos de pólen mônades, tamanho médio, tricolporados, âmbito triangular convexo, subprolatos, microrreticulados, homobrocados, poros circulares. P (39,9-43,1 μm); E (35,4-39,0 μm). **Prancha/Plate 79:1.**

Tachigali densiflora (Benth.) L. G. Silva & H. C. Lima (CVRD6303): grãos de pólen mônades, pequenos, tricolporados, âmbito triangular convexo, suboblatos a subprolatos, reticulados, homobrocados, poros circulares, com ânulos. P (22,7-24,5 μm); E (22,2-25,0 μm). **Prancha/Plate 79:2.**

Tachigali paratyensis (Vell.) H. C. Lima (CVRD7355): grãos de pólen mônades, tamanho médio, tricolporados, âmbito triangular convexo, oblatos, reticulados, homobrocados, poros circulares. P (29,5-31,7 μm); E (28,1-32,6 μm). **Prancha/Plate 79:3.**

Tachigali rugosa (Mart. ex Benth.) Zarucchi & Pipoly (CVRD737): grãos de pólen mônades, tamanho médio, tricolporados, âmbito triangular convexo, subprolatos, reticulados, homobrocados, simplicolumelados, poros circulares. P (28,0-28,3 μm); E (23,3-27,7 μm). **Prancha/Plate 79:4.**

Fabaceae - Cercideae

A condição euripolínica do gênero *Bauhinia* permitiu a inclusão de algumas espécies arbóreas com grãos de pólen estritamente gemados e microrreticulados na Tribo Cercideae. Contudo é importante lembrar que algumas ervas de florestas semi-deciduais e cerrados, como *Bauhinia nitida*, também possuem grãos tricolpados gemados.

The eurypalynous condition of *Bauhinia* allowed the inclusion of some tree species with pollen grains strictly gemmate and microreticulate in the Tribe Cercideae. However, it is important to remember that some herbs from semi-deciduous and *Cerrado* vegetation, such as *Bauhinia nitida*, also present gemmate tricolporate grains.

Bauhinia forficata Link. (CVRD1244): grãos de pólen mônades, tamanho muito grande, estefanocolpados, âmbito hexalobado, subprolatos, gemados e microrreticulados, homobrocados. P (110,2-116,5 µm); E (128,8-135,8 µm). **Pranchas/Plates 79:5, 80:1.**

Bauhinia fusconervis D. Dietr. (CVRD8285): grãos de pólen mônades, tamanho muito grande, tricolpados, âmbito triangular convexo, subprolatos, gemados e microrreticulados, homobrocados. P (162,5-164,0 µm); E (123,5-145,2 µm). **Prancha/Plate 80:2a,b.**

Fabaceae - Faboideae

Família de árvores, arbustos, lianas e ervas encontradas em praticamente todos os ecossistemas brasileiros. Euripolínica com ampla variação de tamanho, de formatos, número de aberturas, ornamentações e outros caracteres. Em alguns táxons é essencial a capacidade de rolar o grão para observar a vista polar, que em alguns casos permite a separação de gêneros. A interpretação ambiental em estudos do Quaternário deve ser amparada por listas de espécies da área estudada e pelas características ecológicas de cada gênero.

Family of trees, shrubs, lianas and herbs found in practically all Brazilian ecosystems. Eurypalynous with wide variation of size, formats, number of apertures, ornamentation and other characters. In some taxa it is essential to examine the polar view of their grains for a better separation of genera. Its environmental interpretation in Quaternary studies should be supported by a good species list of the studied area and by ecological characteristics of all genera.

Acosmium lentiscifolium Schott (CVRD9054): grãos de pólen mônades, pequenos, tricolporados, âmbito trilobado, subprolatos, reticulados, homobrocados, poros circulares. P (18,9-20,2 µm); E (15,1-16,5 µm). **Prancha/Plate 81:1.**

Aeschynomene fluminensis Vell. (CVRD5569): grãos de pólen mônades, pequenos, tricolporados, âmbito trilobado, subprolatos, reticulados, homobrocados, poros circulares. P (22,5-23,3 µm); E (17,1-19,3 µm). **Prancha/Plate 81:2.**

Amburana cearensis A. C. Smith (CVRD8945): grãos de pólen mônades, pequenos, tricolporados, âmbito triangular convexo, circulares a subprolatos, microrreticulados, poros circulares. P (18,6-22,6 µm); E (18,0-24,9 µm). **Prancha/Plate 81:3.**

Andira anthelmia (Vell.) March. (CVRD8945): grãos de pólen mônades, pequenos, tricolporados, âmbito triangular convexo, subprolatos, escabrados, poros retangulares. P (20,7-21,2 µm); E (18,2-18,7 µm). **Prancha/Plate 81:4.**

Andira fraxinifolia Benth. (CVRD11): grãos de pólen mônades, pequenos, tricolporados, âmbito triangular convexo, subprolatos, reticulados, homobrocados, poros circulares. P (20,1-21,2 µm); E (17,1-22,4 µm). **Prancha/Plate 81:5.**

Andira legalis (Vell.) Toledo (CVRD405): grãos de pólen mônades, pequenos, tricolporados, âmbito triangular convexo, subprolatos, reticulados, homobrocados, poros circulares. P (20,6-21,0 µm); E (19,4-20,6 µm). **Prancha/Plate 81:6.**

Andira nitida Mart. ex Benth (CVRD3252): grãos de pólen mônades, pequenos, tricolporados, âmbito triangular convexo, suboblatos, reticulados, homobrocados, poros circulares. P (15,5-16,9 µm); E (17,4-19,0 µm). **Prancha/Plate 81:7.**

Bowdichia virgilioides Kunth (CVRD45): grãos de pólen mônades, tamanho médio, tricolporados, âmbito triangular reto, suboblatos, escabrados, poros elípticos. P (27,8-28,4 µm); E (30,3-32,2 µm). **Prancha/Plate 81:8.**

Cajanus cajan (Linnaeus) Millsp. (CVRD9412): grãos de pólen mônades, tamanho médio, tricolporados, âmbito triangular convexo, subprolatos, reticulados a baculados, poros circulares. P (38,1-40,0 µm); E (36,5-39,7 µm). **Prancha/Plate 82:1a,b.**

Canavalia brasiliensis Mart. (CVRD7004): grãos de pólen mônades, tamanho médio, tricolporados, sincolporados, âmbito triangular convexo, suboblatos, microrreticulados, poros côncavos. P (41,7-47,1 µm); E (53,4-60,0 µm); Poros (18,3-22,4 µm). **Prancha/Plate 82:2a,b.**

Canavalia parviflora Benth. (CVRD8727): grãos de pólen mônades, grandes, tricolporados, âmbito triangular convexo, suboblatos, microrreticulados, poros grandes e côncavos. P (38,8-39,2 µm); E (55,8-58,8 µm); Poros (8-23,8 µm). **Prancha/Plate 83:1a,b.**

Centrolobium sclerophyllum H. C. Lima ex. G.P. Lewis (CVRD3146): grãos de pólen mônades, pequenos, tricolporados, âmbito triangular convexo, subprolatos, reticulados a gemados, poros circulares. P (23,2-24,7 µm); E (20,1-22,4 µm). **Prancha/Plate 83:2.**

Centrosema arenarium Benth. (CVRD10387): grãos de pólen mônades, tamanho médio, tricolporados, âmbito triangular convexo, subprolatos, reticulados a baculados, poros circulares, colpos com margem. P (42,7-48,6 µm); E (35,9-45,2 µm). **Pranchas/Plates 83:3, 84:1.**

Centrosema brasilianum (Linnaeus) Benth. (CVRD8161): grãos de pólen mônades, tamanho médio, tricolporados, âmbito triangular convexo, subprolatos, reticulados a baculados, poros circulares. P (43,0-47,8 µm); E (38,4-46,9 µm); Poros (16,2-18,1 µm). **Prancha/Plate 84:2a,b.**

Cleobulia multiflora Mart. ex Benth. (CVRD2874): grãos de pólen mônades, grandes, tricolporados, ectocolpos longos, âmbito triangular reto, suboblatos, escabrados, poros côncavos. P (35,0-36,2 µm); E (46,8-50,1 µm). **Prancha/Plate 84:3a,b.**

Clitoria selloi Benth. (CVRD7350): grãos de pólen mônades, tamanho médio, 5-colpados, âmbito pentalobado, suboblatos, escabrados. P (40,5-41,2 µm); E (39,0-43,5 µm). **Prancha/Plate 85:1a,b.**

Cochliasanthus caracalla (Linnaeus) Trew (CVRD8748; CVRD6519): grãos de pólen mônades, grandes, triporados, âmbito triangular convexo, suboblatos, reticulados, homobrocados, poros circulares. P (42,5-49,5 µm); E (39,9-50,5 µm). **Prancha/Plate 85:2a,b.**

Cratylia argentea (Desv.) O. Kuntze (CVRD8705): grãos de pólen mônades, tamanho médio, tricolporados, âmbito triangular reto, circulares, reticulados, poros circulares. P (34,2-36,3 µm); E (31,9-35,4 µm); Poros (5,1-17,3 µm). **Prancha/Plate 86:1.**

Cratylia hypargyrea Benth. (CVRD6847): grãos de pólen mônades, tamanho médio, tricolporados, âmbito triangular convexo, suboblatos, reticulados, homobrocados, poros circulares. P (30,2-31,1 µm); E (30,2-33,7 µm). **Prancha/Plate 86:2.**

Crotalaria juncea Linnaeus (CVRD8080): grãos de pólen mônades, tamanho médio, tricolporados, âmbito triangular convexo, subprolatos a prolatos, reticulados, homobrocados, poros côncavos. P (26,7-27,4 µm); E (16,4-18,3 µm). **Prancha/Plate 86:3.**

Crotalaria lanceolata E. Mey (CVRD8040): grãos de pólen mônades, pequenos, tricolporados, âmbito circular a triangular convexo, subprolatos, reticulados, homobrocados, poros elípticos. P (19,9-22,0 μm); E (17,2-19,0 μm). **Prancha/Plate 86:4.**

Dalbergia elegans A. M. Carvalho (CVRD145): grãos de pólen mônades, pequenos, tricolporados, âmbito trilobado, subprolatos, escabrados, poros côncavos. P (15,4-18,1 μm); E (17,2-17,4 μm); Poros (5,7-5,8 μm). **Prancha/Plate 86:5.**

Dalbergia frutescens (Vell.) Britton (CVRD4253): grãos de pólen mônades, pequenos, tricolporados, âmbito triangular convexo, subprolatos, escabrados, poros elípticos. P (17,6-19,2 μm); E (16,8-19,1 μm); Poros (5-6,2 μm). **Prancha/Plate 86:6.**

Deguelia costata (Benth.) A.M.G. Azevedo & R. A. Camargo (CVRD520): grãos de pólen mônades, pequenos, tricolporados, âmbito triangular reto, suboblatos a subprolatos, reticulados, homobrocados, poros circulares. P (21,2-23,0 μm); E (22,0-24,4 μm); Poros (6-9,7 μm). **Prancha/Plate 86:7.**

Desmodium axillare (Sw.) DC (CVRD3950): grãos de pólen mônades, tamanho médio, tricolporados, anguloaperturados, âmbito triangular reto, suboblatos, verrucados, poros elípticos. P (36,9-38,9 μm); E (37,9-41,9 μm); Poros (5,6-9,3 μm). **Prancha/Plate 87:1a,b.**

Desmodium tortuosum (Sw.) DC. (CVRD5218): grãos de pólen mônades, tamanho médio, tricolporados, sincolporados, âmbito triangular reto, suboblatos, verrucados, poros elípticos. P (31,2-31,8 μm); E (35,2-37,2 μm); Poros (6,1-11,1 μm). **Prancha/Plate 87:2.**

Dioclea virgata (Rich.) (CVRD4236): grãos de pólen mônades, tamanho médio, tricolporados, âmbito triangular reto, suboblatos, microrreticulados. P (43,5-47,6 μm); E (35,8-46,5 μm); Poros (7,5-18,2 μm). **Prancha/Plate 87:3a,b.**

Dioclea wilsonii Standl. (CVRD4389): grãos de pólen mônades, grandes, tricolporados, âmbito triangular reto, suboblatos, escabrados. P (54,4-56,0 μm); E (48,8-56,6 μm); Poros (8,6-16,8 μm). **Prancha/Plate 88:1a,b.**

Diplotropis incexis Rizzini & A. Mattos (CVRD83): grãos de pólen mônades, pequenos, tricolporados, âmbito triangular reto, suboblatos, reticulados, homobrocados, poros elípticos. P (21,9-22,1 μm); E (22,7-23,8 μm). **Prancha/Plate 88:2.**

***Dipteryx* sp.** (CVRD8615): grãos de pólen mônades, tamanho médio, tricolporados, anguloaperturados, âmbito triangular reto, suboblatos, reticulados, homobrocados, poros elípticos com vestíbulo em vista polar. P (20,5-21,6 μm); E (23,9-25,5 μm). **Prancha/Plate 88:3.**

Erythrina fusca Lour. (CVRD10422): grãos de pólen mônades, tamanho médio, triporados, âmbito triangular convexo, suboblatos, reticulados, homobrocados, poros circulares. P (28,9-29,5 μm); E (32,2-33,8 μm). **Prancha/Plate 88:4.**

Exostyles venusta Schott. (CVRD6297; CVRD8252): grãos de pólen mônades, tamanho médio, tricolporados, âmbito trilobado a triangular convexo, subprolatos, escabrados a microrreticulados, poros elípticos. P (24,4-31,4 μm); E (22,9-27,8 μm). **Prancha/Plate 89:1.**

Grazielodendron riodocensis H. C. Lima (CVRD4700): grãos de pólen mônades, pequenos, tricolporados, âmbito trilobado, subprolatos, reticulados, homobrocados, poros circulares a elípticos. P (19,1-19,5 μm); E (15,5-16,5 μm). **Prancha/Plate 89:2.**

Hymenolobium alagoanum* var. *parvifolium H. C. Lima (CVRD7313): grãos de pólen mônades, pequenos, tricolporados, âmbito triangular convexo, subprolatos, microrreticulados, poros circulares. P (14,5-15,1 μm); E (14,8-15,6 μm). **Prancha/Plate 89:3.**

Indigofera microcarpa Desv. (CVRD8092): grãos de pólen mônades, tamanho médio, tricolporados, âmbito triangular reto, subprolatos, microrreticulados. P (25,7-25,9 μm); E (21,6-29,5 μm). **Prancha/Plate 89:4.**

Leptolobium bijugum (Spreng.) Vogel. (CVRD3254): grãos de pólen mônades, tamanho médio, tricolporados, âmbito triangular convexo, suboblatos a subprolatos, reticulados, homobrocados, poros côncavos. P (22,5-23,9 μm); E (22,9-25,5 μm). **Prancha/Plate 89:5.**

Lonchocarpus cultratus (Vell.) Azevedo-Tozzi & H. C. Lima (CVRD588): grãos de pólen mônades, tamanho médio, tricolporados, âmbito triangular reto, suboblatos, escabrados, poros elípticos. P (20,3-20,9 μm); E (24,6-27,7 μm); Poros (5,2-9,2 μm). **Prancha/Plate 89:6.**

Machaerium aculeatum Raddi (CVRD6167): grãos de pólen mônades, pequenos, tricolporados, âmbito trilobado, subprolatos, reticulados, homobrocados, poros circulares. P (15,5-16,1 μm); E (13,7-14,2 μm). **Prancha/Plate 89:7.**

Machaerium cantarellianum Hoehne (CVRD9511): grãos de pólen mônades, pequenos, tricolporados, âmbito triangular convexo, subprolatos, microrreticulados, poros circulares. P (17,1-18,4 μm); E (15,6-18,2 μm). **Prancha/Plate 89:8.**

Macroptilium atropurpureum (Poepp. ex Benth.) Urb. (CVRD5889): grãos de pólen mônades, tamanho médio, tricolporados, âmbito triangular convexo, subprolatos, reticulados, homobrocados, poros circulares. P (25,3-25,7 μm); E (22,9-26,5 μm). **Prancha/Plate 90:1.**

Macroptilium gracile (CVRD8180): grãos de pólen mônades, tamanho médio, tricolporados, âmbito triangular convexo, subprolatos, reticulados, poros circulares. P (25,0-26,5 μm); E (22,3-24,2 μm). **Prancha/Plate 90:2.**

Mucuna urens (L.) Medik (CVRD2964): grãos de pólen mônades, grandes, tricolporados, âmbito trilobado a triangular convexo, subprolatos, reticulados, homobrocados, poros lalongados. P (66,0-72,0 μm); E (65,6-68,3 μm). **Prancha/Plate 90:3a,b.**

Myrocarpus fastigiatus Allemão (CVRD214): grãos de pólen mônades, pequenos, tricolporados, âmbito trilobado, subprolatos, escabrados, poros circulares. P (14,8-15,3 μm); E (12,9-14,2 μm). **Prancha/Plate 91:1.**

Myrocarpus frondosus Allemão (CVRD8759): grãos de pólen mônades, pequenos, tricolporados, âmbito trilobado, subprolatos, microrreticulados, poros circulares. P (15,7-15,9 μm); E (13,8-15,4 μm). **Prancha/Plate 91:2.**

Myroxylon peruiferum L.f. (CVRD5265): grãos de pólen mônades, pequenos, tricolporados, âmbito trilobado a triangular convexo, subprolatos, microrreticulados, poros elípticos. P (17,0-17,2 μm); E (15,5-17,3 μm). **Prancha/Plate 91:3.**

Ormosia arborea (Vell.) Harms (CVRD278): grãos de pólen mônades, pequenos, tricolporados, âmbito trilobado a triangular convexo, subprolatos, escabrados, poros elípticos. P (24,1-24,3 μm); E (20,3-23,9 μm). **Prancha/Plate 91:4.**

Platymiscium* aff. *floribundum Vogel (CVRD8436): grãos de pólen mônades, pequenos, tricolporados, âmbito trilobado, subprolatos, escabrados, poros circulares. P (16,0-16,2 μm); E (12,6-15,2 μm). **Prancha/Plate 91:5.**

Platymiscium speciosum Vogel (CVRD3614): grãos de pólen mônades, pequenos, tricolporados, âmbito triangular convexo, subprolatos, microrreticulados, poros circulares. P (16,9-17,4 μm); E (14,1-15,5 μm). **Prancha/Plate 91:6.**

Poecilanthe falcata (Vell.) Heringer (CVRD436): grãos de pólen mônades, tamanho médio, tricolporados, âmbito trilobado, subprolatos a prolatos, reticulados, homobrocados, poros lolongados. P (30,6-34,5 µm); E (19,7-23,5 µm). **Prancha/Plate 91:7.**

Pterocarpus rohrii Vahl. (CVRD2970): grãos de pólen mônades, pequenos, tricolporados, âmbito trilobado, subprolatos, reticulados, homobrocados. P (24,2-25,0 µm); E (17,1-21,2 µm). **Prancha/Plate 91:8.**

Rhynchosia phaseoloides (Sw.) DC. (CVRD9075): grãos de pólen mônades, tamanho médio, tricolporados, âmbito triangular convexo, subprolatos, reticulados, homobrocados, poros circulares. P (26,1-28,2 µm); E (24,7-28,9 µm). **Prancha/Plate 92:1.**

Sesbania exasperata Kunth (CVRD4930): grãos de pólen mônades, tamanho médio, tricolpados, âmbito triangular convexo, subprolatos a prolatos, reticulados, homobrocados. P (36,3-37,0 µm); E (30,5-31,5 µm). **Prancha/Plate 92:2.**

Sesbania grandiflora Linnaeus (CVRD1958): grãos de pólen mônades, tamanho médio, tricolporados, âmbito triangular convexo, subprolatos a prolatos, reticulados, homobrocados, duplicolumelados, poros lalongados. P (36,4-39,9 µm); E (33,4-35,1 µm). **Prancha/Plate 92:3.**

Stylosanthes guianensis (Aubl.) Sw. (CVRD5061): grãos de pólen mônades, tamanho médio, tricolporados, âmbito triangular convexo, subprolatos, reticulados, homobrocados. P (33,6-37,1 µm); E (26,2-32,5 µm). **Prancha/Plate 92:4.**

Swartzia myrtifolia* var. *elegans (Schott) R.S. Cowan (CVRD1180): grãos de pólen mônades, tamanho médio, tricolporados, âmbito triangular convexo, subprolatos, reticulados, homobrocados, poros circulares. P (27,6-28,8 µm); E (21,9-25,3 µm). **Prancha/Plate 92:5.**

Swartzia submarginata* var. *leiogyna (Benth.) Mansano (CVRD8377): grãos de pólen mônades, tamanho médio, tricolporados, âmbito triangular convexo, subprolatos, reticulados, homobrocados, poros circulares. P (27,8-34,1 µm); E (24,1-26,2 µm). **Prancha/Plate 92:6.**

Sweetia fruticosa Spreng. (CVRD9223): grãos de pólen mônades, pequenos, tricolporados, âmbito triangular convexo, subprolatos, microrreticulados, poros circulares. P (17,0-19,0 µm); E (16,6-18,0 µm). **Prancha/Plate 93:1.**

Tephrosia candida DC. (CVRD8709): grãos de pólen mônades, tamanho médio, tricolporados, âmbito trilobado, subprolatos, reticulados, homobrocados, poros circulares. P (34,5-36,1 µm); E (27,9-29,5 µm). **Prancha/Plate 93:2.**

Tephrosia noctiflora Bojer ex Baker (CVRD8000): grãos de pólen mônades, tamanho médio, tricolporados, âmbito trilobado, subprolatos a prolatos, reticulados, homobrocados, poros circulares. P (31,3-40,3 µm); E (21,7-30,4 µm). **Prancha/Plate 93:3.**

Vatairea heteroptera (Allemão) Ducke (CVRD4611): grãos de pólen mônades, pequenos, tricolporados, âmbito trilobado, subprolatos, microrreticulados, poros circulares. P (21,9-22,2 µm); E (16,7-20,8 µm). **Prancha/Plate 93:4.**

Vataireopsis araroba (Aguiar) Ducke. (CVRD1046; CVRD576): grãos de pólen mônades, pequenos, tricolporados, âmbito triangular convexo a trilobado, subprolatos, reticulados, homobrocados, poros circulares a elípticos. P (21,5-30,0 µm); E (16,4-20,2 µm). **Prancha/Plate 93:5.**

Zollernia glabra (Spreng.) Yakovlev. (CVRD6602): grãos de pólen mônades, pequenos, tricolporados, âmbito trilobado, subprolatos, reticulados, homobrocados, poros circulares. P (21,2-21,9 μm); E (17,9-20,4 μm). **Prancha/Plate 93:6.**

Zollernia modesta A. M. Carvalho & Barneby (CVRD742): grãos de pólen mônades, pequenos, tricolporados, âmbito triangular convexo, subprolatos, reticulados, homobrocados, poros circulares. P (20,4-20,9 μm); E (19,6-21,2 μm). **Prancha/Plate 93:7.**

Zornia latifolia Sm. (CVRD2568): grãos de pólen mônades, tamanho médio, tricolpados, âmbito triangular reto, subprolatos, reticulados, homobrocados. P (27,0-29,2 μm); E (22,8-25,0 μm). **Prancha/Plate 94:1.**

Fabaceae - Mimosoideae

Família de árvores e arbustos encontrados praticamente em todos os ecossistemas brasileiros e de grande importância em estudos do Quaternário, pois suas díades, tétrades, óctades e principalmente suas políades se preservam muito bem em sedimentos anóxicos. O número de grãos nas políades e seus formatos permite a separação de vários gêneros indicadores de importantes formações florestais e abertas como, por exemplo, *Calliandra*, *Enterolobium*, *Inga*, *Mimosa*, *Stryphnodendron*, *Parkia*, *Piptadenia*, *Pithecellobbium*, entre outros.

Family of trees and shrubs found practically in all Brazilian ecosystems and of great importance in Quaternary studies, for the good preservation in sediments of their dyads, tetrads, 8-celled groups and polyads in anoxic sediments. The number of grains in the polyads and their formats allows the separation of several genera that can be important indicators of forest or open vegetation, such as *Calliandra*, *Enterolobium*, *Inga*, *Mimosa*, *Stryphnodendron*, *Parkia*, *Piptadenia*, *Pithecellobbium*, among others.

Abarema cochliacarpos (B. A. Gomes) Barneby & J. W. Grimes (CVRD8873): políades compostas por mais de 20 grãos de pólen, escabrados. D (81,8-105,2 μm). **Prancha/Plate 94:2.**

Abarema filamentosa (Benth.) Pittier (CVRD5686): políades compostas por 16 grãos de pólen, verrucados. D (82,3-118,0 μm). **Prancha/Plate 94:3.**

Adenanthera pavonina Linnaeus (CVRD222): políades compostas por mais de 10 grãos de pólen, psilados a escabrados, grãos porados. D (34,0-74,1 μm). **Prancha/Plate 94:4a,b.**

Albizia polycephala (Benth.) Killip. (CVRD204): políades compostas por 16 grãos de pólen, verrucados. D (49,7-82,9 μm). **Prancha/Plate 94:5.**

Enterolobium glaziovii (Benth.) Mesquita (CVRD89): políades compostas por mais de 20 grãos de pólen, escabrados. D (87,1-114,8 μm). **Prancha/Plate 94:6.**

Enterolobium monjollo Benth. (CVRD2024): políades compostas por mais de 20 grãos de pólen, psilados. D (69,8-89,2 μm). **Prancha/Plate 95:1.**

***Enterolobium* sp.** (CVRD8561): políades compostas por 16 grãos de pólen, psilados. D (29,9-34,7 μm). **Prancha/Plate 95:2.**

Inga* aff. *cylindrica (Vell.) Mart. (CVRD785): políades compostas por 16 grãos de pólen, verrucados a reticulados, homobrocados. D (71,8-81,0 μm). **Prancha 95:3.**

Inga cabelo T. D. Penn. (CVRD7013): políades compostas por 16 grãos de pólen, verrucados a reticulados, homobrocados. D (92,2-112,8 μm). **Prancha/Plate 95:4.**

Inga capitata Desv. (CVRD8876): políades compostas por 16 grãos de pólen, escabrados. D (87,9-96,3 μm). **Prancha/Plate 95:5.**

Inga hispida Schott ex Benth. (CVRD1063): políades compostas por mais de 20 grãos de pólen, reticulados, escabrados. D (72,7-158,0 μm). **Prancha/Plate 96:1.**

Mimosa ceratonia* var. *pseudo-obovata (Taub.) Barneby (CVRD7134): tétrades, grãos psilados. D (10,0-14,4 μm). **Prancha/Plate 96:2.**

Mimosa elliptica Benth. (CVRD3955): tétrades, grãos escabrados. D (17,3-29,3 μm). **Prancha/Plate 96:3.**

Mimosa velloziana Mart. (CVRD8153): tétrades, grãos psilados. D (8,0-11,9 μm). **Prancha/Plate 96:4.**

Parapiptadenia pterosperma (Benth.) Brenan (CVRD825): políades compostas por 14 a 16 grãos de pólen, psilados. D (21,7-36,2 μm). **Prancha/Plate 96:5.**

Parkia pendula (Willd.) Benth. ex Walp. (CVRD99): políades compostas por mais de 20 grãos de pólen, verrucados. D (160,0-166,0 μm). **Prancha/Plate 96:6a,b.**

Piptadenia adiantoides (Spreng.) J.F. Macbr. (CVRD1306; CVRD2630): políades compostas por cerca de 10 grãos de pólen, psilados. D (15,7-23,3 μm). **Prancha/Plate 96:7,8.**

Plathymenia reticulata Benth. (CVRD720): grãos de pólen mônades, tamanho médio, tricolporados, âmbito triangular convexo, subprolatos, reticulados, homobrocados, simplicolumelados, poros circulares. P (29,1-30,1 μm); E (27,7-34,5 μm). **Prancha/Plate 97:1.**

Pseudopiptadenia contorta (DC.) G.P. Lewis & M.P. Lima (CVRD263): políades compostas por mais de 10 grãos de pólen, psilados. D (25,7-36,0 μm). **Prancha/Plate 97:2.**

Senegalia amazonica (Ducke) Seigler & Ebinger (CVRD2565): políades compostas por 16 grãos de pólen, psilados. D (43,8-47,7 μm). **Prancha/Plate 97:3.**

Senegalia polyphylla (DC.) Britton Rose (CVRD1083): políades compostas por 16 grãos de pólen, psilados. D (29,3-36,4 μm). **Prancha/Plate 97:4.**

Senegalia tenuifolia (Linnaeus) Britton & Rose (CVRD7175; CVRD7976): políades compostas por 16 grãos de pólen, psilados. D (25,8-41,0 μm). **Prancha/Plate 97:5,6.**

Gentianaceae

Família de ervas a subarbustos com representantes brasileiros nas áreas de florestas, cerrados e campos de altitude. Nesta família vários gêneros possuem grãos dispersos em tétrades baculadas e/ou reticuladas e outros são dispersos em mônades tricolporadas ou triporadas com superfície da parede microgranulada.

Family of herbs to sub-shrubs with Brazilian representation in forests, savanas and montane grasslands. In this family, several genera have their pollen dispersed as baculate and/or reticulate tetrads while others are dispersed as microgranulate tricolporate or triporate monads.

Chelonanthus purpurascens (Aubl.) Struwe, S. Nilsson & V. A. Albert (CVRD5041): tétrades tetraédricas, grãos isolados triporados, âmbito circular, reticulados, heterobrocados, simplicolumelados, poros circulares. D (48,0-59,9 μm). **Prancha/Plate 98:1.**

Gesneriaceae

Família de ervas ou subarbustos com membros encontrados na Mata Atlântica como epífitas. O gênero *Sinningia* também é encontrado em campos rupestres, em grandes elevações como por exemplo da Serra da Mantiqueira, no Sudeste do Brasil. Possui grãos 2-,3- e 4–colporoidados-colporados, ou seja, muitas vezes é difícil em microscopia ótima delimitar os poros. Grãos semelhantes aos de Gesneriaceae também são encontrados em Bignoniaceae e Scrophulariaceae.

Family of herbs or sub-shrubs and some epiphytes found in the Atlantic Rainforest. *Sinningia* is also found in high elevation open savanas, in high altitudes areas such as the Serra da Mantiqueira, in Southeastern Brazil. Grains are 2-, 3- and 4-colporoidate-colporate. Sometimes it is hard to delimit the pores under light microscopy. Pollen similar to those of Gesneriaceae are found in Bignoniaceae and Scrophulariaceae.

Sinningia elatior (Kunth) Chautems (CVRD5040): grãos de pólen mônades, tamanho médio, tricolporados, âmbito trilobado, subprolato, escabrados, poros retangulares, colpos com margem. P (22,4-26,5 μm); E (22,0-23,5 μm). **Prancha/Plate 98:2.**

Gratiolaceae

Família recém formada a partir do gênero *Gratiola*, outrora pertencente a Plantaginaceae, tipicamente representada por ervas em sua vasta maioria e alguns arbustos. Grãos geralmente pequenos, tricolporados e delicados. Alguns gêneros têm âmbito triangular, caracter que pode ajudar na identificação. São comuns em áreas abertas úmidas, como nos campos sulinos (Pampa) e até em áreas periodicamente inundadas da Caatinga.

Family recently erected from the genus *Gratiola*, which formerly belonged to Plantaginaceae. It is typically represented by herbs in their majority and some shrubs. Grains are usually small, tricolporate and delicate. Some genera have triangular amb which can facilitate their identification. They are common in open wet areas, such as the *Pampa* ecosystem in southern Brazil and even in periodically flooded areas of the *Caatinga*.

Achetaria platychila (Radlk.) V.C. Souza (CVRD2610): grãos de pólen mônades, pequenos, tricolporados, âmbito triangular reto, suboblatos, microrreticulados, exina fina nos polos, poros côncavos. P (17,5-18,9 μm); E (20,1-23,5 μm). **Prancha/Plate 98:3.**

Achetaria ocymoides (Cham. & Schltdl.) Wettst. (CVRD5047): grãos de pólen mônades, pequenos, tricolporados, âmbito triangular convexo, suboblatos, psilados, poros lalongados e côncavos. P (14,7-15,0 μm); E (17,4-18,6 μm). **Prancha/Plate 98:4.**

Bacopa aquatica Aubl. (CVRD5034): grãos de pólen mônades, tamanho médio, tricolporados, âmbito triangular convexo, subprolatos, microrreticulados, poros côncavos. P (24,1-25,5 μm); E (23,9-28,3 μm). **Prancha/Plate 98:5.**

Conobea scoparioides (Cham. & Schltdl.) Benth. (CVRD5723): grãos de pólen mônades, pequenos, tricolporados, âmbito triangular convexo, suboblatos, escabrados, exina fina nos polos, poros lalongados e côncavos. P (16,4-17,1 μm); E (16,5-18,6 μm). **Prancha/Plate 98:6.**

Scoparia dulcis Linnaeus (CVRD5619): grãos de pólen mônades, pequenos, tricolporados, âmbito subtriangular, subprolatos, microrreticulados, poros circulares. P (12,2-13,6 μm); E (10,5-12,3 μm). **Prancha/Plate 99:1.**

Haloragaceae

Família de ervas aquáticas submersas, raramente ervas terrestres, arbustos ou pequenas árvores. *Laurembergia* ocorre em áreas alagadas, beiras úmidas de estradas ou em lagoas temporárias. Sua morfologia polínica envolve como norma 3 a 5 aberturas, normalmente poros, mas também são encontrados colpos e colpóides.

Family of submerged aquatic herbs, rarely terrestrial herbs, shrubs or small trees. *Laurembergia* occurs in flooded areas, wet road borders or in temporary lakes. Its pollen morphology usually involves 3 to 5 pores, but colpi (*Gunnera*) and colpoids are also found.

Laurembergia tetrandra (Schott ex Spreng.) Kanitz. (CVRD5059): grãos de pólen mônades, tamanho médio, 4-5 porados, âmbito circular, suboblatos, escabrados, poros circulares com ânulo. P (28,4-38,8 μm); E (31,7-33,1 μm). **Prancha/Plate 99:2.**

Humiriaceae

Família de árvores e arbustos na região neotropical e no oeste da África, com oito gêneros, que ocorrem no Brasil, onde são encontradas quase todas as espécies, principalmente na Amazônia. *Endopleura*, *Humiria* e *Vantanea* ocorrem na Amazônia e Mata Atlântica, *Humiriastrum dentatum* é mais restrito à Mata Atlântica, especialmente no sul do Estado de São Paulo. Uma das características polínicas que chama a atenção nesta família é a espessura das margens dos colpos e os poros bem delimitados. Há uma leve semelhança entre o pólen de *Humiria* e os de *Gallesia* (Phytolaccaceae), mas o primeiro tem grãos maiores e mais robustos com engrossamento mais destacado nas margens dos colpos.

Family of trees and shrubs in the neotropical region and in western Africa. Eight genera occur in Brazil, where most of species are found mainly in the Amazon. *Endopleura*, *Humiria* and *Vantanea* occur in Amazonia and in the Atlantic Rainforest. *Humiriastrum dentatum* is more restricted to the Atlantic Rainforest, especially in southern State of São Paulo. One of the pollen characteristics that draws attention to this family is the presence of thick colpi margins and well decernible pores. There is a slight similarity between the pollen of *Humiria* and those of *Gallesia* (Phytolaccaceae), but the first one has bigger grains and thicker colpi margins.

Duckesia verrucosa (Ducke) Cuatr. (CVRD1833): grãos de pólen mônades, tamanho médio, tricolporados, âmbito triangular reto, suboblatos, reticulados, homobrocados, poros elípticos. P (24,5-25,5 μm); E (29,4-31,3 μm). **Prancha/Plate 99:3.**

Endopleura uchi (Huber) Cuatrec (CVRD1839): grãos de pólen mônades, tamanho médio, tricolporados, âmbito triangular reto, suboblatos, reticulados, homobrocados, poros lalongados. P (22,9-28,1 μm); E (22,3-26,2 μm). **Prancha/Plate 99:4.**

Humiria balsamifera (Huber) Cuatrec (CVRD2623; CVRD1231): grãos de pólen mônades, tamanho médio, tricolporados, âmbito subtriangular, suboblatos, escabrados a reticulados, poros quadrangulares. P (28,1-35,1 μm); E (30,4-41,2 μm). **Prancha/Plate 99:5.**

Humiriastrum mussunungense Cuatrec (CVRD353; CVRD3364; CVRD4581): grãos de pólen mônades, tamanho médio, tricolporados, âmbito triangular convexo, circulares a suboblatos, reticulados, poros retangulares a quadrangulares. P (24,8-28,2 µm); E (26,1-30,0 µm). **Pranchas/Plates 99:6; 100:1.**

Humiriastrum spiritu-sancti Cuatrec. (CVRD97): grãos de pólen mônades, tamanho médio, tricolporados, âmbito triangular reto, circulares a suboblatos, reticulados, homobrocados, poros côncavos, colpos com margem. P (29,6-30,8 µm); E (28,9-29,6 µm). **Prancha/Plate 100:2.**

Sacoglottis mattogrossensis Malme (CVRD2589): grãos de pólen mônades, tamanho médio, tricolporados, âmbito triangular reto, suboblatos a circulares, reticulados, homobrocados, poros elípticos a retangulares. P (25,9-26,3 µm); E (24,4-29,5 µm). **Prancha/Plate 100:3.**

Vantanea bahiensis Cuatrec (CVRD1209): grãos de pólen mônades, tamanho médio, tricolporados, âmbito triangular reto, suboblatos, reticulados, homobrocados, poros côncavos. P (28,4-29,0 µm); E (32,2-33,7 µm). **Prancha/Plate 100:4.**

Hydrangeaceae

Família de arbustos, lianas ou ervas. Gênero exótico no Brasil, geralmente plantado como ornamental. Apesar de não ser um gênero útil em estudos paleoambientais no Brasil, *Hydrangea* pode ter muita aplicação em estudos palinológicos forenses, uma vez que representa plantas ornamentais muito cultivadas em certas áreas do Brasil, especialmente em áreas urbanas em grandes elevações. Grãos parecidos com os de *Hydrangea* são encontrados em alguns gêneros de leguminosas.

Family of shrubs, lianas or herbs. *Hydrangea* is an exotic genus in Brazil, where its cultivated as ornamental. Although it is not an useful genus in paleoenvironmental studies in Brazil it may have important application in forensic palynological studies, for it represents ornamental plants widely cultivated in certain urban areas of Brazil in high elevations and/or in regions with cooler climates. Pollen similar to *Hydrangea* are found in some genera of Fabaceae.

***Hydrangea* sp.** (CVRD6630): grãos de pólen mônades, pequenos, tricolporados, âmbito triangular convexo, suboblatos, psilados, poros côncavos. P (12,5-14,5 µm); E (12,9-13,7 µm). **Prancha/Plate 100:5.**

Hydroleaceae

Família de ervas a arbustos de áreas alagadas em quase todo o Brasil. *Hydrolea spinosa* tem sido reconhecida como espécies pioneira ou invasora de culturas e portanto sua identificação em registros sedimentares pode contribuir com estudos de alteração da cobertura vegetal do passado. Muitos autores descrevem seus grãos como tricolporoidados, onde muitas vezes é difícil a visualização dos poros, sob luz de microscopia óptica.

Family of herbs to shrubs in flooded areas in almost all of Brazil. *Hydrolea spinosa* has been recognized as pioneer or invasive species of crops and therefore its identification in sedimentary records can contribute to studies on vegetational changes. Many authors describe their grains as tricolporoidate, where it is often hard to see the pores, under light microscopy.

Hydrolea spinosa Linnaeus (CVRD7383): grãos de pólen mônades, tamanho médio, tricolporados, âmbito trilobado, subprolatos, reticulados, heterobrocados, simplicolumelados, colpos com margem. P (27,1-30,2 µm); E (19,5-22,0 µm). **Prancha/Plate 100:6.**

Hypericaceae

Família de ervas, arbustos ou árvores distribuídos somente entre os gêneros *Hypericum* e *Vismia*. O primeiro tem grãos colporoidatos e subprolatos, diferentemente de *Vismia*, que possui âmbito triangular e condição tricolporada com poros bem definidos. Este gênero arbóreo é muito frequente no Mato Grosso e na Amazônia. *V. brasiliensis* ocorre na floresta semidecidua do Sudeste e Nordeste.

Family of herbs, shrubs or trees distributed only between the genera *Hypericum* and *Vismia*. The first one has colporoidates and subprolates grains, unlike of *Vismia* that has grains of triangular amb, tricolporates and well defined pores. This arboreal genus is very common in Mato Grosso and Amazonia. *V. brasiliensis* occurs in the semideciduous forests of southeastern and northeastern Brazil.

Vismia brasiliensis Choisy. (CVRD556): grãos de pólen mônades, tamanho médio, tricolporados, âmbito triangular reto, oblatos a suboblatos, escabrados, poros circulares. P (13,7-18,6 µm); E (15,5-21,6 µm). **Prancha/Plate 100:7.**

Icacinaceae

Família de árvores, arbustos ou lianas na Amazônia, Mata Atlântica e nos cerrados, euripolínica com grãos de tamanhos pequenos a maiores que 60 µm (em outras floras), inaperturados a colpados, colporoidados, colporados com ornamentação psilada a microreticulada. *Emmotum nitens* é uma espécie comumente encontrada nos cerrados e sua presença em ambiente florestal reenforça a necessidade do palinológo do Quaternário avaliar todo o espectro polínico de sua amostra e não fazer interpretação ambiental com ênfase em um só elemento botânico.

Family of trees, shrubs or lianas in the Amazon, Atlantic Rainforest and *Cerrado*. It is eurypalynous having small to larger than 60 µm (in other floras) grains, inaperturate to colpate, colporoidate, colporate, psilate to microreticulate grains. *Emmotum nitens* is a species commonly found in *Cerrado* and its presence in forests reinforces how necessary it is for Quaternary palynologists to evaluate the entire pollen spectrum of their samples and not to carry out environmental interpretation with emphasis on a single botanical element.

Emmotum affine Miers. (CVRD2700): grãos de pólen mônades, tamanho médio, tricolporados, âmbito trilobado a circular, subprolatos, psilados, parede com espessura homogênea, poros côncavos a lalongados. P (20,4-25,3 µm); E (16,0-18,4 µm). **Prancha/Plate 101:1.**

Emmotum nitens (Benth.) Miers (CVRD218): grãos de pólen mônades, pequenos, tricolporados, âmbito trilobado a circular, subprolatos, psilados, parede com espessura homogênea, poros lalongados. P (18,4-19,5 µm); E (13,3-17,9 µm). **Prancha/Plate 101:2.**

Leretia cordata Vell. (CVRD3101; CVRD10248): grãos de pólen mônades, tamanho médio, tricolporados, âmbito circular a triangular convexo, circulares a suboblatos, reticulados, parede com espessura homogênea, poros circulares a irregulares. P (34,6-36,8 µm); E (33,1-38,7 µm). **Prancha/Plate 101:3a,b;4.**

***Pleurisanthes* sp.** (CVRD10620): grãos de pólen mônades, tamanho médio, tricolporados, âmbito trilobado, subprolatos a prolatos, microrreticulados, parede com espessura homogênea. P (35,5-45,4 µm); E (26,7-33,4 µm). **Prancha/Plate 101:5.**

Lacistemataceae

Família exclusivamente arbórea encontrada tipicamente na Mata Atlântica do Sudeste e na Amazônia, com apenas dois gêneros (*Lacistema* e *Lozania*). *Lacistema hasslerianum*, por outro lado, ocorre no Brasil Central, Sudeste até o Paraná, em florestas semidecíduas. Possui grãos muito pequenos e psilados, que podem passar desapercebidos por parecerem hialinos. Para resolver esse potencial problema recomenda-se corar os resíduos sedimentares com safranina alcóolica diluída.

This family is represented exclusively by tree species in only two genera (*Lacistema* and *Lozania*), occurring in the Atlantic Rainforest and in Amazonia. *Lacistema hasslerianum* occurs in central and southeastern Brazil, reaching the State of Paraná, where it is found in semideciduous forests. Itspollen grains are small and psilate, somewhat hyaline, and may be unnoticed by the pollen analyst. This problem may be solved by staining the grains with the use of alcoholic solution of safranin in the sediment residues.

Lacistema recurvum (CVRD305): grãos de pólen mônades, pequenos, tricolporados, âmbito trilobado a circular, prolatos a subprolatos, microrreticulados, homobrocados, espessura da parede homogênea, poros elípticos a lalongados. P (15,4-18,5 µm); E (10,7-12,6 µm). **Prancha/Plate 102:1,2.**

Lamiaceae

Família de ervas, arbustos e árvores (*Aegiphila*, *Vitex*), que ocorrem em vários ecossistemas brasileiros, com destaque especial aos cerrados e campos rupestres. Possui grãos de tamanho médio, facilmente identificados devido à condição poli- ou estefanocolpada. Grãos de Lamiaceae são relativamente frequentes em diagramas polínicos de estudos do Quaternário.

Herbs, shrubs and trees (*Aegiphila*, *Vitex*), occurring in many Brazilian ecosystems, mainly in *Cerrado*, and in high elevation open savanas. Pollen grains varying from medium to large sizes, easily identified due to their poly- or stephanocolpate morphology. Pollen grains of Lamiaceae are relatively frequent in Quaternary pollen diagrams.

Eriope macrostachya Mart. ex Benth. (CVRD5966): grãos de pólen mônades, tamanho médio, estefanocolpados, âmbito hexalobado, suboblatos, reticulados, heterobrocados, exina espessa nos polos. P (28,5-30,8 µm); E (31,4-49,8 µm). **Prancha/Plate 102:3.**

Hyptidendron asperrimum (Spreng.) Harley (CVRD2045): grãos de pólen mônades, tamanho médio, estefanocolpados, âmbito hexalobado, suboblatos, microrreticulados. P (27,4-28,3 µm); E (34,3-36,4 µm). **Prancha/Plate 102:4.**

Hyptis* cf. *brevipes Poit. (CVRD1438): grãos de pólen mônades, tamanho médio, 8-colpados, âmbito octolobado, suboblatos, reticulados, homobrocados, exina espessa nos polos. P (18,9-20,6 μm); E (21,8-28,5 μm). **Prancha/Plate 102:5.**

Marsypianthes chamaedrys (Vahl) Kuntze (CVRD5548): grãos de pólen mônades, tamanho médio, estefanocolpados, âmbito hexalobado, suboblatos, reticulados, heterobrocados, exina espessa nos polos. P (22,7-24,9 μm); E (28,7-35,5 μm). **Prancha/Plate 102:6.**

Ocimum selloi Benth. (CVRD5983): grãos de pólen mônades, tamanho médio, estefanocolpados, âmbito hexalobado, suboblatos, reticulados, homobrocados. P (30,5-36,2 μm); E (37,3-43,4 μm). **Pranchas/Plates 102:7; 103:1.**

Vitex* cf. *compressa Turcz. (CVRD1697): grãos de pólen mônades, pequenos, tricolporados, âmbito subtriangular, subprolatos, microrreticulados, poros lalongados. P (23,3-24,0 μm); E (22,9-23,2 μm). **Prancha/Plate 103:2.**

Lecythidaceae

Família de grandes árvores tanto na Amazônia como na Mata Atlântica *sensu lato*, e de grande importância em estudos do Quaternário. Seus grãos são relativamente difíceis de serem identificados em sedimentos, pois muitas vezes os poros são inconspícuos o que leva alguns autores a descrevê-los como colporoidatos e uma certa semelhança com táxons de outras famílias. Uma sugestão é corar os resíduos sedimentares com safranina alcóolica diluída para tornar suas estruturas mais evidentes.

Family of large trees in Amazonia and in the Atlantic Rainforest, with great importance in Quaternary studies. The identification of their pollen grains in sediment samples is a rather difficult task due to their usually inconspicuous pores, making them resemble sometimes pollen grains belonging to other families. The use of an alcoholic solution of safranin in the sediment samples would turn the pollen structures more easily discernible.

Bertholletia excelsa Humb. & Bonpl. (CVRD5439): grãos de pólen mônades, tamanho médio, tricolporados, âmbito trilobado, subprolatos, microrreticulados, poros retangulares. P (30,0-31,6 μm); E (24,6-33,6 μm). **Prancha/Plate 103:3.**

Cariniana legalis (Mart.) Kuntze (CVRD160): grãos de pólen mônades, tamanho médio, tricolporados, âmbito triangular convexo, oblatos, escabrados, poros côncavos. P (27,3-32,5 μm); E (33,6-39,1 μm). **Prancha/Plate 103:4a,b.**

Couratari macrosperma A. C. Smith (CVRD2580): grãos de pólen mônades, tamanho médio, tricolporados, âmbito triangular convexo, prolatos, escabrados, poros retangulares. P (31,4-43,9 μm); E (34,3-40,0 μm). **Prancha/Plate 103:5.**

Eschweilera ovata (Cambess.) Miers (CVRD1396): grãos de pólen mônades, pequenos, tricolporados, âmbito triangular convexo, circulares, microrreticulados, poros elípticos. P (21,4-22,3 μm); E (22,9-23,8 μm). **Prancha/Plate 104:1.**

Lecythis lurida (Miers) Mori (CVRD2981): grãos de pólen mônades, tamanho médio, tricolporados, âmbito trilobado, subprolatos, microrreticulados, poros quadrangulares. P (24,5-27,3 μm); E (19,5-26,0 μm). **Prancha/Plate 104:2.**

Lentibulariaceae

Família de ervas aquáticas de distribuição cosmopolita. Sua distinta morfologia policolporada permite rápida identificação. O número de aberturas pode variar de três a 14, com âmbito circular. Juntamente com outras ervas e arbustos aquáticos do espectro polínico sedimentar, *Utricullaria* pode fornecer dados importantes sobre nichos ecológicos que possam explicar a presença de táxons de algas diatomáceas epifíticas no registro sedimentar e assim colaborar na interpretação da paleopaisagem fluvial ou lacustre.

Family of aquatic herbs of cosmopolitan distribution. The polycolporate morphology allows for fast identification of its pollen grains. The number of apertures may vary from 3 to 14, with circular ambitus (amb). Together with other aquatic herbs and shrubs present in the pollen spectrum, *Utricularia* pollen grains may offer important clues about ecologic niches that may explain the presence of epiphytic diatoms in the sediment record, collaborating with the interpretation on the riverine or lacustrine paleoenvironments.

Utricularia foliosa Linnaeus (CVRD6649): grãos de pólen mônades, tamanho médio, estefanocolporados, âmbito circular, suboblatos, psilados, poros unidos em uma faixa contínua ao longo da região equatorial. P (32,4-37,1 µm); E (41,3-44,0 µm). **Prancha/Plate 104:3a,b.**

Linderniaceae

Esta família hoje compreende também os gêneros *Lindernia* e *Torenia*, que outrora eram pertencentes a Plantaginaceae. São ervas reconhecidas por serem invasoras de culturas ou pioneiras nos primeiros estágios sucessionais da vegetação. A condição tricolpada de *Torenia* é importante na identificação, uma vez que não muitos táxons polínicos a possuem.

This family contains herbs that are pioneer taxa during the initial stages of ecological succession and some are invasive weeds in cultivated lands. *Lindernia* and *Torenia* were once classified in the family Plantaginaceae. The tricolpate morphology of *Torenia* is an important diagnostic feature, considering that tricolpate types are not much frequent.

Torenia thouarsii (Cham. & Schltdl.) Kuntze (CVRD5063): grãos de pólen mônades, pequenos, tricolpados, âmbito trilobado, circulares, microrreticulados. P (14,9-15,6 µm); E (15,7-16,8 µm). **Prancha/Plate 104:4.**

Loganiaceae

Família de ervas, subarbustos, arbustos ou árvores, raramente lianas, encontrados em vários ecossistemas brasileiros. Família euripolínica, com grãos colpados e colporados e até porados (em outras floras), com tamanho pequeno a médio. Aqui nota-se novamente a necessidade de rolar o grão para visualizar a região polar de *Spigelia*, essencial para sua identificação. Por outro lado, *Strychnos* possui grãos pequenos e microrreticulados mais dificilmente reconhecidos em estudos do Quaternário sob microscopia óptica.

Family of herbs, shrubs or trees, rarely lianas, with species occurring in many Brazilian ecosystems. The family presents varied pollen morphology, with colpate, colporate and pored pollen grains, sizes varying from small to medium. The identification of *Spigelia* requires the pollen grains to be rolled around since the polar view of their grains is an important diagnostic feature. *Strychnos* presents small and microreticulate pollen grains rarely recognized in Quaternary studies using light microscopy.

Spigelia anthelmia Linnaeus (CVRD5481): grãos de pólen mônades, grandes, tricolpados, âmbito triangular convexo, circulares em vista equatorial, escabrados. P (46,6-53,3 µm); E (34,9-51,6 µm). **Pranchas/Plates 104:5; 105:1.**

Strychnos fulvotomentosa Gilg (CVRD6398): grãos de pólen mônades, pequenos, tricolporados, âmbito triangular convexo, suboblatos, microrreticulados, homobrocados, simplicolumelados, poros elípticos. P (18,9-19,8 µm); E (20,0-24,4 µm). **Prancha/Plate 105:2.**

Loranthaceae

Família de várias espécies hemiparasitas sob ramos ou árvores ou até raízes em quase todos os ecossistemas brasileiros. Por descansarem, predominantemente, na posição polar nas lâminas, esses grãos são relativamente fáceis de serem identificados devido a seu âmbito tipicamente triangular com semelhança superficial a Myrtaceae, Sapindaceae e Proteaceae, que pode ser resolvida com o exame da vista equatorial.

This family comprises several hemiparasitic species growing over stems of trees, and even attached to plant roots, in almost every Brazilian ecosystem. Pollen grains of Loranthaceae are usually layed with their polar view up on the microscope glass slide, and its identification is relatively easy due to the typical and readily seen triangular amb. Nonetheles, the polar view of the pollen grains of Loranthaceae may show some similarities with those of Myrtaceae, Sapindaceae and Proteaceae, a problem than be solved by the analysis of their different equatorial views.

Psittacanthus dichrous (Mart.) Mart. (CVRD6145, CVRD12891): grãos de pólen mônades, tamanho médio, tricolpados, sincolpados, âmbito triangular côncavo, oblatos, psilados. P (34,1-42,3 µm); E (17,3-18,6 µm). **Prancha/Plate 105:3a,b.**

Struthanthus confertus (Mart.) Mart. (CVRD4660): grãos de pólen mônades, tamanho médio, 3-4 colpados, sincolpados, âmbito triangular côncavo a quadrangular, oblatos, escabrados. P (22,7-31,7 µm); E (31,2-32,9 µm). **Prancha/Plate 105:4.**

Struthanthus polyhizus (Mart.) Mart. (CVRD2512): grãos de pólen mônades, tamanho médio, 3-4 colpados, sincolpados, âmbito triangular côncavo ou quadrangular, oblatos, psilados a escabrados. P (26,5-29,6 µm); E (32,9-35,9 µm). **Prancha/Plate 106:1.**

Lythraceae

Família de ervas, arbustos e árvores. Os gêneros aqui representados têm grande importância em estudos do Quaternário. *Lafoensia* é um importante táxon arbóreo nos cerrados, enquanto *Cuphea* ocorre em formações vegetais abertas como os cerrados, campos rupestres, sobre dunas na Caatinga assim como também é encontrado no andar herbáceo de florestas tropicais fechadas. Algumas espécies desse gênero vivem exclusivamente em áreas alagadas e por isso não pode ser interpretado como indicador de vegetação xerofítica. Ambos gêneros são de fácil identificação. Grãos relativamente parecidos com os de *Lafoensia* são encontrados em Burseraceae e Sapotaceae.

Family of herbs, shrubs and trees. The genera presented here are very important in Quaternary studies. *Lafoensia*, for example, is an arboreal taxa occurring in the Cerrado, and *Cuphea* occurs in open plant formations, like *Cerrado*, montane savanas, dunes at the *Caatinga* biome, as in the floor of closed tropical forests. Some species of *Cuphea* are found exclusively in wetlands, therefore this genus should not be considered as a proxy for xerophytic vegetation. Both genera can be easily identified. The families Burseraceae and Sapotaceae have some pollen types similar to those found in *Lafoensia*.

Cuphea carthagenensis (Jacq.) J. F. Macbr. (CVRD5497): grãos de pólen mônades, tamanho médio, tricolporados, sincolpados, âmbito triangular convexo, oblatos, psilados a estriados, poros elípticos a circulares. P (13,4-15,6 μm); E (25,2-27,6 μm). **Prancha/Plate 106:2.**

Cuphea flava Spreng. (CVRD1329): grãos de pólen mônades, pequenos, tricolporados, sincolpados, âmbito triangular reto a triangular côncavo, oblatos, psilados, poros elípticos a circulares. P (13,1-15,4 μm); E (18,5-20,4 μm). **Prancha/Plate 106:3.**

Lafoensia glyptocarpa Koehne (CVRD598): grãos de pólen mônades, tamanho médio, tricolporados, âmbito triangular reto, prolatos a retangulares, reticulados a escabrados, parede com espessura homogênea, poros elípticos. P (39,3-48,0 μm); E (22,7-36,1 μm). **Prancha/Plate 106:4.**

Malpighiaceae

Família bem representada praticamente em quase todos os ecossistemas brasileiros. Aparece com frequência em diagramas polínicos e em estudos do Quaternário, onde é necessário separar os elementos arbóreos (*Byrsonima*, *Lophantera*) das ervas facilmente identificadas por grãos pantoporados. Em geral, são facilmente identificados graças também a sua exina grossa.

This family is well represented in almost every Brazilian ecosystem. Malpighiaceae is a frequent element in Quaternary pollen diagrams, and it is therefore important to separate aboreal taxa (*Byrsonima*, *Lophantera*) from herbs, which present pantoporate grains. The latter are easily identified due to their thick exine.

Banisteriopsis nummifera (A. Juss.) B. Gates (CVRD2886): grãos de pólen mônades, tamanho médio, pantoporados com colpóides, esféricos, rugulados, poros circulares. D (31,5-43,2 μm). **Prancha/Plate 106:5.**

Bunchosia acuminata Dobson (CVRD4733): grãos de pólen mônades, tamanho médio, pantoporados, esféricos, escabrados, poros circulares. D (26,0-36,0 μm). **Prancha/Plate 106:6.**

Byrsonima crispa A. Juss. (CVRD3739): grãos de pólen mônades, pequenos, tricolporados, âmbito triangular convexo, suboblatos, microrreticulados, poros lalongados. P (12,6-14,9 μm); E (12,6-17,0 μm). **Prancha/Plate 107:1.**

Heladena bunchosioides A. Juss. (CVRD8394): grãos de pólen mônades, tamanho médio, pantoporados, âmbito quinquangular, circulares, escabrados, poros circulares. P (30,3-34,1 μm); E (31,2-40,0 μm). **Prancha/Plate 107:2a,b.**

Heteropterys nordestina Amorim (CVRD6865): grãos de pólen mônades, tamanho médio, pantoporados com colpóides, esféricos, verrucados a escabrados, poros circulares. D (31,3-40,0 μm). **Prancha/Plate 107:3.**

Hiraea fagifolia (DC.) A. Juss. (CVRD5262): grãos de pólen mônades, tamanho médio, pantoporados, esféricos, escabrados, poros circulares. D (35,4-45,4 μm). **Prancha/Plate 107:4.**

Janusia hexandra (Vell.) W. R. Anderson (CVRD7326): grãos de pólen mônades, tamanho médio, pantoporados com colpóides, esféricos, escabrados, poros circulares. D (40,2-44,8 μm). **Prancha/Plate 107:5.**

Mascagnia cordifolia (A. Juss.) Griseb. (CVRD6745): grãos de pólen mônades, tamanho médio, pantoporados com colpóides, esféricos, escabrados, poros circulares. D (34,0-41,2 μm). **Prancha/Plate 107:6.**

Mezia araujei Schwacke (CVRD8432): grãos de pólen mônades, tamanho médio, pantoporados com colpóides, esféricos, escabrados, poros circulares. D (38,2-42,9 μm). **Prancha/Plate 108:1.**

Peixotoa hispidula A. Juss. (CVRD10091): grãos de pólen mônades, grandes, pantoporados com colpóides, esféricos, microrreticulados, poros circulares. D (45,0-53,3 μm). **Prancha/Plate 108:2.**

Stigmaphyllon paralias A. Juss. (CVRD1255): grãos de pólen mônades, grandes, pantoporados com colpóides, esféricos, microrreticulados, poros circulares. D (58,2-61,8 μm). **Prancha/Plate 108:3.**

Tetrapterys phlomoides (Spreng.) Nied. (CVRD7374): grãos de pólen mônades, tamanho médio, pantoporados com colpóides, esféricos, escabrados, poros circulares. D (45,2-49,1 μm). **Prancha/Plate 108:4.**

Malvaceae

Estudos moleculares possibilitaram recentemente a inclusão de membros da família Bombacaceae (*Cavanillesia, Ceiba, Eriotheca, Ochroma, Pachira, Pseudobombax, Quararibea*, entre outros) e das famílias Sterculiaceae e Tiliaceae à família Malvaceae, agora referida como Malvaceae *sensu lato*. Em estudos quaternários, contudo, é inegável a presença considerável das bombacáceas. Estas são predominantemente encontradas em florestas e savanas tropicais, compostas por árvores, com grãos robustos, esferoidais a oblatos a peroblatos, com âmbito circular ou triangular, 2-3 colpados, 3-4 colporados com ornamentação predominantemente reticulada. Em alguns táxons os poros são anulados ou rodeados por retículos, enquanto que em outros os limites dos poros e de colpos são dificilmente vistos sob microscopia óptica. A Palinologia não fornece apoio a essa junção, pois essas famílias são facilmente separadas umas das outras.

Molecular studies allowed the inclusion of some genera of Bombacaceae (*Cavanillesia, Ceiba, Eriotheca, Ochroma, Pachira, Pseudobombax, Quararibea* and others), as well as Sterculiaceae and Tiliaceae, into the family Malvaceae, from now on referred to as Malvaceae *sensu lato*. Nevertheless, it is evident the importance of Bombacaceae pollen grains in Quaternary samples. The species once classified in the Bombacaceae family are found in tropical forests and savanas, represented by trees with robust pollen grains, spheroidal to oblate and peroblate, circular or triangular amb, 2-3 colpate, 3-4 colporate, predominantly with reticulate ornamentation. Some taxa may present annulate pores while in other species the limits between pores and colpi are hardly discerned under light microsopy. Palynology does not support the inclusion of these morphologically distinct families in Malvaceae, for these are easily separated from each other on the basis of their pollen morphology.

Abutilon* cf. *schenckii K. Schum. (CVRD1332): grãos de pólen mônades, tamanho médio a grande, 4 a 6-porados, poros distribuídos ao longo do equador, âmbito circular, suboblatos, escabrados e equinados, poros circulares anulados. Espinhos (5,1-9,2 µm); P (36,0-65,8 µm); E (46,8-73,4 µm). **Prancha/Plate 109:1.**

Basiloxylon brasiliensis (Allemão) K. Schum. (CVRD662): grãos de pólen mônades, tamanho médio, tricolporados ou tetracolporados, âmbito circular a subtriangular, circulares a subprolatos, reticulados, poros elípticos a lalongados, alguns grãos apresentam margem nos colpos. P (35,0-41,4 µm); E (35,0-42,3 µm). **Prancha/Plate 109:2.**

Byttneria gayana A. St.-Hil. (CVRD5631): grãos de pólen mônades, tamanho pequeno a médio, triporados, âmbito circular, suboblatos a circulares, reticulados, poros circulares situados em saliências da exina. P (23,1-25,0 µm); E (23,8-27,3 µm). **Prancha/Plate 109:3.**

Cavanillesia arborea K. Schum. (CVRD12533): grãos de pólen mônades, grandes, tricolporados, pleuroaperturados, âmbito triangular, oblatos a suboblatos, reticulados, heterobrocados, poros elípticos altos quase do mesmo tamanho dos colpos, colpos curtos com espessamento da exina em torno do ectocolpo formando a margem. P (24,8-39,4 µm); E (60,6-65,0 µm). **Prancha/Plate 109:4.**

Ceiba erianthos (Cav.) K. Schum. (CVRD9347): grãos de pólen mônades, tamanho médio a grande, 4 a 6-colpados, âmbito circular ou quadrangular, suboblatos, reticulados, heterobrocados, duplicolumelados, colpos com margem (malhas menores junto às aberturas). P (40,7-50,2 µm); E (45,9-60,8µm). **Prancha/Plate 110:1a,b.**

Ceiba pentandra (Linnaeus) Gaerth. (CVRD5969): grãos de pólen mônades, tamanho médio a grande, tricolpados, âmbito subtriangular a circular, suboblatos, reticulados, heterobrocados, duplicolumelados, colpos com margem (malhas menores junto às aberturas). P (40,8-46,5 µm); E (51,7-62,3 µm). **Prancha/Plate 110:2.**

Ceiba pubiflora (St. Hil.) K. Schum. (CVRD582): grãos de pólen mônades, tamanhos médio a grande, 4 a 5-colpados, âmbito circular ou quadrangular, suboblatos, reticulados a retipilados, heterobrocados, simplicolumelados. P (40,5-48,2 µm); E (51,3-54,9 µm). **Prancha/Plate 110:3.**

***Christiana* sp.** (CVRD12524): grãos de pólen mônades, tamanho médio, tricolporados, âmbito circular a trilobado, suboblatos a subprolatos, microequinados, poros lalongados. P (25,8-29,4 µm); E (26,5-29,0 µm). **Prancha/Plate 110:4.**

Eriotheca candolleana (K. Schum.) A. Robyns (CVRD10431): grãos de pólen mônades, tamanho médio, tricolporados, âmbito triangular com ângulos arredondados, suboblatos a oblatos, reticulados, simplicolumelados, colpos curtos, poros circulares a inconspícuos. P (25,2- 31,6 µm); E (38,5-44,6 µm). **Prancha/Plate 111:1.**

Eriotheca macrophylla (K. Schum.) A. Robyns (CVRD4720): grãos de pólen mônades, tamanho médio, tricolporados, âmbito triangular com ângulos arredondados, suboblatos a oblatos, reticulados, simplicolumelados, colpos curtos, poros circulares a inconspícuos. P (24,0- 29,5 µm); E (37,7-45,2 µm). **Prancha/Plate 111:2.**

Guazuma crinita Mart. (CVRD173): grãos de pólen mônades, pequenos, tricolporados a tetracolporados, âmbito circular, circulares, reticulados, poros lalongados. P (17,5-19,7 μm); E (18,1-20,5 μm). **Prancha/Plate 111:3.**

Guazuma ulmifolia Lam. (CVRD3142): grãos de pólen mônades, pequenos, tricolporados a tetracolporados, âmbito circular, circulares, reticulados, poros lalongados. P (17,7-18,8 μm); E (18,7-19,9 μm). **Prancha/Plate 111:4.**

Helicteres* cf. *brevispira A. St.-Hil (CVRD7363): grãos de pólen mônades, tamanho pequeno a médio, triporados, âmbito triangular, anguloaperturados, oblatos, perfurados e reticulados, exina mais espessa na proximidades dos poros, poros circulares com ânulo. P (15,4-22,1 μm); E (27,1-31,4 μm). **Prancha/Plate 111:5.**

Heliocarpus americanus Linnaeus (CVRD3304): grãos de pólen mônades, tamanho médio, tricolporados, âmbito circular a subtriangular, subprolatos a prolatos, reticulados simplicolumelados, poros elípticos a lalongados, colpos com margem (redução do tamanho dos retículos). P (31,8-40,3 μm); E (20,1-28,6 μm). **Prancha/Plate 111:6.**

Hibiscus bifurcatus Cav. (CVRD1669): grãos de pólen mônades, tamanho muito grande, periporados, esféricos, granulados a equinados, poros circulares. Espinhos (32-38 μm); D (122,0-144,0 μm). **Prancha/Plate 112:1a,b.**

Hydrogaster trinervis Kuhlm. (CVRD152): grãos de pólen mônades, tamanho médio, tricolporados, âmbito circular a subtriangular, suboblatos a subprolatos, reticulados, simplicolumelados, poros retangulares a lalongados. P (28,3-37,8 μm); E (32,8-41,5 μm). **Prancha/Plate 112:2.**

Luehea candida (DC.) Mart. (CVRD10688): grãos de pólen mônades, tamanho médio a grande, tricolporados, âmbito subtriangular a circular, suboblatos a subprolatos, reticulados, heterobrocados, com redução do tamanho dos retículos nos polos, poros retangulares a elípticos. P (49,8-60,2 μm); E (48,9-55,7 μm). **Prancha/Plate 112:3.**

Luehea divaricata Mart. & Zucc. (CVRD268): grãos de pólen mônades, tamanho médio, tricolporados, âmbito subtriangular a triangular, subprolatos, reticulados, homobrocados, poros retangulares. P (39,4-43,8 μm); E (33,9-36,5 μm). **Prancha/Plate 112:4.**

***Lueheopsis* sp.** (CVRD5565): grãos de pólen mônades, tamanho médio, tricolporados, âmbito circular, oblatos a circulares, reticulados, heterobrocados, simplicolumelados, poros retangulares a inconspícuos. P (31,6-34,5 μm); E (34,6-44,4 μm). **Prancha/Plate/Plate 113:1.**

Melochia tomentosa Linnaeus (CVRD3861): grãos de pólen mônades, tamanho médio, tricolporados, âmbito circular, suboblatos a circulares, reticulados, homobrocados, simplicolumelados, colpos sem margem, poros elípticos a inconspícuos. P (47,8-51,2 μm); E (44,6-46,9 μm). **Prancha/Plate 113:2.**

Ochroma pyramidale (Cav. ex Lamk) Urban (CVRD6914): grãos de pólen mônades, tamanho grande a muito grande, tricolporados, âmbito circular a subtriangular, suboblatos a circulares, reticulados, heterobrocados, duplicolumelados, colpos com margem, poros elípticos altos a circulares. P (75,1-84,4 μm); E (84,6-105,6 μm). **Prancha/Plate 113:3a,b.**

Pachira endecaphylla (Vell.) Carv.-Sobr. (CVRD4219): grãos de pólen mônades, grandes, tricolporados, âmbito triangular, suboblatos, reticulados, heterobrocados, duplicolumelados, retículos muito pequenos nos ápices; não foi possível observar a morfologia dos poros. P (52,0-55,0 μm); E (67,7-75,8 μm). **Prancha/Plate 113:4.**

Pachira glabra Pasq. (CVRD7160): grãos de pólen mônades, tamanho médio a grande, tricolporados, pleuroaperturado, âmbito triangular, suboblatos, reticulados, heterobrocados, duplicolumelados, colpos com margem, poros elípticos altos a circulares. P (38,7-53,5 µm); E (59,0-73,0 µm). **Prancha/Plate 114:1.**

Pavonia calyculosa A. St.-Hil. & Naudin (CVRD2822): grãos de pólen mônades, tamanho muito grande, periporados, esféricos, granulados a equinados, poros circulares. Espinhos (22,8-26,0 µm); D (112,0-171,0 µm). **Prancha/Plate 114:2a,b.**

Pseudobombax grandiflorum (Cav.) A. Robyns (CVRD4542): grãos de pólen mônades, grandes, tricolpados, pleuroaperturados, âmbito triangular com projeções apicais, suboblatos a oblatos, reticulados, heterobrocados, duplicolumelados, colpos com margem. P (55,1-57,0 µm); E (65,4-84,8 µm). **Prancha/Plate 114:3a,b.**

Quararibea penduliflora (A. St.-Hil.) K. Schum. (CVRD9839): grãos de pólen mônades, grandes, triporados, âmbito circular a subtriangular, esferoidais, reticulados, heterobrocados, poros circulares anulados. P (57,0-62,0 µm); E (57,0-62,0 µm). **Prancha/Plate 115:1a,b.**

Sida ciliaris Linnaeus (CVRD5905): grãos de pólen mônades, grandes, periporados, esféricos, equinados e pilados/baculados, poros circulares. Espinhos (3,7-4,6 µm); D (87,8-96,0 µm). **Prancha/Plate 115:2a,b.**

Sida cordifolia Linnaeus (CVRD5235): grãos de pólen mônades, grandes, periporados, esféricos, equinados e pilados/baculados, poros circulares. Espinhos (7,5-8,5 µm); D (86,3-87,2 µm). **Prancha/Plate 115:3a,b.**

Sidastrum micranthum (A. St.-Hil.) Fryxell (CVRD5236): grãos de pólen mônades, tamanho médio a grande, periporados, esféricos, equinados e microrreticulados, poros circulares. Espinhos (2,5-3,0 µm); D (43,3-65,6 µm). **Prancha/Plate 115:4a,b.**

Sterculia excelsa Mart. (CVRD849): grãos de pólen mônades, tamanho médio, tricolporados, âmbito subtriangular a circular, circulares a subprolatos, microrreticulados, poros retangulares a lalongados inconspícuos, com espessamento da parede nos pólos. P (28,7-32,7 µm); E (28,4-30,7 µm). **Prancha/Plate 115:5.**

Sterculia apetala (Jacq.) H. Karst. (CVRD856): grãos de pólen mônades, tamanho médio, tricolporados, âmbito subtriangular, subprolatos, reticulados com redução do tamanho dos retículos na região polar, poros elípticos. P (35,7-42,7 µm); E (34,0-39,7 µm). **Prancha/Plate 116:1.**

Theobroma grandiflorum (Willd. ex Spreng.) K. Schum. (CVRD6512): grãos de pólen mônades, pequenos, tricolporados, âmbito circular, circulares, reticulados, heterobrocados, poros inconspícuos. P (18,3-21,7 µm); E (20,0-23,4 µm). **Prancha/Plate 116:2.**

Triumfetta lappula Linnaeus (CVRD6239): grãos de pólen mônades, tamanho médio, tricolporados, âmbito subtriangular a trilobado, prolatos, microrreticulados, poros elípticos. P (37,9-45,4 µm); E (24,0-28,5 µm). **Prancha/Plate 116:3.**

Triumfetta semitriloba Jacq. (CVRD4473): grãos de pólen mônades, tamanho médio a grande, tricolporados, âmbito circular a trilobado, prolatos, microrreticulados, poros retangulares. P (42,7-53,5 µm); E (26,4-34,3 µm). **Prancha/Plate 116:4.**

Triumfetta rhomboidea Jacq. (CVRD5724): grãos de pólen mônades, tamanho médio, tricolporados, âmbito circular a trilobado, prolatos, reticulados com redução do tamanho dos

retículos na região polar, poros retangulares. P (33,8-44,2 μm); E (26,3-30,4 μm).
Prancha/Plate 116:5.

Urena lobata Linnaeus (CVRD5446): grãos de pólen mônades, tamanho muito grande, periporados, esféricos, granulados a equinados, poros circulares. Espinhos (19,1-26,5 μm); D (126,0-154,0 μm). **Prancha/Plate 117:1a,b.**

Waltheria cinerescens A. St.-Hil (CVRD6858): grãos de pólen mônades, tamanho médio, 4 a 5-colporados, âmbito circular, suboblatos a circulares, reticulados, simplicolumelados, poros retangulares a lalongados. P (27,1-41,3 μm); E (30,0-43,7 μm). **Prancha/Plate 117:2.**

Waltheria maritima A.St.-Hil (CVRD5058): grãos de pólen mônades, tamanho médio, 4 a 5-colporados, âmbito circular, suboblatos a circulares, reticulados, poros elípticos a lalongados. P (29,5-41,5 μm); E (33,7-45,1 μm). **Prancha/Plate 117:3.**

Waltheria* aff. *viscosissima A.St.-Hil (CVRD4468): grãos de pólen mônades, tamanho médio, 5 a 6-porados, âmbito circular, pentagonal, hexagonal, suboblatos a circulares, microequinados, poros circulares com fastígio. P (43,2-43,7 μm); E (48,8-52,0).
Prancha/Plate 117:4.

Wissadula contracta (Link) R.E. Fries (CVRD7341): grãos de pólen mônades, grandes, triporados, âmbito circular, suboblatos, equinados e granulados, poros elípticos a circulares. Medidas incluindo os espinhos: P (máximo 70,8 μm); E (53,9-90,0 μm).
Prancha/Plate 118:1a,b.

Marcgraviaceae

Família de arbustos, lianas ou epífitas. *Norantea* é um importante gênero de lianas na Mata Atlântica, assim como *Marcgravia*. O uso de lianas nos estudos palinológicos do Quaternário ainda é pouco explorado, embora possa oferecer uma visão mais real da fisionomia florestal. O âmbito triangular nos dois gêneros pode ajudar na identificação.

> Family of shrubs, lianas and epiphytes. Lianas belonging to *Norantea* and *Marcgravia* are important elements of the Atlantic Rainforest and these are still little explored in Quaternary pollen studies, although they could bring about more realistic view of the forest physiognomy. The triangular amb of the pollen grains may facilitate generic identification.

Schwartzia brasiliensis (Choisy) Bedell ex Gir-Cañas (CVRD2682): grãos de pólen mônades, pequenos, tricolporados, âmbito triangular convexo, suboblatos, microrreticulados, poros lalongados a côncavos. P (18-21,6 μm); E (19,3-23,6 μm). **Prancha/Plate 118:2.**

Melastomataceae

Ao contrário de algumas grandes famílias euripolínicas, Melastomataceae, com mais de 5.000 espécies, das quais 1.000 estão no Brasil, possui somente um tipo polínico facilmente identificado pela sua condição heteroaperturada, onde 3 colpos encontram-se alternados com 3 cólporos e pela ornamentação psilada. Contudo, esta morfologia é encontrada também em

Combretaceae, que parece possuir paredes mais robustas. Melastomataceae possui árvores, arbustos e até ervas em quase todos os ecossistemas brasileiros.

Contrary to some large eurypalynous families, Melastomataceae, with more than 5,000 species, of which around 1,000 are in Brazil, has only one pollen type, which is rapidly identified due to its heteroaperturate morphology, where 3 colpi alternate with 3 colpori, and psilate ornamentation. Nonetheless, this morphology is also observed in Combretaceae, which appears to have thicker walls. This is a family of trees, shrubs and herbs, in almost every Brazilian ecosystem.

Aciotis paludosa (Mart. ex DC.) Triana (CVRD2959): grãos de pólen mônades, pequenos, heteroaperturados, sendo tricolpados e tricolporados, âmbito hexalobado, subprolatos, psilados, poros côncavos. P (19,5-24,7 μm); E (18,0-19,7 μm). **Prancha/Plate 118:3.**

Bertolonia maculata DC (CVRD5053): grãos de pólen mônades, pequenos, heteroaperturados, sendo tricolpados e tricolporados, âmbito triangular reto, subprolatos, psilados, poros côncavos. P (15,7-16,2 μm); E (13,1-18,6 μm). **Prancha/Plate 118:4.**

Clidemia hirta (L.) D. Don (CVRD5630; CVRD8343): grãos de pólen mônades, pequenos, heteroaperturados, sendo tricolpados e tricolporados, âmbito triangular côncavo, subprolatos, escabrados, poros elípticos. P (15,1-22,1 μm); E (13,9-18,4 μm). **Prancha/Plate 118:5.**

Henriettea succosa (Aubl.) DC. (CVRD3192): grãos de pólen mônades, pequenos, heteroaperturados, seno tricolpados e tricolporados, âmbito hexalobado, subprolatos, escabrados, poros elítpicos. P (18,6-21,1 μm); E (19,2-20,8 μm). **Prancha/Plate 118:6.**

Huberia ovalifolia DC. (CVRD751): grãos de pólen mônades, pequenos, heteroaperturados, sendo tricolpados e tricolporados, âmbito hexalobado, subprolatos, escabrados, poros côncavos. P (16,0-16,8 μm); E (15,9-17,9 μm). **Prancha/Plate 118:7.**

Leandra rhamnifolia (Naudin) Cogn. (CVRD7987): grãos de pólen mônades, pequenos, heteroaperturados, sendo tricolporados e tricolpados, colpos de difícil visualização, âmbito triangular côncavo, subprolatos, psilados, poros elípticos. P (10,6-11,5 μm); E (8,8-10,3 μm). **Prancha/Plate 118:8.**

Leandra rufescens (DC.) Cogn. (CVRD11123): grãos de pólen mônades, pequenos, heteroaperturados, sendo tricolporados e tricolpados, âmbito circular, subprolatos, escabrados, poros elípticos. P (15,9-16,6 μm); E (14,8-16,1 μm). **Prancha/Plate 119:1.**

Marcetia taxifolia (A. St.-Hil.) DC. (CVRD2726): grãos de pólen mônades, pequenos, heteroaperturados, sendo tricolporados e tricolpados, âmbito hexalobado, subprolatos, escabrados, poros côncavos. P (16,6-17,6 μm); E (17,8-19,2 μm). **Prancha/Plate 119:2.**

Miconia amoena Triana (CVRD1970): grãos de pólen mônades, pequenos, heteroaperturados, sendo tricolporados e tricolpados, âmbito hexalobado, subprolatos, escabrados, poros circulares. P (15,9-17,1 μm); E (15,1-21,3 μm). **Prancha/Plate 119:3.**

Miconia* cf. *cinnamomifolia (DC.) Naudin. (CVRD1248): grãos de pólen mônades, pequenos, heteroaperturados, âmbito hexalobado, subprolatos, escabrados, poros elípticos. P (12,1-13,1 μm); E (11,8-12,2 μm). **Prancha/Plate 119:4.**

Mouriri doriana Saldanha ex Cogn. (CVRD37): grãos de pólen mônades, pequenos, heteroaperturados, sendo tricolporados e tricolpados, âmbito hexalobado, subprolatos, escabrados, poros retangulares. P (19,3-23,5 μm); E (17,5-21,7 μm). **Prancha/Plate 119:5.**

Mouriri glazioviana Cogn. (CVRD239): grãos de pólen mônades, tamanho médio, heteroaperturados, sendo tricolporados e tricolpados, âmbito subtriangular, subprolatos, escabrados, poros elípticos, e em vista polar as aberturas apresentam fastígio. P (24,1-25,6 μm); E (25,6-26,5 μm). **Prancha/Plate 119:6.**

Pterolepis cataphracta (Cham.) Triana (CVRD1222): grãos de pólen mônades, pequenos, heteroaperturados, sendo tricolporados e tricolpados, âmbito subtriangular, subprolatos, escabrados, poros côncavos. P (16,1-18 μm); E (16,8-18,4 μm). **Prancha/Plate 119:7.**

Rhynchanthera dichotoma (Lam.) DC (CVRD3915): grãos de pólen mônades, tamanho médio, heteroaperturados, sendo tricolporados e tricolpados, âmbito hexalobado, subprolatos, escabrados, poros côncavos. P (23,9-25,9 μm); E (18,8-23,7 μm). **Prancha/Plate 119:8.**

Tibouchina fissinervia (Schrank & Mart. ex DC.) (CVRD3820): grãos de pólen mônades, pequenos, heteroaperturados, sendo tricolporados e tricolpados, âmbito hexalobado, subprolatos, escabrados, poros côncavos. P (20,9-21,1 μm); E (19,3-22 μm). **Prancha/Plate 119:9.**

Meliaceae

Família de árvores e arbustos, de madeiras-de-lei, e por isso de grande interesse em estudos arqueobotânicos e, em estudos do Quaternário, indicadora de condição florestal de clima úmido como o da Amazônia e da Mata Atlântica. Grãos facilmente reconhecidos pelos poros bem circulares, anulados, exina relativamente grossa e por aberturas que variam de 3 a 5, sendo a condição tetracolporada a mais comum.

Family of hardwood trees and shrubs, of great interest in archaeobotanical and in Quaternary studies, where it is considered a proxy for humid forest environments like Amazonia and the Atlantic Rainforest. Pollen grains are easily recognized by the circular and annulate pores, relatively thick exine, and by the number of apertures, which may vary from 3 to 5, tetracolporate grains being the most common.

Carapa guianensis Aubl. (CVRD5968): grãos de pólen mônades, tamanho médio, 4-colporados, âmbito circular, suboblatos, escabrados, poros circulares com ânulos e colpos curtos. P (31,2-34 μm); E (31,9-33,5 μm). **Prancha/Plate 120:1.**

Cedrela fissilis Vell. (CVRD314): grãos de pólen mônades, tamanho médio, 4-colporados, âmbito quadrangular, subprolatos, escabrados, exina afinada nos polos, poros circulares. P (35,9-38,2 μm); E (31,9-34,2 μm). **Prancha/Plate 120:2.**

Guarea blanchetii C. DC. (CVRD9936): grãos de pólen mônades, grandes, 5-colporados, âmbito circular, suboblatos, rugulados, poros circulares e com lábios (labra), colpos curtos. P (50,0-54,0 μm); E (53,8-63,5 μm). **Prancha/Plate 120:3a,b**

Guarea penningtoniana M. E. Morales (CVRD563): grãos de pólen mônades, tamanho médio, 4-colporados, âmbito circular, suboblatos, psilados, exina afinada nos polos, poros circulares. P (37,8-44,5 μm); E (42,9-45,7 μm). **Prancha/Plate 121:1a,b.**

Trichilia pseudostipularis (A. Juss.) C. DC. NT (CVRD6285): grãos de pólen mônades, tamanho médio, tricolporados, âmbito subtriangular, subprolatos, escabrados, exina afinada nos polos, poros lalongados. P (30,6-36,2 μm); E (29,3-30,7 μm). **Prancha/Plate 121:2.**

Menispermaceae

Família de lianas lenhosas, raramente herbáceas ou sub arbustos ou árvores. Tem sido uma prática por palinológos em estudos do Quaternário considerar seus grãos como representantes exclusivamente arbóreos uma vez que esses táxons não vivem em outro ambiente que não seja florestal, tanto na Amazônia como na Mata Atlântica. São grãos facilmente reconhecidos pelo seu tamanho diminuto e pelas microreticulações estruturadas por microbaculas (simplibaculados) e pelos poros circulares.

Family of woody lianas, rarely herbs, shrubs or trees. Quaternary analysts usually consider pollen grains of Menispermaceae as representative of arboreal taxa because the species in this family occur exclusively in forest environments of Amazonia and in the Atlantic Rainforest. Its pollen grains are easily recognized by their small size, simplibaculate/microreticulate ornamentation pattern and circular pores.

Abuta convexa (Vell.) Diels (CVRD5505): grãos de pólen mônades, pequenos, tricolporados, âmbito subtriangular, subprolatos, reticulados, homobrocados, poros circulares. P (13,2-13,5 µm); E (12,5-14,0 µm). **Prancha/Plate 121:3.**

Borismene japurensis (Mart.) Barneby (CVRD4920): grãos de pólen mônades, pequenos, tricolporados, âmbito subtriangular, subprolatos, reticulados, heterobrocados, poros circulares. P (14,1-14,7 µm); E (13,4-14,1 µm). **Prancha/Plate 121:4.**

Orthomene schomburgkii (Miers) Barneby & Krukoff (CVRD6169): grãos de pólen mônades, pequenos, tricolporados, âmbito subtriangular, subprolatos, reticulados, homobrocados, poros quadrangulares. P (19,1-19,9 µm); E (16,5-19,9 µm). **Prancha/Plate 121:5.**

Menyanthaceae

Família de pequenas ervas aquáticas em flutuação em corpos d´água desprovidos de correntes, principalmente nas margens de lagos e lagoas. No Brasil só ocorre uma espécie, abaixo representada. A sua morfologia polínica não apoia os estudos moleculares, que sugerem parentesco com Asteraceae especialmente quando vistos em vista polar, que possui âmbito triangular e sincolpada.

Small floating aquatic herbs that colonize lentic environments, mainly lake margins. *Nymphoides indica* is the only native species in Brazil. The pollen morphology of *N. indica*, mainly its triangular amb and syncolpate grains, does not support the close relationship to the Asteraceae, as proposed by molecular studies.

Nymphoides indica (Linnaeus) Kuntze (CVRD5020): grãos de pólen mônades, tamanho médio, sincolpados, âmbito triangular convexo, oblatos, foveolados, colpos com margem. P (19,9-23,5 µm); E (32,9-37,6 µm). **Prancha/Plate 121:6.**

Molluginaceae

Família de ervas, raramente arbustos, em diversos tipos de vegetação, que incluem dunas litorâneas, cerrados e campos de altitude. *Mollugo* é comum em áreas alagadas e por isso deve ser incluído no grupo das plantas aquáticas sob o ponto de vista da indicação do hábito do táxon para os cálculos estatísticos empregados em estudos do Quaternário. Grãos relativamente parecidos com *Mollugo* são encontrados em alguns gêneros de Alismataceae.

Herbs, rarely shrubs, occurring in several vegetation types, including coastal dunes, savanas and montane grasslands. *Mollugo* is commonly found in waterlogged areas and should be considered in the group of aquatic herbs in Quaternary environmental studies. Some genera of the Alismataceae family present pollen grains relatively similar to those of *Mollugo*.

Mollugo verticillata Linnaeus (CVRD5247): grãos de pólen mônades, tamanho médio, periporados, esféricos, escabrados, poros circulares. D (27,4-31,3 µm). **Prancha/Plate 122:1.**

Monimiaceae

Família de árvores, arbustos e lianas, com distribuição pantropical, com quatro gêneros (*Hennecartia*, *Macropeplus*, *Macrotorus*, *Mollinedia*) e cerca de 70 espécies nativas no Brasil. A maioria delas pertencem ao gênero *Mollinedia*, representado por espécies que ocorrem na Mata Atlântica e nas florestas mesófilas semideciduais do Sul e Sudeste. *Siparuna*, outrora pertencente a Monimiaceae, é agora o único gênero da família Siparunaceae. Monimiaceae tem posição basal na evolução das angiospermas, que explica a presença de grãos de pólen inaperturados e di- e trisulcados.

Trees, shrubs and lianas, with pantropical distribution. Four genera (*Hennecartia*, *Macropeplus*, *Macrotorus* and *Mollinedia*) and about 70 species are native in Brazil. Most of the Brazilian species are in the genus *Mollinedia*, occurring in dense humid and semideciduous rainforests along the Atlantic coast of Brazil. *Siparuna* is now the only genus of Siparunaceae, once classified within Monimiaceae. Monimiaceae presents a basal position in the angiosperm phylogeny, wich accounts for the presence of inaperturate, di- and trisulcate pollen grains.

Mollinedia marquetiana Peixoto (CVRD1201): grãos de pólen mônades, elipsoidais, monosulcados, reticulados, homobrocados. EM (21,7-26,3 µm); Em (18,9-19,5 µm). **Prancha/Plate 122:2.**

Moraceae

Família de árvores, arbustos, lianas com 27 gêneros no Brasil, a maioria na Amazônia. Seu tipo polínico é muito frequente em diagramas de pólen do Quaternário, indicador de paleoambiente florestal. Seus pequenos grãos porados são praticamente impossíveis de serem separados, sob microscopia óptica, dos grãos da família Urticaceae, igualmente indicadora de ambientes florestais. Contudo o gênero *Ficus* é facilmente separado de outros táxons pelo seu formato elíptico.

Family of trees, shrubs and lianas, with 27 native genera in Brazil, mainly in Amazonia. The Moraceae pollen type is very frequent in Quaternary pollen diagrams, considered a proxy for forest palaeoenvironments. It is almost impossible to distinguish the small and porate pollen grains of Moraceae from those of Urticaceae, which is also a proxy for forest environments. Nevertheless, *Ficus* is easily distinguished from other genera of Moraceae due to its elliptic shape.

Brosimum glaucum Taub. (CVRD4625): grãos de pólen mônades, pequenos, diporados, âmbito elíptico, prolatos, psilados, poros pequenos e circulares. P (13,2-14,0 µm); E (11,3-12,0 µm). **Prancha/Plate 122:3.**

Brosimum glaziovii Taub. (CVRD988): grãos de pólen mônades, pequenos, diporados, âmbito elíptico, prolatos, escabrados, poros pequenos e circulares. P (9,7-11,3 µm); E (9,1-10,2 µm). **Prancha/Plate 122:4.**

Clarisia ilicifolia (Spreng.) Lanj. & Rossb. (CVRD1895; CVRD4666): grãos de pólen mônades, pequenos, triporados, âmbito triangular convexo, suboblatos, escabrados, poros pequenos e circulares. P (9,6-13,7 µm); E (9,7-13,2 µm). **Prancha/Plate 122:5.**

Clarisia racemosa Ruiz & Pav. (CVRD794): grãos de pólen mônades, pequenos, triporados, âmbito triangular convexo, suboblatos, escabradas, poros pequenos e circulares. P (16,5-17,2 µm); E (17,0-18,6 µm). **Prancha/Plate 122:6.**

Dorstenia arifolia Lam. (CVRD12066): grãos de pólen mônades, pequenos, periporados, esféricos, psilados, poros circulares e com aspide. D (14,1-17,4 µm). **Prancha/Plate 122:7.**

Dorstenia gracilis Carauta, C. Valente & Araújo (CVRD6696): grãos de pólen mônades, pequenos, periporados, esféricos, psilados, poros circulares e com aspide. D (15,9-19,0 µm). **Prancha/Plate 122:8.**

Ficus clusiifolia Schott. (CVRD12559): grãos de pólen mônades, pequenos, diporados, âmbito circular, oblatos, psilados, poros pequenos e circulares. P (7,8-8,1 µm); E (11,7-14,2 µm). **Prancha/Plate 122:9.**

Ficus hirsuta Schott. (CVRD4384): grãos de pólen mônades, pequenos, diporados, âmbito circular, oblatos, psilados, poros pequenos e circulares. P (8,3-10,2 µm); E (12,4-14,9 µm). **Prancha/Plate 122:10.**

Helicostylis tomentosa (Poepp. & Endl.) Rusby (CVRD100): grãos de pólen mônades, pequenos, diporados, âmbito elíptico, circulares, escabrados, poros pequenos e circulares. P (12,2-13,3 µm); E (13,0-13,3 µm). **Prancha/Plate 122:11.**

Maclura tinctoria (Linnaeus) Don ex Steud. (CVRD7100): grãos de pólen mônades, pequenos, diporados, âmbito circular, subprolatos, escabrados, poros pequenos e circulares. P (13,0-13,8 µm); E (12,1-14,6 µm). **Prancha/Plate 122:12.**

Morus alba Linnaeus (CVRD6594): grãos de pólen mônades, pequenos, triporados, angulo-aperturados, âmbito triangular convexo, oblatos, escabrados, poros pequenos e circulares. P (16,6-17,0 µm); E (18,9-19,1 µm). **Prancha/Plate 122:13.**

Naucleopsis oblongifolia (Kuhlm.) Carauta. (CVRD3484; CVRD8383): grãos de pólen mônades, pequenos, triporados, âmbito circular, oblatos, escabrados, poros pequenos e circulares. P (11,5-14,4 µm); E (13,6-15,5 µm). **Prancha/Plate 123:1.**

Sorocea guilleminiana Gaudich. (CVRD8949): grãos de pólen mônades, pequenos, triporados, âmbito triangular convexo, oblatos, escabrados, poros pequenos e circulares. P (16,2-20,0 µm); E (18,8-20,2 µm). **Prancha/Plate 123:2.**

Sorocea hillarii Gaudich. (CVRD7044): grãos de pólen mônades, pequenos, triporados, âmbito circular, suboblatos, escabrados, poros pequenos, circulares e de difícil visualização. P (12,0-13,6 µm); E (13,0-13,8 µm). **Prancha/Plate 123:3.**

Muntingiaceae

Família de árvores sem espécies nativas no Brasil. *Mutingia calabura* é uma espécie muito cultivada no país graças aos seus pequenos frutos adocicados, cujas sementes são dispersas por pássaros, o que torna esta espécie a ocorrer espontaneamente em várias regiões do Brasil. Seus pequenos grãos tricolporados reticulados possuem muita semelhança, sob microscopia óptica, com os de alguns gêneros de leguminosas.

Family of trees, without native species in Brazil. *Mutingia calabura* is widely cultivated for its small and sweet fruits, whose seeds are dispersed by birds, causing this species to be spontaneous in several Brazilian regions. Its pollen grains are tricolporate and reticulate, very similar, under light microscopy, to some grains of Fabaceae.

Muntingia calabura Linnaeus (CVRD9204): grãos de pólen mônades, pequenos, tricolporados, âmbito triangular convexo, suboblatos, microrreticulados, poros elípticos. P (12,9-16,1 µm); E (13,0-17,6 µm). **Prancha/Plate 123:4.**

Myristicaceae

Família de árvores com seis gêneros e cerda de 60 espécies, distribuídas principalmente na Amazônia. O maior gênero é *Virola*, que engloba espécies que também ocorrem nos cerrados e cerradões. Na Mata Atlântica, destaca-se *V. bicuhyba*, emergente de grande porte. A presença de um monosulco é indicadora da condição basal de Myristicaceae dentro da filogenia de angiospermas.

Family of trees, with 6 genera and about 60 species, mainly in Amazonia. The largest genus is *Virola*, containing species which occur in the *Cerrado* and in forested *Cerrado*, known as *Cerradão* in Brazil. In the Atlantic Rainforest *V. bicuhyba* is a large and emergent tree. The monosulcate pollen grains of Myristicaceae attest for its basal position in angiosperm phylogeny.

Virola bicuhyba (Schott) Warb. (CVRD934): grãos de pólen mônades, tamanho médio, monosulcados, elipsoidais, reticulados, homobrocados. EM (28,3-32,9 µm); Em (20,6-23,8 µm). **Prancha/Plate 123:5.**

Virola gardneri (A. DC.) Warb. (CVRD868): grãos de pólen mônades, tamanho médio, monosulcados, âmbito triangular, elipsoidais, reticulados, homobrocados. EM (27,9-31,2 µm); Em (21,1-24,3 µm). **Prancha/Plate 123:6.**

Myrtaceae

Uma das maiores famílias da flora brasileira, com cerca de 1.000 espécies de árvores ou arbustos com grande centro de distribuição na Mata Atlântica, mas encontrada em todos os outros ecossistemas brasileiros. A grande diversidade das mirtáceas é contrastada com a existência de praticamente um só tipo polínico que permite a identificação de apenas alguns poucos tipos morfológicos (*Campomanesia caerula*, *Eugenia dysenterica* e *Myrcia*). Contudo é possível que essa aparente dificuldade na delimitação de gêneros polínicos seja consequência da falta de estudos morfológicos específicos com microscopia óptica e de varredura.

This is one of the largest plant families of the Brazilian flora, containing about 1000 species of trees and shrubs. Its center of origin is in the Atlantic Rainforest, nonetheless it is represented in all Brazilian ecosystems. The great diversity of Myrtaceae contrasts with the existence of only one pollen type, which allows the identification of a few morphologic types (*Campomanesia caerula*, *Eugenia dysenterica* and *Myrcia*). Nonetheless, the obstacles for the identification of other genera based on pollen morphology may be overcame by morphological studies under scanning electron microscopy.

Blepharocalyx eggersii (Kiaersk.) Landrum (CVRD258): grãos de pólen mônades, pequenos, tricolporados, sincolpados, âmbito triangular reto, oblatos, microrreticulados, homobrocados, poros circulares. P (8,7-10,2 μm); E (14,2-16,2 μm). **Prancha/Plate 123:7.**

Calyptranthes brasiliensis* var. *mutabilis Spreng. (CVRD1740): grãos de pólen mônades, tamanho médio, tricolporados, sincolpados, âmbito triangular reto, oblatos, reticulados, homobrocados, poros elípticos. P (14,1-16,8 μm); E (25,2-25,6 μm). **Prancha/Plate 123:8.**

Calyptranthes lucida* var. *polyantha (O. Berg.) D. Legrand (CVRD1476): grãos de pólen mônades, pequenos, tricolporados, sincolpados, âmbito triangular reto, oblatos, microrreticulados, homobrocados, poros elípticos, endoaberturas lalongadas. P (12,0-12,2 μm); E (17,2-22,0 μm). **Prancha/Plate 124:1.**

Campomanesia guaviroba (DC.) Kiaersk. (CVRD4047): grãos de pólen mônades, pequenos, tricolporados, sincolpados, âmbito triangular reto, oblatos, psilados, homobrocados, poros elípticos, endoaberturas lalongadas. P (12,6-14,8 μm); E (15,7-19,6 μm). **Prancha/Plate 124:2.**

Campomanesia guazumifolia (Cambess.) O. Berg. (CVRD439): grãos de pólen mônades, pequenos, tricolporados, sincolpados, âmbito triangular convexo, oblatos, escabrados, homobrocados, poros elípticos, endoaberturas lalongadas. P (19,1-20,1 μm); E (23,2-25,0 μm). **Prancha/Plate 124:3.**

Eugenia bahiensis DC. (CVRD2507): grãos de pólen mônades, pequenos, tricolporados, sincolpados, âmbito triangular convexo, oblatos, microrreticulados, homobrocados, poros circulares, endoaberturas lalongadas. P (11,5-12,1 μm); E (16,5-17,3 μm). **Prancha/Plate 124:4.**

Eugenia* cf. *badia O. Berg. (CVRD7478): grãos de pólen mônades, pequenos, tricolporados, sincolpados, âmbito triangular reto, oblatos, microrreticulados, homobrocados, poros elípticos, endoaberturas lalongadas. P (8,8-10,9 μm); E (14,5-15,9 μm) **Prancha/Plate 124:5.**

Eugenia excelsa O. Berg. (CVRD442): grãos de pólen mônades, pequenos, tricolporados, sincolpados, âmbito triangular reto, oblatos, reticulados, homobrocados, poros elípticos, endoaberturas lalongadas. P (13,0-15,0 μm); E (19,0-21,6 μm). **Prancha/Plate 124:6.**

Marlierea estrellensis O. Berg. (CVRD771): grãos de pólen mônades, pequenos, tricolporados, sincolpados, âmbito triangular reto, oblatos, escabrados, poros elípticos, endoaerturas lalongadas. P (12,7-13,5 μm); E (20,0-22,0 μm). **Prancha/Plate 124:7.**

Myrceugenia campestris (DC.) D. Legrand & Kausel. (CVRD6371): grãos de pólen mônades, pequenos, tricolporados, sincolpados, âmbito triangular reto, oblatos, microrreticulados, homobrocados, poros elípticos, endoaberturas lalongadas. P (10,6-11,3 μm); E (15,3-19,0 μm). **Prancha/Plate 124:8.**

Myrcia cerqueiria (Nied.) E. Lucas & Sobral (CVRD4298): grãos de pólen mônades, tricolporados, âmbito triangular reto, oblatos, microrreticulados, homobrocados, poros elípticos, endoaberturas lalongadas. P (13,1-13,8 µm); E (17,4-19,4 µm). **Prancha/Plate 125:1.**

Myrcia ilheosensis Kiaersk. (CVRD2219): grãos de pólen mônades, pequenos, tricolporados, sincolpados, âmbito triangular reto, oblatos, microrreticulados, homobrocados, poros elípticos, endoaberturas lalongadas. P (14,0-15,5 µm); E (20,9-23,8 µm). **Prancha/Plate 125:2.**

Myrcia multiflora (Lam.) DC. (CVRD85): grãos de pólen mônades, pequenos, tricolporados, sincolpados, âmbito triangular reto, oblatos, microrreticulados, homobrocados, poros elípticos, endoaberturas lalongadas. P (11,5-12,9 µm); E (19,8-22,9 µm). **Prancha/Plate 125:3.**

Myrcia rufipes DC. (CVRD761): grãos de pólen mônades, pequenos, tricolporados, sincolpados, âmbito triangular reto a convexo, oblatos, microrreticulados, homobrocados, poros elípticos, endoaberturas lalongadas. P (11,7-13,7 µm); E (18,7-23,1 µm). **Prancha/Plate 125:4.**

Neomitranthes langsdorffii (O. Berg) Mattos EN (CVRD2018): grãos de pólen mônades, pequenos, tricolporados, sincolpados, âmbito triangular reto, oblatos, microrreticulados, homobrocados, poros elípticos, endoaberturas lalongadas. P (9,2-9,8 µm); E (16,6-17,5 µm). **Prancha/Plate 125:5.**

Plinia involucrata (O. Berg) McVaugh (CVRD1321): grãos de pólen mônades, pequenos, tricolporados, sincolpados, âmbito triangular reto, oblatos, microrreticulados, homobrocados, poros elípticos, endoaberturas lalongadas. P (12,4-13,0 µm); E (16,1-20,4 µm). **Prancha/Plate 125:6.**

Plinia renatiana G. M. Barroso & Peixoto (CVRD8411): grãos de pólen mônades, pequenos, tricolporados, sincolpados, âmbito triangular reto, oblatos, microrreticulados, homobrocados, poros elípticos, endoaberturas lalongadas. P (10,9-11,8 µm); E (16,7-20,0 µm). **Prancha/Plate 125:7.**

Psidium brownianum Mart. ex DC. (CVRD7972): grãos de pólen mônades, pequenos, tricolporados, sincolpados, âmbito triangular reto, oblatos, reticulados, homobrocados, poros elípticos, endoaberturas lalongadas. P (10,6-12,2 µm); E (14,0-15,9 µm). **Prancha/Plate 125:8.**

Psidium sartorianum (O. Berg.) Nied. (CVRD832): grãos de pólen mônades, pequenos, tricolporados, sincolpados, âmbito triangular reto, oblatos, microrreticulados, homobrocados, poros elípticos, endoaberturas lalongadas. P (10,3-10,6 µm); E (14,5-15,5 µm). **Prancha/Plate 125:9.**

Nyctaginaceae

Família de ervas, arbustos, árvores, lianas com 10 gêneros e cerca de 70 espécies nativas no Brasil. Destaque para o gênero arbóreo *Guapira*, que ocorre em diversas formações florestais, cerrados e cerradões. *Neea* representa táxons arbóreos mais comumente na Amazônia enquanto que árvores de *Ramisia* ocorrem na Floresta de Tabuleiros. Os grãos de *Neea*, com três colpos curtos e largos, são geralmente oblato-esferoidais, com amb circular. Em *Guapira* os grãos podem ser 3-, 4- e 5-colpados.

Family of herbs, shrubs, trees and lianas, comprising 10 genera and about 70 native species in Brazil. *Guapira* occurs in several forest formations and savanas. *Neea* is represented by tree taxa usually occurring in Amazonia. *Ramisia* trees occur in the

Tabuleiros Forest. *Neea* present pollen grains with three short and wide colpi, usually oblate spheroidal and circular amb. *Guapira* pollen grains may be 3-, 4- and 5-colpate.

Boerhavia diffusa Linnaeus (CVRD5381): grãos de pólen mônades, tamanho médio a grandes, periporados, esféricos, equinados, poros circulares. D (33,6-87,9 µm). **Prancha/Plate 126:1.**

Bougainvillea praecox Griseb. (CVRD3872): grãos de pólen mônades, tamanho médio, tricolpados, âmbito subtriangular, circulares a suboblatos, reticulados, homobrocados. P (31,6-33,1 µm); E (32,5-36,3 µm). **Prancha/Plate 126:2.**

Bougainvillea spectabilis Willd. (CVRD2332): grãos de pólen mônades, tamanho médio, tricolpados, âmbito subtriangular, circulares a suboblatos, reticulados, heterobrocados. P (24,8-30,0 µm); E (25,4-42,0 µm). **Prancha/Plate 126:3.**

Guapira opposita (Vell.) Reitz. (CVRD3000): grãos de pólen mônades, tamanho médio a grandes, tetracolpados, âmbito circular, suboblatos a esféricos, equinados. P (38,7-40,9 µm); E (45,9-52,7 µm). **Prancha/Plate 126:4a,b.**

Guapira venosa (Choisy) Lundell (CVRD3666): grãos de pólen mônades, tamanho médio, tricolpados a tetracolpados, âmbito circular, suboblatos, equinados. P (28,1-33,1 µm); E (30,1-38,5 µm). **Prancha/Plate 127:1a,b.**

Neea floribunda Poepp. & Endl. (CVRD6045): grãos de pólen mônades, tamanho médio, tetracolpados a pentacolpados, âmbito circular, suboblatos, reticulados, homobrocados. P (18,9-29,8 µm); E (26,9-32,0 µm). **Prancha/Plate 127:2.**

Ramisia brasiliensis Oliv. (CVRD3314): grãos de pólen mônades, tamanho médio, tricolpados, âmbito trilobado, subprolatos, reticulados, homobrocados, exina espessa no equador. P (18,9-22,0 µm); E (20,2-23,8 µm). **Prancha/Plate 127:3.**

Nymphaeaceae

Família de ervas aquáticas, dentre as quais está a famosa vitória-régia, distribuídas em vários ecossistemas brasileiros em lagos e áreas alagáveis como, por exemplo, o Pantanal. A morfologia polínica de Nymphaeaceae inclui grãos inaperturados, tricolpados (*Nelumbo*), 1-, 2-, 3-, 4- ou zonosulcados (*Nymphaea*).

Family of aquatic herbs occurring in many Brazilian ecosystems, in lakes and waterlogged areas, including the Pantanal. Pollen morphology of Nymphaeaceae includes inaperturate, tricolpate (*Nelumbo*), 1-, 2-, 3-, 4- or zonosulcate (*Nymphaea*) pollen grains.

Nymphaea caerulea Savigny. (CVRD6842): grãos de pólen mônades, zonosulcados, âmbito circular, suboblatos, escabrados. P (27,0-28,4 µm); E (26,2-28,8 µm). **Prancha/Plate 127:4.**

Ochnaceae

Família de ervas, arbustos e árvores, muitos dos quais estão principalmente nos cerrados, campos rupestres e florestas da Mata Atlântica e da Amazônia. Possui grãos pequenos, esferoidais a oblatos (grande maioria) e alguns subprolatos. O formato dos poros pode variar de elíptico a lalongado.

Family of herbs, shrubs and trees, found in savanas, high elevation open savanas, and forest environments in Atlantic Rainforest and in Amazonia. The pollen grains are small, spheroidal to oblate (most of them), and sometimes subprolate. Pore shape may vary from elliptic to lalongate.

Elvasia tricarpellata Sastre. (CVRD1812): grãos de pólen mônades, pequenos, tricolporados, âmbito triangular convexo, suboblatos, escabrados, poros elípticos. P (13,9-14,8 μm); E (14,1-15,8 μm). **Prancha/Plate 127:5.**

Ouratea cuspidata (A. St.-Hil.) Engl. (CVRD1551): grãos de pólen mônades, pequenos, tricolporados, âmbito triangular convexo, suboblatos, escabrados, poros elípticos. P (17,5-18,0 μm); E (17,4-18,6 μm). **Prancha/Plate 128:1.**

Sauvagesia erecta Linnaeus (CVRD9840): grãos de pólen mônades, pequenos, tricolporados, âmbito trilobado, prolatos, escabrados, poros lalongados, colpos com margem. P (12,8-13,8 μm); E (9,9-11,6 μm). **Prancha/Plate 128:2.**

Olacaceae

Família de arbustos, árvores, lianas, com 13 gêneros e cerca de 600 espécies, mais comumente na Amazônia. Fora dessa região são mais comuns *Heisteria* e *Ximenia*. É uma família euripolínica com grãos anguloaperturados, colpados, colporados, colporoidados, 3-, 4-,5- 6 ou até 8-porados, peroblados a oblatos-esferoidais.

Family of shrubs, trees and lianas, with 13 genera and about 600 species, especially in Amazonia. Outside this region, the most common genera are *Heisteria* and *Ximenia*. Olacaceae is an eurypalynous family presenting pollen morphologies varying rom angulaperturate, colpate, colporate, colporoidate, 3-, 4-, 5-, 6-, 7-, 8-porate, peroblate to oblate spheroidal.

Aptandra liriosmoides Spruce ex Miers. (CVRD2086): grãos de pólen mônades, pequenos, 4-5 porados, âmbito tetra-pentalobado, oblatos, microrreticulados, poros circulares. P (8,4-8,8 μm); E (13,1-13,9 μm). **Prancha/Plate 128:3.**

Cathedra bahiensis Sleumer (CVRD467): grãos de pólen mônades, pequenos, 4-5 porados, âmbito triangular convexo, oblatos, escabrados, poros circulares. P (16,7-21,5 μm); E (16,7-21,5 μm). **Prancha/Plate 128:4.**

***Dulacia* sp.** (CVRD2398; CVRD5518): grãos de pólen mônades, tamanho médio, triporados, anguloaperturados, âmbito triangular convexo, oblatos, escabrados, poros circulares com lábios e membrana apertural. P (21,3-38,9 μm); E (30,2-46,6 μm).**Prancha/Plate 128:5.**

Ximenia americana Linnaeus (CVRD2520): grãos de pólen mônades, pequenos, tricolporados, âmbito subtriangular, subprolatos, reticulados, homobrocados, poros inconspícuos. P (16,4-17,6 μm); E (13,8-17,1 μm). **Prancha/Plate 128:6.**

Oleaceae

Família de árvores, arbustos e lianas com quatro gêneros nativos *Chionanthus* (=*Linociera*), *Menodora*, *Priogymnanthus* e *Tessandra*, dos quais se destaca o primeiro pelo grande porte de suas árvores na Mata Atlântica. Ao incluir elementos de outras floras, esta família torna--se claramente euripolínica com grãos tri- e tetracolpados a colporados. Grãos relativamente parecidos com os de *Chionanthus* são encontrados na família Clethraceae.

Family of trees, shrubs and lianas with four native genera in Brazil: *Chionanthus* (=*Linociera*), *Menodora*, *Priogymnanthus* and *Tessandra*. *Chionanthus* is a large tree in the Atlantic Rainforest. When considering elements from other floras the family may be considered eurypalynous, the grains being tri- or tetracolpate to colporate. Pollen grains very similar to *Chionanthus* are found in the family Clethraceae.

Chionanthus ferrugineus (Gilg) P. S. Green (CVRD721): grãos de pólen mônades, pequenos, tricolporados, âmbito triangular convexo, suboblatos, reticulados, homobrocados, simplicolumelados, poros circulares. P (14,4-15,8 µm); E (13,4-14,8 µm). **Prancha/Plate 128:7.**

Chionanthus parviflora Comejo, Lombardi & W. Thomas (CVRD5694): grãos de pólen mônades, pequenos, tricolporados, âmbito triangular convexo, suboblatos, reticulados, homobrocados, simplicolumelados, poros circulares. P (13,1-14,2 µm); E (13,2-16,3 µm). **Prancha/Plate 128:8.**

Onagraceae

Família de ervas, arbustos ou lianas com 4 gêneros nativos no Brasil, dois quais dois se destacam em estudos paleoambientais: *Ludwigia* e *Fuchsia*, que aparecem frequentemente em registros palinológicos. Formas herbáceas e arbustivas de *Ludwigia* crescem em áreas alagadas de todo o Brasil enquanto que *Fuchsia* é encontrada como arbustos de vegetação em grandes elevações. Seus grãos são facilmente identificados em parte pela sua robustez e poros anulados grandes.

Herbs, shrubs and lianas, with four native genera in Brazil. Two genera are usually frequent in palaeoenvironmental studies: *Ludwigia* and *Fuchsia*. Herbs of the genus *Ludwigia* are commonly found in waterlogged areas whereas *Fuchsia* is usually a shrub occurring in high elevations. Pollen grains are usually identified by their robust grains with large annulate pores.

Ludwigia nervosa (Poir.) H. Hara. (CVRD1564): tétrades tetraédricas, grãos isolados triporados, âmbito triangular reto ou convexo, psilados, espessura da parede espessa ao redor dos poros formando oculus, poros circulares. D (67,1- 77,7 µm). **Prancha/Plate 129:1.**

Orobanchaceae

Família de ervas ou arbustos, algumas lianas, hemiparasitas ou holoparasitas de raízes de ocorrência quase que restrita em formações vegetais abertas com solos úmidos tais como campos rupestres e cerrados. Hipóteses preliminares para a ausência de grãos desta família em perfis palinológicos do Quaternário podem estar relacionadas à fragilidade de sua parede celular, polinização zoófila altamente eficiente, ou ambas.

Family of herbs, shrubs and lianas, some species are root hemiparasites or holoparasites, with occurrence restricted to open plant formations on humid soils, like savanas and high elevation open savannas (high altitude grasslands). Some preliminary hypotheses for the absence of Orobanchaceae pollen grains in Quaternary pollen profiles are possibly related to the fragility of its grains and the highly efficient zoophilous pollination syndrome, or both.

Buchnera amethystina Cham. & Schltdl. (CVRD6678): grãos de pólen mônades, pequenos, 4-5 colpados, 4-5 lobados em vista polar, subprolatos, psilados. P (17,5-20,6 μm); E (15,4-22,0 μm). **Prancha/Plate 129:2.**

Esterhazya splendida J. C. Mikan (CVRD1226): grãos de pólen mônades, tamanho médio, tricolpados, âmbito circular, suboblatos, microrreticulados, homobrocados, simplicolumelados. P (33,0-35,6 μm); E (36,2-40,5 μm). **Prancha/Plate 129:3a,b.**

Oxalidaceae

Família de ervas com distribuição tropical e subtropical, dois gêneros nativos (*Biophytum* e *Oxalis*) no Brasil com cerca de 150 espécies. *Averrhoa carambola* (carambola) representa táxon introduzido no Brasil. Muitas espécies de *Oxalis* são invasoras de culturas (pioneiras). Esta família é caracterizada por grãos colpados de tamanho médio, caracteres que facilitam a identificação.

Family of herbs presenting tropical and subtropical distribution, with two genera (*Biophytum* and *Oxalis*) and about 150 native species in the Brazilian flora. *Averrhoa carambola* was introduced in Brazil due to its sweet star-shaped fruits. Many species of *Oxalis* are invasive in cultivated areas. Colpate grains, of medium size, characterize this family.

Averrhoa carambola Linnaeus (CVRD6491): grãos de pólen mônades, pequenos, tricolpados, âmbito triangular convexo, suboblatos, microrreticulados, aberturas nas laterais. P (14,2-18,0 μm); E (15,4-19,7 μm). **Prancha/Plate 129:4.**

Oxalis triangularis Fossen (CVRD5921): grãos de pólen mônades, tamanho médio, tricolpados, âmbito triangular convexo, suboblatos, reticulados, homobrocados. P (26,6-35,3 μm); E (24,8-46,6 μm). **Prancha/Plate 130:1a,b.**

Papaveraceae

Família sem representantes nativos. *Argemone mexicana*, conhecida popularmente como cardo-santo, é uma espécie invasora de culturas.

This family has none native species in Brazil. *Argemone mexicana* is an invasive species in cultivated fields.

Argemone mexicana Linnaeus (CVRD9396): grãos de pólen mônades, tamanho médio, tricolpados, âmbito triangular convexo, subprolatos, microrreticulados. P (31,6-44,1 μm); E (34,8-44,6 μm). **Prancha/Plate 130:2a,b.**

Passifloraceae

Família de trepadeiras herbáceas ou lenhosas com distribuição pantropcial com cerca de 20 gêneros, dos quais cinco são nativos no Brasil com total de 120 espécies. Destes se destaca

Passiflora que é encontrado em bordas de florestas em todo o país. A morfologia polínica desse gênero é muito variável quanto ao número de aberturas e de opérculos que podem recobri-las. O palinólogo do Quaternário deve ficar atento à possibilidade de encontrar nas amostras sedimentares os opérculos dissociados dos grãos e por isso recomenda-se manter controle de suas contagens nas análises para depois inferir o número provável de grãos correspondentes.

Family of herbaceous or woody vines with pantropical distribution and ca. 20 genera worldwide. In Brazil, this family is represented by five genera and about 120 species. *Passiflora* colonizes forest edges all over the country. The number of apertures and opercula are highly variable among the species of the genus. The analyst must be aware of the possibility of finding dissociated opercula in sediment samples, reason why we recommend the counting of these dissociated opercula to infer the number of pollen grains present in the sample.

Mitostemma glaziovii Mast. (CVRD2333): grãos de pólen mônades, tamanho médio, tricolporados, âmbito triangular convexo, subprolatos, reticulados, homobrocados, simplicolumelados, poros retangulares. P (40,3-43,7 μm); E (39,1-42,2 μm). **Prancha/Plate 130:3a,b.**

Passiflora ceratocarpa F. Silveira (CVRD2993): grãos de pólen mônades, tamanho médio, sincolporados, âmbito hexalobado, suboblatos, reticulados, heterobrocados, simplicolumelados, poros quadrangulares a retangulares. P (32,1-42,1 μm); E (30,5-42,1 μm). **Prancha/Plate 131:1a,b.**

Passiflora speciosa Gardner. (CVRD8262): grãos de pólen mônades, grandes, sincolpados, âmbito circular, suboblatos, reticulados, heterobrocados, simplicolumelados, colpos com margem. P (67,0-69,8 μm); E (70,6-76,6 μm). **Prancha/Plate 131:2.**

Pentaphyllacaceae

Família neotropical com aproximadamente 12 gêneros, sendo que destes somente *Ternstroemia*, outrora pertencente a Clusiaceae, é nativo no Brasil com espécies, na sua maioria, amazônicas.

Neotropical plant family with about 12 genera, of which only *Ternstroemia.* Formerly placed in Clusiaceae, is native to Brazil, especially in the Amazon basin.

Ternstroemia brasiliensis Cambess. (CVRD5852): grãos de pólen mônades, tamanho médio, pantoporados, esféricos, reticulados, homobrocados, poros circulares. D (29,2-35,0 μm). **Prancha/Plate 131:3.**

Peraceae

Os dois gêneros aqui apresentados, que pertenciam a Euphorbiaceae, são representados por árvores de médio a alto porte, principalmente em ecossistemas florestais da Amazônia e da Mata Atlântica. Os grãos de *Pera* apresentam poros bastante conspícuos quando comparados com grãos tricolporados do mesmo tamanho e em alguns a microreticulação delicada pode levar o analista a considerá-los como psilados, sob microscopia óptica.

Both genera presented in this work once belonged to Euphorbiaceae. They are represented by medium to large-sized trees, mainly in forest environments in Amazonia and in the Atlantic Rainforest. Pollen grains of *Pera* show conspicuous pores if compared to other tricolporate grains of the same size, and in some cases the delicate microreticulate pattern may give the false impression that the pollen grain is psilate, under light microscopy.

Pera furfuracea Müll. Arg. (CVRD10901): grãos de pólen mônades, pequenos, tricolporados, âmbito triangular convexo, subprolatos, microrreticulados, poros elípticos. P (14,3-16,8 μm); E (12,8-15,1 μm). **Prancha/Plate 131:4.**

Pera heteranthera (Schrank) I. M. Johnst. (CVRD48): grãos de pólen mônades, pequenos, tricolporados, âmbito triangular convexo, subprolatos, escabrados, poros lalongados. P (17,3-21,2 μm); E (15,7-18,8 μm). **Prancha/Plate 131:5.**

Pogonophora schomburgkiana Miers ex Benth. (CVRD429; CVRD10809): grãos de pólen mônades, tamanho médio, tricolporados, âmbito triangular convexo, suboblatos a subprolatos, reticulados, homobrocados, poros retangulares. P (31,5-37,3 μm); E (31,2-38,8 μm). **Prancha/Plate 132:1.**

Phyllanthaceae

Esta família com gêneros outrora pertencentes a Euphorbiaceae é caracterizada por ervas, arbustos ou árvores não latescentes. São dois táxons de comum ocorrência em registros palinológicos do Quaternário do Brasil. Os grãos de *Phyllanthus* podem ser isopolares esféricos enquanto que o espécime aqui apresentado tem grande semelhança com *Hyeronima*.

The genera in this family were once classified in Euphorbiaceae. Phyllanthaceae is characterized by herbs, shrubs or trees, and unlike many Euphorbiacae none of its members have latex. These two taxa are rather frequent in Brazilian Quaternary pollen records. *Phyllanthus* pollen grains may sometimes be isopolar and spheroidal, nonetheless the specimen presented in this work is very similar to *Hyeronima*.

Margaritaria nobilis L. F. (CVRD965): grãos de pólen mônades, tamanho médio, tricolporados, âmbito triangular convexo, subprolatos, reticulados, heterobrocados, duplicolumelados, poros circulares, colpos com margem. P (19,7-26,3 μm); E (16,4-20,2 μm). **Prancha/Plate 132:2.**

Phyllanthus niruri Linnaeus (CVRD5570): grãos de pólen mônades, tamanho médio, 4-colporados, âmbito quadrangular, prolatos, reticulados, homobrocados, exina fina nos polos, poros elípticos, colpos com margem. P (26,9-37,2 μm); E (12,7-20,8 μm). **Prancha/Plate 132:3.**

Phytolaccaceae

Família de ervas, arbustos, árvores e lianas com nove gêneros e 30 espécies nativas no Brasil. Entre elas destacam-se *Gallesia integrifolia* (pau-d´alho) nas florestas do Sudeste, assim como os gêneros arbóreos *Phytolacca* e *Seguiera*. O primeiro é facilmente identificado, também graças à espessura da parede enquanto que *Microtea* pode ser confundido com Chenopodiaceae e Amaranthaceae.

Family of herbs, shrubs, trees and lianas, with nine genera and 30 species native in Brazil. Important taxa are *Gallesia integrifolia* which is widely distributed in the forests of southeastern Brazil, which is also true for *Phytolacca* and *Seguiera*. Pollen grains of *Phytolacca* are easily identified by the thickness of the wall. *Microtea* pollen grains may be mistakenly identified as Chenopodiaceae and Amaranthaceae.

Gallesia integrifolia (Spreng.) Harms. (CVRD574): grãos de pólen mônades, pequenos, tricolporados, âmbito triangular convexo, suboblatos, escabrados, poros elípticos, aberturas no meio da parede. P (16,1-21,2 µm); E (16,5-22,6 µm). **Prancha/Plate 132:4.**

Microtea paniculata Moq. (CVRD3728): grãos de pólen mônades, pequenos, periporados, esféricos, microequinados, poros circulares. D (15,4-19,7 µm). **Prancha/Plate 132:5.**

Petiveria alliacea Linnaeus (CVRD4337): grãos de pólen mônades, pequenos, estefanocolpados, operculados, esféricos a elipsoidais, colpos pequenos e estreitos, microrreticulados. D (24,2-24,9 µm). **Prancha/Plate 132:6.**

Phytolacca thyrsiflora Fenzl ex J. A. Schmidt (CVRD4561; CVRD8291): grãos de pólen mônades, tamanho médio, tricolpados, âmbito circular a trilobado, suboblatos, microrreticulados, colpos com margem. P (28,9-34,3 µm); E (27,6-33,1 µm). **Prancha/Plate 133:1.**

Seguieria aculeata Jacq. (CVRD2217): grãos de pólen mônades, tamanho médio, tricolpados, âmbito trilobado, subprolatos, escabrados, colpos com margem. P (28,8-35,1 µm); E (20,4-24,6 µm). **Prancha/Plate 133:2.**

Picramniaceae

Os gêneros *Picramnia* e *Alvaradoa*, outrora inseridos na família Simaroubaceae, agora constituem a família Picramniaceae, de arbustos e árvores, cuja distribuição no Brasil está centrada na Amazônia e com algumas espécies nativas na Mata Atlântica. Entre as espécies brasileiras destaca-se *Picramnia sellowii*, com uma ampla distribuição na América do Sul. Possuem grãos colpados ou colporoidados com âmbito triangular ou trilobado.

Picramnia and *Alvaradoa* were once included in the family Simaroubaceae and now constitute the family Picramniaceae, comprising shrubs and trees with its distribution centered in Amazonia, with some species native in the Atlantic Rainforest. Among the Brazilian species, *Picramnia sellowii* stands out for its wide distribution in South America. Pollen grains of Picramniaceae are colpate or colporoidate, with triangular or trilobate amb.

Picramnia ciliata Mart. (CVRD8698): grãos de pólen mônades, pequenos, tricolpados, âmbito subtriangular, subprolatos, escabrados. P (11,5-12,4 µm); E (11-11,9 µm). **Prancha/Plate 133:3.**

Piperaceae

Família de ervas, arbustos, pequenas árvores, epífitas e lianas, representada no Brasil por cinco gêneros e cerca de 500 espécies, muitas na Mata Atlântica como pequenos arbustos e árvores do gênero *Piper*. Muitas espécies são pioneiras e ocupam áreas abertas após perturbação. A morfologia polínica é retratada por grãos pequenos não aperturados a monosulcados.

Family of herbs, shrubs, small trees, epiphytes and lianas, represented in Brazil by 5 genera and about 500 species, many of them in the Atlantic Rainforest (shrubs and small trees of the genus *Piper*). Many are pioneer species colonizing disturbed areas. Pollen morphology comprises small and inaperturate or monosulcate grains.

Peperomia macrostachya (Vahl) A. Dietr. (CVRD7302): grãos de pólen mônades, pequenos, monosulcados, sulco de difícil visualização, esféricos, verrucados. D (14,7-15,8 μm).
Prancha/Plate 133:4.

Piper corcovadensis (Miq.) C. DC (CVRD1241): grãos de pólen mônades, pequenos, monosulcado, âmbito circular, prolatos, psilados. P (12,0-14,6 μm); E (10,4-12,0 μm).
Prancha/Plate 133:5.

Plantaginaceae

Família de ervas, raramente arbustos, de distribuição cosmopolita. *Plantago* é um gênero que possui várias espécies invasoras de culturas ou pioneiras em formações vegetais. Pode ser um excelente indicador de alterações humanas na paisagem, quando associado com outros táxons polínicos e biológicos (partículas carbonizadas) e indicadores geoquímicos.

Herbs, rarely shrubs, with cosmopolite distribution. Several *Plantago* species are invasive in cultivated areas, as well as pioneer colonizing plants in natural environments. *Plantago* pollen grains may be considered a good proxy for anthropogenic altered landscapes, when considered in association with other pollen types, biological (charred particles) and geochemical proxies.

Plantago major Linnaeus (CVRD5980): grãos de pólen mônades, pequenos, 5-porados, esféricos, verrucados, poros circulares e inconspícuos. D (21,4-24,5 μm). **Prancha/Plate 133:6.**

Plumbaginaceae

Familia de ervas, arbustos e lianas com poucos representantes nativos, entre eles *Plumbago scandens*, que ocorre em áreas litorâneas especialmente no Sul do Brasil. O pólen desta família é exclusivamente colpado, que em vista polar tem uma leve semelhança com alguns gêneros de Bignoniaceae.

Herbs, shrubs and lianas, with few native species in Brazil. *Plumbago scandens* occurs at coastal areas mainly at Southern Brazil. The pollen of Plumbaginaceae is exclusively colpate, presenting at polar view a slight similarity with some genera of Bignoniaceae.

Plumbago scandens Linnaeus (CVRD5699): grãos de pólen mônades, grandes, tricolpados, âmbito trilobado, subprolatos, foveolados. P (50,3-51,2 μm); E (72,2-73,4 μm).
Prancha/Plate 133:7.

Polygalaceae

Família de ervas, arbustos, arvoretas, lianas com distribuição em vários ecossistemas brasileiros, com formações vegetais abertas e fechadas, em bordas de florestas e outros. Entre os gêneros destaca-se *Polygala*, que contém mais da metade de todas as espécies dessa família. De forma geral, a morfologia polínica é representada por grãos policolporados, que podem atingir 28 aberturas (*Polygala*).

Herbs, shrubs, small trees and lianas occurring in various Brazilian ecossystems, from open to dense arboreal plant formations, at forest edges and others. Among the different genera, *Polygala* stands out as the one with the highest number of species in this family. Pollen morphology is generally represented by polycolporate pollen grains, which may present until 28 apertures (*Polygala*).

Acanthocladus pulcherrimus (Kuhlm.) J. F. B. Pastore & D. B. O. S. Cardoso (CVRD282): grãos de pólen mônades, tamanho médio, estefanocolporados, 7-9 cólporos, âmbito circular, circulares a subprolatos, escabrados, poros elípticos a retangulares. P (29,2-33,7 μm); E (28,2-31,1 μm). **Prancha/Plate 134:1.**

Asemeia monninoides (Kunth) J. F. B. Pastore & J. R. Abbott (CVRD7182): grãos de pólen mônades, tamanho médio, estefanocolporados, 12-14 cólporos, âmbito circular, circulares a suboblatos, psilados, poros elípticos a retangulares. P (35,4-37,6 μm); E (40,7-41,8 μm). **Prancha/Plate 134:2.**

Bredemeyera disperma (Vell.) (CVRD1296): grãos de pólen mônades, tamanho médio, estefanocolporados, 7-9 cólporos, âmbito circular, circulares a subprolatos, psilados, poros elípticos. P (25,1-26,0 μm); E (21,6-27,8 μm). **Prancha/Plate 134:3.**

Bredemeyera hebeclada (DC.) J. F. B. Pastore (CVRD2212): grãos de pólen mônades, tamanho médio, estefanocolporados, 8-10 cólporos, âmbito circular, circulares a suboblatos, psilados, poros elípticos. P (25,0-30,7 μm); E (24,3-26,7 μm). **Prancha/Plate 134:4.**

Caamembeca grandifolia (A. St.-Hil. & Moq.) J. F. B. Pastore (CVRD4587): grãos de pólen mônades, grandes, estefanocolporados, 13-14 cólporos, âmbito circular, subprolatos, escabrados e com depressões circulares, poros lalongados e zonorados, colpos com margem. P (82,5-83,4 μm); E (73,4-74,4 μm). **Prancha/Plate 134:5.**

Diclidanthera laurifolia Mart. (CVRD4596): grãos de pólen mônades, tamanho médio, estefanocolporados, 7-9 cólporos, âmbito circular, circulares, escabrados, poros elípticos. P (29,9-33,7 μm); E (28,9-34,8 μm). **Prancha/Plate 135:1.**

***Diclidanthera* sp.** (CVRD8311): grãos de pólen mônades, tamanho médio, estefanocolporados, 8-9 cólporos, âmbito circular, circulares, escabrados a psilados, poros elípticos. P (32,4-39,8 μm); E (34,2-40,1 μm). **Prancha/Plate 135:2.**

Polygala cyparissias A. St.-Hil. & Moq. (CVRD9811): grãos de pólen mônades, tamanho médio, estefanocolporados, 8-9 cólporos, âmbito circular, circulares a subprolatos, escabrados a psilados, poros elípticos. P (25,6-27,8 μm); E (24,3-27,0 μm). **Prancha/Plate 135:3.**

Polygala paniculata Linnaeus (CVRD5710): grãos de pólen mônades, tamanho médio, estefanocolporados, 10-11 cólporos, âmbito circular, subprolatos, escabrados a psilados, poros elípticos a lalongados. P (28,2-30,1 μm); E (28,5-29,1 μm). **Prancha/Plate 135:4.**

Polygala santosii J. J. Wurdack (CVRD2986): grãos de pólen mônades, tamanho médio, estefanocolporados, 8-14 cólporos, âmbito circular, circulares a subprolatos, psilados, poros zonorados a retangulares. P (35,2-37,4 μm); E (34,9-38,2 μm). **Prancha/Plate 135:5.**

***Polygala* sp.** (CVRD8063): grãos de pólen mônades, tamanho médio, estefanocolporados, 12-13 cólporos, âmbito circular, circulares a subprolatos, psilados, com depressões irregulares no apocolpo, grãos zonorados. P (30,0-33,5 µm); E (28,7-34,7 µm). **Prancha/Plate 136:1.**

Securidaca coriacea Bonpl. (CVRD10395; CVRD10442): grãos de pólen mônades, tamanho médio, estefanocolporados, 10-12 cólporos, âmbito circular, circulares a subprolatos, psilados, com depressões no apocolpo, poros elípticos a retangulares. P (28,2-36,0 µm); E (27,6-39,5 µm). **Prancha/Plate 136:2,3.**

Securidaca diversifolia (L.) S. F. Blake (CVRD4702): grãos de pólen mônades, tamanho médio, estefanocolporados, 10-12 cólporos, âmbito circular, circulares a subprolatos, psilados, poros elípticos. P (32,5-40,2 µm); E (31,4-42,0 µm). **Prancha/Plate 136:4.**

***Securidaca* sp. 1** (CVRD5181): grãos de pólen mônades, tamanho médio, estefanocolporados, 12-13 cólporos, âmbito circular, circulares a subprolatos, psilados, poros elípticos. P (40,4-41,5 µm); E (38,0-41,4 µm). **Prancha/Plate 136:5.**

***Securidaca* sp. 2** (CVRD12789): grãos de pólen mônades, tamanho médio, estefanocolporados, 11-14 cólporos, âmbito circular, subprolatos, psilados, poros elípticos, grãos zonorados. P (36,4-41,0 µm); E (32,2-34,4 µm). **Prancha/Plate 137:1.**

Polygonaceae

Família de ervas, arbustos, lianas, com distribuição cosmopolita centrada no hemisfério norte, com sete gêneros e cerca de 100 espécies. Em alguns diagramas polínicos da Amazônia aparecem os gêneros arbóreos *Coccoloba*, *Symmeria* e *Triplaris* enquanto em vários estudos nos mais variados ecossistemas do país é frequente a erva *Polygonum hydropiperoides*, indicadora de locais úmidos e alagados, com pólen grande poliporado e reticulado. O tipo *Ruprechtia* é muito diferente dos outros tipos polínicos desta família.

Herbs, shrubs and lianas presenting cosmopolitan distribution centered in the Northern Hemisphere, with 7 genera and about 100 species. Some pollen diagrams from Amazonia present the arboreal genera *Coccoloba*, *Symmeria* and *Triplaris*. Other studies frequently show the presence of the herb *Polygonum hydropiperoides*, a proxy for wet or waterlogged environments, with large, polyporate and reticulate pollen grains. Pollen grains of *Ruprechtia* are quite distinct from other pollen types of this family.

Ruprechtia latifunda (Cham. & Schltdl.) A. C. Meyer (CVRD9714): grãos de pólen mônades, tamanho médio, tricolporados, âmbito triangular convexo, circulares a suboblatos, equinados e verrucados, poros circulares. P (27,8-30,2 µm); E (33,2-35,3 µm). **Prancha/Plate 137:2.**

Portulacaceae

Família de ervas geralmente suculentas, raramente arbustos ou árvores com apenas dois gêneros nativos no Brasil: *Portulaca* e *Talinum*. Este último é muito encontrado em florestas alteradas pela presença humana ou naturalmente em áreas em estágios iniciais de sucessão vegetal. A condição panto- ou pericolpada de *Talinum* também é encontrada em *Portulaca*.

Herbs, usually succulent, rarely shrubs or trees. Only two native genera occur in Brazil: *Portulaca* and *Talinum*. The latter is found in forests modified by human activities or in areas at the initial stages of forest succession. The panto- or pericolpate morphology of *Talinum* is also observed in *Portulaca*.

Talinum paniculatum (Jacq.) Gaertn. (CVRD2198): grãos de pólen mônades, tamanho médio, pantocolpados, âmbito quinquangular, subprolatos, perfurados com espículos. P (43,2-45,1 μm); E (43,3-47,0 μm). **Prancha/Plate 137:3a,b.**

Potamogetonaceae

Família de ervas aquáticas com distribuição cosmopolita, com quatro gêneros e cerca de 100 espécies. São encontrados dois gêneros (*Potamogeton* e *Zannichellia*), que abrigam cerca de 15 espécies no Brasil, principalmente no sul do país. Os grãos inaperturados elipsoidais a esféricos de *Potamogeton* podem ser confundidos com os de alguns táxons de Monimiaceae e de outras famílias e gêneros inaperturados.

Aquatic herbs with cosmopolite distribution, four genera and about 100 species. In Brazil the family is represented by two genera (*Potamogeton* and *Zannichellia*) comprising about 15 species, mainly in southern Brazil. The inaperturate and ellipsoidal to spheric shapes of *Potamogeton* grains may cause these grains to be mistakenly identified as Monimiaceae or belonging to other families and genera with inaperturate pollen grains.

Potamogeton linguatus Hagstr. (CVRD6667): grãos de pólen mônades, pequenos, inaperturados, esféricos, reticulados, heterobrocados. D (16,8-24,8 μm). **Prancha/Plate 138:1.**

Potamogeton montevidensis A. Benn (CVRD5023): grãos de pólen mônades, pequenos, inaperturados, esféricos, reticulados, heterobrocados. D (15,2-21,4 μm). **Prancha/Plate 138:2.**

Primulaceae

Recentemente alguns gêneros da família Myrsinaceae foram transferidos para Primulaceae. Vários diagramas polínicos do Quaternário do Brasil apresentam porcentagens e concentrações significativas de grãos de *Myrsine* (*Rapanea*), especialmente na época de esfriamento relacionada ao último ciclo glacial de várias áreas do Brasil. Atualmente, *Myrsine* é bastante comum nas florestas do sudeste do Brasil.

Some genera of Myrsinaceae were recently placed in the family Primulaceae. *Myrsine* (*Rapanea*) pollen grains are present in several pollen diagrams of the Brazilian Quaternary with considerable percentages and concentrations, specially during the cooling interval related to the last glacial cycle. Nowadays, *Myrsine* is commonly found in forests of southeastern Brazil.

Cybianthus brasiliensis (Mez) G. Agostini (CVRD12330): grãos de pólen mônades, pequenos, tricolporados, âmbito trilobado, subprolatos, psilados, poros côncavos, colpos com margem. P (14,2-17,5 μm); E (12,4-13,7 μm). **Prancha/Plate 138:3.**

Jacquinia brasiliensis Mez (CVRD2709): grãos de pólen mônades, tamanho médio, tricolporados, âmbito triangular convexo, suboblatos, microrreticulados, exina espessa nos polos, poros côncavos. P (24,2-29,1 μm); E (28,0-35,5 μm). **Prancha/Plate 138:4.**

Myrsine guianensis (Aubl.) Kuntze (CVRD1494): grãos de pólen mônades, tamanho médio, tetracolpados, âmbito quadrangular, suboblatos, escabrados, colpos estreitos e tênues. P (19,8-23,2 μm); E (22,1-25,8 μm). **Prancha/Plate 138:5.**

Myrsine rubra M. F. Freitas & Kin.-Gouv. (CVRD624): grãos de pólen mônades, pequenos, 4-5 colpados, âmbito quadrangular a pentalobado, suboblatos, escabrados, colpos estreitos e tênues. P (19,8-21,0 μm); E (21,9-23,7 μm). **Prancha/Plate 138:6.**

Proteaceae

Família de árvores e arbustos distribuídos principalmente em áreas outrora membros do supercontinente paleozoico de Gondwana (Paleozoico ao Mesozoico) como Austrália, Brasil e África do Sul. No Brasil ocorrem três gêneros nativos (*Euplassa*, *Panopsis* e *Roupala*) em florestas tropicais e subtropicais, cerrados e campos rupestres. São grãos facilmente identificados graças ao seu amb triangular e poros nos vértices do triângulo.

Family of trees and shrubs, distributed presently in areas that once belonged to the supercontinent of Gondwana (Paleozoic to Mesozoic) such as Australia, Brazil and South Africa. In Brazil three genera are native (*Euplassa*, *Panopsis* and *Roupala*) in tropical and subtropical forests, savannas and high elevation open savannas (high altitude grasslands). Their grains are easily identified due to their triangular amb and pores at the triangle vertices.

Macadamia ternifolia F.Muell. (CVRD7029): grãos de pólen mônades, tamanho médio, triporados, anguloaperturados, âmbito triangular reto, oblatos, microrreticulados, exina espessa ao redor dos poros formando a margem, poros circulares. P (18,6-21,9 μm); E (27,3-34,8 μm). **Prancha/Plate 138:7.**

***Roupala* sp.** (CVRD8924): grãos de pólen mônades, tamanho médio, triporados, anguloaperturados, âmbito triangular convexo, oblatos, escabrados, exina espessa ao redor dos poros formando a margem, poros circulares. P (14,2-17,6 μm); E (25,8-27,5 μm). **Prancha/Plate 138:8.**

Putranjivaceae

Outrora pertencente a Euphorbiaceae, o gênero arbóreo *Drypetes* é nativo no Brasil, onde é encontrado na Amazônia e na Mata Atlântica do Nordeste. A morfologia polínica mostra-se muito adequada ao seu posicionamento dentro da família Euphorbiaceae.

Once placed in the family Euphorbiaceae, the arboreal genus *Drypetes* is native in Brazil where it is found in Amazonia and in the Atlantic Rainforest of northeastern Brazil. The pollen morphology of this genus favors its placement in Euphorbiaceae.

Drypetes sessiliflora Allemão (CVRD348): grãos de pólen mônades, tricolporados, âmbito subtriangular, subprolatos, reticulados, homobrocados, poros lalongados. P (26,4-30,2 μm); E (18,7-24,7 μm). **Prancha/Plate 139:1.**

Rhamnaceae

Família de ervas, arbustos, árvores e lianas de distribuição cosmopolita com cerca de 50 gêneros e 900 espécies, dos quais 13 gêneros com cerca de 50 espécies são nativos no Brasil. Destaca-se *Ziziphus joazeiro*, árvore da Caatinga hiperxerófila. Os outros membros desse gênero estão em florestas estacionais do Sul e Sudeste. Família estenopolínica com morfologia relativamente parecida com a de Myrtaceae, da qual é facilmente separada pelo formato e dimensões da vista equatorial, neste caso suboblato a prolato. Também há uma certa similaridade morfológica com táxons das famílias Vitaceae e Celastraceae.

Herbs, shrubs, trees and lianas presenting cosmopolite distribution, with about 50 genera and 900 species; 13 genera and about 50 species are native from Brazil. *Ziziphus joazeiro* is a tree from hyper-xerophytic regions of the *Caatinga* ecosystem. The other members in this genus occur in seasonal forests in southern and southeastern Brazil. This is a stenopalynous family with pollen morphology relatively similar to that of Myrtaceae, from which is easily differentiated by the shape and dimension at equatorial view (suboblate to prolate). Pollen grains of Rhamnaceae may also show some similarities with taxa from Vitaceae and Celastraceae.

Colubrina arborescens (P. Mill.) Sarg. (CVRD2237): grãos de pólen mônades, tamanho médio, tricolporados, anguloaperturados, âmbito triangular reto, circulares a suboblatos, escabrados, poros elípticos, colpos com margem. P (22,0-23,2 μm); E (23,4-28,1 μm). **Prancha/Plate 139:2.**

Gouania blanchetiana Miq. (CVRD2628): grãos de pólen mônades, pequenos, tricolporados, âmbito triangular reto, suboblatos, escabrados, poros elípticos, colpos com margem. P (18,7-20,3 μm); E (19,6-24,6 μm). **Prancha/Plate 139:3.**

Hovenia dulcis Thunb. (CVRD2440): grãos de pólen mônades, tamanho médio, tricolporados, anguloaperturados, âmbito triangular reto, suboblatos, psilados, poros elípticos, colpos com margem. P (20,4-21,7 μm); E (25,4-28,8 μm). **Prancha/Plate 139:4.**

Rhamnidium glabrum Reissek. (CVRD817): grãos de pólen mônades, tamanho médio, tricolporados, âmbito triangular reto, suboblatos, reticulados, poros elípticos, colpos com margem. P (21,7-24,8 μm); E (24,2- 27,5 μm). **Prancha/Plate 139:5.**

Ziziphus glaziovii Warm. (CVRD144): grãos de pólen mônades, pequenos, tricolporados, âmbito triangular reto, suboblatos, escabrados a psilados, poros elípticos a circulares, colpos com margem. P (17,4- 20,8 μm); E (20,1-23,4 μm). **Prancha/Plate 139:6.**

Rhizophoraceae

Família de arbustos ou árvores com distribuição pantropical com 16 gêneros e cerca de 150 espécies, enquanto que no Brasil são encontrados três gêneros com cerca de 15 espécies com destaque para *Rhizophora mangle*, o táxon mais abundantes nos manguezais do país. Os outros dois gêneros nativos (*Cassipourea* e *Sterigmapetalum*) ocorrem predominantemente na Amazônia. Os grãos de *Rhizophora* são facilmente identificados pela sua forma e pela proximidade entre os poros que muitas vezes dá a impressão de uma zona hialina (zonorado) na sua região equatorial.

Shrubs and trees with pantropical distribution, with 16 genera and about 150 species. Three genera and about 15 species are native in the Brazilian flora, being *Rhizophora mangle* the most abundant taxa in mangroves. The other two genera native in Brazil (*Cassipourea* and *Sterigmapetalum*) are found mainly in Amazonia. *Rhizophora* pollen grains are easily identified based on the general pollen shape and on the close proximity of its pores, which almost forms a zonorate aperture around the equator.

Paradrypetes ilicifolia Kuhlm. (CVRD10500): grãos de pólen mônades, pequenos, tricolporados, âmbito trilobado, subprolatos, reticulados, homobrocados, simplicolumelados, poros côncavos. P (17,2-20,5 µm); E (16,0-18,0 µm). **Prancha/Plate 140:1.**

Rhizophora mangle Linnaeus (CVRD3152): grãos de pólen mônades, pequenos, tricolporados, âmbito triangular convexo, subprolatos, microrreticulados, homobrocados, simplicolumelados, poros quadrangulares e com filamentos de viscina em vista polar. P (17,7-21,0 µm); E (16,7-21,4 µm). **Prancha/Plate 140:2.**

Rosaceae

Família de ervas, arbustos, árvores e lianas com pouca representação na América do Sul, ao contrário do hemisfério norte. No Brasil ocorrem apenas nove gêneros e cerca de 25 espécies. Dos gêneros nativos destacam-se *Prunus* e *Rubus*, enquanto que *Eriobotrya japonica* (ameixa-amarela) foi introduzida para produção de frutas. *Prunus* é gênero arbóreo em várias formações florestais brasileiras, já que *Rubus* concentra lianas, muito comuns em bordas de matas. Família com grãos tricolporados ou tricolporoidados, oblatos a prolatos.

Herbs, shrubs, trees and lianas, with few species in South America. Nine genera and about 25 species are found in the Brazilian flora. Among the native genera *Prunus* and *Rubus* are the most common. *Eriobotrya japonia* is an introduced species. *Prunus* is an arboreal genus occurring in several Brazilian plant formations. *Rubus* is mostly represented by lianas and is very common at forest edges. This family contains tricolporate or tricolporoidate pollen grains, varying from oblate to prolate.

Eriobotrya japonica (Thunb.) Lindl. (CVRD6488): grãos de pólen mônades, tamanho médio, tricolporados, âmbito triangular convexo, suboblatos a subprolatos, escabrados, poros lalongados. P (21,2-26,4 µm); E (23,9-29,0 µm). **Prancha/Plate 140:3.**

Prunus brasiliensis (Cham. & Schltdl.) D. Dietr. (CVRD1038): grãos de pólen mônades, pequenos, tricolporados, âmbito triangular convexo a trilobado, suboblatos a subprolatos, escabrados, poros côncavos formando a letra "x". P (16,3-20,2 µm); E (18,2-21,0 µm). **Prancha/Plate 140:4.**

Rubus sellowii Cham. & Schltdl. (CVRD11361): grãos de pólen mônades, pequenos, âmbito triangular convexo, suboblatos, escabrados, poros côncavos. P (16,6-20,8 µm); E (16,9-21,0 µm). **Prancha/Plate 140:5.**

Rubiaceae

Família de ervas, subarbustos, arbusto, árvores e lianas, com distribuição cosmopolita com 550 gêneros e 9.000 espécies. No Brasil ocorrem cerca de 130 gêneros com 1.500 espécies, e presente em quase todos os ecossistemas brasileiros. Sua morfologia polínica é uma das mais ricas em termos de variabilidade, uma vez que engloba grãos desde inaperturados a poliaperturados, pequenos a grandes, com diversas combinações de ornamentações. Muitos gêneros mostram grande variabilidade morfológica como, por exemplo, *Borreria* que possui grãos porados a policolporados.

Herbs, shrubs, trees and lianas, with cosmopolite distribution, about 550 genera and 9000 species with about 130 genera and 1500 species, occurring in Brazil in almost every ecosystem. A true eurypalynous family, Rubiaceae presents one of the most diverse pollen morphologies known, varying from inaperturate to polyaperturate, from small to large grains, with several arrangements of the different ornamentation patterns. Many genera are quite variable in pollen morphology, for example, *Borreria*, in which species may present grains varying from porate to polycolporate.

Alibertia edulis (Rich.) A. Rich. (CVRD5440): grãos de pólen mônades, tamanho médio, triporados, âmbito triangular convexo, suboblatos, reticulados, poros circulares com margem. P (22,7-26,2 μm); E (27,3-30,8 μm). **Prancha/Plate 140:6.**

***Alibertia* sp.** (CVRD8888): grãos de pólen mônades, tamanho médio, tricolporados, âmbito triangular reto a triangular côncavo, suboblatos a rômbicos, reticulados, poros circulares a inconspícuos. P (19,1-25,6 μm); E (21,1-35,2 μm). **Prancha/Plate 140:7a,b.**

Alseis involuta K. Schum. (CVRD6030): grãos de pólen mônades, tamanho médio, tricolporados, âmbito triangular reto, suboblatos, reticulados, poros circulares a elípticos alto. P (23,1-25,0 μm); E (29,7-33,8 μm). **Prancha/Plate 141:1.**

Amaioua guianensis Aubl. (CVRD11284): grãos de pólen mônades, tamanho médio, triporados, âmbito triangular convexo a circular, suboblatos a circulares, reticulados, poros circulares anulados. P (21,4-22,9 μm); E (21,4-26,1). **Prancha/Plate 141:2.**

Amaioua intermedia Mart. (CVRD9315): grãos de pólen mônades, tamanho médio, triporados a tetraporados, âmbito triangular convexo a quadrangular, suboblatos a circulares, reticulados, poros circulares anulados. P (20,8-27,1 μm); E (20,2-29,0 μm). **Prancha/Plate 141:3.**

Anthocephalus cadamba (Roxb.) Miq. (CVRD10004): grãos de pólen mônades, pequenos, tricolporados, âmbito triangular convexo a triangular reto, suboblatos, escabrados, poros circulares. P (12,8-13,4 μm); E (13,6-16,2 μm). **Prancha/Plate 141:4.**

Bathysa australis (A. St.-Hil.) K. Schum. (CVRD5200): grãos de pólen mônades, pequenos, tricolporados, âmbito circular a trilobado, suboblatos a subprolatos, reticulados, poros circulares a elípticos alto. P (16,7-18,6 μm); E (14,6-21,9 μm). **Prancha/Plate 141:5.**

Bathysa stipulata (Vell.) C. Presl. (CVRD5373): grãos de pólen mônades, pequenos, tricolporados, âmbito circular a trilobado, suboblatos, reticulados, poros circulares. P (16,9-20,5 μm); E (15,4-23,7 μm). **Prancha/Plate 141:6.**

***Bathysa* sp.** (CVRD1730): grãos de pólen mônades, pequenos, tricolporados, âmbito circular, circulares, reticulados, poros elípticos alto a circulares. P (16,3-19,1 μm); E (16,5-22,0 μm). **Prancha/Plate 141:7.**

Borreria capitata (Ruiz & Pav.) DC. (CVRD6300): grãos de pólen mônades, pequenos, 5 a 7-estefanoporados, âmbito circular, suboblatos, reticulados, poros elípticos alto. P (17,7-23,5 μm); E (21,4-26,1 μm). **Prancha/Plate 142:1.**

Borreria cupularis DC. (CVRD6601): grãos de pólen mônades, pequenos, periporados, esféricos, reticulados, poros circulares. D (22,2-25,0 μm). **Prancha/Plate 142:2.**

Borreria densiflora DC. (CVRD5147): grãos de pólen mônades, tamanho pequeno a médio, 7 a 8-estefanocolporados, âmbito circular, suboblatos, reticulados, poros inconspícuos. P (15,5-25,1 µm); E (20,1-27,9 µm). **Prancha/Plate 142:3.**

Borreria latifolia (Aubl.) K. Schum. (CVRD5363): grãos de pólen mônades, tamanho médio, 8 a 10-estefanocolporados, âmbito circular, suboblatos, circulares ou rômbicos, reticulados, poros inconspícuos. P (31,6-38,1 µm); E (37,1-40,9 µm). **Prancha/Plate 142:4.**

Borreria ocymifolia (Roem. & Schult.) Bacigalupo & E. L. Cabral (CVRD4216): grãos de pólen mônades, tamanho médio, 9 a 10-estefanocolporados, âmbito circular, subprolatos ou circulares, pilados, poros inconspícuos. P (36,4-46,2 µm); E (35,3-43,1 µm). **Prancha/Plate 142:5.**

Borreria verticillata (L.) G. Mey. (CVRD2371): grãos de pólen mônades, pequenos, 6 a7--estefanocolporados, âmbito circular, suboblatos, reticulados, poros inconspícuos. P (14,2-19,5 µm); E (16,3-23,7 µm). **Prancha/Plate 142:6.**

Calycophyllum papillosum J. H. Kirkbr. (CVRD4825): grãos de pólen mônades, pequenos, tricolporados, âmbito circular a trilobado, suboblatos a subprolatos, reticulados, poros elípticos a lalongados. P (17,6-21,3 µm); E (17,7-21,7 µm). **Prancha/Plate 143:1.**

Carapichea ipecacuanha (Brot.) L. Andersson (CVRD4120): grãos de pólen mônades, tamanho médio a grande, 3 a 6-colpados, esféricos a subelípticos, reticulados. D (46,0-57,0 µm). **Prancha/Plate 143:2.**

Chiococca* cf. *alba (L.) Hitchc. (CVRD2143): grãos de pólen mônades, pequenos, tricolporados, sincolporados, âmbito circular, suboblatos a circulares, escabrados, poros lalongados. P (17,0-19,5 µm); E (19,3-23,5 µm). **Prancha/Plate 143:3.**

Chomelia obtusa Cham. & Schultdl. (CVRD3695): grãos de pólen mônades, tamanho pequeno a médio, tricolporados, âmbito circular a triangular convexo, suboblatos a circulares, retipilados, aberturas inconspícuas. P (20,6-28,5 µm); E (23,3-30,8 µm). **Prancha/Plate 143:4.**

Chomelia pubescens Cham. (CVRD9221): grãos de pólen mônades, tamanho médio, tricolporados, sincolpados, âmbito triangular reto, rômbicos, retipilados, poros inconspícuos. P (25,0-29,2 µm); E (27,8-34,5 µm). **Prancha/Plate 143:5.**

Coccocypselum anomalum K. Schum. (CVRD6021): grãos de pólen mônades, tamanho médio, tricolporados, âmbito circular a triangular convexo, suboblatos a subprolatos, reticulados, poros lalongados a zonorados. P (27,9-40,1 µm); E (30,7-46,1 µm). **Pranchas/Plate 144:1a,b.**

Coccocypselum campanuliflorum Cham. & Schltdl. (CVRD5482): grãos de pólen mônades, tamanho médio, tricolporados, âmbito circular a triangular convexo, suboblatos a subprolatos, reticulados, poros elípticos a retangulares. P (26,2-35,9 µm); E (28,6-41,0 µm). **Prancha/Plate 144:2.**

Coccocypselum cordifolium Nees & Mart. (CVRD5599): grãos de pólen mônades, tamanho médio, tricolporados, âmbito circular, suboblatos a circulares, reticulados, poros elípticos a lalongados. P (34,8-37,2 µm); E (35,3-40,2 µm). **Prancha/Plate 144:3.**

Cordiera mussunungae C. Perss. & Delprete (CVRD1208): grãos de pólen mônades, tamanho pequeno a médio, tricolporados, âmbito triangular, suboblatos, reticulados, poros circulares. P (20,2-25,8 µm); E (25,9-33,5 µm). **Prancha/Plate 144:4.**

Coussarea contracta (Walp.) Müll.Arg. (CVRD526): grãos de pólen mônades, tamanhos pequeno a médio, diporados, esféricos, superfície microreticulada, poros circulares/elípticos e anulados. D (22,8-38,6 µm). **Prancha/Plate 145:1.**

Coutarea hexandra (Jacq.) K. Schum. (CVRD129): grãos de pólen mônades, tamanho médio, tricolporados, âmbito trilobado, circular ou triangular convexo, suboblatos a circulares, escabrados a microequinados, poros inconspícuos a circulares. P (26,0-33,6 µm); E (27,8-41,7 µm). **Prancha/Plate 145:2.**

Denscantia cymosa (Spreng.) E.L.Cabral & Bacigalupo (CVRD3211): grãos de pólen mônades, tamanho pequeno a médio, estefanocolporados (5 a 7-colporados), âmbito circular, suboblatos a subprolatos ou rômbicos, reticulados, poros inconspícuos a lalongados. P (20,0-38,5 µm); E (20,0-37,3 µm). **Prancha/Plate 145:3.**

Diodella teres (Walter) Small (CVRD5892): grãos de pólen mônades, tamanho grande a muito grande, estefanocolpados, esféricos, reticulados a equinados. D (90,0-110,0 µm). **Prancha/Plate 145:4.**

Emmeorhiza umbellata (Spreng.) K. Schum. (CVRD7458): grãos de pólen mônades, tamanho médio, estefanocolporados (7 a 9-colporados), âmbito circular, suboblatos a subprolatos, reticulados, poros elípticos a circulares. P (25,9-26,8 µm); E (24,6-32,9 µm). **Prancha/Plate 145:5.**

Faramea atlantica J. G. Jardim & Zappi (CVRD4697): grãos de pólen mônades, tamanho pequeno a médio, triporados, âmbito circular, suboblatos, reticulados, poros circulares a elípticos, anulados. P (17,0-24,0 µm); E (20,8-34,6 µm). **Prancha/Plate 146:1.**

Faramea bahiensis Müll. Arg. (CVRD5089): grãos de pólen mônades, tamanho médio, triporados, âmbito triangular convexo, suboblatos, microrreticulados, poros circulares anulados. P (20,1-28,3 µm); E (30,9-43,0 µm). **Prancha/Plate 146:2.**

Faramea* cf. *multiflora A. Rich. ex DC. (CVRD5254): grãos de pólen mônades, tamanho pequeno a médio, triporados ou tetraporados, âmbito circular, triangular ou quadrangular, suboblatos, reticulados, poros circulares a elípticos, anulados com oculus. P (19,0-25,0 µm); E (22,2-34,8 µm). **Prancha/Plate 146:3.**

Faramea pachyantha Müll.Arg. (CVRD997): grãos de pólen mônades, tamanho médio a grande, triporados, âmbito triangular, suboblatos, microrreticulados, poros circulares a elípticos, com prolongamento da membrana apertural. P (25,0-31,2 µm); E (31,0-52,6 µm). **Prancha/Plate 146:4.**

Ferdinandusa guianiae K. Schum. (CVRD8721): grãos de pólen mônades, tamanho médio, tricolporados, âmbito circular a triangular, suboblatos a circulares, reticulados, poros elípticos. P (28,8-41,1 µm); E (35,7-44,7 µm). **Prancha/Plate 146:5.**

Genipa americana Linnaeus (CVRD3626): grãos de pólen mônades, tamanho médio, tricolporados, âmbito circular a triangular, suboblatos a subprolatos, reticulados, poros elípticos a circulares. P (23,4-31,5 µm); E (26,6-36,8 µm). **Prancha/Plate 147:1.**

Genipa infundibuliformis Zappi & Semir (CVRD5067): grãos de pólen mônades, tamanho médio, tricolporados, âmbito circular a triangular, suboblatos a subprolatos, reticulados, poros elípticos a circulares com margem. P (27,4-40,6 μm); E (23,6-42,1 μm). **Prancha/Plate 147:2.**

Guettarda angelica Mart. ex Müll. Arg. (CVRD505): grãos de pólen mônades, tamanho pequeno a médio, diporados ou triporados, âmbito circular, circulares, escabrados, poros circulares anulados. P (21,8-25,9 μm); E (22,7-27,4 μm). **Prancha/Plate 147:3.**

Guettarda viburnoides Cham. & Schltdl. (CVRD12787): grãos de pólen mônades, tamanho pequeno, diporados, âmbito circular, oblatos, psilados, poros circulares anulados. P (15,6-21,8 μm); E (14,3-23,6 μm). **Prancha/Plate 147:4.**

Hamelia patens Jacquin. (CVRD5082): grãos de pólen mônades, tamanho pequeno a médio, tricolporados ou dicolporados, âmbito circular a trilobado, suboblatos a subprolatos, microrreticulados, poros inconspícuos. P (15,4-25,6 μm); E (18,5-32,0 μm). **Prancha/Plate 147:5.**

Hillia illustris (Vell.) K. Schum. (CVRD6947): grãos de pólen mônades, tamanho médio, tricolporados, âmbito circular, suboblatos a circulares, reticulados, heterobrocados, poros elípticos a circulares. P (25,8-32,8 μm); E (24,4-35,1 μm). **Prancha/Plate 147:6.**

Ixora pubescens Wild. ex Schult. & Schult.f. (CVRD9330): grãos de pólen mônades, tamanho médio, tricolporados, âmbito circular, suboblatos a circulares, reticulados, poros elípticos. P (27,3-28,6 μm); E (29,0-30,8 μm). **Prancha/Plate 148:1.**

Ladenbergia hexandra (Pohl) Klotzsch. (CVRD746): grãos de pólen mônades, tamanho médio, tricolporados, âmbito trilobado, suboblatos, psilados, poros inconspícuos a lalongados; grãos apresentaram, na maioria das vezes, uma das aberturas destruída. P (24,2-25,7 μm); E (25,3-27,3 μm). **Prancha/Plate 148:2.**

Margaritopsis chaenotricha (DC.) C. M.Taylor (CVRD10804): grãos de pólen mônades, tamanho médio, tricolpados, âmbito circular, suboblatos, reticulados, colpos longos. P (26,9-31,9 μm); E (30,9-41,8 μm). **Prancha/Plate 148:3.**

Margaritopsis cephalantha (Müll. Arg.) C. M.Taylor (CVRD5586): grãos de pólen mônades, tamanho médio, tricolpados, âmbito circular a trilobado, suboblatos a circulares, reticulados. P (27,6-28,0 μm); E (26,9-41,8 μm). **Prancha/Plate 148:4.**

Melanopsidium nigrum Colla. (CVRD4117): grãos de pólen mônades, tamanho pequeno a médio, tricolporados, anguloaperturados, âmbito triangular, suboblatos, reticulados, poros circulares. P (22,3-25,1 μm); E (27,5-32,0 μm). **Prancha/Plate 148:5.**

Mitracarpus frigidus (Willd. ex Roem. & Schult.) K. Schum. (CVRD7408): grãos de pólen mônades, pequenos, estefanocolporados (8 a 9-colporados), âmbito circular, suboblatos/rômbicos, retipilados, poros inconspícuos. P (17,7-22,7 μm); E (20,7-27,1 μm). **Prancha/Plate 148:6.**

Molopanthera paniculata Turcs (CVRD1043): grãos de pólen mônades, pequenos, tricolporados, âmbito circular/trilobado, suboblatos a circulares, microrreticulados, poros circulares. P (12,8-17,0 μm); E (14,6-17,4 μm). **Prancha/Plate 149:1.**

Palicourea blanchetiana Schltdl. (CVRD1235): grãos de pólen mônades, grandes, inaperturados, aproximadamente esféricos, reticulados. D (50,0-95,0 μm). **Prancha/Plate 149:2a,b.**

Palicourea exannulata Müll. Arg. (CVRD1921): grãos de pólen mônades, grandes, inaperturados, esféricos/subelípticos, reticulados. D (53,0-87,0 μm). **Prancha/Plate 149:3a,b.**

Palicourea fulgens Müll. Arg. Standl. (CVRD1473): grãos de pólen mônades, grandes, inaperturados, esféricos a subelípticos, reticulados. D (42,0-73,0 μm). **Prancha/Plate 149:4a,b.**

Palicourea guianensis Aubl. (CVRD2388): grãos de pólen mônades, grandes, inaperturados, esféricos a subelípticos, reticulados. D (51,0-77,0 μm). **Prancha/Plate 149:5a,b.**

Palicourea macrobotrys (Ruiz & Pav.) DC. (CVRD9600): grãos de pólen mônades, grandes, inaperturados, esféricos a subelípticos, granulados. D (59,0-69,0 μm). **Prancha/Plate 149:6a,b.**

Palicourea marcgravii A. St. Hil. (CVRD6714): grãos de pólen mônades, grandes, inaperturados, esféricos, granulados. D (68,0-83,0 μm). **Prancha/Plate 150:1a,b.**

Perama hirsuta Aubl. (CVRD5716): grãos de pólen mônades, tamanho médio, tricolporados, âmbito circular, suboblatos a circulares, retipilados, poros retangulares a lalongados. P (31,0-35,8 μm); E (33,0-44,0 μm). **Prancha/Plate 150:2.**

Posoqueria latifolia (Rudge) Roem. & Schult. (CVRD792): grãos de pólen mônades, tamanho médio a grande, tricolporados, âmbito circular, suboblatos a circulares, retipilados, poros elípticos com margem. P (48,0-53,2 μm); E (50,5-70,3 μm). **Prancha/Plate 150:3.**

Psychotria bahiensis DC. (CVRD10698): grãos de pólen mônades, tamanho médio a grade, inaperturados, esféricos a subelípticos, retipilados. D (44,0-65,0 μm). **Prancha/Plate 150:4a,b.**

Psychotria carthagenensis Jacq. (CVRD221): grãos de pólen mônades, tamanho médio a grande, tricolpados ou tetracolpados, âmbito circular a quadrangular, suboblatos, retipilados, com espessamento da parede nos polos. P (26,4-42,2 μm); E (31,5-51,8 μm). **Prancha/Plate 150:5.**

Psychotria mapourioides DC. (CVRD1249): grãos de pólen mônades, tamanho médio, tetracolpados ou tricolpados, âmbito circular, suboblatos, reticulados. P (30,0-38,8 μm); E (33,1-45,7 μm). **Prancha/Plate 151:1.**

Psychotria myriantha Müll. Arg. (CVRD7190): grãos de pólen mônades, tamanho médio a grande, inaperturados, esféricos a subelípticos, retipilados. D (40,0-56,0 μm). **Prancha/Plate 151:2a,b.**

Psychotria nuda (Cham. & Schltdl.) Wawra. (CVRD2740): grãos de pólen mônades, grandes, inaperturados, esféricos a subelípticos, retipilados. D (62,0-80,0 μm). **Prancha/Plate 151:3a,b.**

Psychotria stachyoides Benth. (CVRD7426): grãos de pólen mônades, grandes, inaperturados, esféricos a subelípticos, retipilados. D (45,0-87,0 μm). **Prancha/Plate 151:4a,b.**

Randia armata (Sw.) DC. (CVRD979): Tétrades tetraédricas, tamanho médio a grande, grãos isolados triporados, âmbito circular, psilados a escabrados, poros circulares anulados. DI (47,6-59,9 μm); DII (46,4-59,9 μm). **Prancha/Plate 151:5.**

Randia calycina Cham. (CVRD7095): Tétrades tetraédricas, tamanho médio, grãos isolados triporados, âmbito circular, psilados a escabrados, poros circulares anulados. DI (49,9-56,4 μm); DII (46,9-51,1 μm). **Prancha/Plate 152:1.**

Richardia scabra Linnaeus (CVRD5888): grãos de pólen mônades, grandes, 15 a 16-colporados, âmbito circular, suboblatos, retipilados e equinados, poros zonorados. P (55,5-67,2 µm); E (67,9-85,3 µm). **Prancha/Plate 152:2.**

Richardia brasiliensis Gomes (CVRD5496): grãos de pólen mônades, tamanho médio a grande, 9 a 10-colporados, âmbito circular, suboblatos, pilados a retipilados, poros zonorados. P (37,1-40,3 µm); E (46,2-54,4 µm). **Prancha/Plate 152:3.**

Riodocea pulcherrima Delprete (CVRD3536): grãos de pólen mônades, tamanho médio, tricolporados, âmbito circular, suboblatos, reticulados, poros elípticos a circulares e com margem. P (34,5-35,1 µm); E (35,8-42,9 µm). **Prancha/Plate 152:4.**

Rudgea* cf. *coronata (Vell.) Müll. Arg. (CVRD10785): grãos de pólen mônades, tamanho médio, tricolporados, âmbito circular a trilobado, suboblatos a circulares, reticulados, simplicolumelados, poros elípticos a retangulares. P (33,1-44,2 µm); E (35,9-50,3 µm). **Prancha/Plate 153:1.**

Rudgea reticulata Benth. (CVRD9312): grãos de pólen mônades, tamanho médio, tricolporados, âmbito circular, circulares, reticulados, poros elípticos a retangulares. P (41,5-49,6 µm); E (41,8-50,2 µm). **Prancha/Plate 153:2.**

Sabicea cinerea Aubl. (CVRD4066): grãos de pólen mônades, tamanho pequeno a médio, tricolporados, âmbito triangular a circular, oblatos a suboblatos, retipilados, poros lalongados a elípticos. P (19,7-24,9 µm); E (26,6-30,2 µm). **Prancha/Plate 153:3.**

Salzmannia nitida DC. (CVRD1736): grãos de pólen mônades, pequenos, tricolporados, âmbito circular a trilobado, suboblatos a circulares, escabrados, poros inconspícuos a circulares. P (12,7-20,8 µm); E (17,3-24,1 µm). **Prancha/Plate 153:4.**

Simira sampaioana (Standl.) Steyerm. (CVRD8446): grãos de pólen mônades, tamanho médio, tricolporados, âmbito circular a subtriangular, suboblatos a circulares, retipilados, heterobrocados, poros elípticos. P (23,7-33,6 µm); E (25,7-37,5 µm). **Prancha/Plate 153:5.**

Simira eliezeriana Peixoto (CVRD1692): grãos de pólen mônades, tamanho médio a grande, tricolporados, âmbito circular a subtriangular, suboblatos a circulares, reticulados, poros circulares com margem. P (38,4-46,2 µm); E (39,4-53,7 µm). **Prancha/Plate 154:1.**

Tocoyena brasiliensis Mart. (CVRD1131): tétrades tetraédricas, tamanho médio a grande, grãos isolados triporados, âmbito circular, reticulados, poros circulares anulados. DI (45,0-76,2 µm); DII (41,5-74,4 µm). **Prancha/Plate 154:2.**

Tocoyena bullata (Vell.) Mart. (CVRD1405): grãos de pólen mônades, tamanho médio a grande, triporados a tetraporados, âmbito circular a subtriangular, suboblatos a circulares, reticulados, heterobrocados, poros circulares anulados. P (38,9-50,4 µm); E (41,3-59,5 µm). **Prancha/Plate 154:3.**

Salicaceae

Família de árvores, arbustos, lianas com 19 gêneros e cerca de 80 espécies nativas no Brasil. Os gêneros *Banara* e *Xylosma* ocorrem também em florestas montanas e em algumas regiões em associação com elementos da Floresta de Araucária, especialmente no sul e sudeste do Brasil. Seus grãos de pólen são pequenos, com reticulação delicada e com semelhança aos de Elaeocarpaceae, Flacourtiaceae e Lacistemataceae.

Trees, shrubs and lianas, with 19 genera and about 80 native species in Brazil. *Banara* and *Xylosma* occur in montane forests and in association with elements from the Araucaria forests, especially in southern and southeastern Brazil. The pollen grains of Salicaceae are small, with delicate reticulation, similar to those found in in Elaeocarpaceae, Flacourtiaceae and Lacistemataceae pollen.

Banara brasiliensis (Schott) Benth. (CVRD736): grãos de pólen mônades, pequenos, tricolporados, âmbito trilobado, prolatos, reticulados, homobrocados, poros lolongados, colpos com margem. P (15,8-16,5 μm); E (12-14,5 μm). **Prancha/Plate 155:1.**

Flacourtia jangomas (Lour.) Raeusch. (CVRD3033): grãos de pólen mônades, pequenos, tricolporados, âmbito trilobado a triangular convexo, subprolatos, reticulados, homobrocados, poros lalongados, colpos com margem. P (11,5-15,0 μm); E (11,0-12,17 μm). **Prancha/Plate 155:2.**

Xylosma prockia (Turcz.) Turcz. (CVRD5468): grãos de pólen mônades, pequenos, tricolporados, âmbito triangular convexo a trilobado, subprolatos, reticulados, homobrocados, poros lalongados, colpos com margem. P (18,0-19,6 μm); E (13,9-17,3 μm). **Prancha/Plate 155:3.**

Sapindaceae

Família de arbustos, árvores e lianas com 24 gêneros e cerca de 400 espécies nativas no Brasil, encontrados nos mais variados ecossistemas brasileiros. Espécies de *Cupania* e *Matayba* são árvores em várias formações vegetais e *Dodonea* contém arbustos e lianas. Grãos de *Cupania*, *Dodonea* e *Matayba* mostram muita semelhança com os de Myrtaceae devido à condição sincolpada e amb triangular, o que é resolvido pelo exame do eixo equatorial.

Family of shrubs, trees and lianas, with 24 genera and about 400 native species in Brazil, widely distributed in different ecosystems. Species of *Cupania* and *Matayba* are trees found in several plant formations. *Dodonaea* is represented by shrubs and lianas. *Cupania*, *Dodonaea* and *Matayba* pollen grains are quite similar to Myrtaceae pollen grains at the polar view, due to the syncolpate condition and triangular amb. Nonetheless they may be easily distinguished from Myrtaceae by the examination of their equatorial axis.

Cupania rugosa Radlk. (CVRD2750): grãos de pólen mônades, tamanho médio, tricolporados, sincolpados, âmbito triangular reto, oblatos, rugulados, poros elípticos, colpos sem margem. P (15,5-17,4 μm); E (25,4-29,0 μm). **Prancha/Plate 155:4.**

Cupania scrobiculata Rich. (CVRD1981): grãos de pólen mônades, pequenos, tricolporados, sincolpados, âmbito triangular reto a convexo, oblatos, escabrados, poros elípticos, colpos sem margem. P (14,1-15,1 μm); E (23,2-24,0 μm). **Prancha/Plate 155:5.**

Cupania zanthoxyloides Cambess. (CVRD10): grãos de pólen mônades, tamanho médio, tricolporados, sincolpados, âmbito triangular reto, oblatos, escabrados, poros circulares, colpos sem margem. P (11,0-12,7 μm); E (23,4-28,1 μm). **Prancha/Plate 155:6.**

Dodonaea viscosa Jacq. (CVRD3243): grãos de pólen mônades, tamanho médio, tricolporados, âmbito triangular convexo a circulares, circulares, reticulados, homobrocados, poros elípticos. P (22,8-25,5 μm); E (22,6-26,0 μm). **Prancha/Plate 155:7.**

Matayba discolor (Spreng.) Radlk. (CVRD969): grãos de pólen mônades, tricolporados a tetracolporados, sincolpados, âmbito triangular reto a quadrangular, oblatos, escabrados, colpos sem margem. P (15,5-17,7 µm): E (21,0-24,6 µm). **Prancha/Plate 155:8.**

Matayba guianensis Aubl. (CVRD2028): grãos de pólen mônades, tamanho médio, tricolporados, sincolpados, âmbito triangular reto a côncavo, oblatos, microrreticulados, poros circulares. P (14,5-15,7 µm); E (26,7-31,1 µm). **Prancha/Plate 156:1.**

Melicoccus espiritosantensis Acev.-Rodr. (CVRD778): grãos de pólen mônades, tamanho médio, tricolporados, âmbito triangular convexo, suboblatos, escabrados, poros circulares, colpos sem margem. P (22,4-24,2 µm); E (25,3-26,9 µm). **Prancha/Plate 156:2.**

Melicoccus oliviformis* subsp. *intermedius (Radlk.) Acev. (CVRD962): grãos de pólen mônades, pequenos, tricolporados, âmbito triangular convexo, subprolatos, escabrados, poros circulares. P (20,1-20,7 µm); E (21,5-22,4 µm). **Prancha/Plate 156:3.**

Paullinia carpopoda Cambess (CVRD1295): grãos de pólen mônades, tamanho médio, triporados, anguloaperturados, âmbito triangular reto, oblatos, reticulados, poros circulares. P (19,7-22,7 µm); E (34,9-38,6 µm). **Prancha/Plate 156:4.**

Paullinia rubiginosa Cambess. (CVRD14810): grãos de pólen mônades, tamanho médio, triporados, anguloaperturados, âmbito triangular reto, oblatos, reticulados, homobrocados, poros circulares. P (20,4-23,9 µm); E (31,0-36,9 µm). **Prancha/Plate 156:5.**

Serjania caracasana (Jacq.) Willd. (CVRD3377): grãos de pólen mônades, tamanho médio, triporados, âmbito triangular reto, oblatos, reticulados, homobrocados, poros elípticos. P (26,1-26,3µm); E (40,8-44,7µm). **Prancha/Plate 156:6.**

Thinouia scandens (Cambess.) Triana & Planch (CVRD2518): grãos de pólen mônades, tamanho médio, tricolporados, âmbito subtriangular, suboblatos, escabrados, poros circulares. P (22,0-23,6 µm); E (28,3-31,2 µm). **Prancha/Plate 157:1.**

Toulicia patentinervis Radlk. (CVRD1047; CVRD8284): grãos de pólen mônades, pequenos, tricolporados, âmbito triangular côncavo, suboblatos, escabrados, poros elípticos. P (14,5-15,9 µm); E (20,2-23,0 µm). **Prancha/Plate 157:2.**

Urvillea laevis Radlk. (CVRD2608): grãos de pólen mônades, tamanho médio, tricolporados, sincolpados, âmbito triangular reto, oblatos, reticulados, homobrocados, poros circulares. P (11,5-17,1 µm); E (29,2-31,8 µm). **Prancha/Plate 157:3.**

Urvillea rufescens (CVRD7455): grãos de pólen mônades, tamanho médio, tricolporados, sincolpados, âmbito triangular reto, oblatos, reticulados, homobrocados, poros circulares. P (13,1-14,4 µm); E (26,6-28,5 µm). **Prancha/Plate 157:4.**

Urvillea ulmacea Cambess. (CVRD2358): grãos de pólen mônades, tamanho médio, tricolporados, sincolpados, âmbito triangular côncavo, oblatos, reticulados, homobrocados, poros circulares. P (18,6-20,3 µm); E (27,5-31,4 µm). **Prancha/Plate 157:5.**

Vouarana guianensis Aubl. (CVRD2451; CVRD3650); grãos de pólen mônades, tamanho médio, tricolporados, âmbito triangular reto, oblatos, reticulados, homobrocados, poros elípticos. P (13,4-14,3 µm); E (24,1-26,0 µm). **Prancha/Plate 157:6.**

Sapotaceae

Família de arbustos e árvores com distribuição pantropical com 14 gêneros e cerca de 200 espécies no Brasil, principalmente na Floresta Amazônica. Espécies de *Chrysophyllum* ocorrem também em floresta estacionais enquanto que *Manilkara subsericea* (abricó-de-praia) é comum em restingas do Sudeste. Grãos de pólen de Sapotaceae mostram uma certa similaridade com os de alguns gêneros de Burseraceae, devido aos seus poros robustos e âmbito triangular.

Trees and shrubs with pantropical distribution, represented in Brazil by 14 genera and ca. 200 species, mainly in the Amazon. Several *Chrysophyllum* species occur in seasonal forests as well. *Manilkara subsericea* is commonly found in the *Restinga* ecosystems of southeastern Brazil. Pollen grains of Sapotaceae may present similarities to some genera of Burseraceae, especially due to its large pores and triangular amb.

Chrysophyllum* aff. *ovale Rusby. (CVRD9621): grãos de pólen mônades, tamanho médio, tricolporados, âmbito subtriangular, prolatos, psilados, poros elípticos. P (29,8-32,2 μm); E (18,5-26,4 μm). **Prancha/Plate 158:1.**

Chrysophyllum cainito Linnaeus (CVRD6487): grãos de pólen mônades, pequenos, tricolporados, âmbito subtriangular, prolatos, psilados, poros elípticos. P (18,5-19,4 μm); E (13,0-13,5 μm). **Prancha/Plate 158:2.**

Manilkara bella Monach. (CVRD577): grãos de pólen mônades, tamanho médio, tetracolporados, âmbito quadrangular, subprolatos, escabrados, poros elípticos. P (40,3-43,4 μm); E (32,2-39,9 μm). **Prancha/Plate 158:3a,b.**

Manilkara sapota Linnaeus (CVRD6492): grãos de pólen mônades, tamanho médio, tetracolporados, âmbito quadrangular, subprolatos, escabrados, poros elípticos. P (37,5-38,0 μm); E (34,7-38,1 μm). **Prancha/Plate 158:4.**

Manilkara subsericea (Mart.) (CVRD7430): grãos de pólen mônades, tamanho médio, 5-colporados, âmbito circular, subprolatos, psilados, poros elípticos. P (33,6-35,5 μm); E (27,2-35,9 μm). **Prancha/Plate 159:1.**

Micropholis venulosa (Mart. & Eichler) Pierre (CVRD1850): grãos de pólen mônades, tamanho médio, tricolporados, âmbito triangular convexo, prolatos, psilados, poros elípticos. P (30,1-31,3 μm); E (17,5-19,6 μm). **Prancha/Plate 159:2.**

Pouteria bangii (Rusby) T.D.Penn (CVRD211): grãos de pólen mônades, tamanho médio, tricolporados, âmbito subtriangular, prolatos, psilados, poros elípticos. P (30,1-31,3 μm); E (17,5-19,6 μm). **Prancha/Plate 159:3.**

Pouteria reticulata (Engl.) Enyma (CVRD8185; CVRD9785): grãos de pólen mônades, pequenos, tricolporados, âmbito subtriangular, prolatos, psilados, poros elípticos. P (16,3-21,3 μm); E (13,0-15,7 μm). **Prancha/Plate 159:4.**

Pradosia lactescens (Vell.) Radlk. (CVRD8911): grãos de pólen mônades, tamanho médio, 4-5 colporados, âmbito circular, subprolatos, psilados, poros elípticos. P (25,8-26,9 μm); E (17,3-20,4 μm). **Prancha/Plate 159:5.**

Sideroxylon obtusifolia Tucum. (CVRD10522): grãos de pólen mônades, tamanho médio, tetracolporados, âmbito quadrangular, subprolatos, escabrados, poros elípticos. P (37,5-38,0 μm); E (34,7-38,1 μm). **Prancha/Plate 159:6.**

Schoepfiaceae

Outrora incluída na família Olacaceae, o gênero arbóreo *Schoepfia* é mais abundante na Amazônia. Sua morfologia polínica composta de grãos pequenos, tricolporados é bastante diferente da de outros membros de Olacaceae.

Once included in the family Olacaceae, the arboreal genus *Schoepfia* is mostly represented in Amazonia. The pollen morphology of *Schoepfia*, represented by small, tricolporate pollen grains is quite distinct from other members of the family Olacaceae.

Schoepfia brasiliensis A. DC. (CVRD8620): grãos de pólen mônades, pequenos, âmbito triangular convexo, suboblatos, reticulados, homobrocados, simplicolumelados, poros elípticos. P (13,4-14,0 μm); E (13,7-16,4 μm). **Prancha/Plate 160:1.**

Scrophulariaceae

Família de ervas, subarbustos ou arbustos, representada no Brasil por apenas quatro gêneros, três dos quais restritos ao Nordeste e Brasil Central. Os gêneros brasileiros possuem grãos tricolporados/tricolporoidatos, suboblatos a prolatos. *Capraria biflora* reportada por Erdtman (1952) apresenta grãos di-, tri-, tetracolpados.

Herbs and shrubs, represented in Brazilian flora by four genera, three of them restricted to Northeast and Central Brazil. Brazilian genera are tricolporate, varying from suboblate to prolate. *Capraria biflora* was reported by Erdtman (1952) to present di-, tri-, tetracolpate grains.

***Buddleja* sp.** (CVRD2043): grãos de pólen mônades, pequenos, tricolporados, âmbito triangular convexo, subprolatos, escabrados, poros retangulares. P (18,3-23,5 μm); E (19,5-21,6 μm). **Prancha/Plate 160:2.**

Capraria biflora Linnaeus (CVRD5979): grãos de pólen mônades, tamanho médio, tricolporados, âmbito subtriangular, suboblatos, microrreticulados, poros lalongados. P (25-26,6 μm); E (25,0-29,8 μm). **Prancha/Plate 160:3.**

Simaroubaceae

Família de arbustos, árvores, com distribuição pantropical, com 20 gêneros e 100 espécies. No Brasil ocorrem seis gêneros e cerca de 30 espécies, especialmente nas florestas da Amazônia e da Mata Atlântica. Os grãos de Simaroubaceae são geralmente tricolporados, oblatos a prolatos, com âmbito circular ou triangular ou subtriangular.

Shrubs and trees presenting pantropical distribution, with 20 genera and 100 species. Six genera and about 30 species are represented in the Brazilian flora, mainly in the Amazon and in the Atlantic Rainforest. Pollen grains of Simaroubaceae are usually tricolporate, ranging from oblate to prolate, with circular, triangular or subtriangular amb.

Simaba cedron Planch. (CVRD4324): grãos de pólen mônades, tamanho médio, tricolporados, âmbito triangular convexo, subprolatos a circulares, reticulados, homobrocados, poros retangulares. P (22,4-34 μm); E (20,1-28,7 μm). **Prancha/Plate 160:4.**

Simaba* cf. *cuneata A. St.-Hil. & Tul. (CVRD2695): grãos de pólen mônades, pequenos, tricolporados, âmbito subtriangular, subprolatos, reticulados, homobrocados, poros lalongados. P (16,1-19,8 µm); E (12,4-15,5 µm). **Prancha/Plate 160:5.**

Simaba subcymosa A. St.-Hil. & Tul. (CVRD597): grãos de pólen mônades, pequenos, tricolporados, âmbito subtriangular, subprolatos, reticulados, homobrocados, poros elípticos. P (19,5-20,8 µm); E (16,5-18,8 µm). **Prancha/Plate 160:6.**

Simarouba amara Aubl. (CVRD941): grãos de pólen mônades, pequenos, tricolporados, âmbito triangular subtriangular, subprolatos, reticulados, homobrocados, poros elípticos. P (16,3-18,5 µm); E (14,2-17,9 µm). **Prancha/Plate 160:7.**

Solanaceae

Uma grande família de ervas, arbustos, pequenas árvores, com distribuição cosmopolita, concentrada na região neotropical. Ao total são cerca de 150 gêneros e 3000 espécies. No Brasil ocorrem 32 gêneros e 350 espécies. É uma família com grande variabilidade morfológica que envolve grãos tri- a policolpados a colporados, muitas vezes com exina estriada (fina), reticulada ou psilada, com margens salientes nas aberturas, que dá a muitos tipos um aspecto característico.

A large family of herbs, shrubs and small trees with cosmopolitan distribution, mainly in the neotropics, with about 150 genera and 3000 species. The Brazilian flora comprises 32 genera and 350 species. The family presents distinct pollen types, varying from tri- to polycolpate and colporate pollen grains, many of them with striate, reticulate or psilate exine, showing prominent margins at the apertures.

Athenaea* cf. *pagogena (Moric.) Scndtn. (CVRD2479): grãos de pólen mônades, tamanho médio, tricolporados, âmbito subtriangular, suboblatos, microrreticulados, poros lalongados. P (25,2-26,3 µm); E (20,3-26,6 µm). **Prancha/Plate 161:1.**

Athenaea cuspidata Witasek (CVRD5166): grãos de pólen mônades, tamanho médio, tricolporados, âmbito triangular reto, suboblatos, escabrados, poros lalongados. P (27,4-33,8 µm); E (26,3-29,5 µm). **Prancha/Plate 161:2.**

Brunfelsia clandestina T. Plowman (CVRD10712): grãos de pólen mônades, tamanho médio, tricolporados, âmbito subtriangular, subprolatos, microrreticulados, poros elípticos. P (37,3-42,6 µm); E (33,0-33,9 µm). **Prancha/Plate 161:3.**

Capsicum baccatum Linnaeus (CVRD9227): grãos de pólen mônades, tamanho médio, tricolporados, sincolpados, âmbito triangular reto, subprolatos a prolatos, psilados, homobrocados, poros lalongados. P (35,9-36,2 µm); E (30,4-30,6 µm). **Prancha/Plate 161:4.**

Capsicum frutescens Linnaeus (CVRD5687): grãos de pólen mônades, tamanho médio, tricolporados, âmbito subtriangular, subprolatos, psilados, poros lalongados. P (24,6-29,7 µm); E (26,4-29,9 µm). **Prancha/Plate 161:5.**

***Cestrum* sp.1** (CVRD3394): grãos de pólen mônades, tamanho médio, tricolporados, âmbito subtriangular, subprolatos, verrucados, poros lalongados. P (36,6-38,9 µm); E (35,3-38,9 µm). **Prancha/Plate 161:6.**

***Cestrum* sp.2** (CVRD8567): grãos de pólen mônades, tamanho médio, tricolporados, âmbito subtriangular, subprolatos, verrucados, poros lalongados. P (41,9-45,1 μm); E (42,2-46,8 μm). **Prancha/Plate 162:1.**

Markea atlantica Stehmann & Giacomin (CVRD8053): grãos de pólen mônades, tamanho médio, tricolporados, âmbito triangular convexo, subprolatos, rugulados, poros lalongados. P (35,6-37,2 μm); E (47,7-49,2 μm). **Prancha/Plate 162:2.**

Nicandra physaloides (L.) Gaertn. (CVRD8212): grãos de pólen mônades, tamanho médio, tricolporados, âmbito triangular convexo, subprolatos, escabrados, homobrocados, poros lalongados. P (39,4-47,7 μm); E (41,6-42,3 μm). **Prancha/Plate 162:3.**

Schwenckia americana D. Royen ex L. (CVRD5049): grãos de pólen mônades, pequenos, tricolporados, âmbito subtriangular, subprolatos, reticulados, heterobrocados, poros lalongados. P (20,9-23,3 μm); E (17,0-21,4 μm). **Prancha/Plate 162:4.**

***Schwenckia* sp.** (CVRD5134): grãos de pólen mônades, pequenos, tricolporados, âmbito subtriangular, subprolatos, reticulados, heterobrocados, poros lalongados. P (19,3-23,0 μm); E (17,0-20,5 μm). **Prancha/Plate 162:5.**

Solanum acerifolium Dunal (CVRD8052): grãos de pólen mônades, tamanho médio, tricolporados, âmbito subtriangular, subprolatos, escabrados, poros lalongados, espessamento da exina (ectoenina e endoexina) em vista polar. P (27,9-32,2 μm); E (18,6-27,6 μm). **Prancha/Plate 162:6.**

Solanum alternato-pinnatum Steud. (CVRD5305): grãos de pólen mônades, pequenos, tricolporados, âmbito subtriangular, subprolatos, psilados, poros lalongados. P (14,9-15,6 μm); E (13,0-13,9 μm). **Prancha/Plate 162:7.**

Solanum asperum Rich. (CVRD2439): grãos de pólen mônades, pequenos, tricolporados, âmbito subtriangular, subprolatos, psilados, poros lalongados. P (17,3-18,1 μm); E (14,8-15,5 μm). **Prancha/Plate 162:8.**

Solanum asterophorum Mart. (CVRD2934): grãos de pólen mônades, tamanho médio, tricolporados, âmbito subtriangular, subprolatos, escabrados, poros lalongados, espessamento da exina (ectoenina e endoexina) em vista polar. P (29,0-31,1 μm); E (22,8-29,9 μm). **Prancha/Plate 163:1.**

Solanum campaniforme Roem. & Schult. (CVRD1441): grãos de pólen mônades, pequenos, tricolporados, âmbito subtriangular, subprolatos, psilados, poros lalongados. P (13,6-17,1 μm); E (14,5-15,6 μm). **Prancha/Plate 163:2.**

Solanum cinnamomeum Sendtn. (CVRD11360): grãos de pólen mônades, pequenos, tricolporados, âmbito triangular convexo, subprolatos, psilados, poros lalongados, colpos longos. P (17,0-18,2 μm); E (19,1-19,3 μm). **Prancha/Plate 163:3.**

Solanum cordifolium Dunal (CVRD1300): grãos de pólen mônades, tricolporados, âmbito subtriangular, suboblato, escabrados, poros lalongados em vista equatorial com margem, espessamento da exina, bem observado em vista polar, formando o ectânulo, o endânulo e entre os dois o vestíbulo. P (21,3-23,2 μm); E (24,4-26,2 μm). **Prancha/Plate 163:4.**

Solanum depauperatum Dunal (CVRD2343; CVRD6930): grãos de pólen mônades, tamanho médio, tricolporados, âmbito subtriangular, suboblatos, escabrados, poros lalongados, colpos longos, espessamento da exina, bem observado em vista polar, formando o ectânulo,

o endânulo e entre os dois o vestíbulo. P (19,6-26,9 μm); E (20,5-26,0 μm).
Prancha/Plate 163:5.

Solanum evonymoides Sendtn. (CVRD5523): grãos de pólen mônades, pequenos, tricolporados, âmbito subtriangular, suboblatos, psilados, poros lalongados, colpos longos, espessamento da exina, bem observado em vista polar, formando o ectânulo, o endânulo e entre os dois o vestíbulo. P (15,1-17,7 μm); E (16,4-18,8 μm). **Prancha/Plate 163:6.**

Solanum gemellum Mart. ex Sendtn. (CVRD9366): grãos de pólen mônades, pequenos, tricolporados, âmbito subtriangular, subprolatos, escabrados, poros lalongados, colpos longos, espessamento da exina, bem observado em vista polar, formando o ectânulo, o endânulo e entre os dois o vestíbulo. P (15,0-17,5 μm); E (16,9-17,4 μm). **Prancha/Plate 163:7.**

Solanum glomuliflorum Sendtn. (CVRD8829): grãos de pólen mônades, pequenos, tricolporados, âmbito subtriangular, suboblatos, psilados, poros lalongados, colpos longos, espessamento da exina, bem observado em vista polar, formando o ectânulo, o endânulo e entre os dois o vestíbulo. P (14,8-15,4 μm); E (16,4-17,9 μm). **Prancha/Plate 163:8.**

Solanum insidiosum Mart. (CVRD4103): grãos de pólen mônades, pequenos, tricolporados, âmbito subtriangular, suboblatos, microrreticulados, poros lalongados, colpos longos, espessamento da exina, bem observado em vista polar, afinamento da exina em vista polar. P (20,0-23,8 μm); E (20,3-23,0 μm). **Prancha/Plate 164:1.**

Solanum leptostachys Dunal (CVRD2834): grãos de pólen mônades, tamanho médio, tricolporados, âmbito subtriangular, suboblatos, microrreticulados, poros lalongados, colpos longos, espessamento da exina em vista polar, formando o ectânulo, o endânulo e entre os dois o vestíbulo. P (20,2-21,2 μm); E (21,1-27,7 μm). **Prancha/Plate 164:2.**

Solanum lycocarpum A.St.-Hil. (CVRD9660): grãos de pólen mônades, tamanho médio, tricolporados, pticoaperturado, âmbito subtriangular, suboblatos, microrreticulados, poros lalongados, colpos longos, afinamento da exina nas áreas aperturais em vista polar (zona). P (19,8-23,7 μm); E (23,0-28,2 μm). **Prancha/Plate 164:3.**

Solanum maranguapense Bitter (CVRD2765): grãos de pólen mônades, pequenos, tricolporados, âmbito subtriangular, suboblatos, escabrados, poros lalongados, colpos longos, espessamento da exina em vista polar formando o ectânulo, o endânulo e vestíbulo. P (17,6-18,4 μm); E (17,8-18,5 μm). **Prancha/Plate 164:4.**

Solanum mauritianum Scop. (CVRD4082): grãos de pólen mônades, pequenos, tricolporados, âmbito subtriangular, suboblatos, escabrados, poros lalongados, colpos longos, espessamento da exina, bem observado em vista polar, formando o ectânulo, o endânulo e entre os dois o vestíbulo. P (16,7-18,3 μm); E (16,4-19,2 μm). **Prancha/Plate 164:5.**

Solanum melissarum Bohs (CVRD12605): grãos de pólen mônades, tamanho médio, tricolporados, âmbito subtriangular, suboblatos, escabrados, poros lalongados, colpos longos, espessamento da exina, bem observado em vista polar, formando o ectânulo, o endânulo e entre os dois o vestíbulo. P (22,4-29,1 μm); E (22,5-29,5 μm). **Prancha/Plate 164:6.**

Solanum palinacanthum Dunal (CVRD4690): grãos de pólen mônades, pequenos, tricolporados, âmbito subtriangular, subprolatos, escabrados, poros lalongados e com margem, colpos longos, espessamento da exina, bem observado em vista polar, formando o ectânulo, o endânulo e entre os dois o vestíbulo. P (18,8-22,7 μm); E (18,3-19,4 μm).
Prancha/Plate 164:7.

Solanum paniculatum Linnaeus (CVRD4691): grãos de pólen mônades, tamanho médio, tricolporados, âmbito subtriangular, suboblatos, escabrados, poros lalongados e com margem, afinamento da exina nas áreas aperturais em vista polar (zona). P (24,2-26,4 μm); E (22,7-26,5 μm). **Prancha/Plate 164:8.**

Solanum polytrichum Moric. (CVRD4740): grãos de pólen mônades, tamanho médio, tricolporados, âmbito subtriangular, suboblatos a circulares, escabrados, poros lalongados e com margem, afinamento da exina nas áreas aperturais em vista polar (zona). P (21,1-21,3 μm); E (18,6-26,0 μm). **Prancha/Plate 165:1.**

Solanum reptans Bunbury (CVRD3907): grãos de pólen mônades, tamanho médio, tricolporados, âmbito subtriangular, subprolatos, psilados, poros lalongados e com margem, espessamento da exina, bem observado em vista polar, formando o ectânulo, o endânulo e entre os dois o vestíbulo. P (21,5-27,9 μm); E (18,2-19,1 μm). **Prancha/Plate 165:2.**

Solanum restingae S. Knapp (CVRD6592): grãos de pólen mônades, pequenos, tricolporados, âmbito subtriangular, subprolatos, psilados, poros lalongados, colpos longos. P (19,4-22,5 μm); E (19-20,7 μm). **Prancha/Plate 165:3.**

Solanum stipulaceum Roem. & Schult. (CVRD9394): grãos de pólen mônades, tamanho médio, tricolporados, âmbito subtriangular, suboblatos, microrreticulados, poros lalongados, colpos longos, espessamento da exina, bem observado em vista polar, formando o ectânulo, o endânulo e entre os dois o vestíbulo. P (21,5-24,9 μm); E (21,2-24,0 μm). **Prancha/Plate 165:4.**

Solanum sycocarpum Mart. & Sendtn. (CVRD4709): grãos de pólen mônades, tamanho médio, tricolporados, âmbito triangular convexo, suboblatos, escabrados, poros lalongados, espessamento da exina, bem observado em vista polar, formando o ectânulo, o endânulo e entre os dois o vestíbulo. P (26,6-26,8 μm); E (25,9-27,1 μm). **Prancha/Plate 165:5.**

Stemonuraceae

Família de árvores e arbustos com apenas um gênero e duas espécies no Brasil. *Discopohora guianensis*, com ampla distribuição na região neotropical, ocorre desde a Amazônia até a Mata Atlântica do Sul da Bahia e Espírito Santo. Os seus grãos pequenos e porados mostram uma leve semelhança com os de *Myriophyllum*.

Trees and shrubs, with only one genus and two species in Brazil. *Discophora guianensis* presents wide distribution in the neotropics, occurring from Amazonia to the Atlantic Rainforest in southern State of Bahia and Espírito Santo States. This family is characterized by small pored pollen somewhat similar to those of *Myriophyllum*.

Discophora guianensis Miers. (CVRD12044): grãos de pólen mônades, pequenos, 3-4 porados, âmbito triangular convexo a quadrangular, suboblatos, psilados, poros circulares com ânulo. P (15,1-16,6 μm); E (17,2-20,1 μm). **Prancha/Plate 165:6.**

Symplocaceae

Família de arbustos e árvores de ampla distribuição tropical e subtropical composta somente do gênero *Symplocos*, que possui cerca de 250 espécies. No Brasil são encontradas cerca de 40 espécies, que ocorrem principalmente na vegetação florestal das regiões Sul e Sudeste. Algumas espécies ocorrem na Mata Atlântica desde o Nordeste até o Sul do País. Sua morfologia polínica característica, com poros anulados e colpos curtos e âmbito triangular tornam sua identificação relativamente fácil.

Family of shrubs and trees, with wide tropical and subtropical distribution, represented only by one genus, *Symplocos*, which comprises ca. 250 species. In Brazil, ca. 40 species are known to occur mainly in forest of southern and southeastern regions. Some species occur at the Atlantic Rainforest from the northeast to southern regions. The characteristic pollen morphology of this genus, with annulated pores and short colpi, and triangular amb, turns its identification a relatively easy task.

Symplocos pycnobotrya Mart. ex Miq. (CVRD330): grãos de pólen mônades, tamanho médio, tricolporados, colpos curtos, âmbito triangular convexo, psilados, exina espessa nos poros formando oculus. P (32,5-42,8 µm). **Prancha/Plate 165:7.**

Thymelaeaceae

Família de árvores ou arbustos, algumas lianas e ervas, com sete gêneros e cerca de 30 espécies nativas no Brasil. *Daphnopsis* é o gênero mais comum no País, onde ocorre também em florestas montanas do Sul e Sudeste, em alguns locais em associação com elementos da Floresta de Araucária. Os grãos de pólen de Thymelaeaceae são geralmente poliporados e com ornamentação com padrão *Croton*.

Mainly trees and shrubs, few lianas and herbs, presenting 7 genera and ca. 30 native species in Brazil, where *Daphnopsis* is the most common genus, occurring in montane forests, sometimes associated with elements of the Araucaria Forests in southern and southeastern Brazil. Pollen grains of Thymelaceae are usually polyporate, presenting *Croton* pattern.

Daphnopsis racemosa Griseb. (CVRD1206): grãos de pólen mônades, tamanho médio, pantoporados, esféricos, ornamentação padrão cróton, poros circulares. D (21,6-29,5 µm). **Prancha/Plate 166:1.**

***Funifera* sp.** (CVRD6222): grãos de pólen mônades, tamanho médio, pantoporados, esféricos, ornamentação padrão cróton, poros circulares. D (39,4-48,2 µm). **Prancha/Plate 166:2.**

Trigoniaceae

Família de árvores, arbustos e lianas com apenas dois gêneros nativos no Brasil (*Trigonia* e *Trigoniodendron*). As espécies de *Trigonia* no Brasil são encontradas principalmente em bordas de florestas. *Trigonia nivea* ocorre em diversos ecossistemas no Brasil desde a Amazônia às florestas costeiras. A característica palinológica mais óbvia desta família é a vista polar dos grãos que se apresentam com formato quadrangular ou triangular com 4 ou 3 poros, respectivamente.

Trees, shrubs and lianas, with only two native genera in Brazil (*Trigonia* and *Trigoniodendron*). In Brazil, *Trigonia* species occur mainly at forest edges. *Trigonia nivea* occurs in several Brazilian ecosystems, from Amazonia to coastal forests. The most remarkable characteristic of the pollen morphology is the quadrangular or triangular amb, presenting 4 or 3 pores, respectively.

Trigonia eriosperma (Lam.) Fromm & Santos (CVRD5379): grãos de pólen mônades, tamanho médio, tetraporados, âmbito quadrangular, suboblatos, escabrados, poros circulares com margem. P (32,1-38,2 μm); E (14,1-24,5 μm). **Prancha/Plate 166:3a,b.**

Trigonia nivea* var. *nivea Camb. (CVRD5591): grãos de pólen mônades, tamanho médio, tetraporados, âmbito quadrangular, suboblatos, escabrados, poros circulares com filamentos de viscina. P (27,1-29,8 μm); E (33,3-42,7 μm). **Prancha/Plate 166:4.**

Turneraceae

Família de ervas, arbustos e árvores, de ocorrência na América e África tropicais, com apenas dois gêneros e cerca de 80 espécies nativas no Brasil, especialmente nos cerrados e campos rupestres. Os grãos de pólen desta família são relativamente grandes, com dimensões até 80 μm, tricolporados, esferoidais a prolados, com ornamentação que mostra uma certa semelhança com os de Passifloraceae.

Herbs, shrubs and trees, occurring in the tropics of the Americas and Africa. Only two genera with ca. 80 species are native in Brazil, mainly in the *Cerrado* and in high elevation open savanas. Pollen grains of Turneraceae are relatively large, up to 80 μm, tricolporate, spheroidal to prolate, with ornamentation somewhat similar to that found in pollen grains of Passifloraceae.

Piriqueta viscosa Griseb. (CVRD5906): grãos de pólen mônades, grandes, tricolporados, âmbito triangular convexo, suboblatos a subprolatos, reticulados a rugulados, homobrocados, simplicolumelados, poros lalongados a elípticos. P (41,4-53,5 μm); E (39,7-63,3 μm). **Prancha/Plate 167:1a,b.**

Turnera lucida Urb. (CVRD7121): grãos de pólen mônades, grandes, tricolporados, âmbito triangular convexo, subprolatos a prolatos, microrreticulados, homobrocados, simplicolumelados, poros côncavos. P (44-64,8 μm); E (43,3-57,0 μm). **Prancha/Plate 167:2a,b.**

Ulmaceae

Família de árvores e arbustos típicos de ambientes florestais, da qual foram retirados os gêneros *Celtis* e *Trema*, que agora fazem parte de Cannabaceae. Os grãos pequenos e porados de Ulmaceae têm grande semelhança com os de Urticaceae e Moraceae.

Family of trees and shrubs occurring in forest environments. *Celtis* and *Trema* were recently placed in Cannabaceae. The small and porate pollen grains present great similarity with those belonging to Urticaceae and Moraceae.

Phyllostylon brasiliensis Capan. Ex Benth. & Hook. (CVRD10520): grãos de pólen mônades, 5-porados, âmbito circular, oblatos, verrucados e escabrados, poros circulares. P (21,1-24,0 μm); E (26,3-27,8 μm). **Prancha/Plate 168:1.**

Urticaceae

Família de ervas, arbustos, árvores e lianas com cerca de 12 gêneros e cerca de 80 espécies nativas no Brasil, com destaque para os membros de *Cecropia*, conhecidos como embaúbas. Este gênero, facilmente identificado pelo seu pólen, tem grande importância para estudos do Quaternário uma vez que é indicador de áreas florestais perturbadas naturalmente ou por atividades antrópicas. Os outros táxons, por terem muita semelhança morfológica com Moraceae, são contados pelos palinólogos do Quaternário dentro do grupo Urticaceae/Moraceae, um indicador de condições florestais, muito frequente em registros palinológicos de sedimentos quaternários.

Herbs, shrubs, trees and lianas, with ca. 12 genera and 80 native species in Brazil. Pollen grains of *Cecropia* are easily identified and represent several "*embaúba*" species which are very important in Quaternary studies. This is because they are considered as excellent proxies for forests under natural disturbances or influenced by human activities. The other Urticaceae taxa, presenting pollen morphological similarities with Moraceae, are usually grouped by Quaternary palynologists in the Urticaceae/Moraceae type, a proxy for forest environments, as well, usually presenting high frequencies in pollen records from Quaternary sediments.

Boehmeria cylindrica (L.) Sw. (CVRD9321): grãos de pólen mônades, pequenos, diporados, esféricos, escabrados, poros circulares. D (12,7-15,0 μm). **Prancha/Plate 168:2.**

Cecropia pachystachya Trécul. (CVRD2596): grãos de pólen mônades, pequenos, diporados, âmbito elíptico, prolatos, psilados, poros pequenos e circulares. P (12,0-12,6 μm); E (7,8-8,8 μm). **Prancha/Plate 168:3.**

Coussapoa curranii S.F. Blake (CVRD4): grãos de pólen mônades, pequenos, diporados, âmbito elíptico, subprolatos, psilados, poros pequenos e circulares. P (9,8-10,6 μm); E (7,7-8,6 μm). **Prancha/Plate 168:4.**

Coussapoa microcarpa (Shott) Rizzini (CVRD2684): grãos de pólen mônades, pequenos, diporados, âmbito elíptico, subprolatos, psilados, poros pequenos e circulares. P (8,4-9,9 μm); E (9,7-10,3 μm). **Prancha/Plate 168:5.**

Laportea aestuans (L.) Chew (CVRD6255): grãos de pólen mônades, pequenos, periporados, esféricos, psilados, poros pequenos e circulares. D (11,8-14,8 μm). **Prancha/Plate 168:6.**

Pilea microphylla (L.) Liebm. (CVRD11147): grãos de pólen mônades, pequenos, periporados, esféricos, microverrucados, poros circulares. D (12,6-17,1 μm). **Prancha/Plate 168:7.**

Pourouma guianensis* subsp. *guianensis Choose (CVRD1333): grãos de pólen mônades, pequenos, diporados, âmbito circular a elíptico, prolatos, escabrados, poros pequenos e circulares. P (14,9-16,7 μm); E (11,7-15,0 μm). **Prancha/Plate 168:8.**

Pourouma mollis* subsp. *mollis Trécul. (CVRD27): grãos de pólen mônades, pequenos, diporados, âmbito circular a elíptico, prolatos, escabrados, poros pequenos e circulares. P (12,1-13,8 μm); E (12,0-13,0 μm). **Prancha/Plate 168:9.**

Urera nitida (Vell.) P.Brack (CVRD9578): grãos de pólen mônades, pequenos, periporados, esféricos, psilados, poros pequenos e circulares. D (12,1-13,8 μm). **Prancha/Plate 168:10.**

Verbenaceae

Família de ervas, arbustos, árvores e lianas com 17 gêneros e cerca de 250 espécies nativas no Brasil. *Lippia* é um gênero de ervas nos cerrados, campos rupestres e campos sulinos (Pampa) enquanto *Cithrarexylum*, um gênero árbóreo, ocorre em florestas úmidas, ciliares e estacionais. A morfologia polínica desta família é bastante variável, pois algumas espécies de *Cithrarexylum* possuem grãos colpados, colporados e porados (*C. laetum*, *C. miranthum*). Esses últimos podem ser confundidos com os de alguns gêneros de Apocynaceae.

This family comprises of herbs, shrubs, trees and lianas, with 17 genera and around 250 native species in Brazil. *Lippia* comprises herbs found in humid savanas, *Pampa* and southern grasslands in southern Brazil. *Citharexylum* is an arboreal genus occurring in moist, riparian and seasonal forests. The pollen morphology of this family is highly variable. Some *Citharexylum* species present colpate, colporate or porate grains (*C. laetum*, *C. mirianthum*), the latter ones may be mistakenly identified as Apocynaceae grains.

Aloysia virgata (Ruiz & Pav.) Juss. (CVRD10507): grãos de pólen mônades, pequenos, tricolporados, âmbito triangular convexo, circulares, escabrados, poros elípticos. P (20,8-23,7 μm); E (20,8-23,7 μm). **Prancha/Plate 169:1.**

Citharexylum laetum Hiem. (CVRD9865): grãos de pólen mônades, tamanho médio, triporados, âmbito subtriangular, suboblatos, escabrados, poros circulares. P (31,5-32,4 μm); E (36,3-40,7 μm). **Prancha/Plate 169:2a,b.**

Citharexylum myrianthum Cham. (CVRD3042): grãos de pólen mônades, tamanho médio, triporados, âmbito circular, suboblatos, escabrados, poros elípticos. P (32,9-35,3 μm); E (37,9-42,0 μm). **Prancha/Plate 169:3a,b.**

Lantana brasiliensis Link. (CVRD1286): grãos de pólen mônades, grandes, tricolporados, âmbito triangular convexo, subprolatos, perfurados, poros lalongados e exina espessa ao redor dos poros formando a margem. P (41,3-48,2 μm); E (37,2-54,3 μm). **Prancha/Plate 170:1a,b.**

Lantana camara Linnaeus (CVRD5194): grãos de pólen mônades, grandes, tricolporados, âmbito triangular convexo, subprolatos, perfurados, poros lalongados com margem e exina espessa. P (36,1-47,6 μm); E (43,8-53,1 μm). **Prancha/Plate 170:2a,b.**

Lantana fucata Lindley (CVRD4480): grãos de pólen mônades, tamanho médio, tricolporados, âmbito triangular convexo ou reto, subprolatos, microrreticulados, poros lalongados com margem e exina espessa. P (32,0-34,7 μm); E (27,9-35 μm). **Prancha/Plate 170:3.**

Lantana glutinosa Poepp. (CVRD1509): grãos de pólen mônades, tamanho médio, tetracolporados ou tricolporados, âmbito triangular convexo ou quadrangular, subprolatos, escabrados, poros lalongados e exina espessa formando o ectânulo e o endânulo. P (37,4-43,3 μm); E (37,4-43,3 μm). **Prancha/Plate 171:1a,b.**

Lantana undulata Schrank (CVRD2383): grãos de pólen mônades, pequenos, tricolporados, âmbito triangular côncavo, subprolatos, escabrados, poros lalongados. P (22,1-23,4 μm); E (22,1-22,9 μm). **Prancha/Plate 171:2.**

Lippia microphylla Cham. (CVRD6218): grãos de pólen mônades, tamanho médio, tricolporados, âmbito triangular côncavo, subprolatos, microrreticulados, poros lalongados, exina espessa, ectoexina estriada nas áreas aperturais em vista polar, poros com margem em vista equatorial. P (29,6-36,9 µm); E (26,9-36,2 µm). **Prancha/Plate 171:3.**

***Lippia* sp.** (CVRD9403): grãos de pólen mônades, tamanho médio, tricolporados, âmbito convexo, subprolatos, escabrados, poros elípticos, exina espessa. P (36,3-38,8 µm); E (36,4-37,7 µm). **Prancha/Plate 171:4.**

Lippia origanoides Kunth (CVRD5225): grãos de pólen mônades, tamanho médio, tricolporados, âmbito triangular convexo, subprolatos, escabrados, poros lalongados, exina espessa, ectoexina e endoexina diferenciadas em vista polar, poros com margem em vista equatorial. P (21,0-24,9 µm); E (24,7-25,4 µm). **Prancha/Plate 171:5.**

Lippia rigida Schauer. (CVRD1487): grãos de pólen mônades, tamanho médio, tricolporados, âmbito triangular reto, subprolatos, escabrados, poros lalongados, exina espessa. P (24,3-25,9 µm); E (24,4-27,4 µm). **Prancha/Plate 172:1.**

Priva bahiensis A. DC. (CVRD6070): grãos de pólen mônades, tamanho médio, 4-5 porados, âmbito triangular convexo, suboblatos, escabrados, poros circulares com ânulo. P (40,5-49,2 µm); E (37,1-38,0 µm). **Prancha/Plate 172:2a,b.**

Violaceae

Família de ervas, arbustos, árvores e lianas, com distribuição cosmopolita e com 14 gêneros e cerca de 70 espécies nativas no Brasil, representadas principalmente por *Pombalia* (*Hybanthus*) e *Rinorea*. Estes podem ter seus grãos separados principalmente pelo tamanho e formato da vista polar. Em *Pombalia* os grãos, com amb triangular, tendem a ser maiores que 30 µm enquanto que em *Rinorea* são menores. Algumas espécies de *Rinorea* podem ter âmbito circular.

This family comprises herbs, shubs, trees and lianas, and presents a cosmopolitan distribution. In Brazil, 14 genera and around 70 native species represented mainly by *Pombalia* (*Hybanthus*) and *Rinorea*. Pollen grains of these genera may be identified by size and amb shape. Pollen grains of *Pombalia* present triangular amb and usually present an equatorial axis larger than 30 µm, while in *Rinorea* this is smaller than 30 µm. Some species of *Rinorea* may present circular amb.

Amphirrhox longifolia (A.St.-Hil.) Spreng. (CVRD4600): grãos de pólen mônades, tamanho médio, 4-3-colporados, anguloaperturados, âmbito quadrangular a subtriangular, oblato esferoidais, rugulados e perforados, homobrocados, poros circulares. P (33,3-38,3 µm); E (29,2-36,1 µm). **Prancha/Plate 172:3.**

Anchietea sellowiana Cham. & Schltdl. (CVRD4763): grãos de pólen mônades, pequenos, âmbito subtriangular, suboblatos, escabrados, colpos longos, poros côncavos. P (14,4-14,6 µm); E (14,9-16,4 µm). **Prancha/Plate 172:4.**

Noisettia orchidiflora (Rudge) Ging. (CVRD8068): grãos de pólen mônades, tamanho médio, tricolporados, âmbito subtriangular, suboblatos, microrreticulados, poros retangulares. P (45,6-54,9 µm); E (49,6-55,2 µm). **Prancha/Plate 172:5.**

Paypayrola blanchetiana Tul. (CVRD413): grãos de pólen mônades, tamanho médio, tricolporados, âmbito circular, suboblatos, perfurados e microgranulados, poros elípticos e inconspícuos. P (30,5-33,2 µm); E (37,6-43,7 µm). **Prancha/Plate 173:1.**

Pombalia calceolaria (L.) Paula-Souza (CVRD5230): grãos de pólen mônades, tamanho médio, tricolporados, âmbito subtriangular, suboblatos, granulares, poros elípticos. P (35,7-40,4 µm); E (40,8-49,9 µm). **Prancha/Plate: 173:2.**

Rinorea bahiensis Kuntze (CVRD115): grãos de pólen mônades, tamanho médio, tricolporados, âmbito subtriangular, subprolatos, microrreticulados, poros côncavos. P (23,2-27,9 µm); E (26,6-26,8 µm). **Prancha/Plate 173:3.**

Schweiggeria fruticosa Spreng. (CVRD6290): grãos de pólen mônades, tamanho médio, tricolporados, âmbito subtriangular, suboblatos, perfurados e microgranulares, poros circulares, colpos longos. P (31,7-34,6 µm); E (38,5-29,1 µm). **Prancha/Plate 173:4.**

Vitaceae

Família de lianas, raramente ervas, com cerca de 12 gêneros e 800 espécies, representada na flora brasileira somente pelo gênero *Cissus*, que possui grãos de pólen que mostram uma leve semelhança morfológica com alguns táxons de Euphorbiaceae.

Lianas, or rarely herbs, with ca. 12 genera and 800 species worldwide. In Brazil the family is represented solely by the genus *Cissus*, with pollen grains that may have some similarity with some taxa of Euphorbiaceae.

Cissus albida Cambess. (CVRD5161): grãos de pólen mônades, tamanho médio, tricolporados, âmbito triangular convexo a trilobado, prolatos, granulares, homobrocados, simplicolumelados, espessura da parede fina nos polos, poros lalongados, colpos com margem. P (42,3-48,5 µm); E (29,8-36,5 µm). **Prancha/Plate 173:5.**

Vochysiaceae

Família de árvores, arbustos, subarbustos e lianas com 8 gêneros e cerca de 200 espécies, das quais a metade está no gênero *Vochysia*. No Brasil, são nativos 7 gêneros e cerca de 150 espécies. As vochysiáceas ocorrem com muita frequência nos cerrados onde se destacam *Vochysia* e *Qualea*. Na Amazônia ocorrem mais frequentemente *Erisma*, *Euphronia* e *Ruizterania*. Alguns gêneros podem ser confundidos com Myrtaceae, Sapindaceae e por isso se recomenda o exame das vistas equatorial e polar de cada espécime.

This family contains trees, shrubs and lianas, with 8 genera and 200 species, half of them in the genus *Vochysia*. In Brazil it is represented by seven genera and around 150 species. Species of Vochysiaceae are frequent in the Brazilian savannas, where *Vochysia* and *Qualea* stand out as the most common genera. In Amazonia, *Erisma*, *Euphronia* and *Ruizterania* are most frequent. Pollen grains of some genera may be mistakenly identified as belonging to Myrtaceae or Sapindaceae, therefore examination of polar and equatorial views of each specimen is highly recommended.

Erisma arietinum M. L. Kawas (CVRD6843): grãos de pólen mônades, tamanho médio, tricolporados, âmbito triangular convexo, oblatos, escabrados, poros elípticos. P (18,8-19,3 µm); E (22,9-26,9 µm). **Prancha/Plate 173:6.**

Qualea cryptantha (Miq.) Stafleu (CVRD512): grãos de pólen mônades, tamanho médio, tricolporados, âmbito triangular reto a convexo, oblatos, escabrados, poros circulares, colpos longos. P (19,2-21,4 µm); E (25,5-27,5 µm). **Prancha/Plate 174:1.**

Qualea magna Kuhlm. (CVRD181): grãos de pólen mônades, tricolporados, tamanho médio, âmbito triangular convexo, suboblatos, estriados-reticulados, poros retangulares, colpos longos. P (21,3-22,1 μm); E (25,7-31,8 μm). **Prancha/Plate 174:2.**

Qualea megalocarpa Stafleu (CVRD2969): grãos de pólen mônades, tamanho médio, tricolporados, âmbito triangular convexo, suboblatos, escabrados, poros lalongados e constritos, colpos longos. P (22,8-25,7 μm); E (23,3-29,5 μm). **Prancha/Plate 174:3.**

Qualea multiflora* subsp. *pubescens (Mart.) Stafleu (CVRD229; CVRD1187): grãos de pólen mônades, tamanho médio, tricolporados, âmbito triangular convexo, suboblatos, estriados--reticulados, poros elípticos, colpos longos. P (26,0-29,5 μm); E (26,0-39,2 μm). **Prancha/Plate 174:4.**

Vochysia laurifolia Warm. (CVRD113): grãos de pólen mônades, tamanho médio, tricolporados, âmbito subtriangular, subprolatos, granulados, poros circulares, colpos longos. P (25,8-30,8 μm); E (21,6-26,6 μm). **Prancha/Plate 174:5.**

Vochysia magnifica Warm. (CVRD1873): grãos de pólen mônades, tricolporados, tamanho médio, âmbito subtriangular, subprolatos, reticulados, homobrocados, poros lalongados. P (33,8-38,3 μm); E (30,2-36,8 μm). **Prancha/Plate 174:6.**

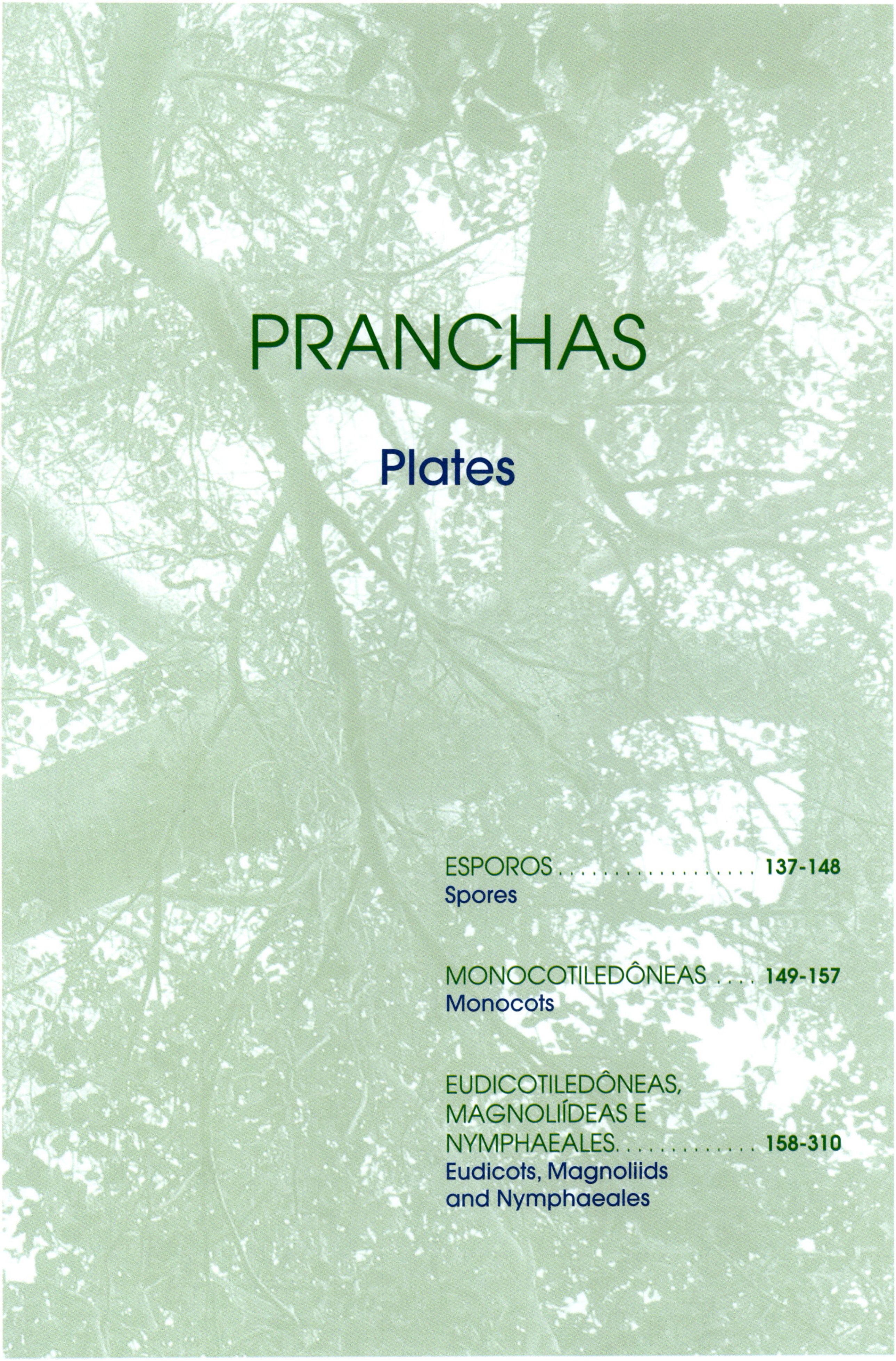

PRANCHAS

Plates

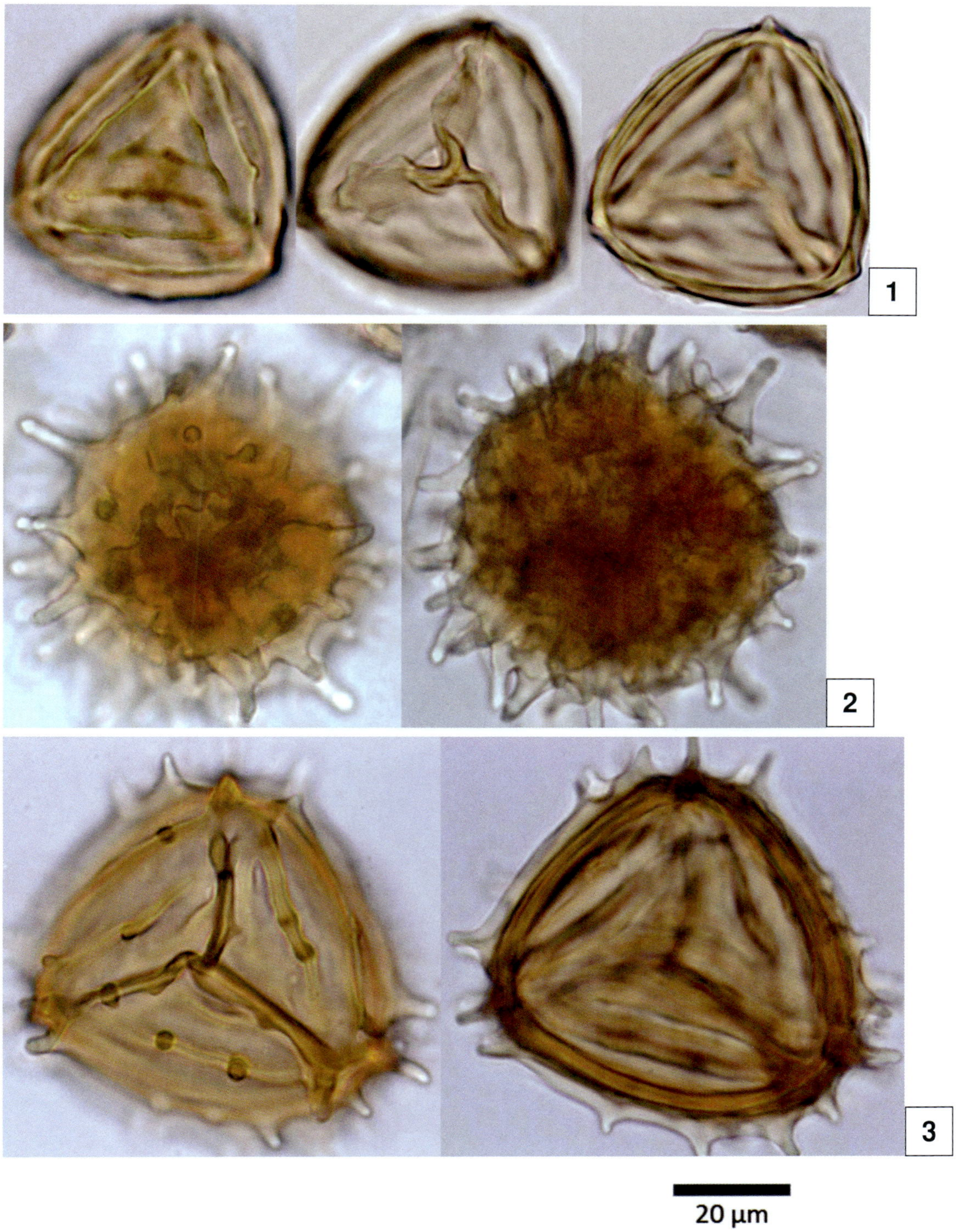

Prancha/Plate 1: Anemiaceae: *Anemia collina* (1); *Anemia hirta* (2); *Anemia luetzelburgii* (3).

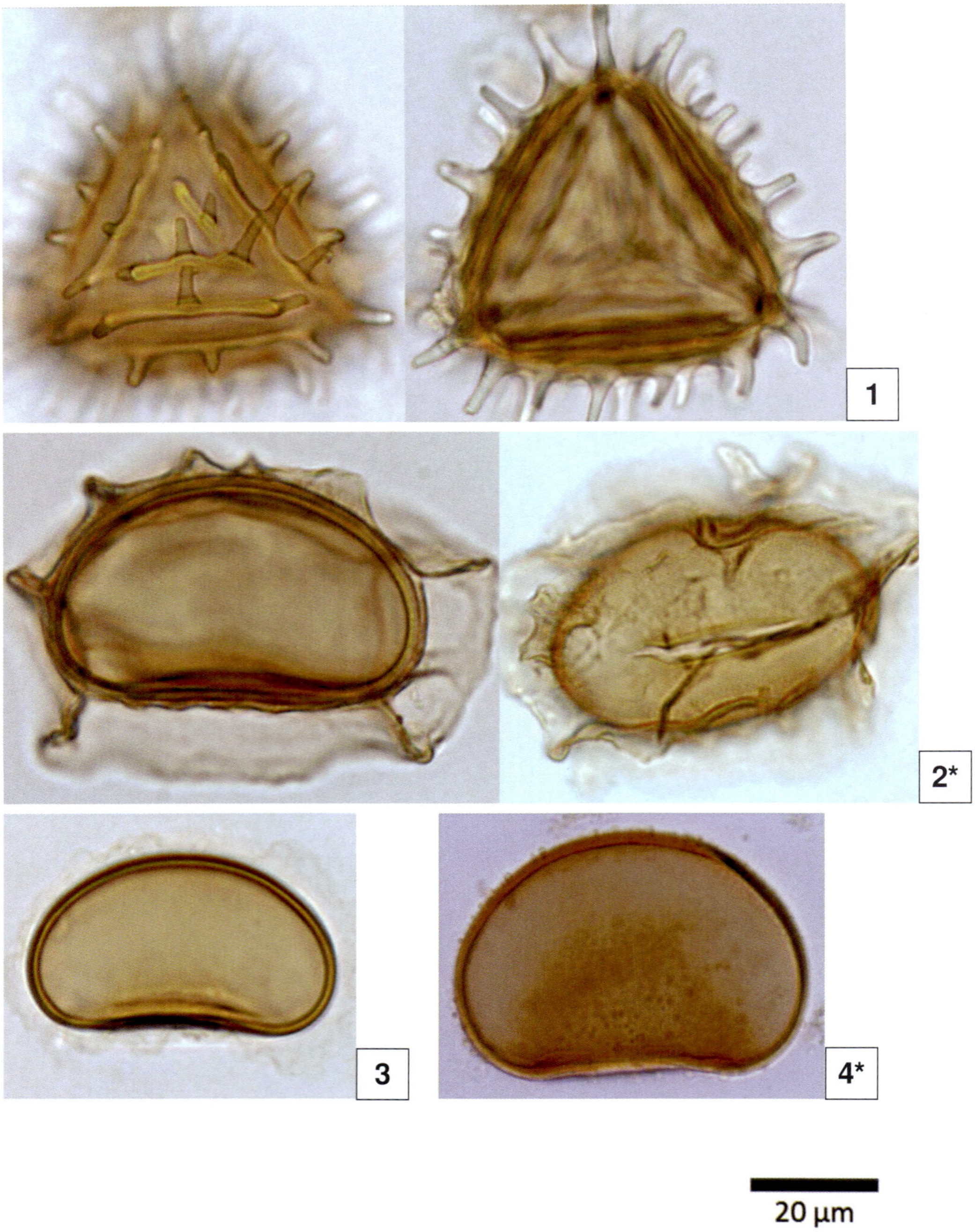

Prancha/Plate 2: Anemiaceae: *Anemia phyllitidis* (1); Aspleniaceae: *Asplenium serratum* (2); Blechnaceae: *Blechnum occidentale* (3); *Salpichlaena volubilis* (4). [*Reduzida para ½ da escala.]

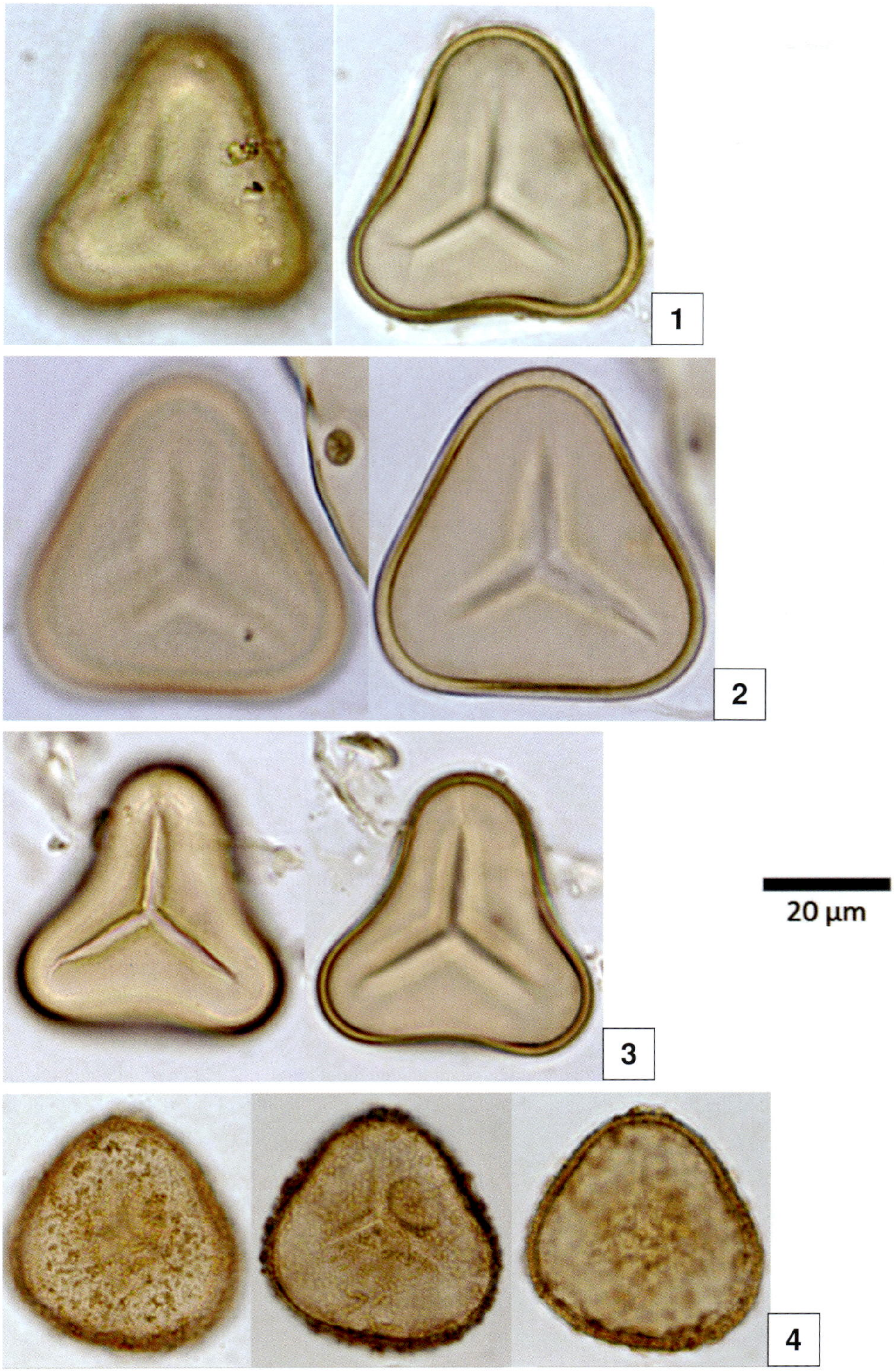

Prancha/Plate 3: Cyatheaceae: *Cyathea microdonta* (1); *Cyathea phalerata* (2,3); Dennstaedtiaceae: *Pteridium arachnoideum* (4).

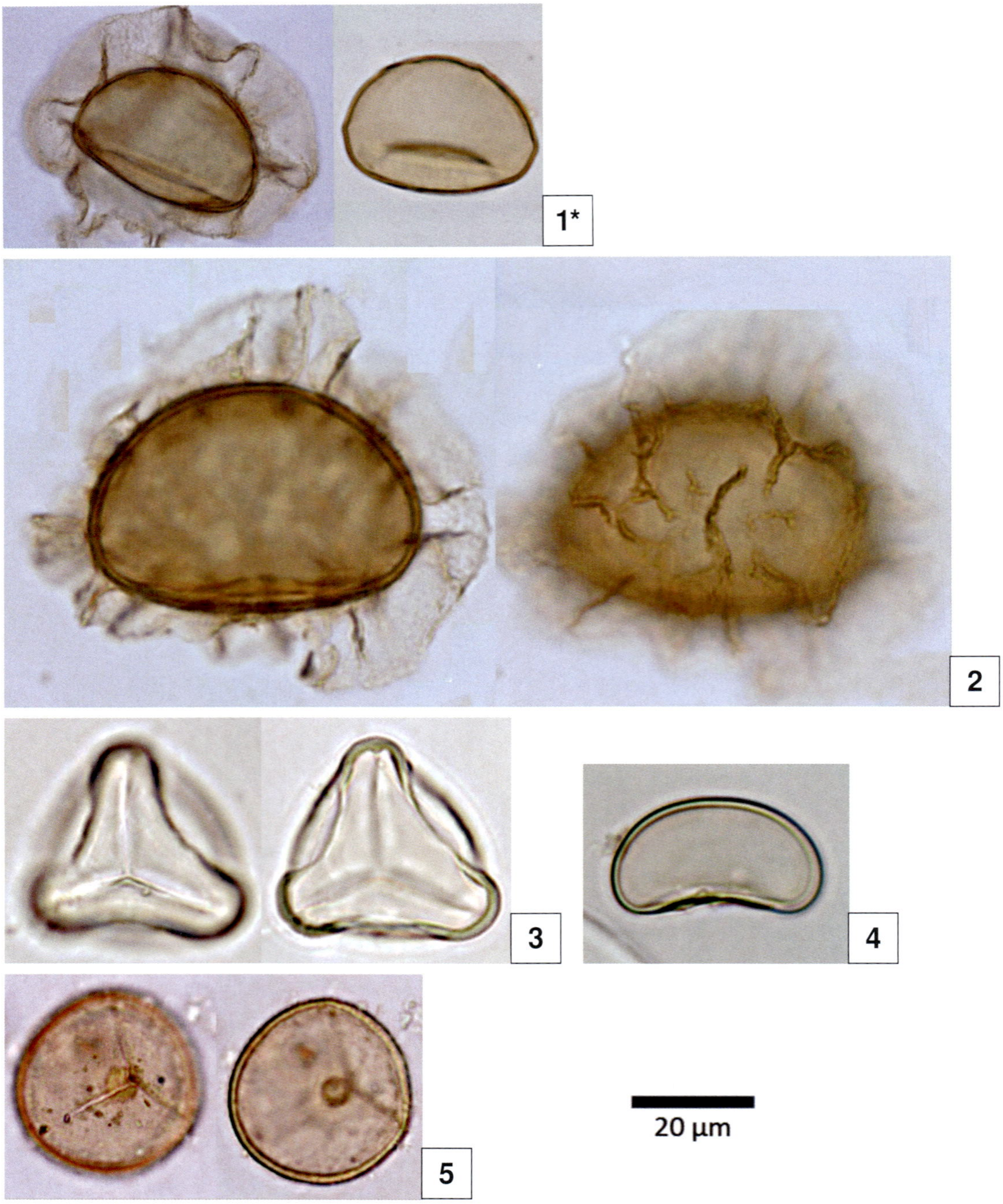

Prancha/Plate 4: Dryopteridaceae: *Cyclodium meniscioides* var. *meniscioides* (1); *Lomagramma guianensis* (2); Gleicheniaceae: *Dicranopteris flexuosa* (3); *Gleichenella pectinata* (4); Hymenophyllaceae: *Trichomanes pinnatum* (5). [*Reduzida para ¼ da escala.]

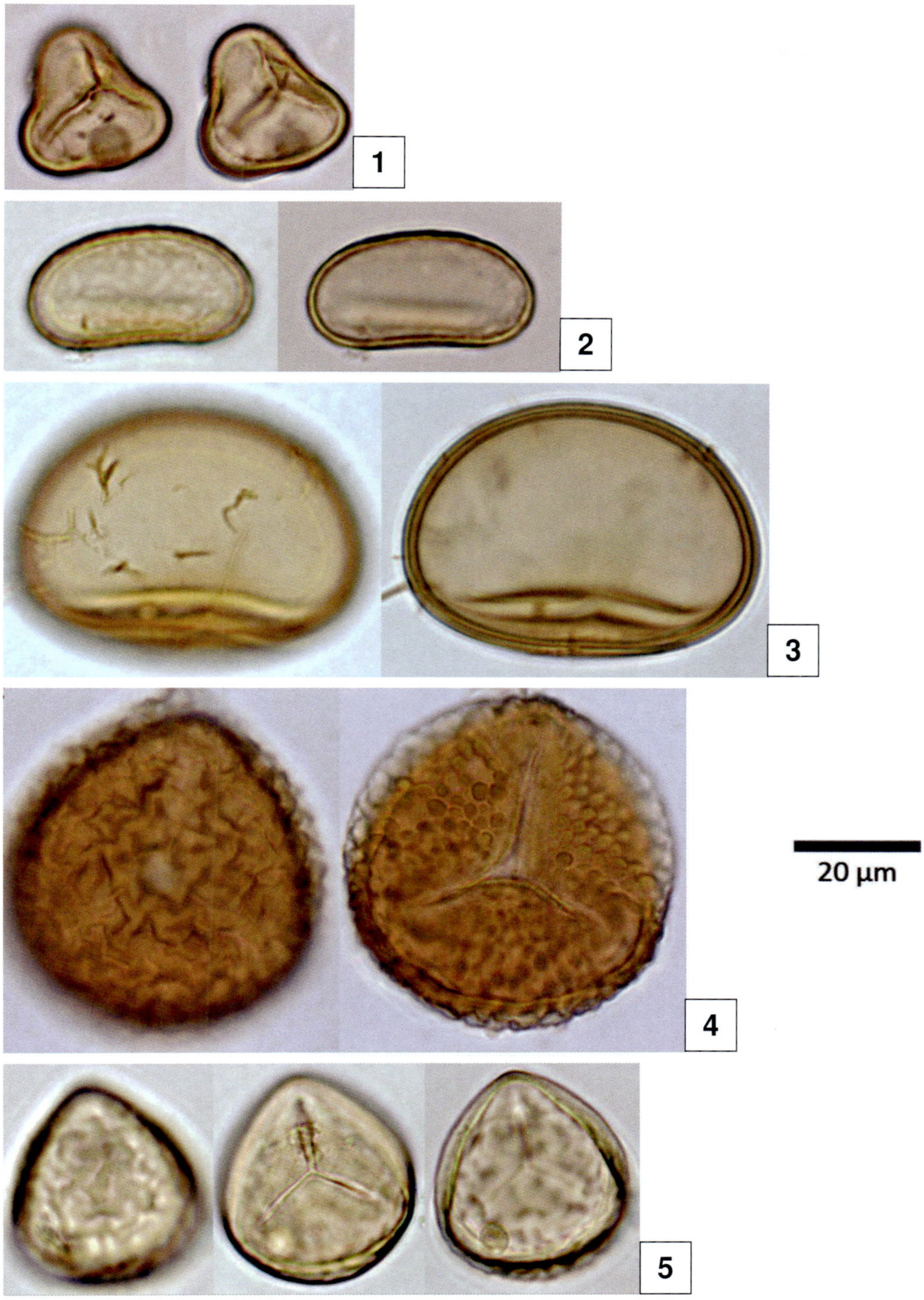

Prancha/Plate 5: Lindsaeaceae: *Lindsaea lancea* (1); Lomariopsidaceae: *Nephrolepis rivularis* (2); *Lomariopsis marginata* (3); Lycopodiaceae: *Lycopodiella alopecuroides* (4); *Lycopodiella cernua* (5).

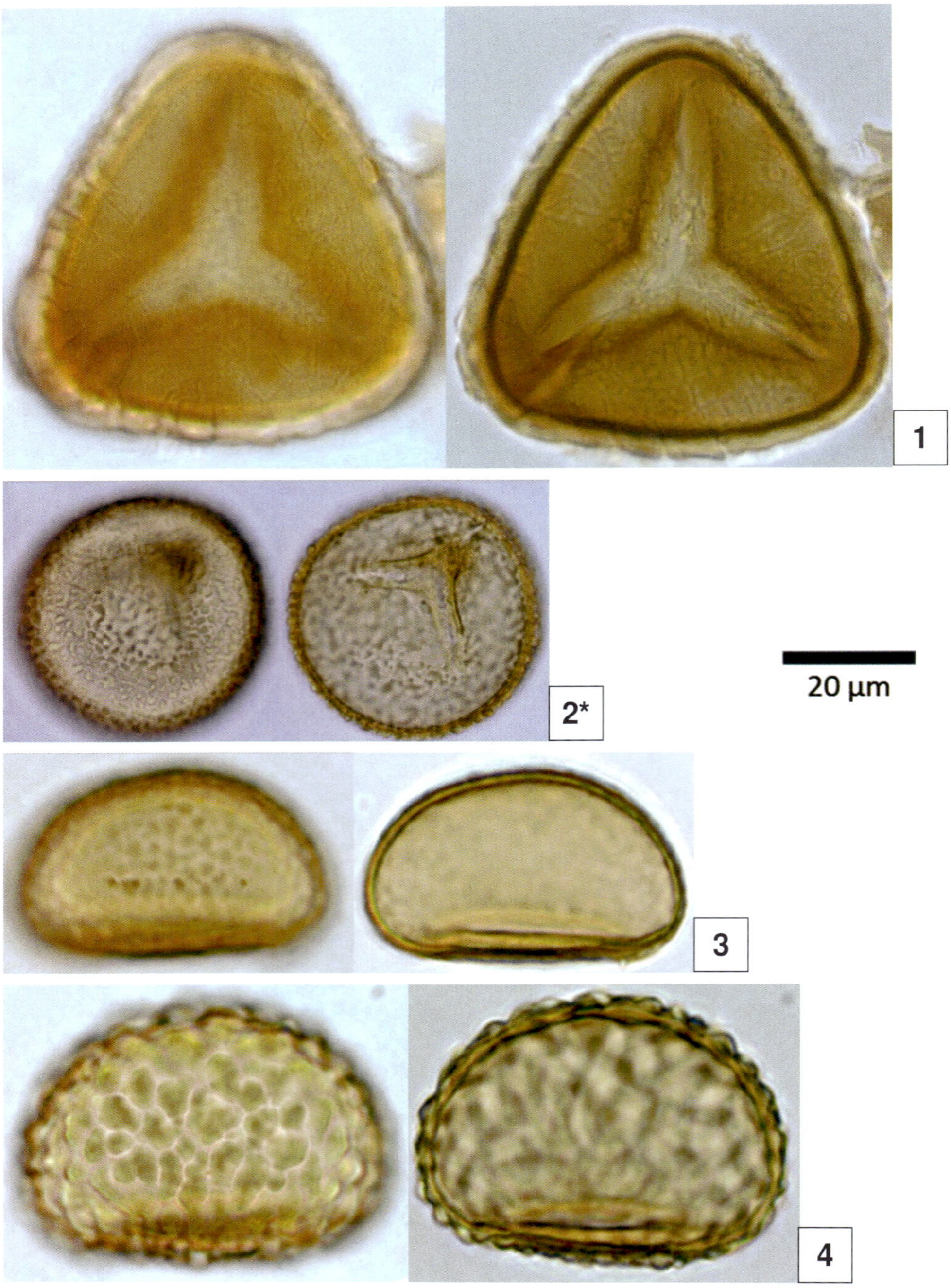

Prancha/Plate 6: Lygodiaceae: *Lygodium volubile* (1); Osmundaceae: *Osmunda regalis* (2); Polypodiaceae: *Campyloneurum wacketii* (3); *Microgramma vaccinifolia* (4). [*Reduzida para ¼ da escala.]

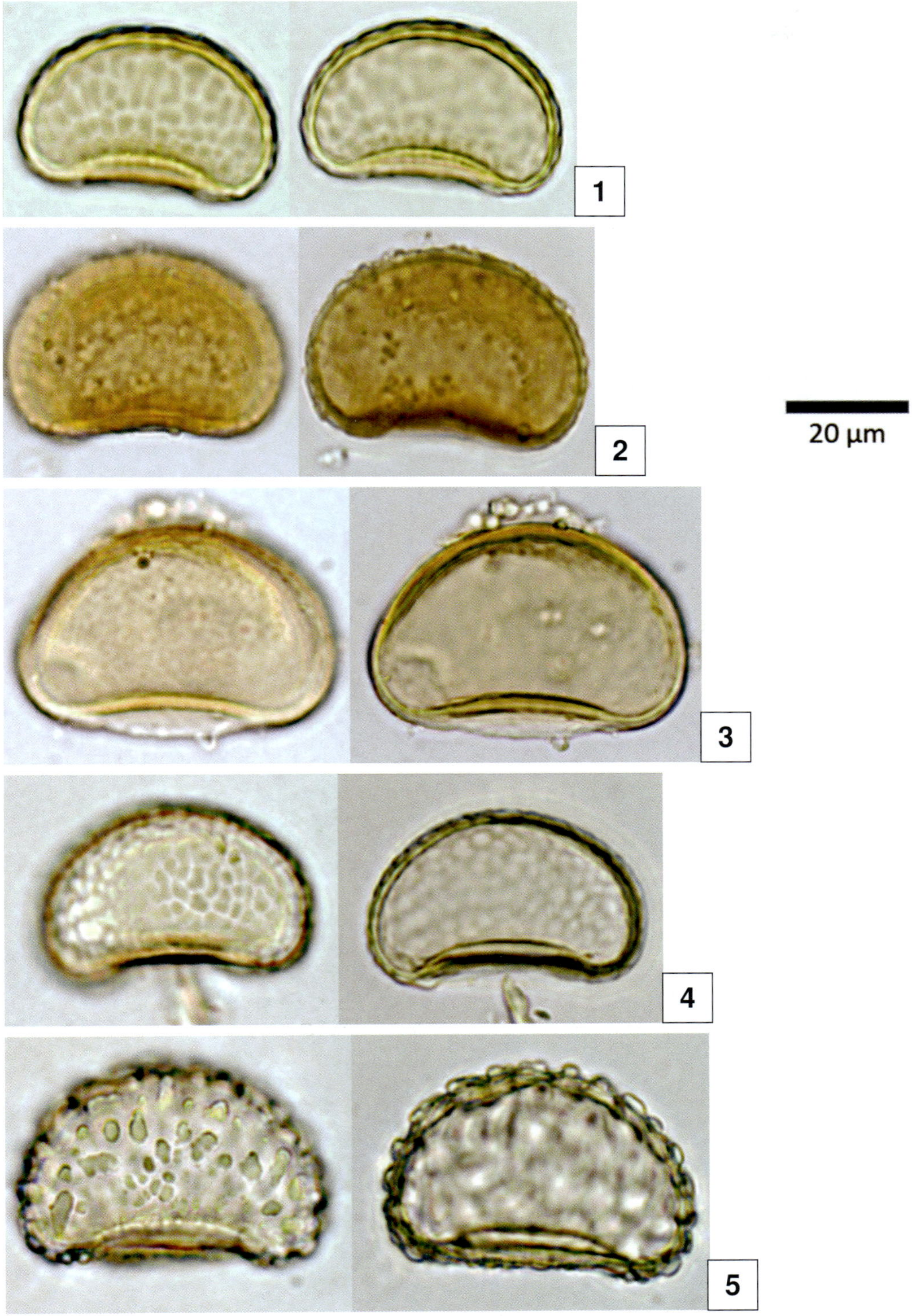

Prancha/Plate 7: Polypodiaceae: *Pecluma plumula* (1); *Pleopeltis pleopeltifolia* (2); *Polypodium hirsutissimum* (3); *Polypodium latipes* (4); *Serpocaulon triseriale* (5).

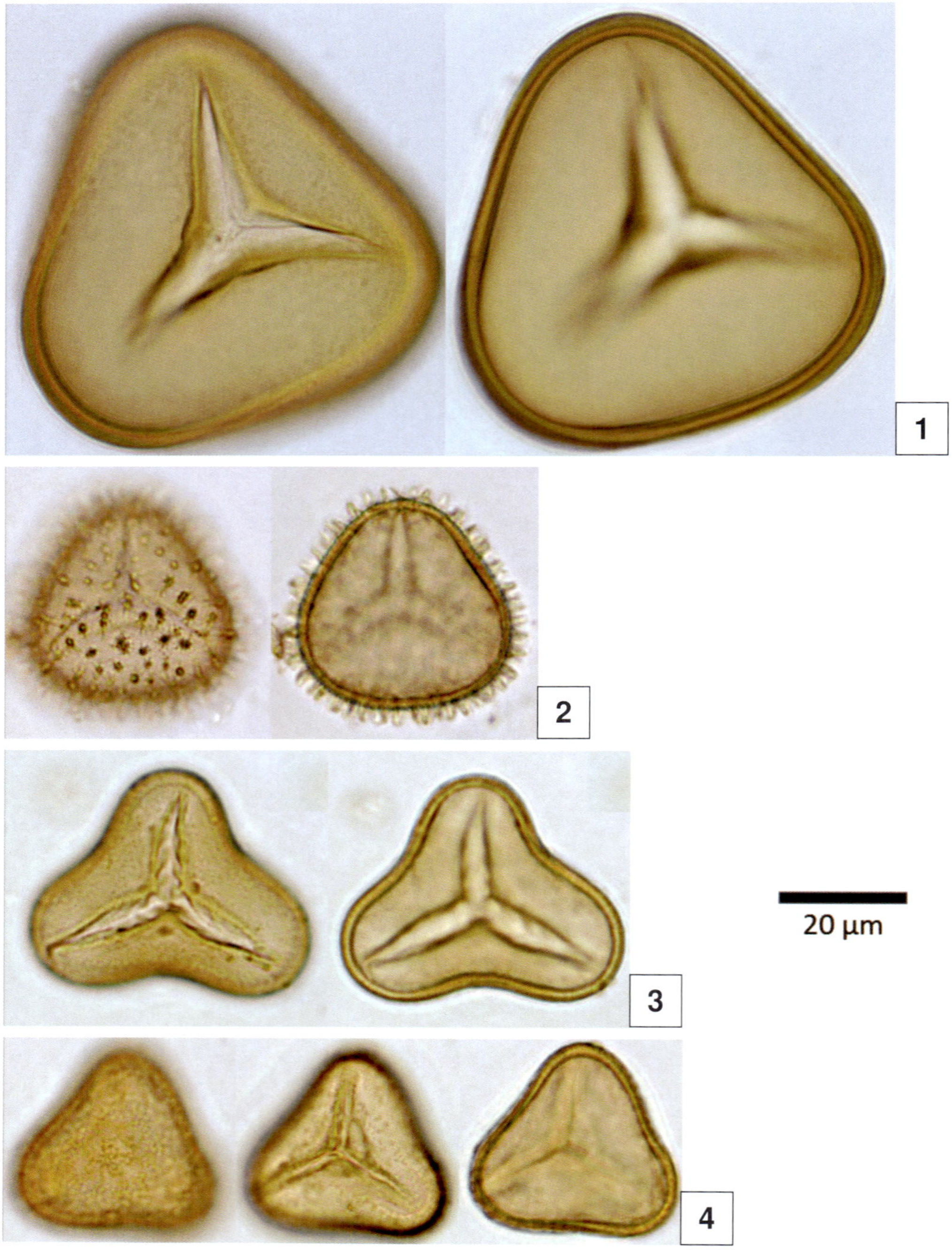

Prancha/Plate 8: Pteridaceae: *Acrostichum aureum* (1); *Adiantopsis radiata* (2); *Adiantum dolosum* (3); *Adiantum pulverulentum* (4).

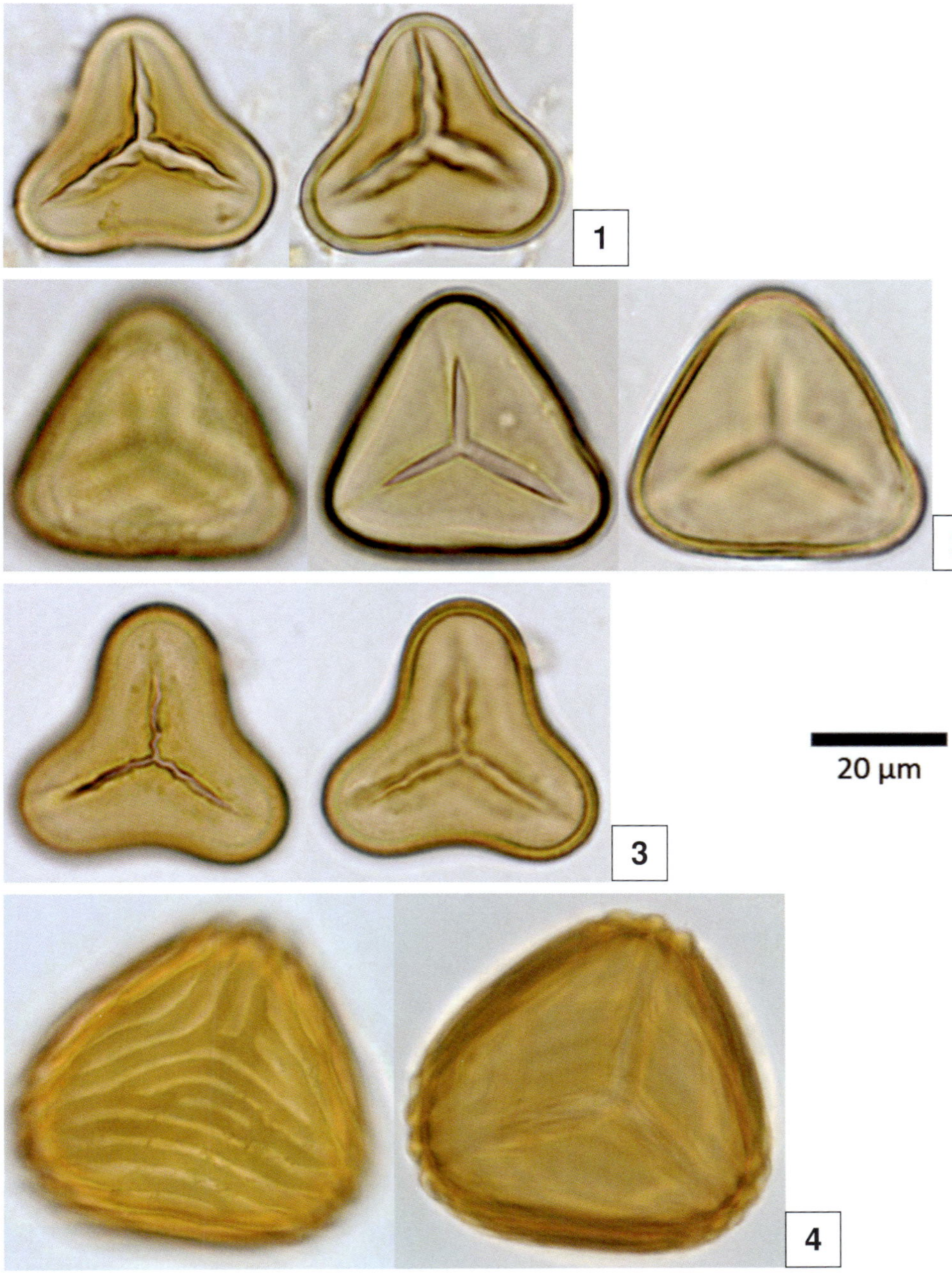

Prancha/Plate 9: Pteridaceae: *Adiantum serratodentatum* (1); *Adiantum subcordatum* (2); *Adiantum terminatum* (3); *Ceratopteris thalictroides* (4).

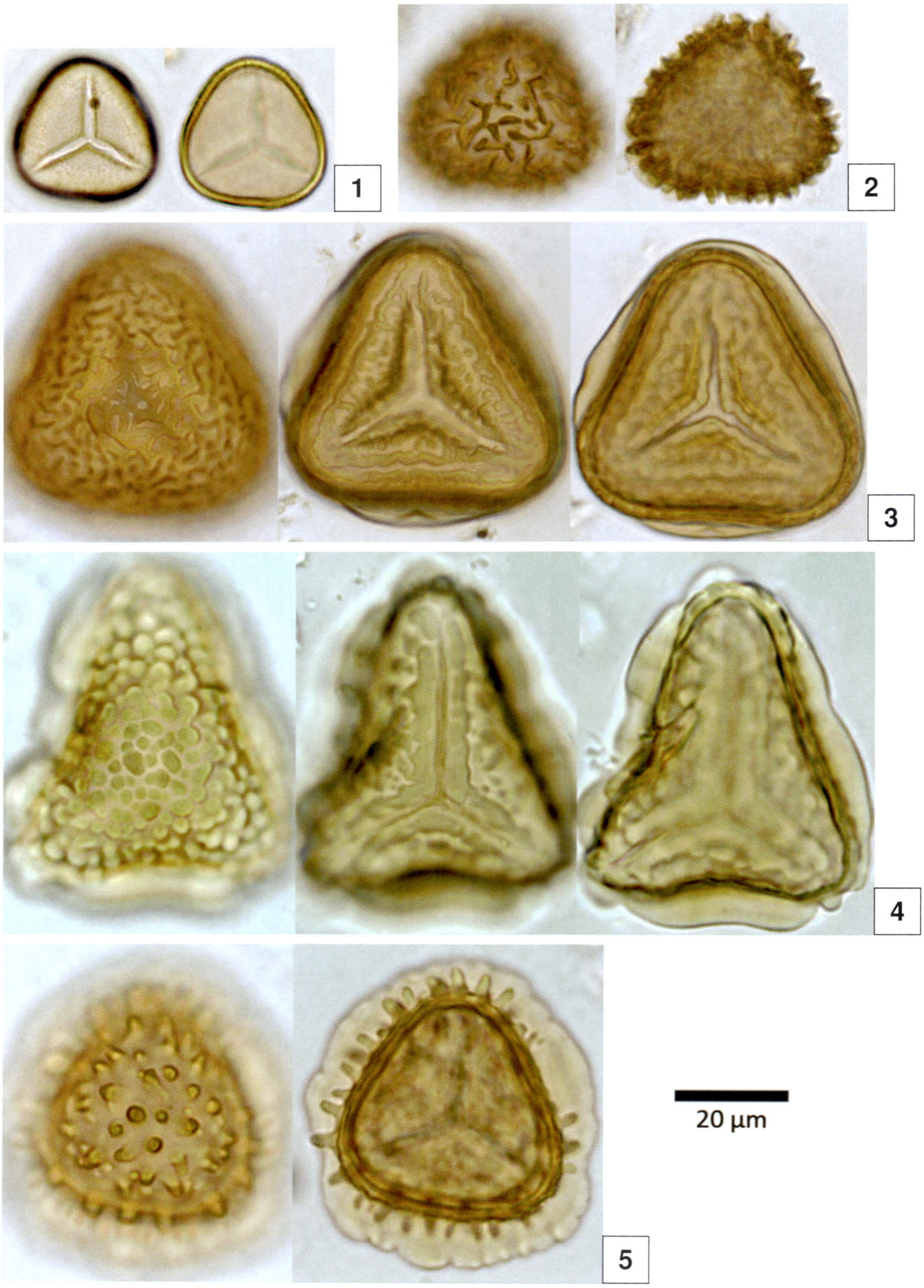

Prancha/Plate 10: Pteridaceae: *Doryopteris pentagona* (1); *Hemionitis tomentosa* (2); *Pityrogramma calomelanos* (3); *Pteris brasiliensis* (4); *Pteris cretica* (5).

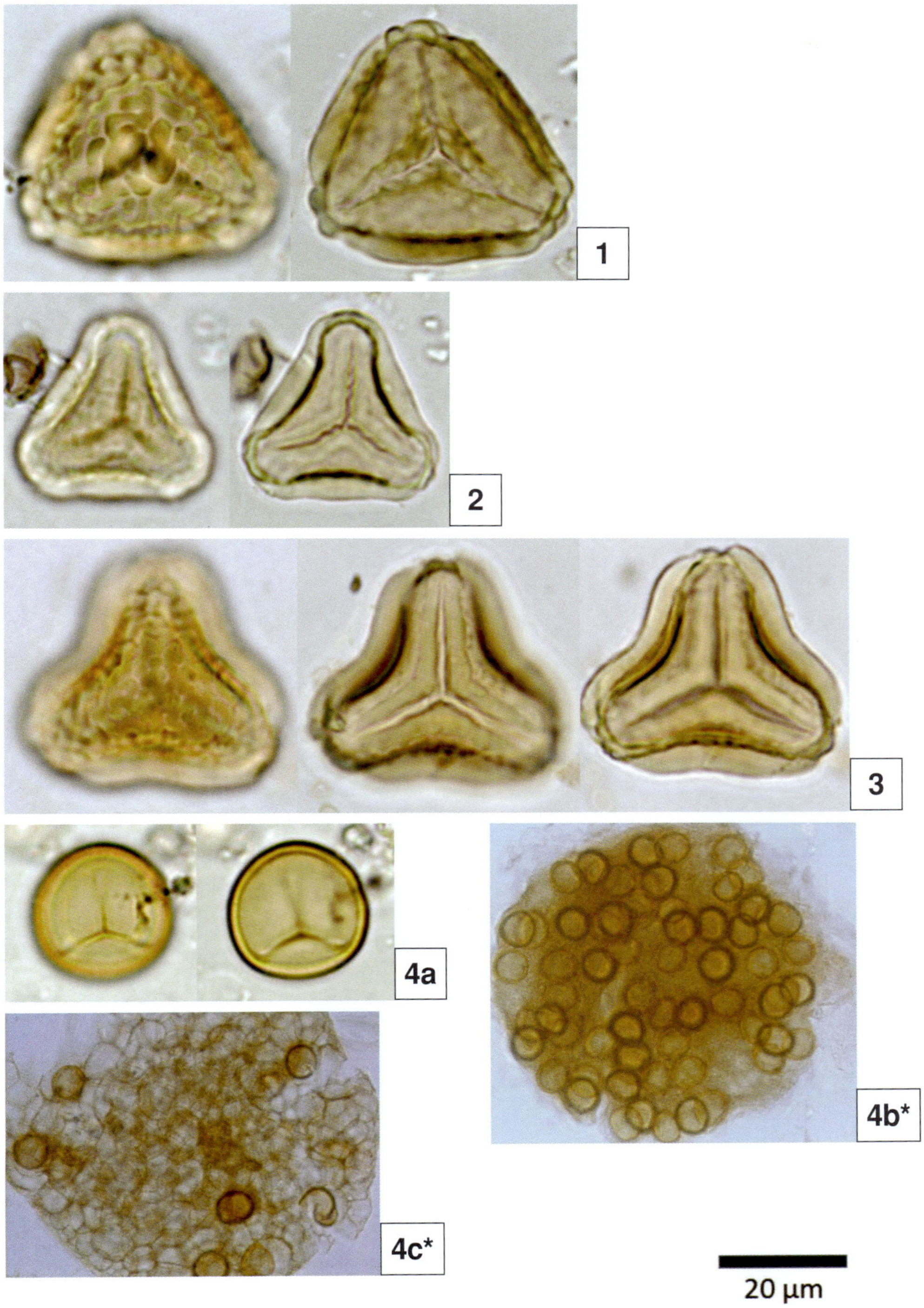

Prancha/Plate 11: Pteridaceae: *Pteris denticulata* (1); *Pteris leptophylla* (2); *Pteris schuwarckeana* (3); Salviniaceae: *Azolla* sp. (4a,b,c). [*Reduzida para ¼ da escala.]

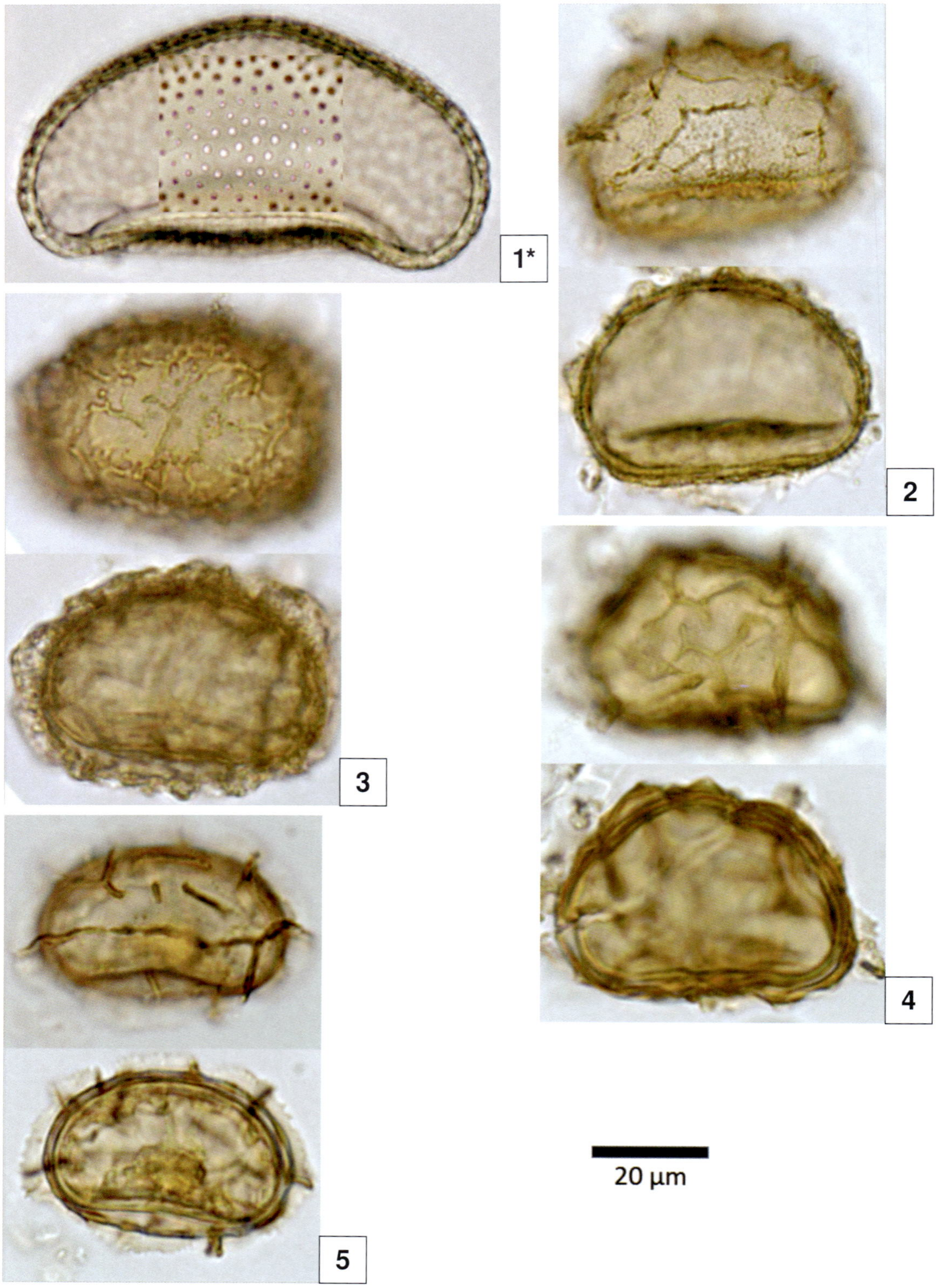

Prancha/Plate 12: Schizaeaceae: *Actinostachys pennula* (1); Tectariaceae: *Tectaria incisa* (2); Thelypteridaceae: *Macrothelipteris torresiana* (3); *Thelypteris conspersa* (4); *Thelypteris dentata* (5). [*Reduzida para ½ da escala.]

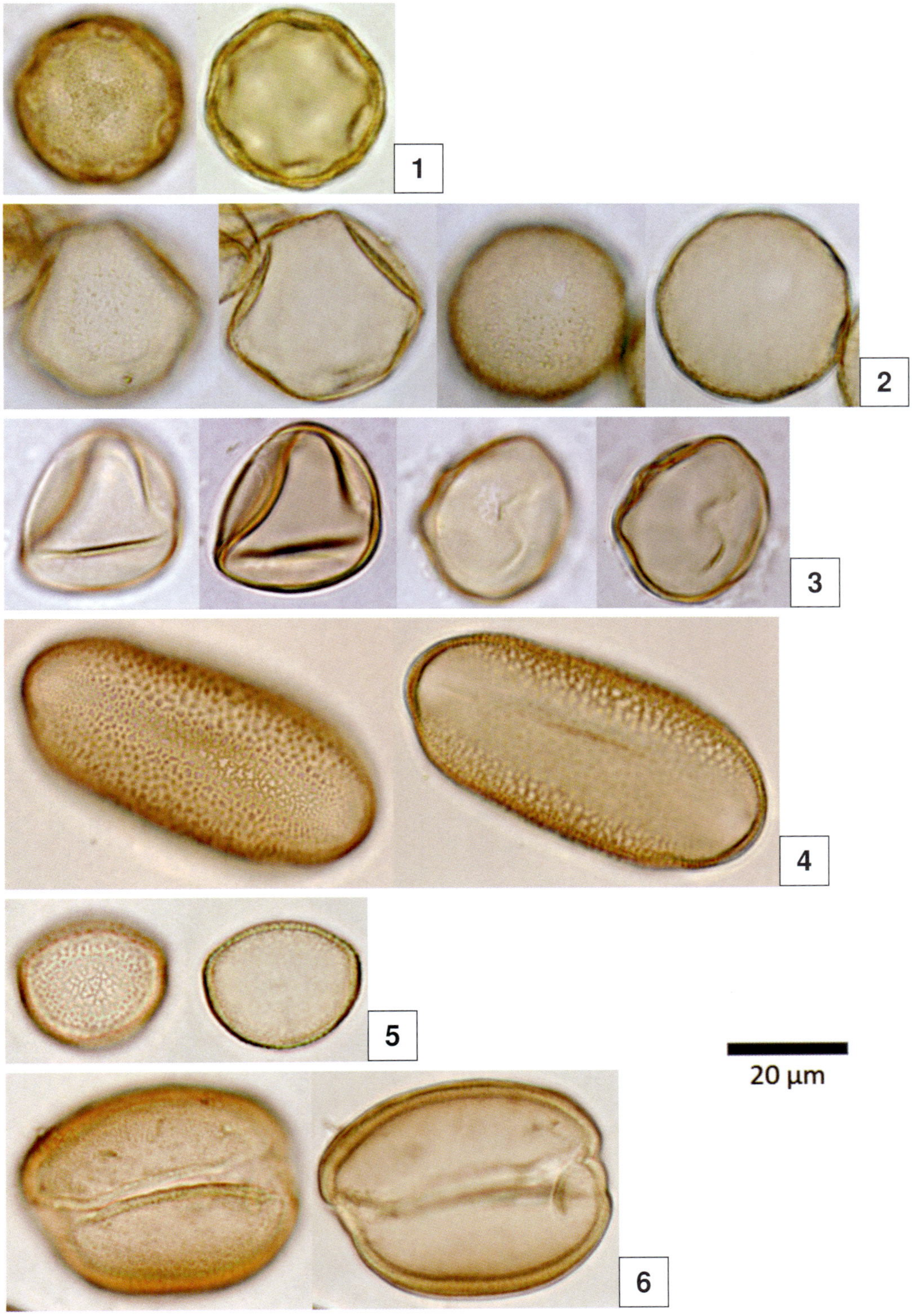

Prancha/Plate 13: Alismataceae: *Echinodorus bolivianus* (1); *Hydrocleis nymphoides* (2); *Limnocharis flava* (3). Amaryllidaceae: *Hippeastrum reticulatum* (4). Araceae: *Dracontioides desciscens* (5); *Heteropsis rigidifolia* (6).

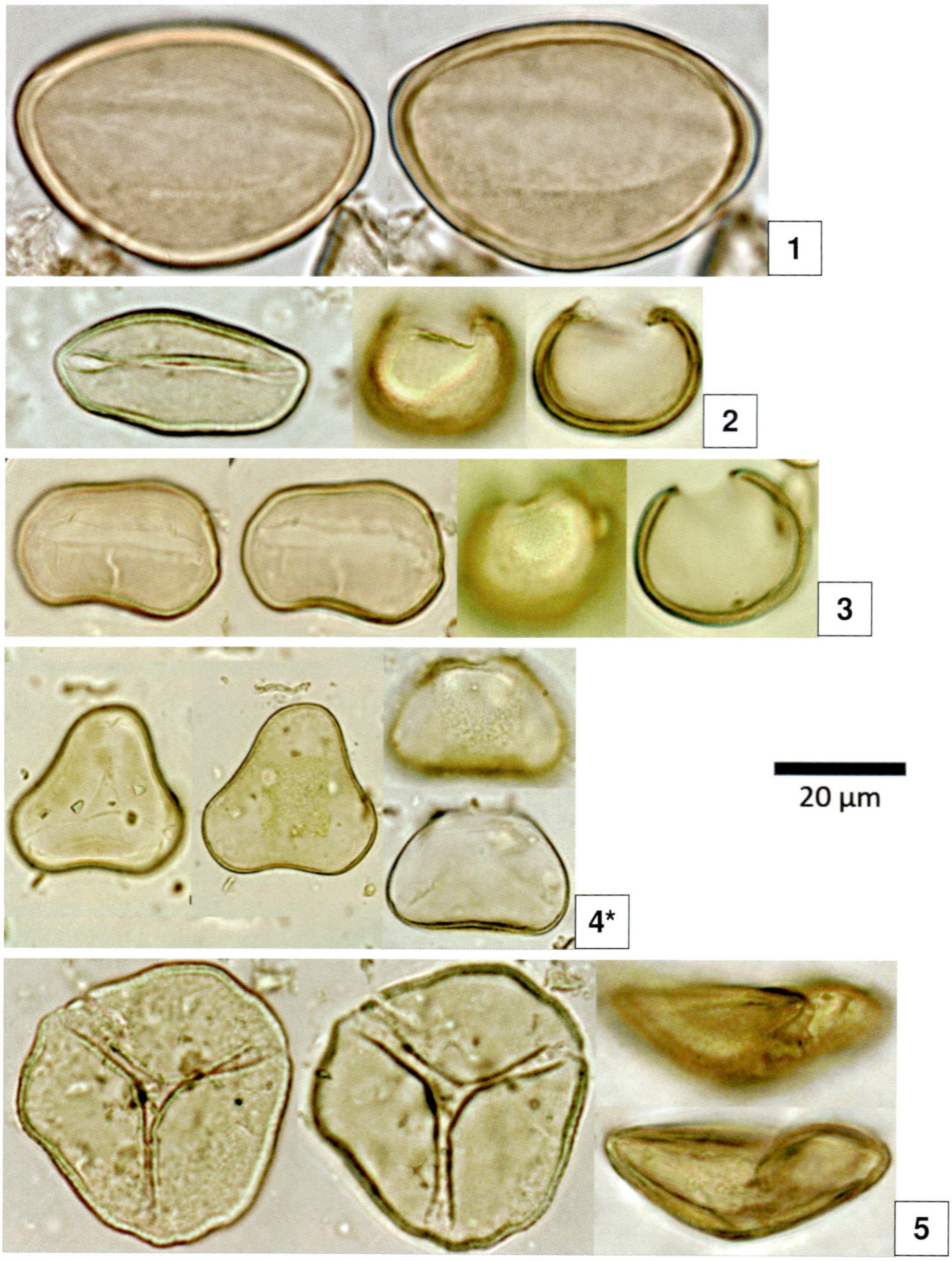

Prancha/Plate 14: Araceae: *Philodendron follii* (1); Arecaceae: *Allagoptera arenaria* (2); *Allagoptera caudescens* (3); *Astrocaryum aculeatissimum* (4); *Attalea humilis* (5); [*Reduzida para ½ da escala.]

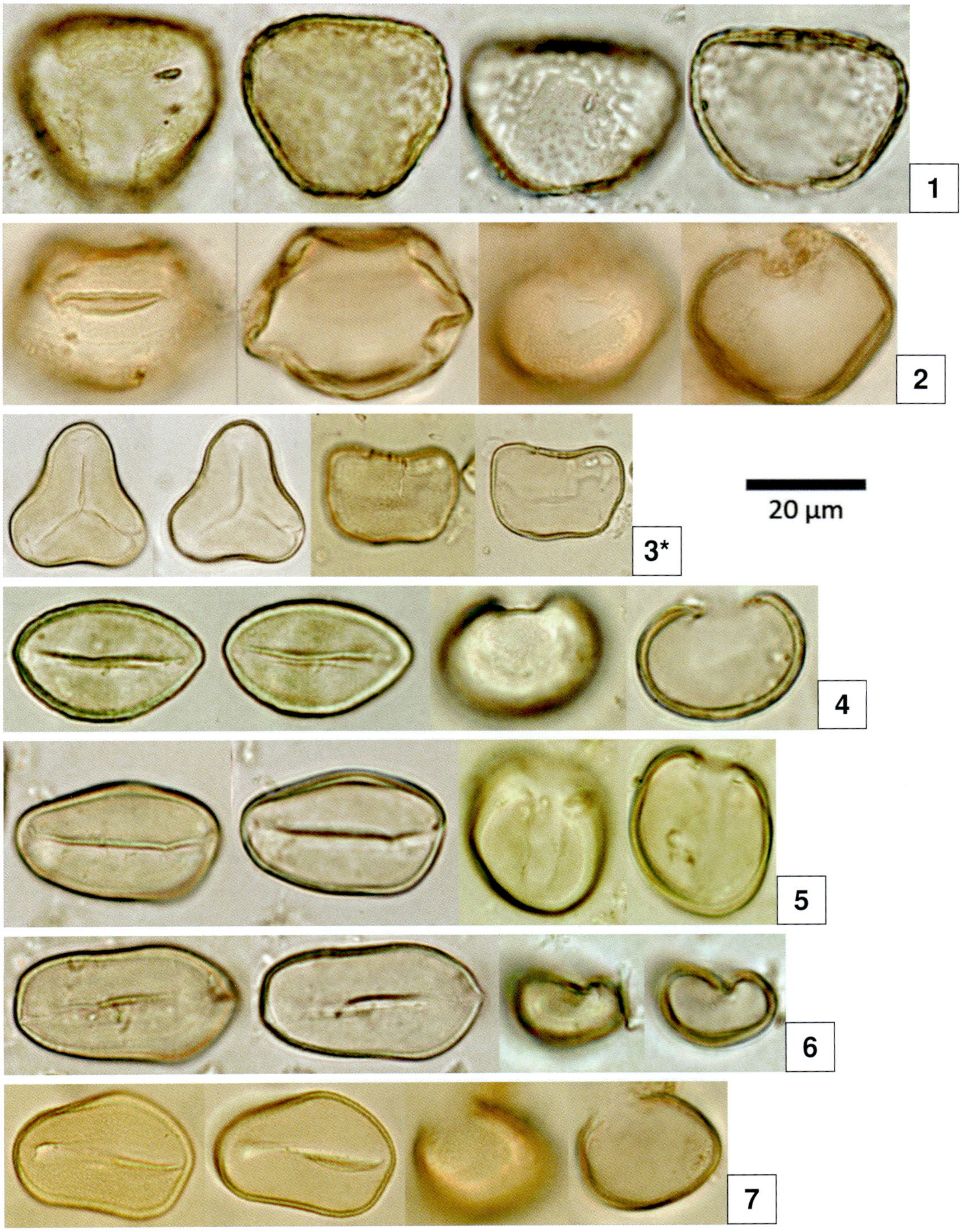

Prancha/Plate 15: Arecaceae: *Bactris bahiensis* (1); *Bactris setosa* (2); *Desmoncus humilis* (3); *Desmoncus orthacanthos* (4); *Euterpe edulis* (5); *Geonoma elegans* (6); *Geonoma pohliana* subsp. *linharensis* (7). [*Reduzida para ½ da escala.]

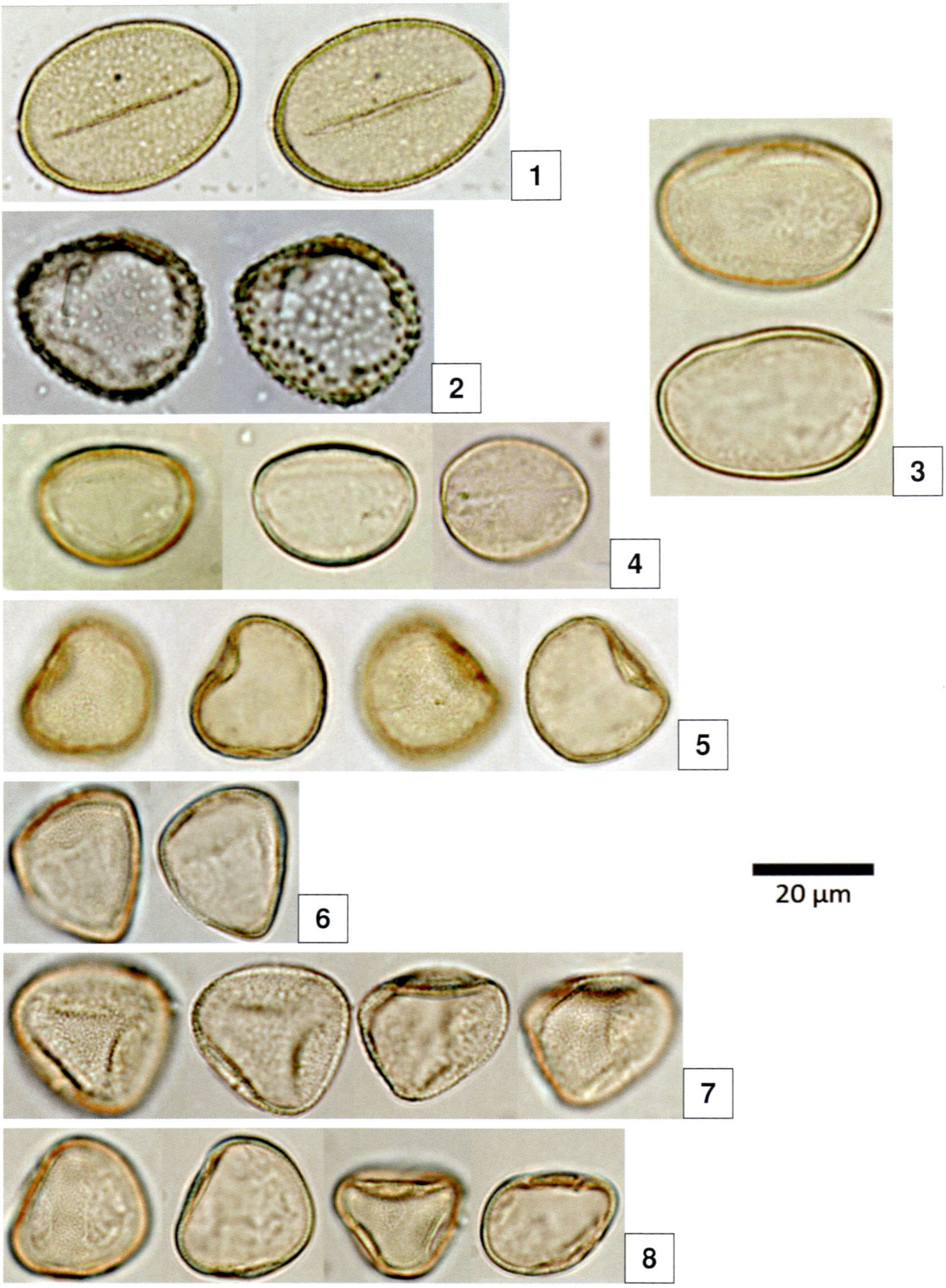

Prancha/Plate 16: Asparagaceae: *Herreria glaziovii* (1); Commelinaceae: *Commelina rufipes* (2); *Dichorisandra hexandra* (3); *Gibasis geniculata* (4); Cyperaceae: *Calyptrocarya* sp. (5); *Cyperus distans* (6); *Fimbristylis autumnalis* (7); *Kyllinga vaginata* (8).

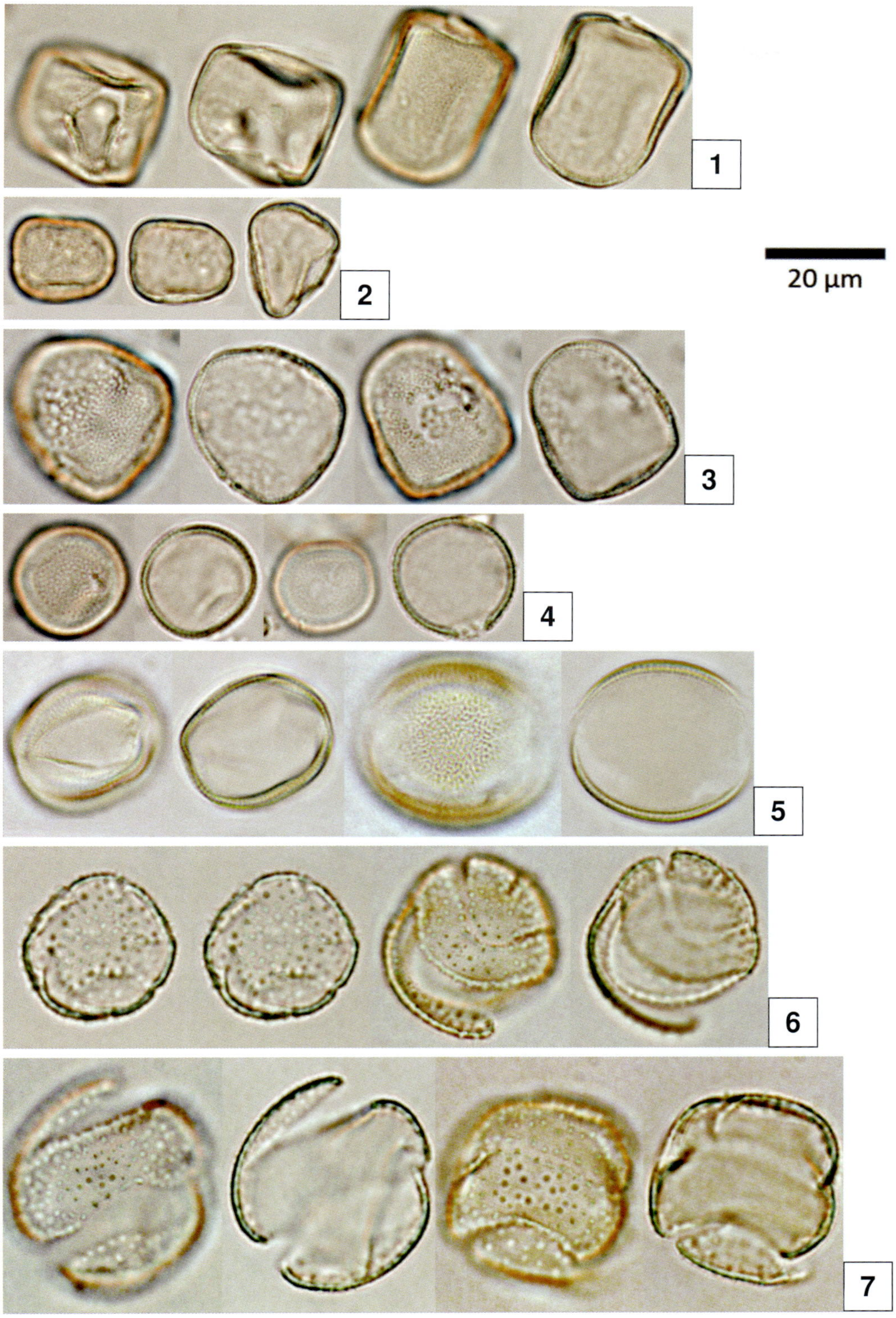

Prancha/Plate 17: Cyperaceae: *Oxycaryum cubense* (1); *Pleurostachys foliosa* (2); *Rhynchospora emaciata* (3); *Scleria latifolia* (4); Dioscoreaceae: *Dioscorea dodecaneura* (5); Eriocaulaceae: *Actinocephalus ramosus* (6); *Syngonanthus restingensis* (7).

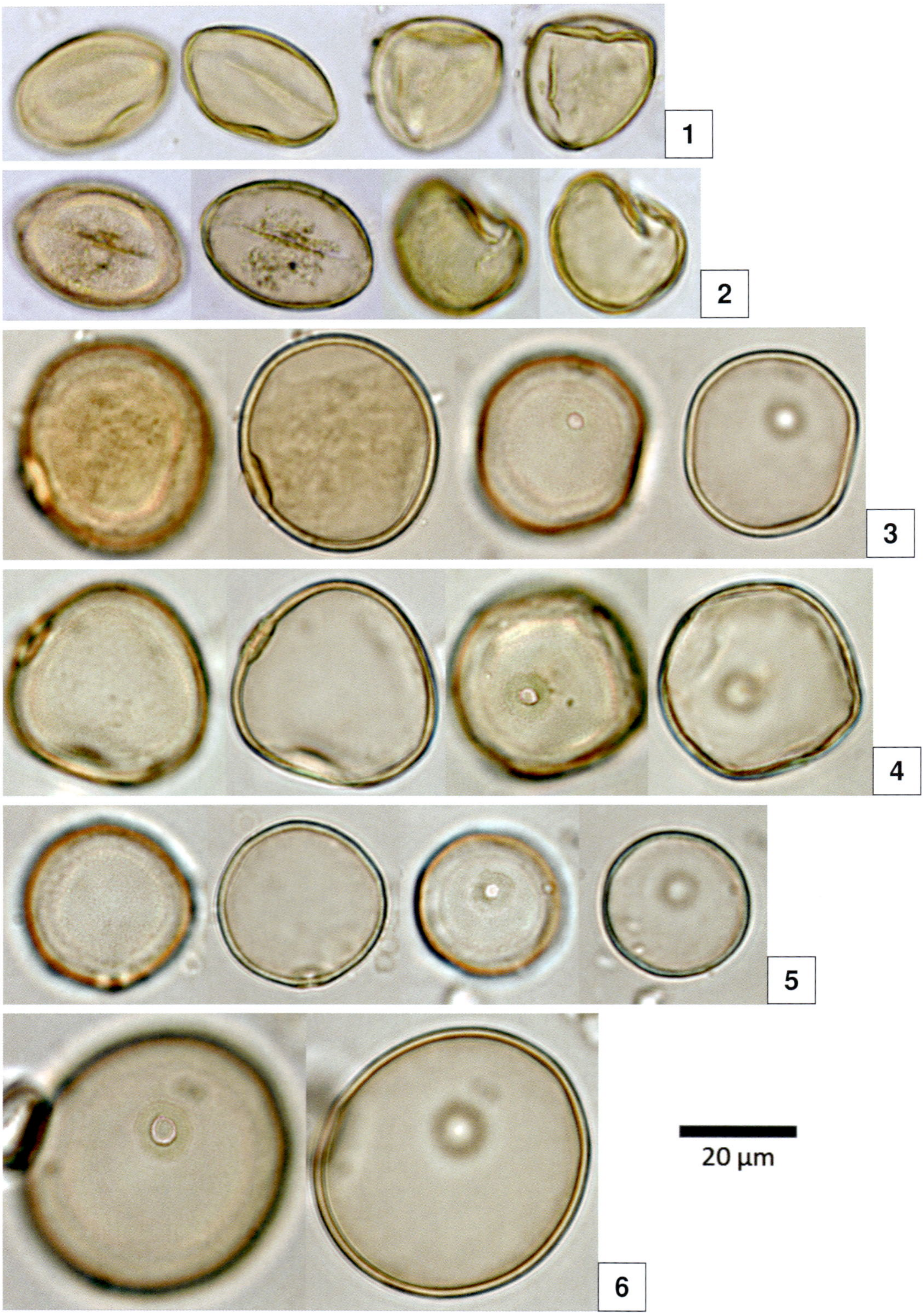

Prancha/Plate 18: Mayacaceae: *Mayaca fluviatilis* (1); *Mayaca kunthii* (2); Poaceae: *Andropogon bicornis* (3); *Cenchrus purpureus* (4); *Chloris elata* (5); *Chusquea oxylepis* (6).

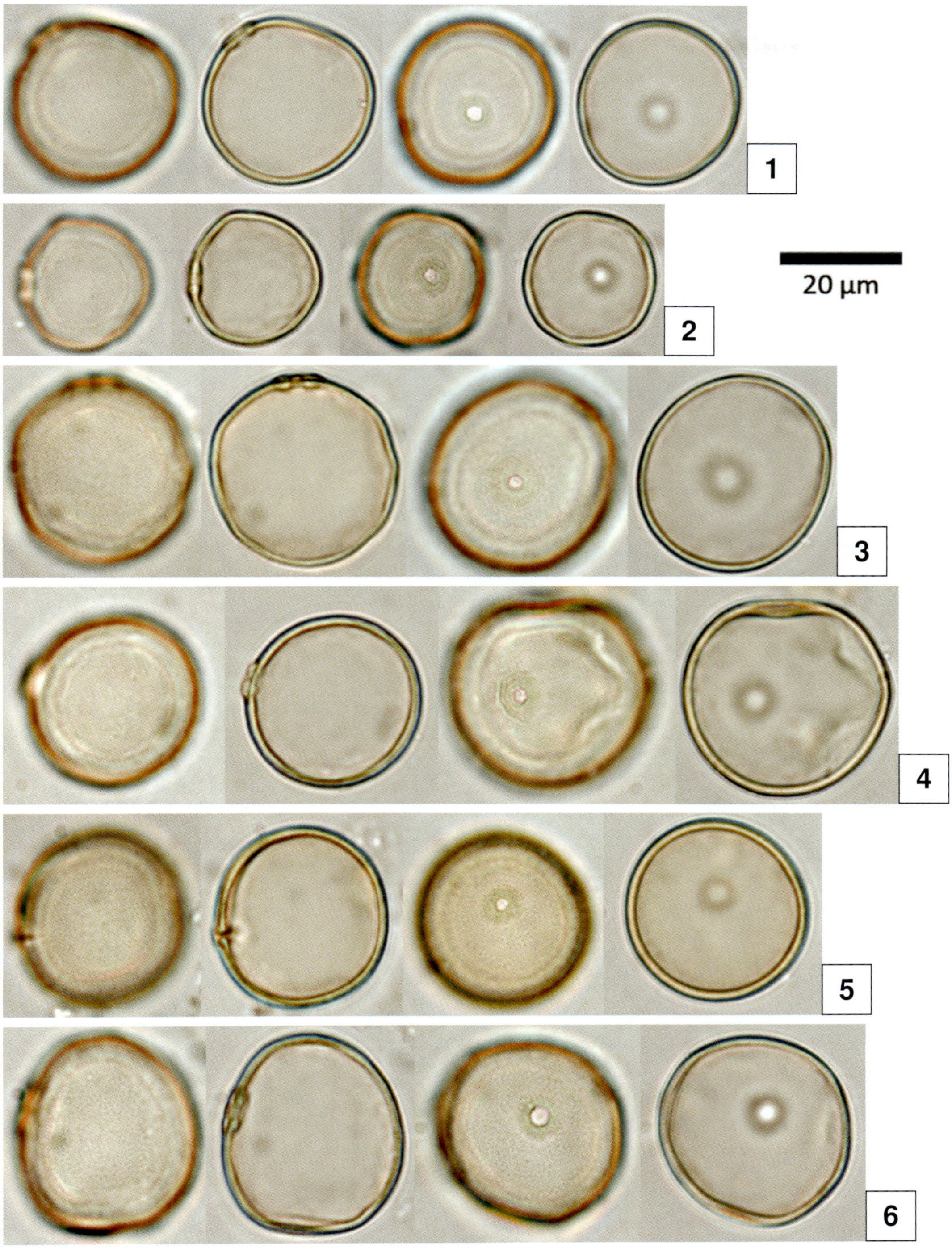

Prancha/Plate 19: Poaceae: *Cryptochloa capillata* (1); *Cynodon dactylon* (2); *Dactyloctenium aegyptium* (3); *Eriochrysis cayennensis* (4); *Ichnanthus bambusiflorus* (5); *Megathyrsus maximus* (6).

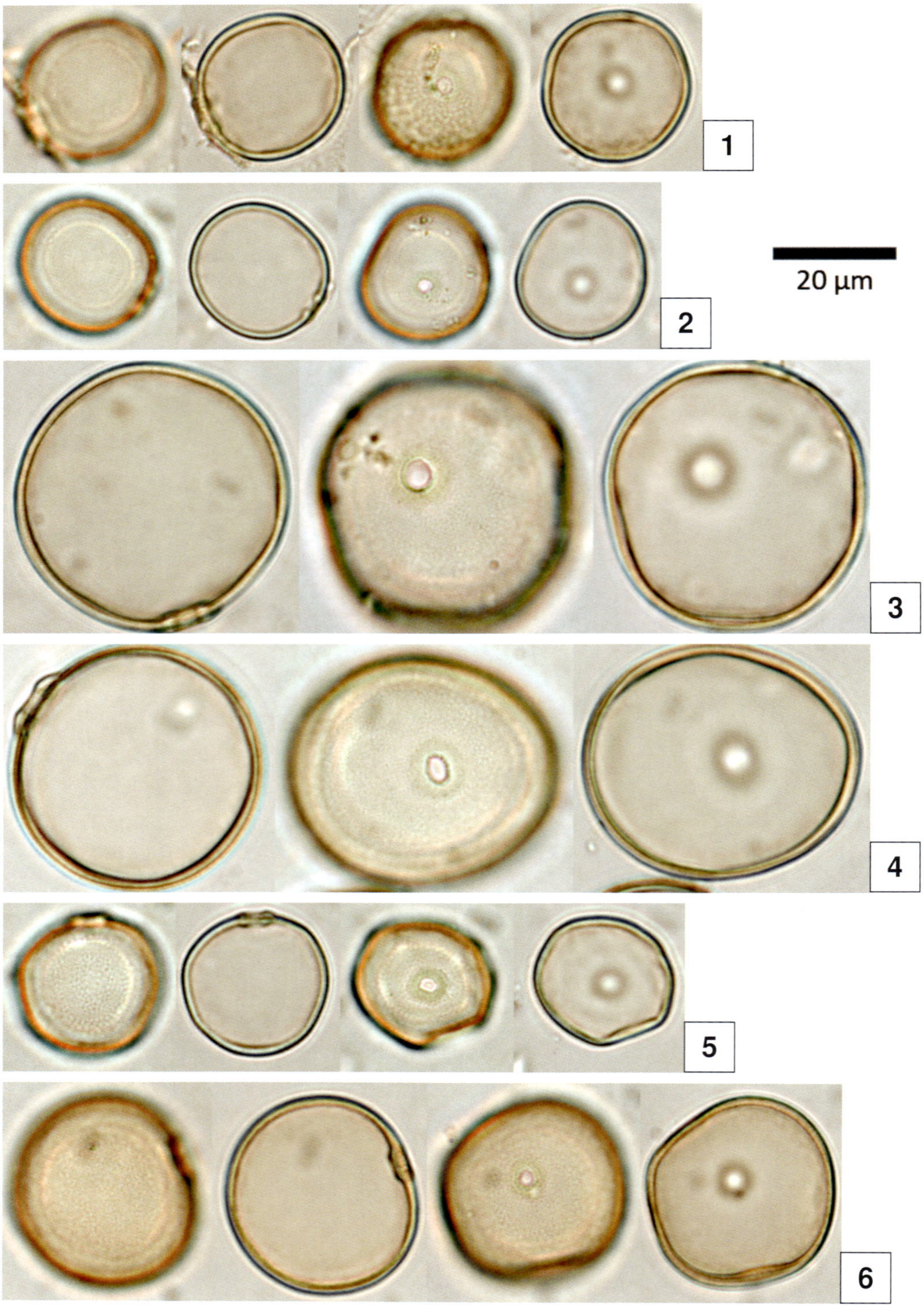

Prancha/Plate 20: Poaceae: *Parodiolyra micrantha* (1); *Raddia lancifolia* (2); *Rottboellia cochinchinensis* (3); *Schizachyrium sanguineum* (4); *Sporobolus jacquemontii* (5); *Trichanthecium cyanescens* (6).

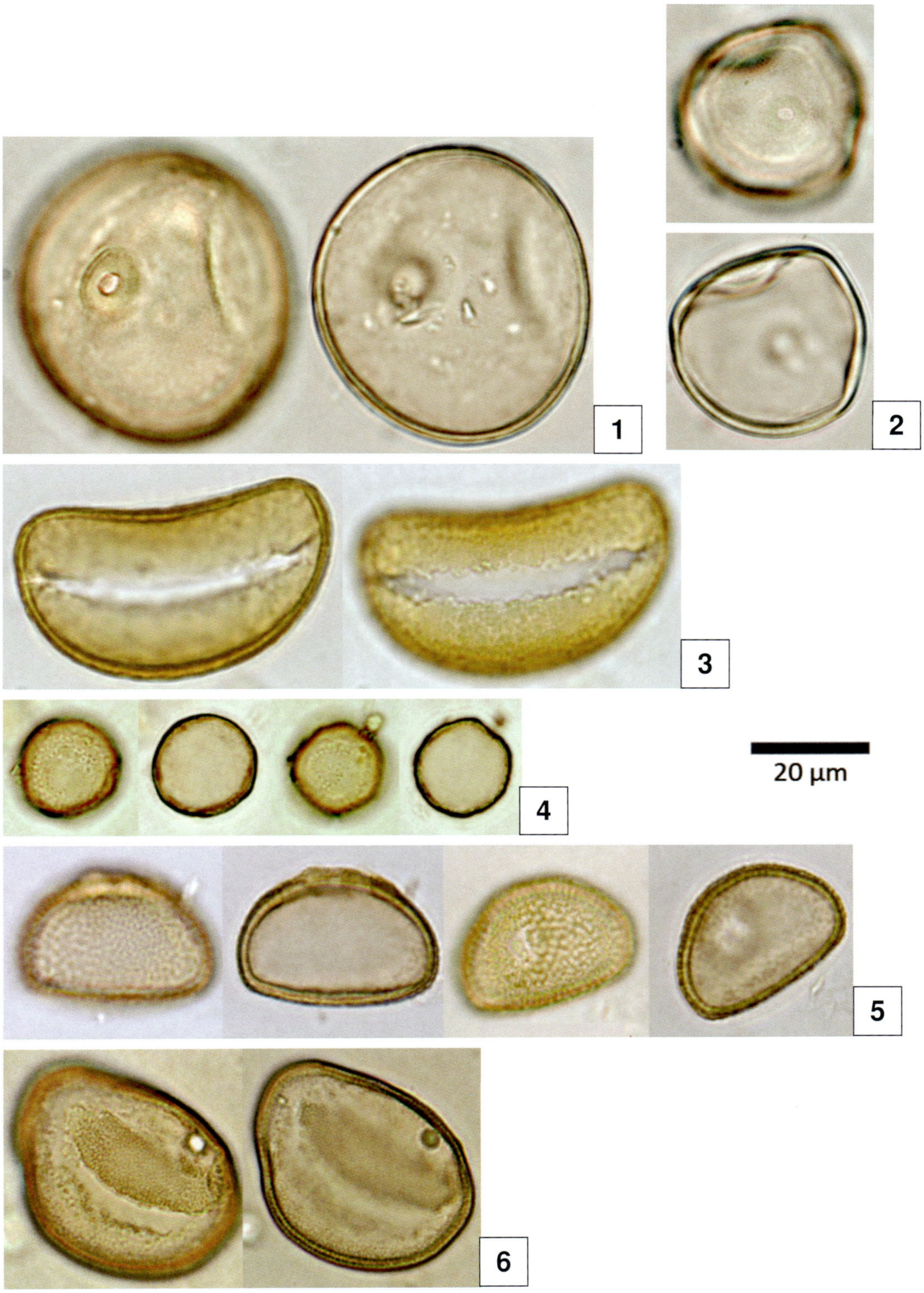

Prancha/Plate 21: Poaceae: *Tripsacum* sp. (1); *Urochloa brizantha* (2); Pontederiaceae: *Eichhornia azurea* (3); Smilacaceae: *Smilax brasiliensis* (4); Typhaceae: *Typha* sp. (5); Xyridaceae: *Xyris jupicai* (6).

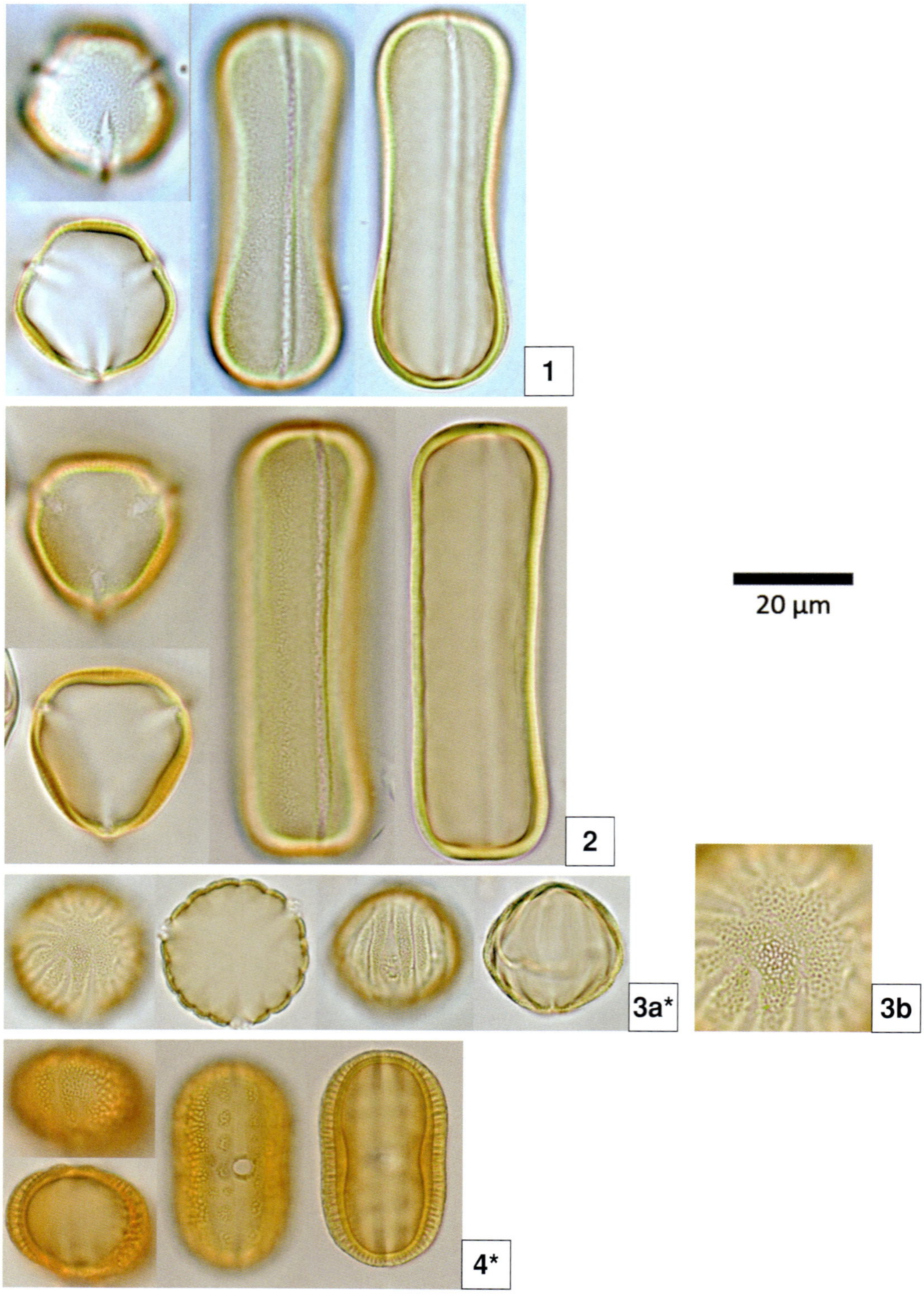

Prancha/Plate 22: Acanthaceae: *Aphelandra harleyi* (1); *Aphelandra longiflora* (2); *Chameranthemum beyrichii* (3a,b); *Justicia cydoniifolia* (4).
[*Reduzida para ½ da escala.]

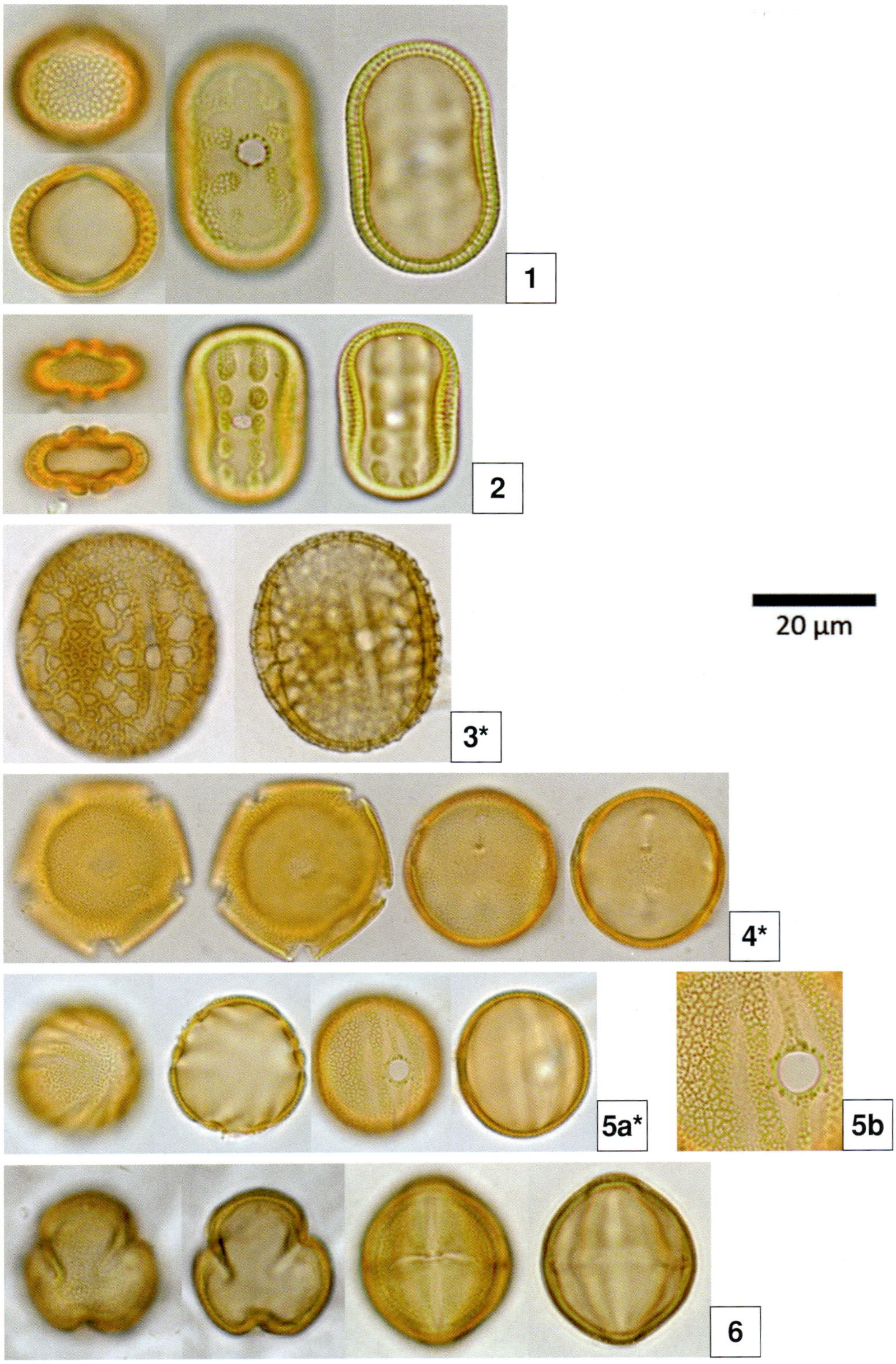

Prancha/Plate 23: Acanthaceae: *Justicia pectoralis* (1); *Justicia symphyantha* (2); *Lepidagathis nemoralis* (3); *Mendoncia velloziana* (4); *Thyrsacanthus ramosus* (5a,b); Achariaceae: *Carpotroche brasiliensis* (6). [*Reduzida para ½ da escala.]

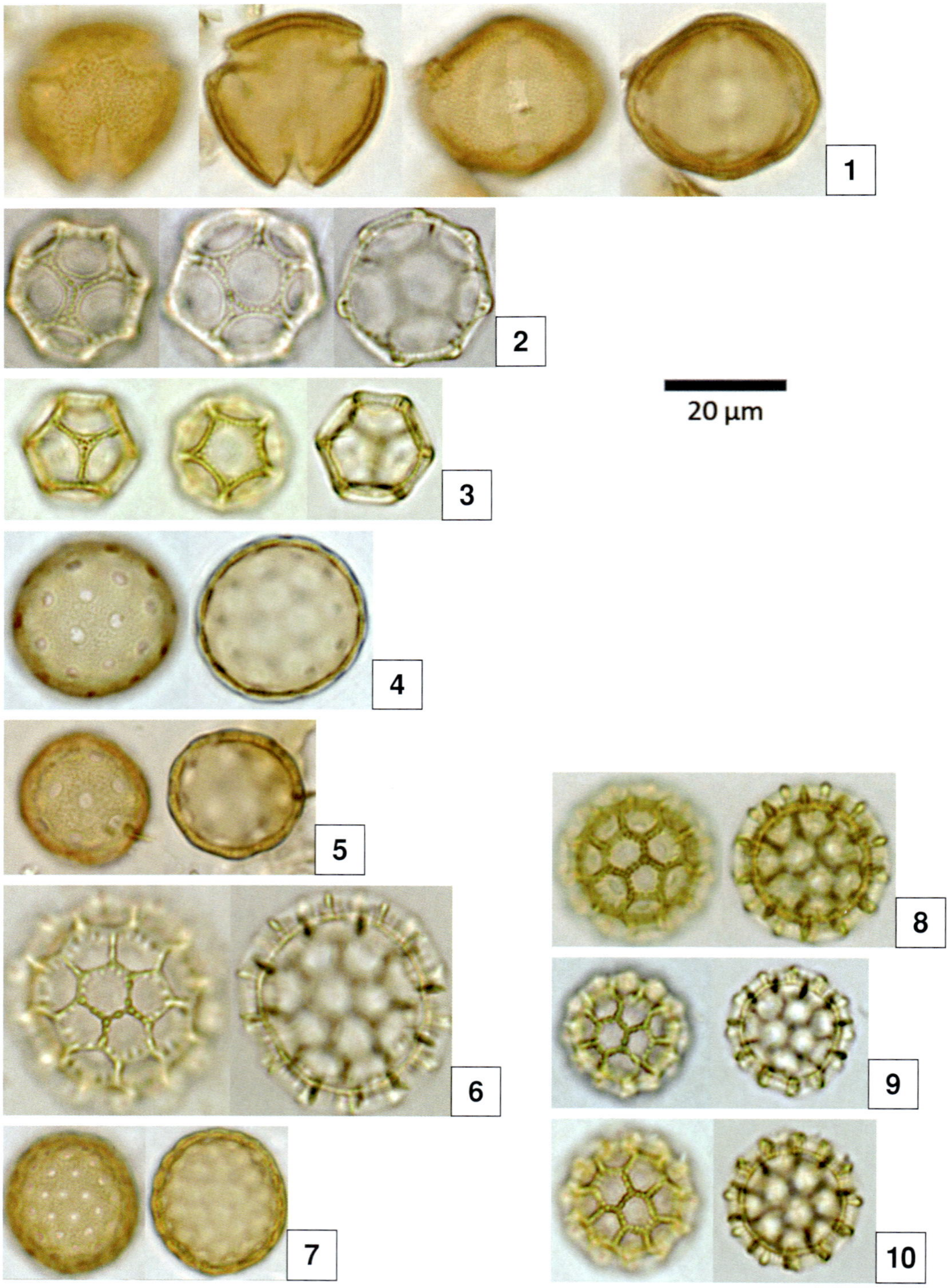

Prancha/Plate 24: Achariaceae: *Kuhlmanniodendron apterocarpum* (1); Amaranthaceae: *Alternanthera philoxeroides* (2); *Alternanthera sessilis* (3); *Amaranthus spinosus* (4); *Amaranthus viridis* (5); *Blutaparon portulacoides* (6); *Chenopodium* sp. (7); *Gomphrena perenis* (8); *Hebanthe eriantha* (9,10).

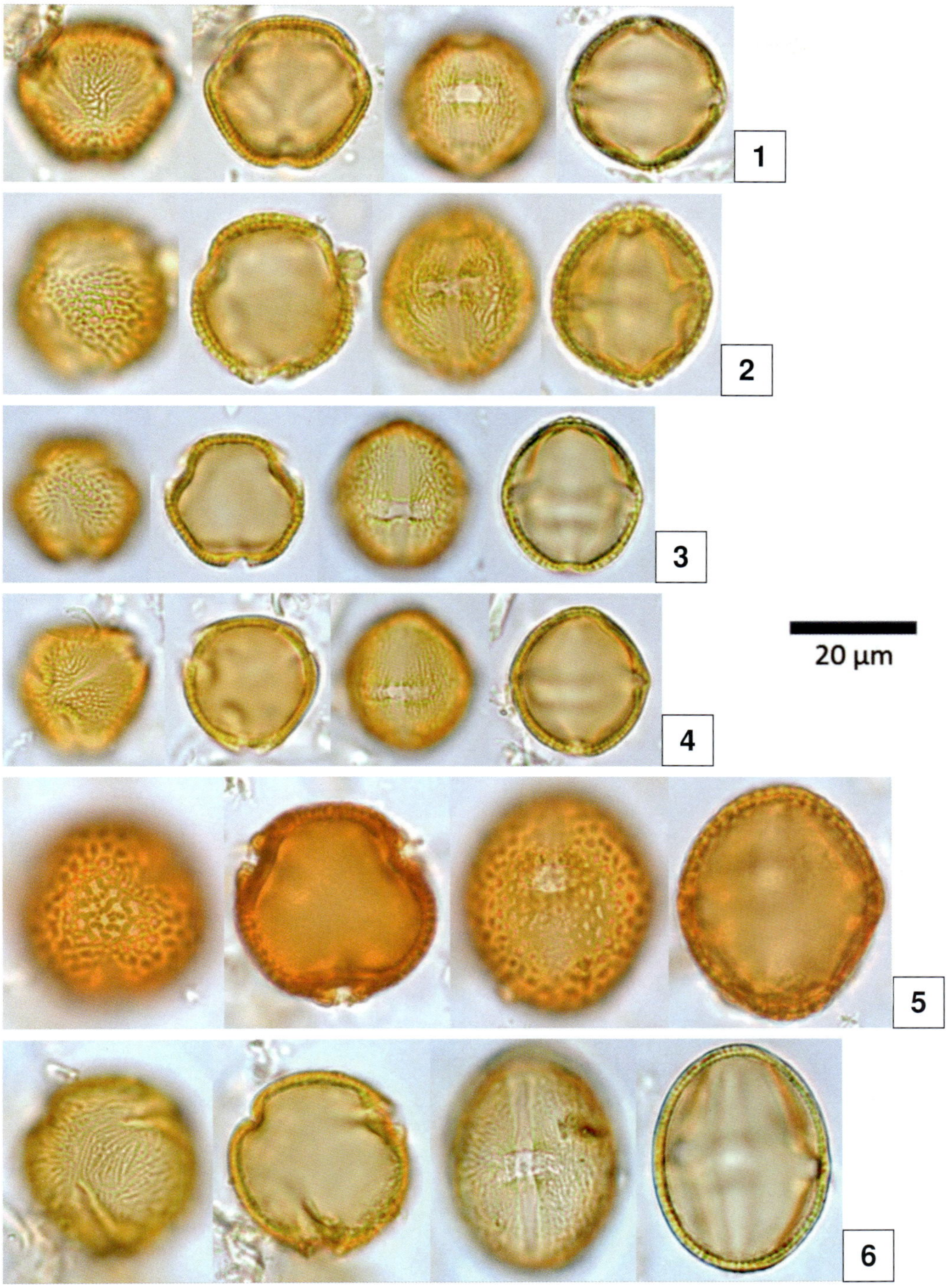

Prancha/Plate 25: Anacardiaceae: *Astronium concinnum* (1); *Astronium graveolens* (2); *Myracrodruon urundeuva* (3); *Schinus terebinthifolius* (4); *Spondias macrocarpa* (5); *Spondias venulosa* (6).

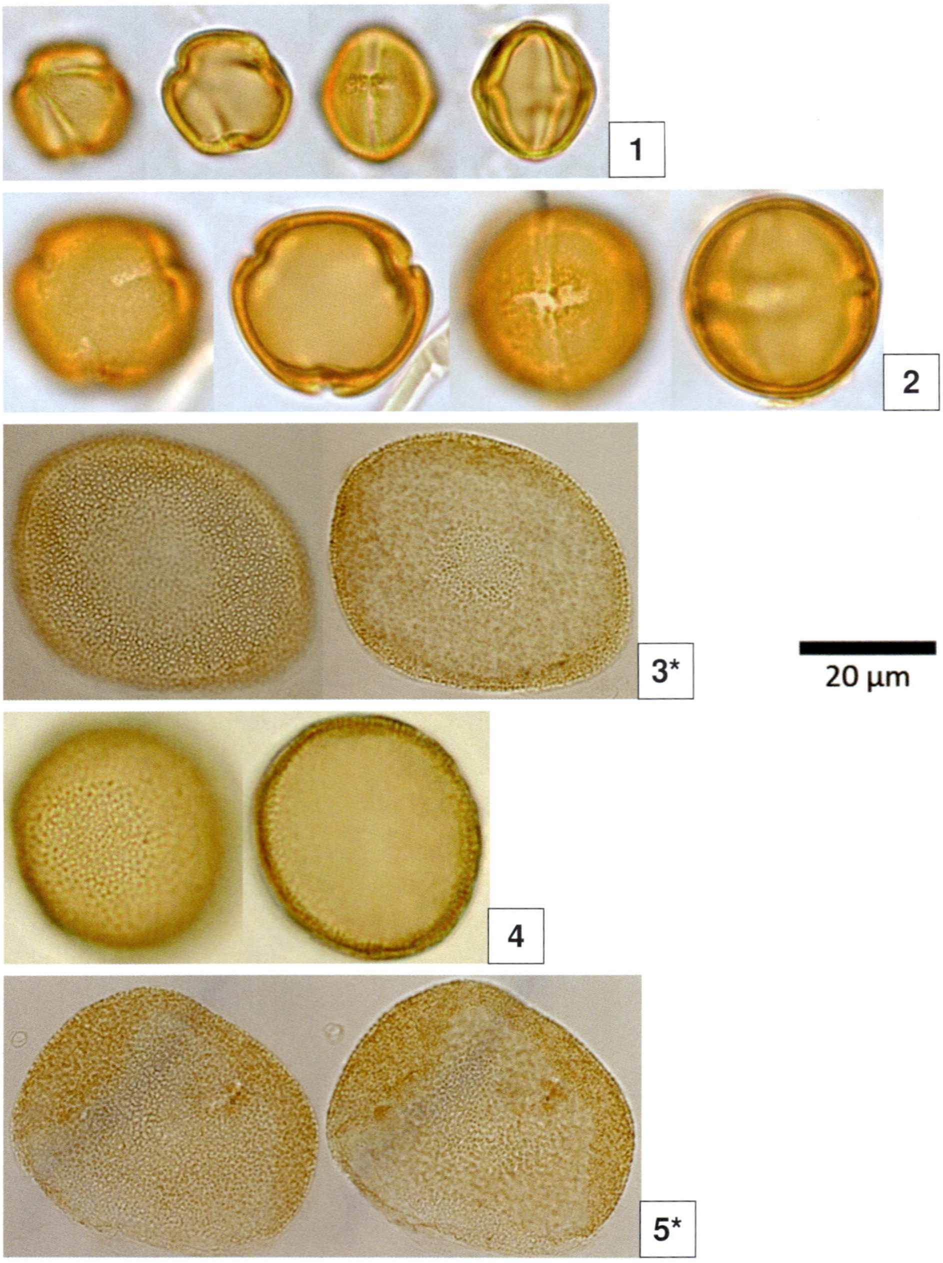

Prancha/Plate 26: Anacardiaceae: *Tapirira guianensis* (1); *Thyrsodium spruceanum* (2); Annonaceae: *Annona acutiflora* (3); *Annona dolabripetala* (4); *Annona glabra* (5). [*Reduzida para ½ da escala.]

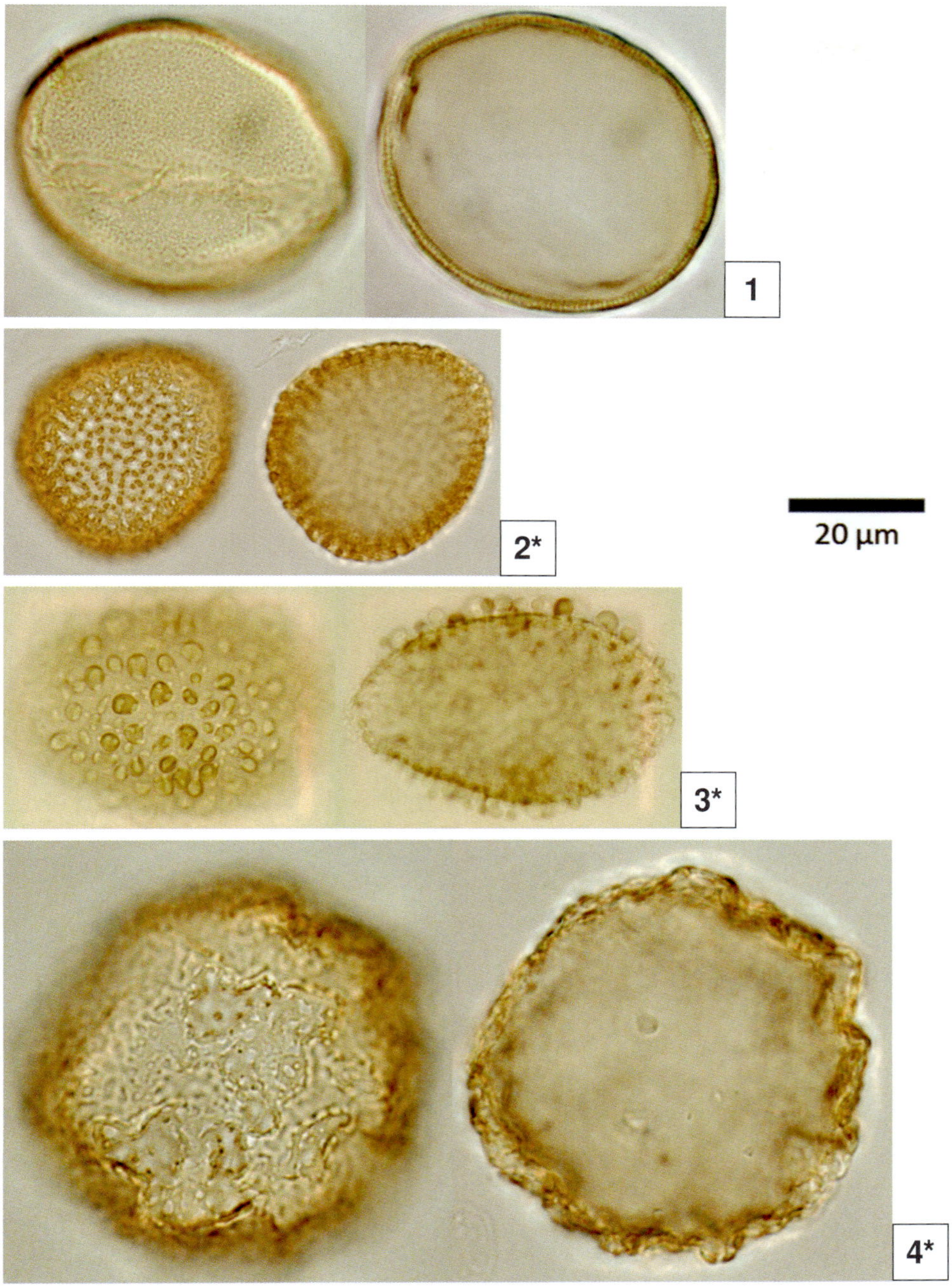

Prancha/Plate 27: Annonaceae: *Ephedranthus dimerus* (1); *Hornschuchia bryotrophe* (2); *Hornschuchia citriodora* (3); *Hornschuchia myrtillus* (4). [*Reduzida para ½ da escala.]

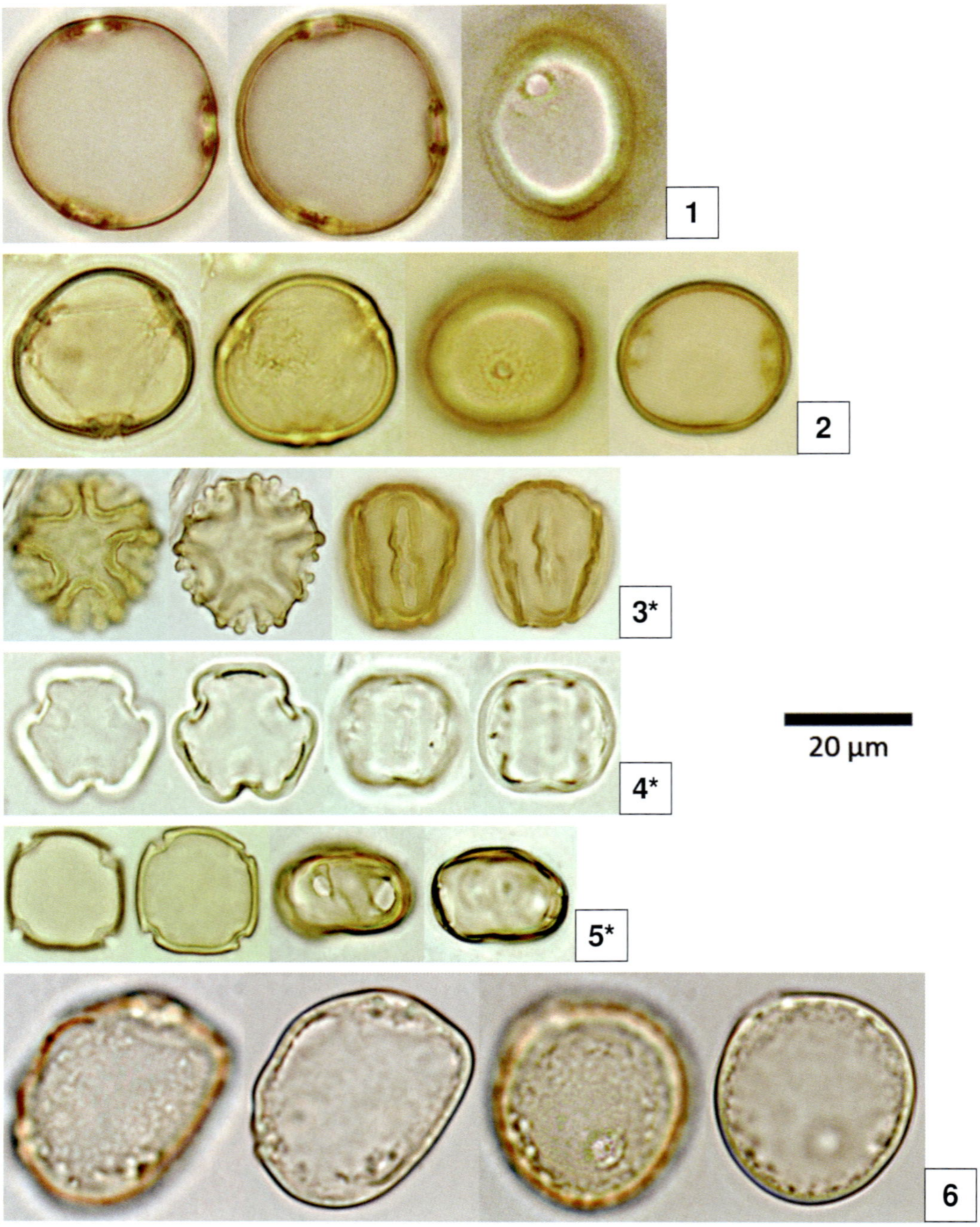

Prancha/Plate 28: Apocynaceae: *Forsteronia leptocarpa* (1); *Forsteronia montana* (2); *Geissospermum laeve* (3); *Himatanthus bracteatus* (4); *Lacmellea pauciflora* (5); *Malouetia cestroides* (6). [*Reduzida para ½ da escala.]

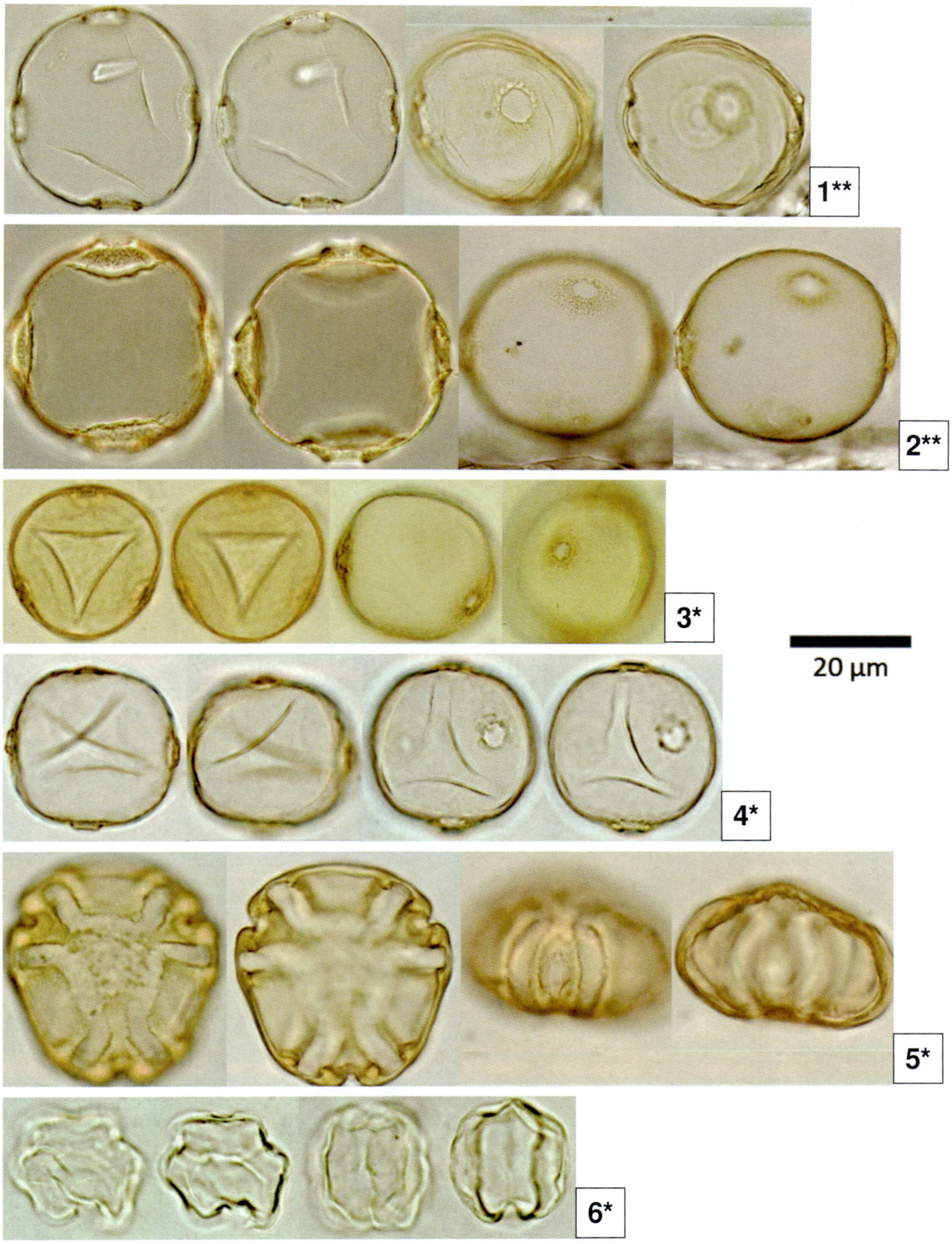

Prancha/Plate 29: Apocynaceae: *Mandevilla funiformis* (1); *Mandevilla hirsuta* (2); *Peltastes pulcher* (3); *Prestonia coalita* (4); *Rauvolfia capixabae* (5); *Skytanthus hancorniifolius* (6). [*Reduzida para ½ da escala.] [**Reduzida para ¼ da escala.]

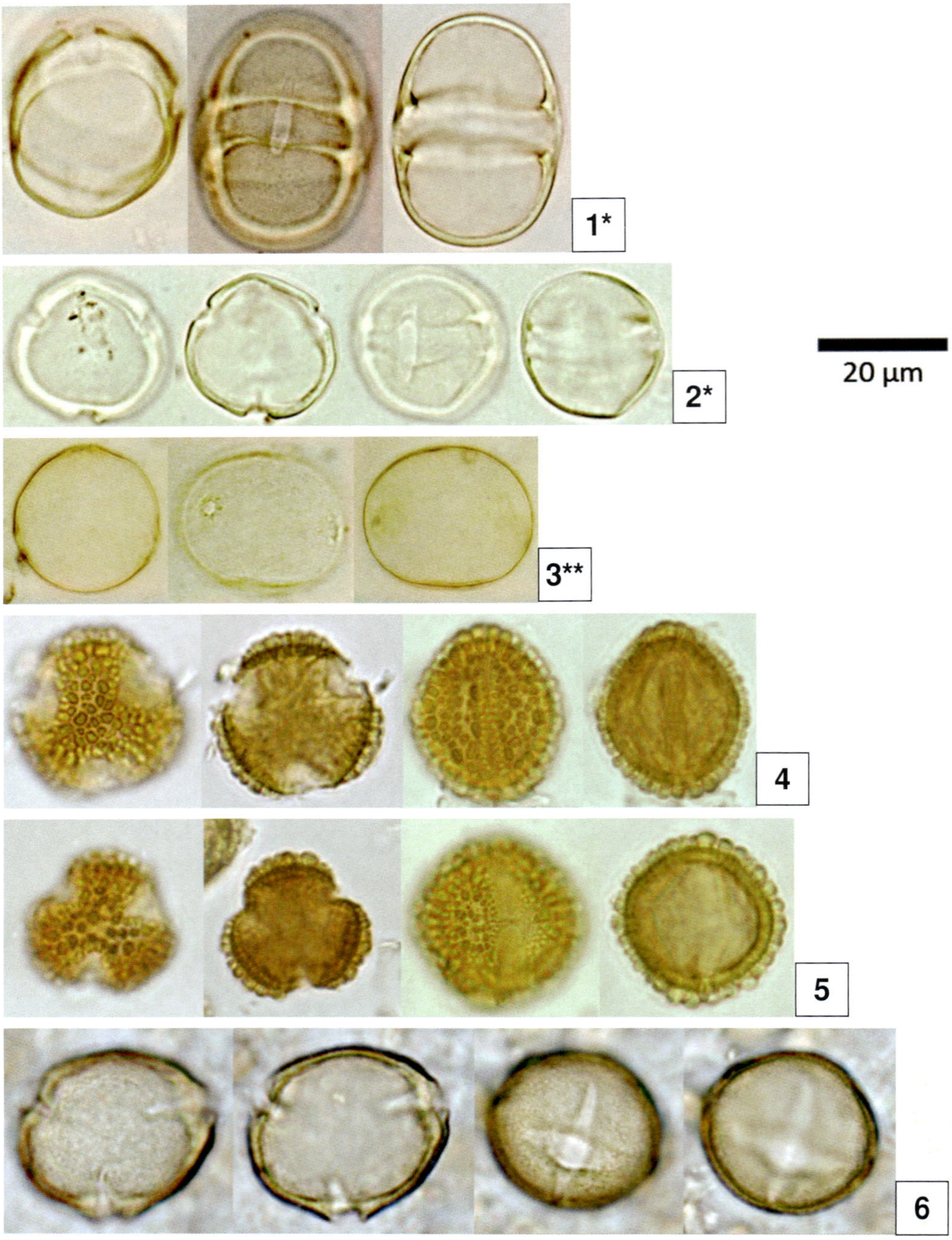

Prancha/Plate 30: Apocynaceae: *Tabernaemontana flavicans* (1); *Tabernaemontana hystrix* (2); *Temnadenia* aff. *odorifera* (3); Aquifoliaceae: *Ilex amara* (4); *Ilex floribunda* (5); Araliaceae: *Dendropanax brasiliensis* (6).
[*Reduzida para ½ da escala.] [**Reduzida para ¼ da escala.]

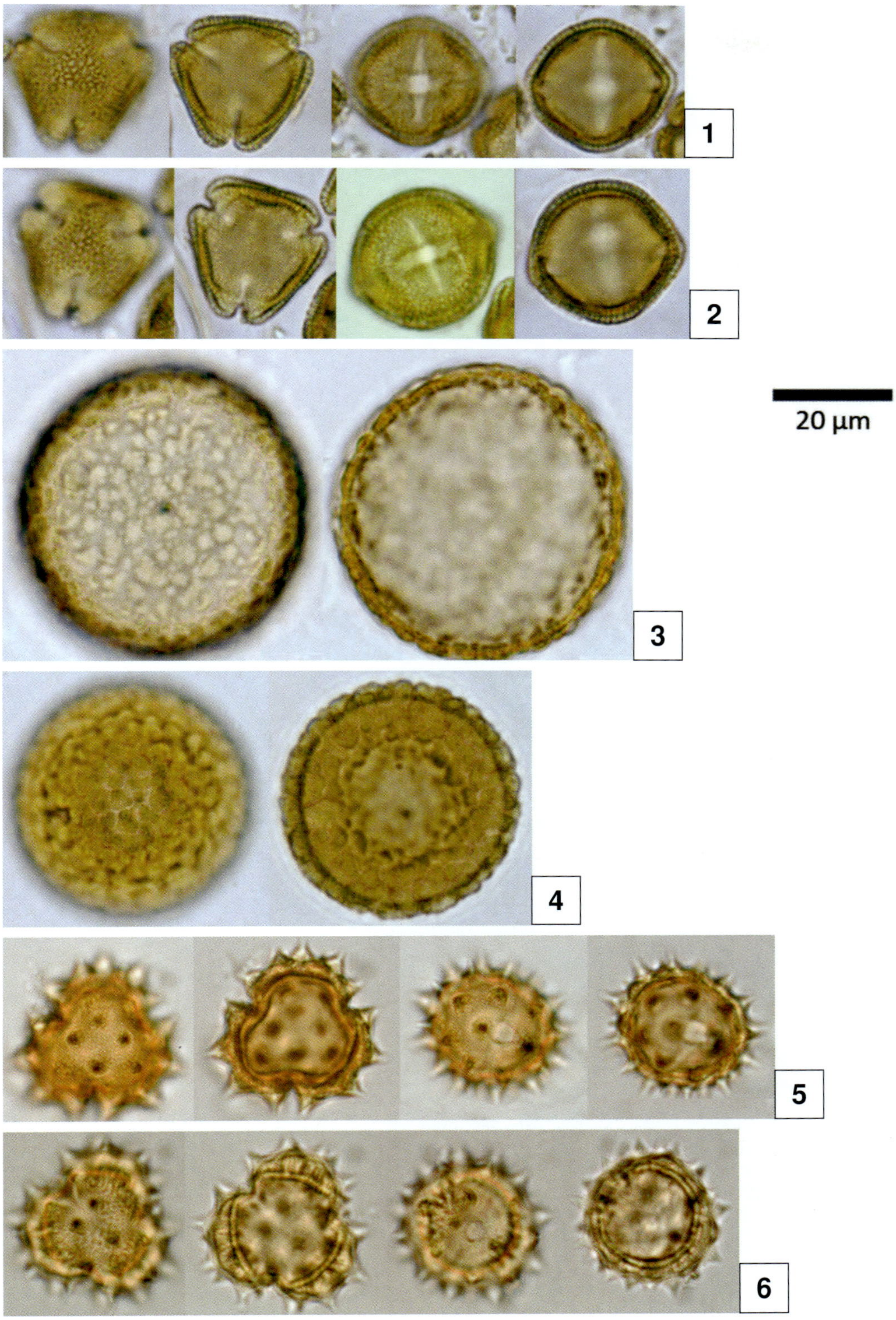

Prancha/Plate 31: Araliaceae: *Schefflera morototoni* (1); *Schefflera selloi* (2); Aristolochiaceae: *Aristolochia cymbifera* (3); *Aristolochia zebrina* (4); Asteraceae: *Acanthospermum australe* (5); *Achillea millefolium* (6).

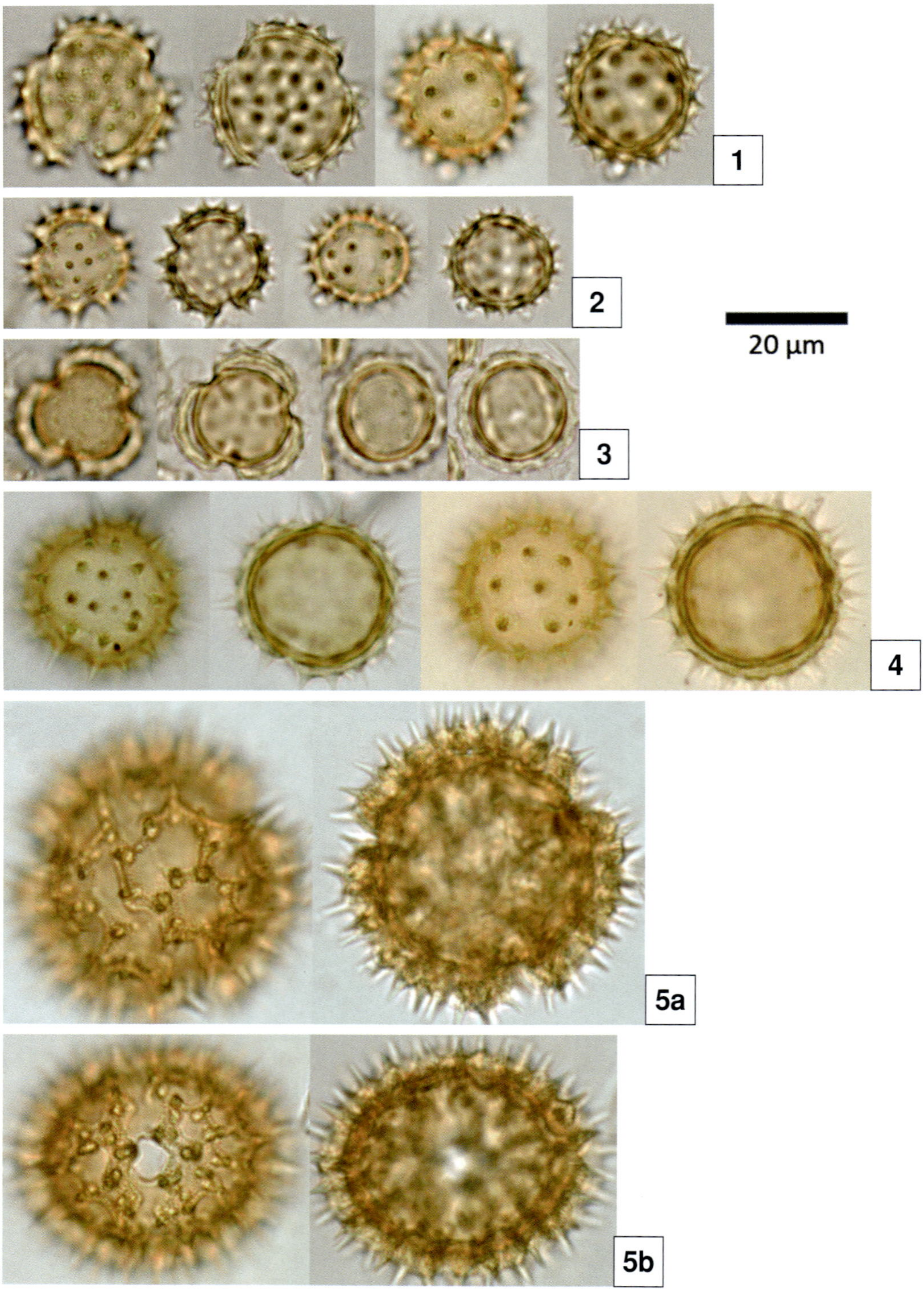

Prancha/Plate 32: Asteraceae: *Achyrocline satureioides* (1); *Baccharis reticularia* (2); *Barrosoa betoniciformis* (3); *Bidens cynapifolia* (4); *Centratherum punctatum* (5a,b).

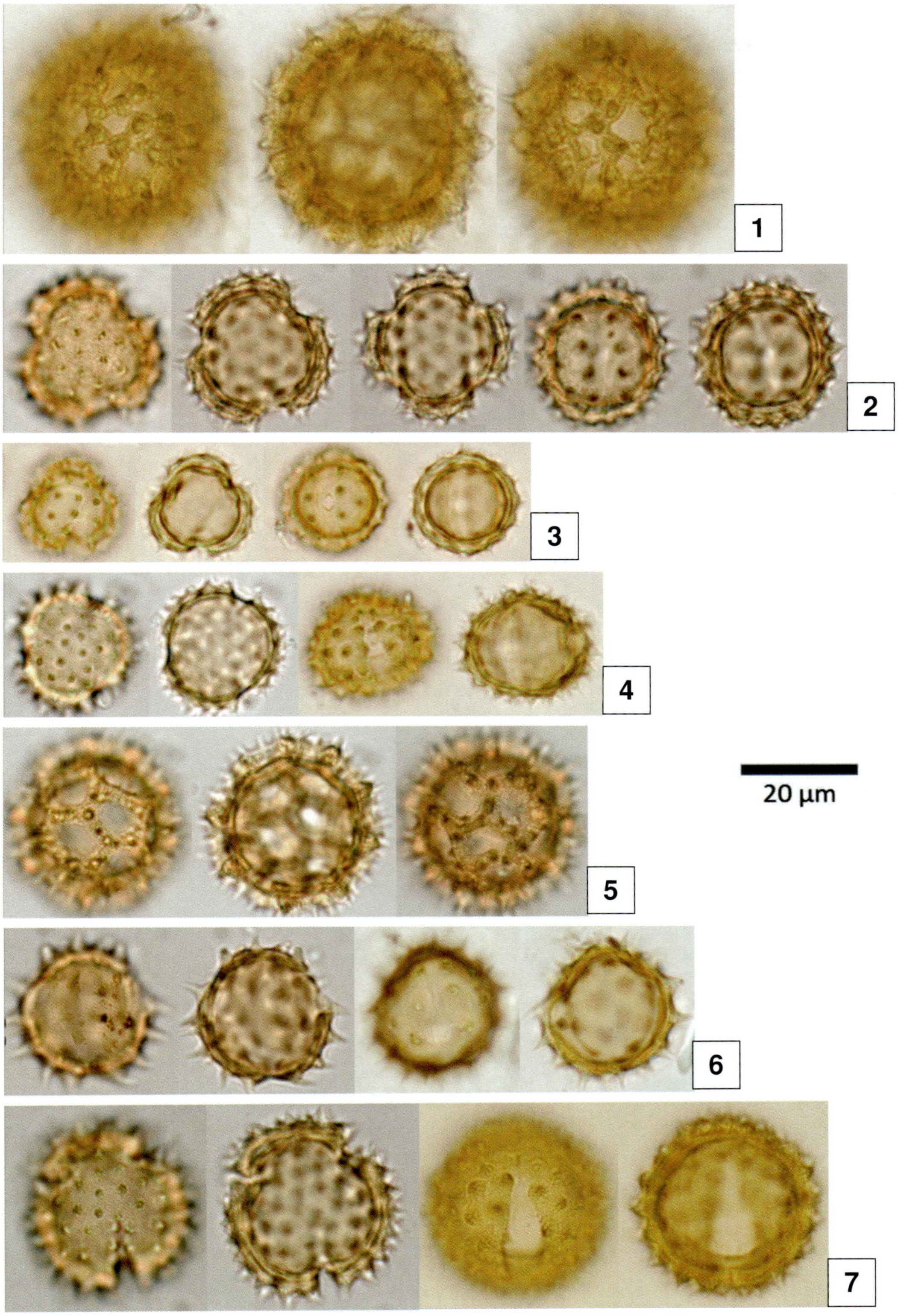

Prancha/Plate 33: Asteraceae: *Chaptalia nutans* (1); *Chromolaena maximiliana* (2); *Conocliniopsis prasiifolia* (3); *Conyza floribunda* (4); *Cyanthillium cinereum* (5); *Eclipta prostrata* (6); *Emilia fosbergii* (7).

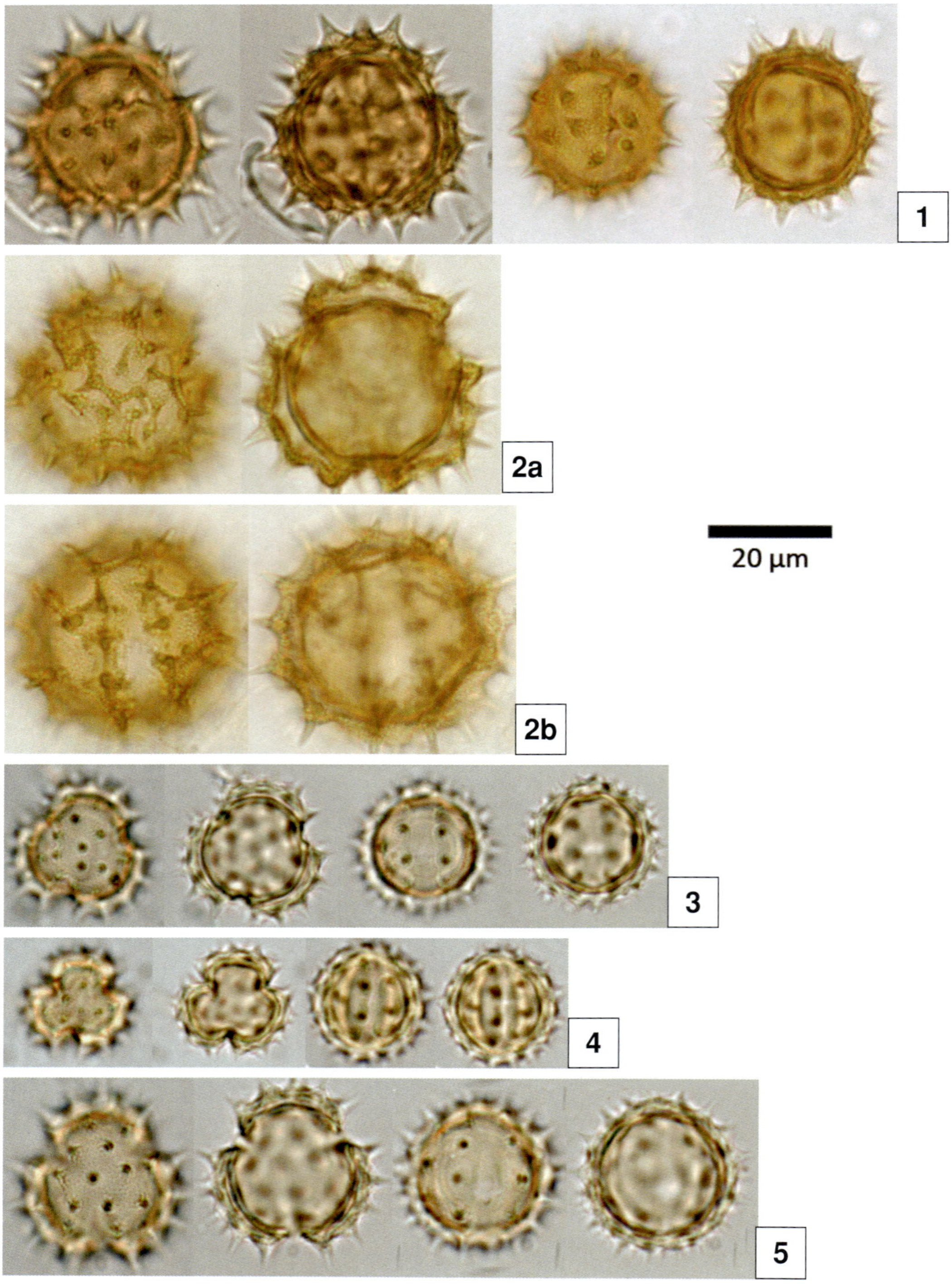

Prancha/Plate 34: Asteraceae: *Enydra sessilis* (1); *Ethulia conyzoides* (2a,b); *Fleischmannia remotifolia* (3); *Hebeclinium macrophyllum* (4); *Heterocondylus vitalbae* (5).

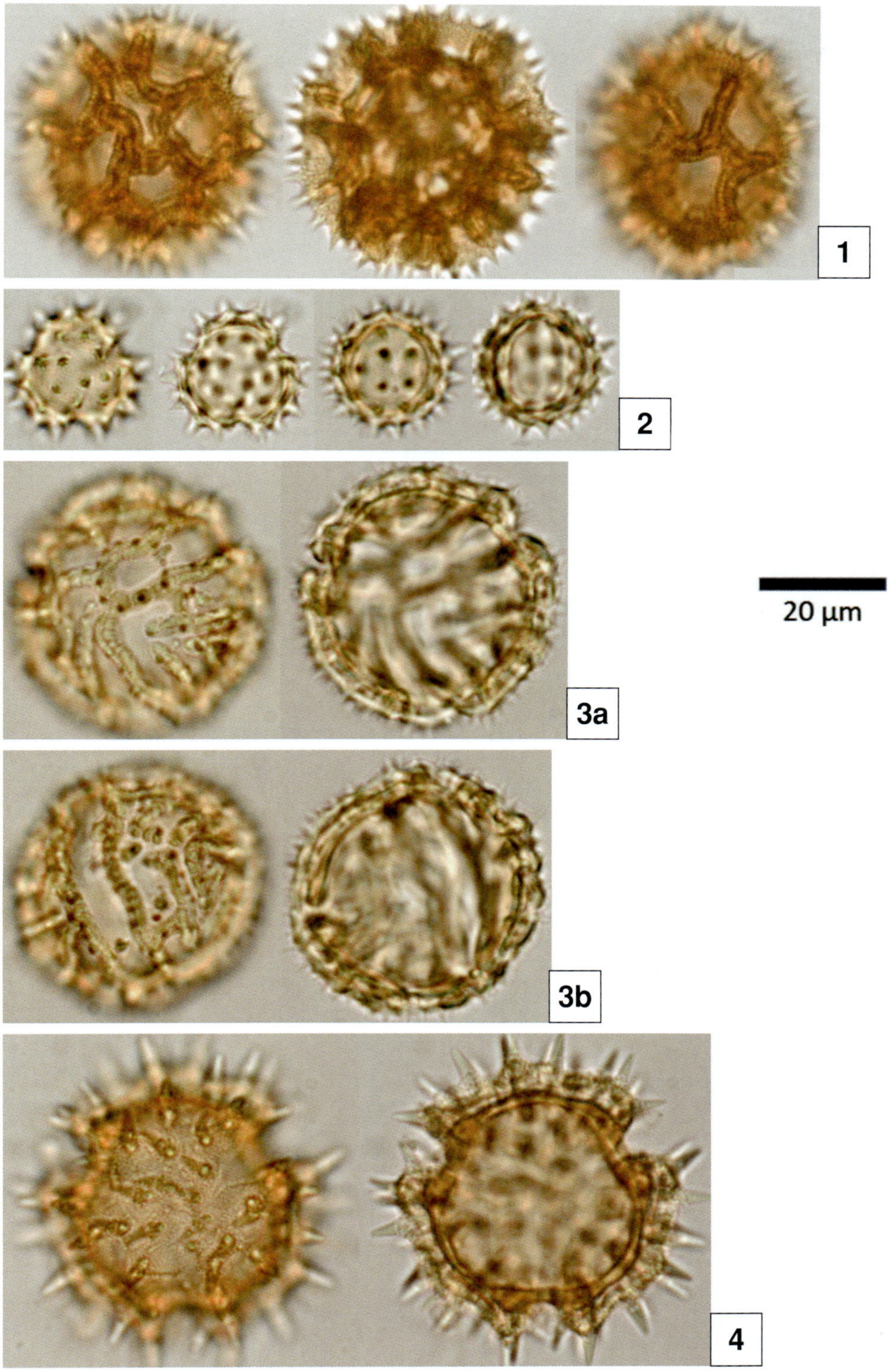

Prancha/Plate 35: Asteraceae: *Lepidaploa araripensis* (1); *Mikania diversifolia* (2); *Orthopappus angustifolius* (3a,b); *Piptocarpha ramiflora* (4).

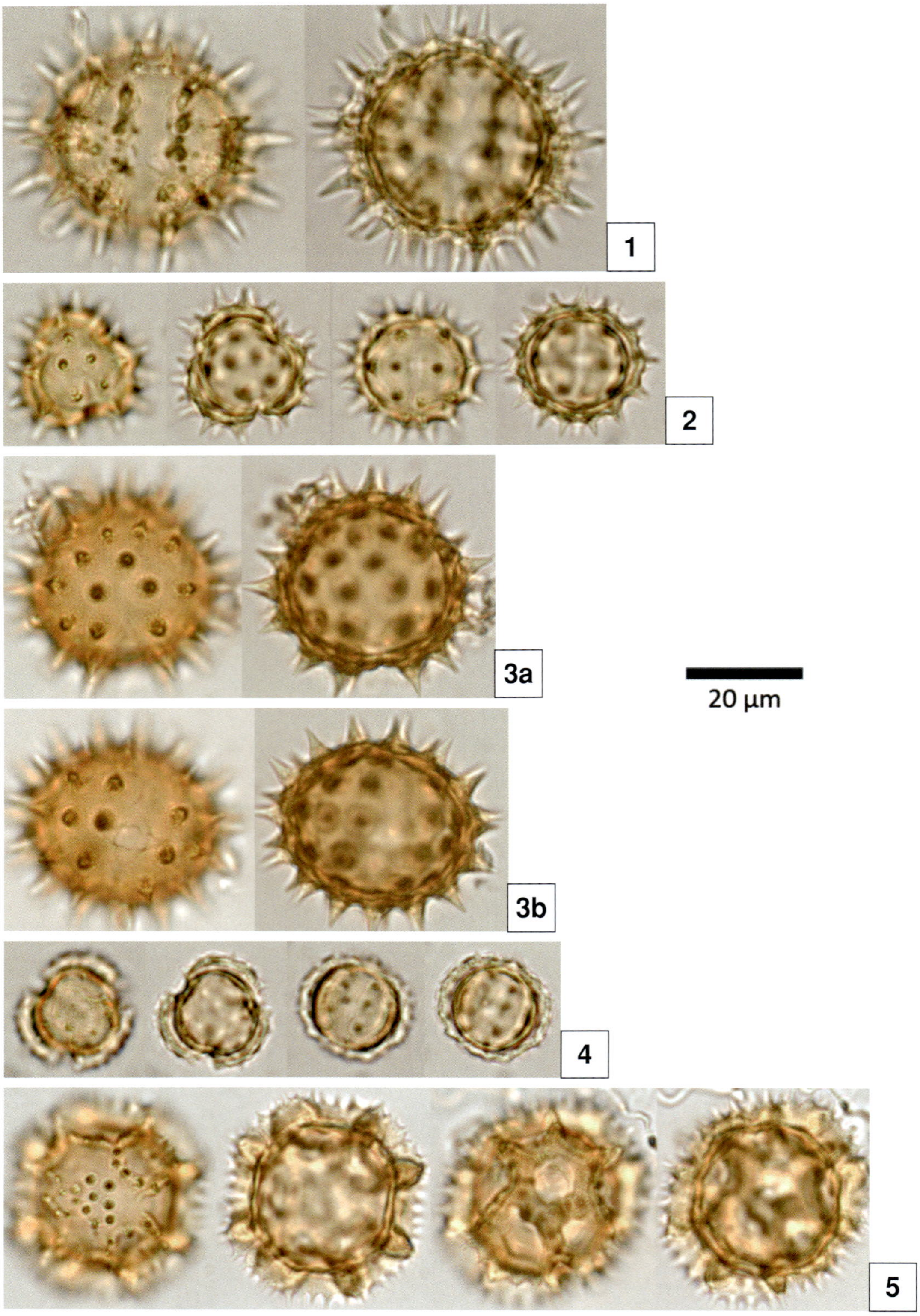

Prancha/Plate 36: Asteraceae: *Piptocarpha ramiflora* (1); *Pluchea sagittalis* (2); *Porophyllum ruderale* (3a,b); *Praxelis clematidea* (4); *Sonchus oleraceae* (5).

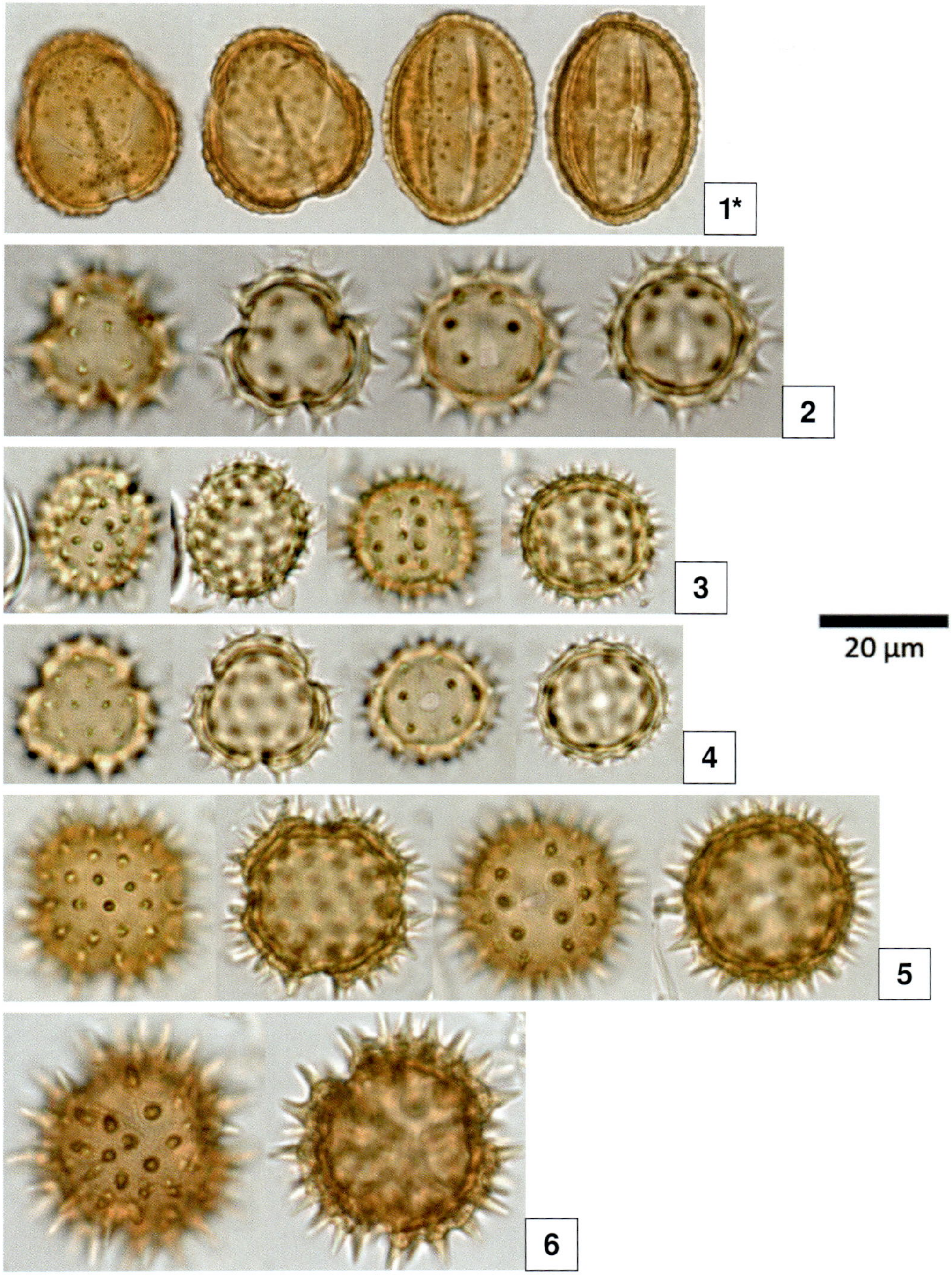

Prancha/Plate 37: Asteraceae: *Stifftia hatschbachii* (1); *Symphyopappus reticulatus* (2); *Synedrella nodiflora* (3); *Trichogoniopsis adenantha* (4); *Tridax procumbens* (5); *Vernonanthura divaricata* (6). [*Reduzida para ½ da escala.]

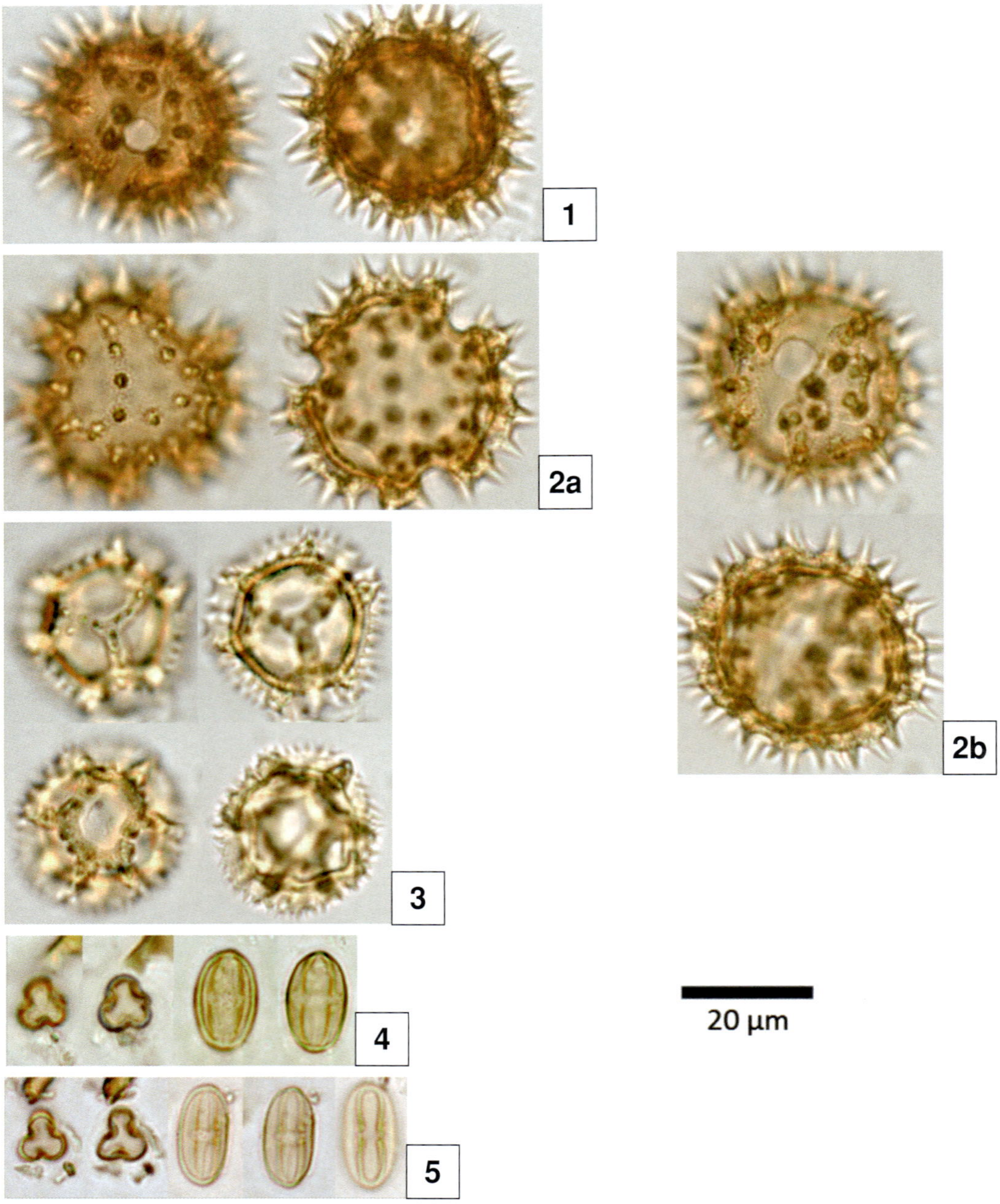

Prancha/Plate 38: Asteraceae: *Vernonanthura divaricata* (1); *Vernonanthura polyanthes* (2a,b); *Youngia japonica* (3); Begoniaceae: *Begonia convolvulacea* (4); *Begonia fischeri* (5).

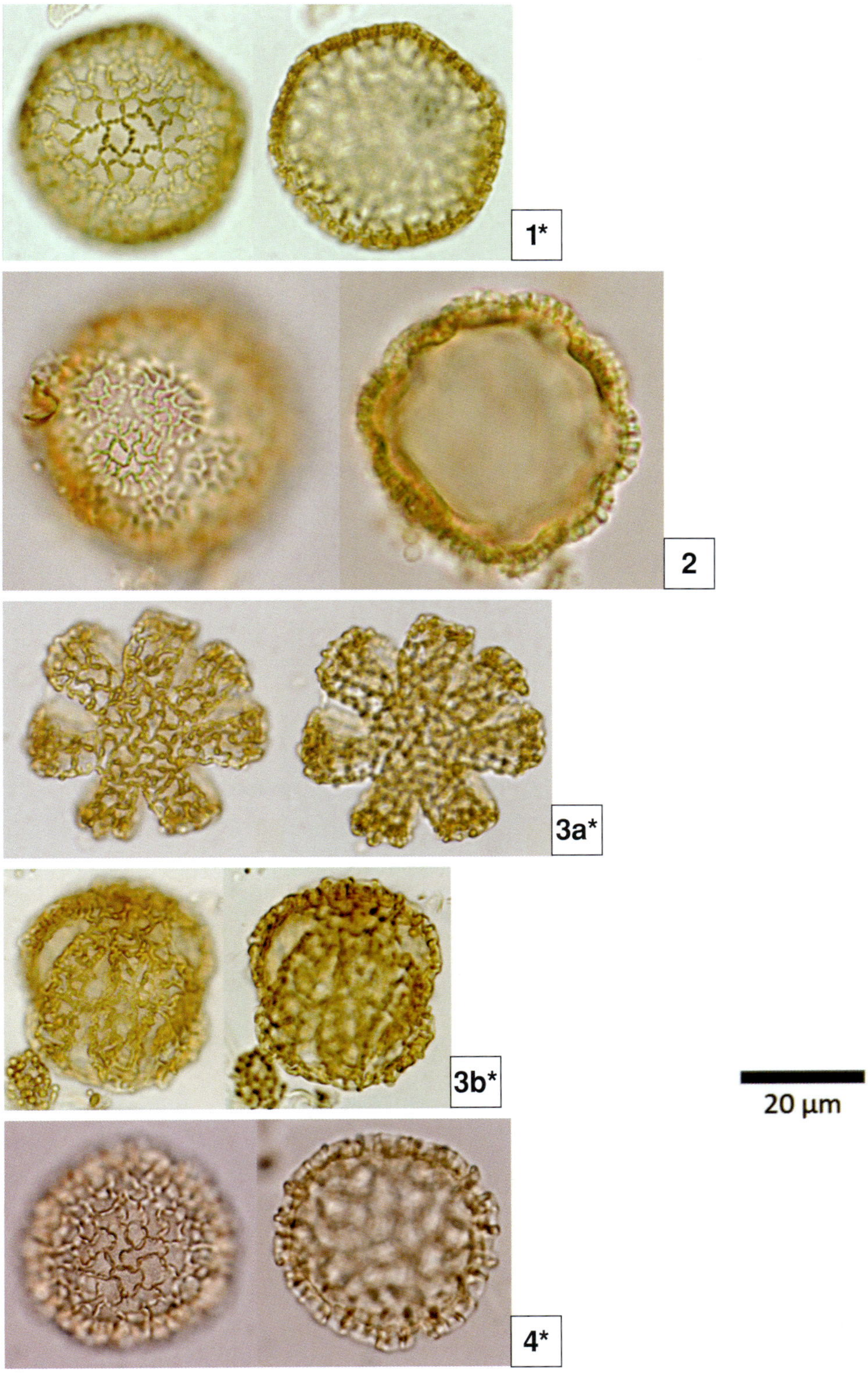

Prancha/Plate 39: Bignoniaceae: *Adenocalymma aurantiacum* (1); *Adenocalymma neoflavidum* (2); *Amphilophium bauhinioides* (3a,b); *Amphilophium crucigerum* (4). [*Reduzida para ½ da escala.]

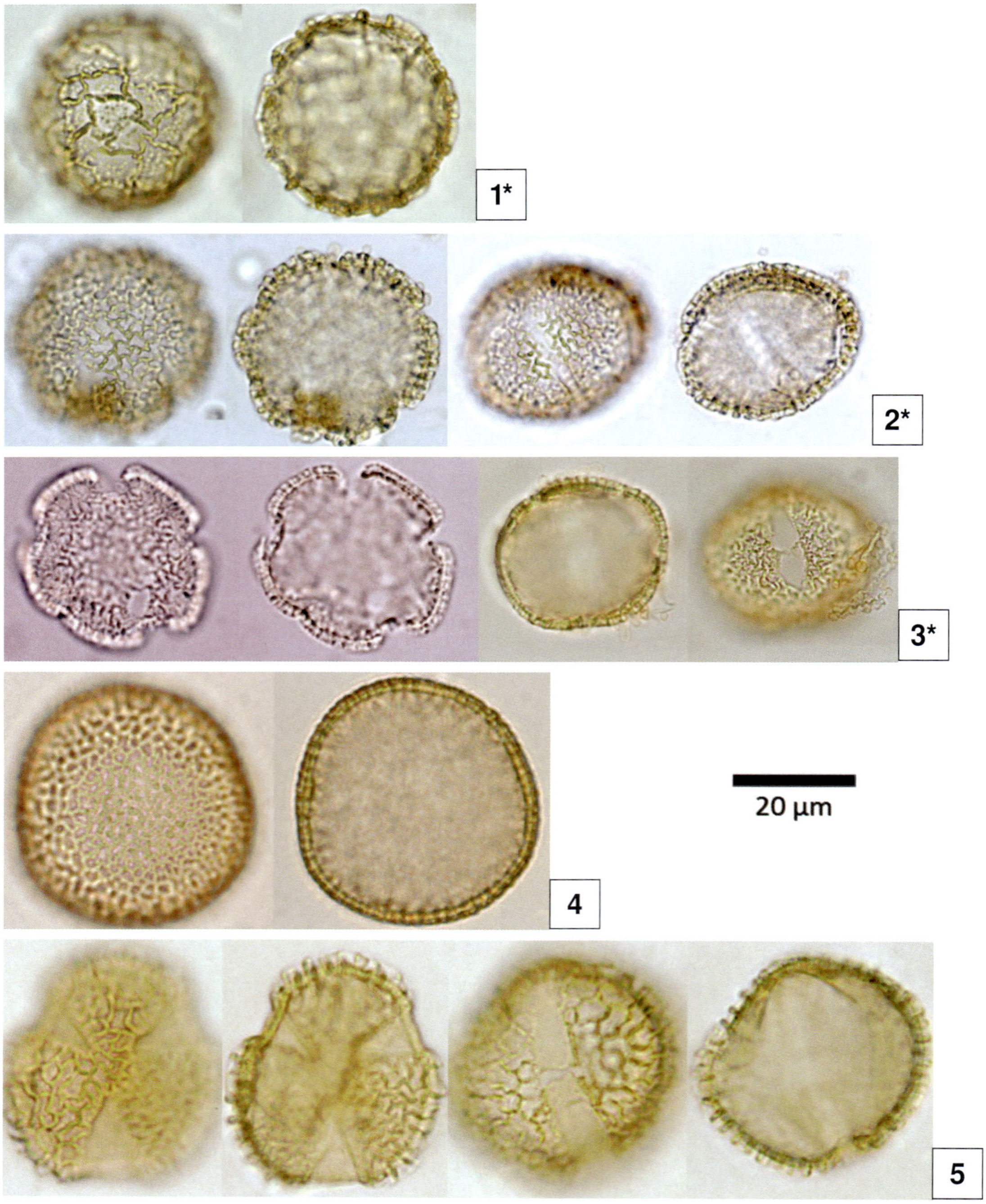

Prancha/Plate 40: Bignoniaceae: *Amphilophium frutescens* (1); *Anemopaegma chamberlaynii* (2); *Anemopaegma setilobum* (3); *Bignonia corymbosa* (4); *Bignonia prieurei* (5). [*Reduzida para ½ da escala.]

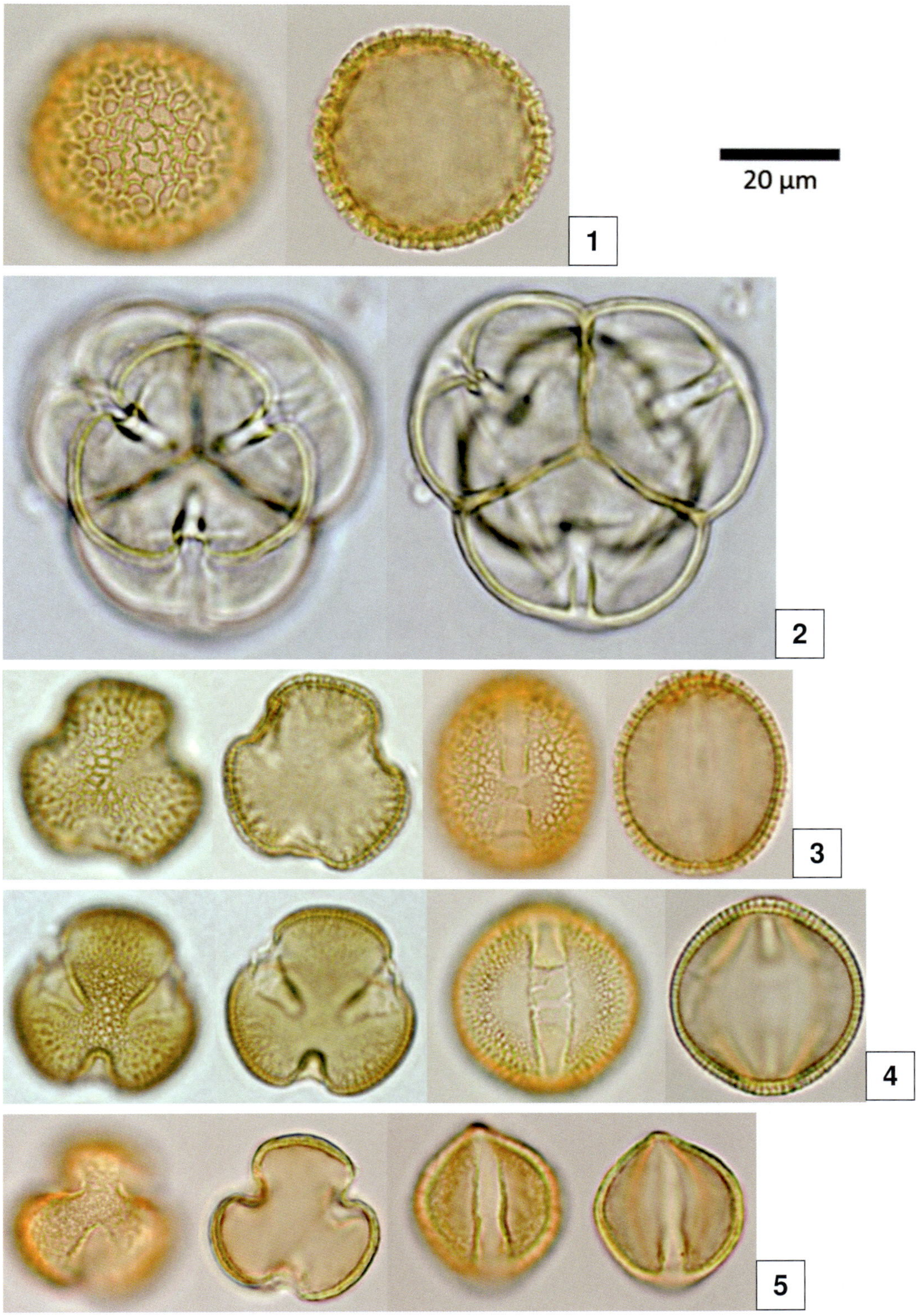

Prancha/Plate 41: Bignoniaceae: *Bignonia sciuripabula* (1); *Cuspidaria lasiantha* (2); *Cybistax antisyphilitica* (3); *Dolichandra unguiculata* (4); *Fridericia conjugata* (5).

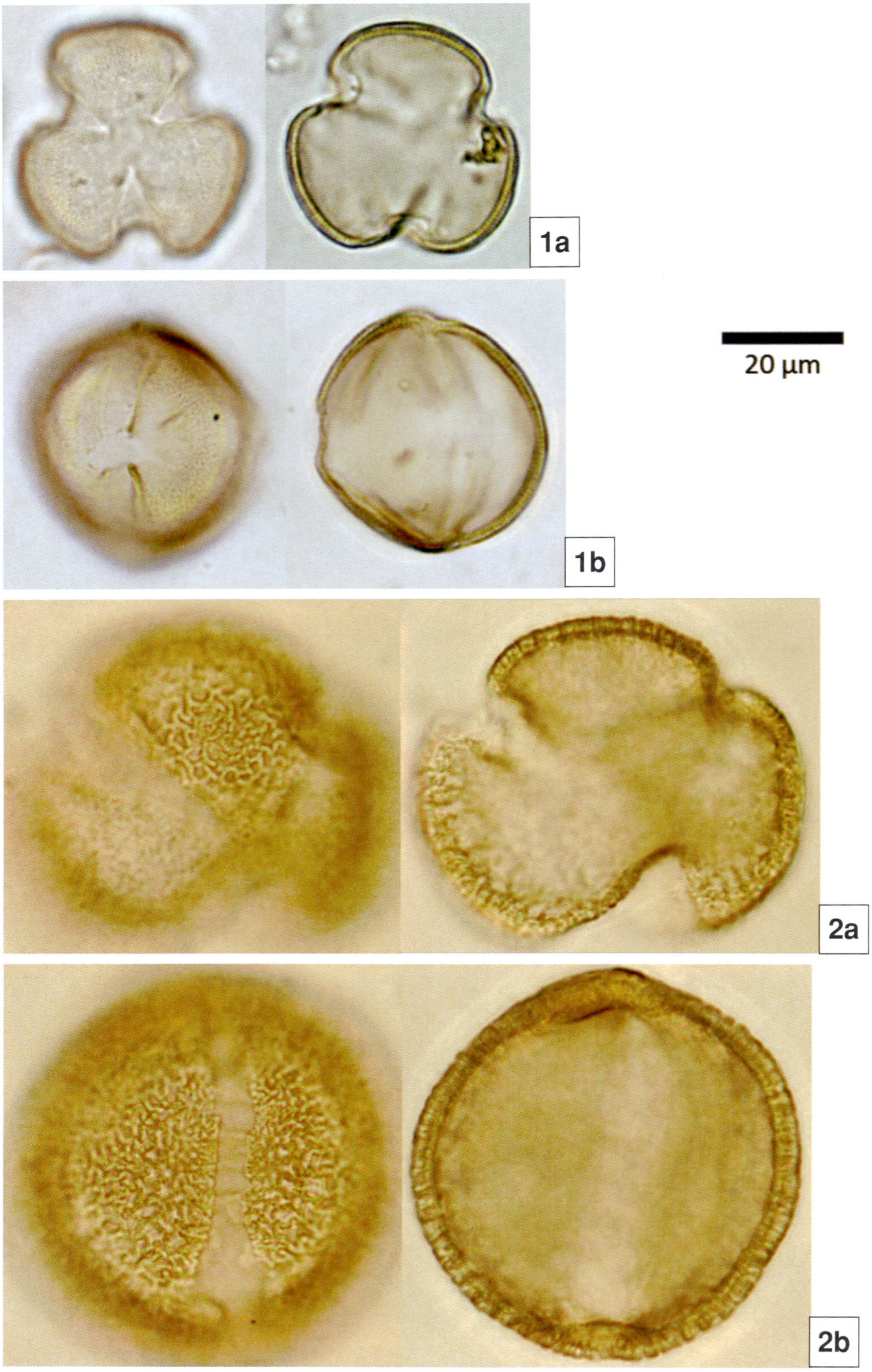

Prancha/Plate 42: Bignoniaceae: *Fridericia platyphylla* (1a,b); *Gardnerodoxa mirabilis* (2a,b).

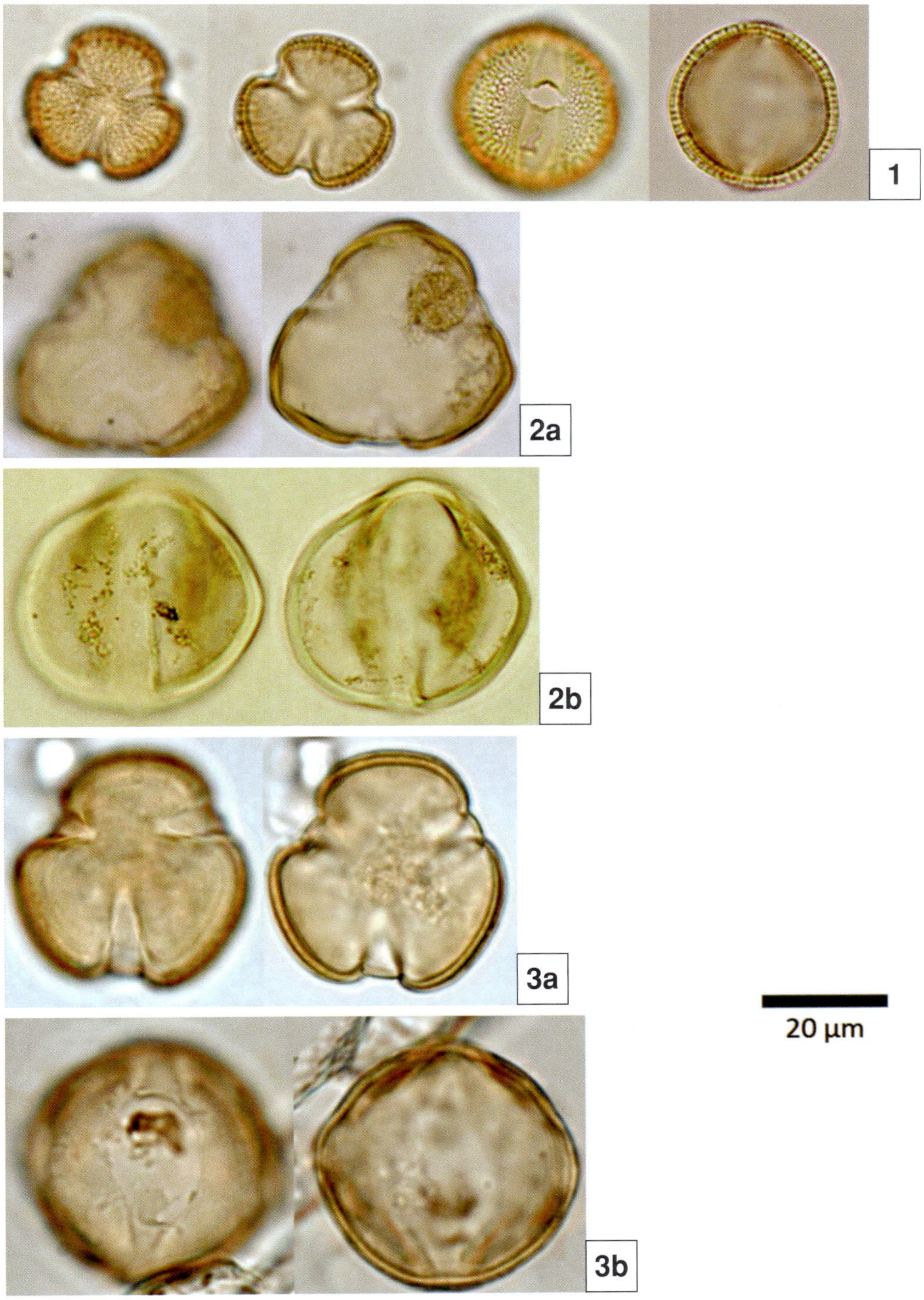

Prancha/Plate 43: Bignoniaceae: *Handroanthus bureavii* (1); *Jacaranda macrantha* (2a,b); *Jacaranda obovata* (3a,b).

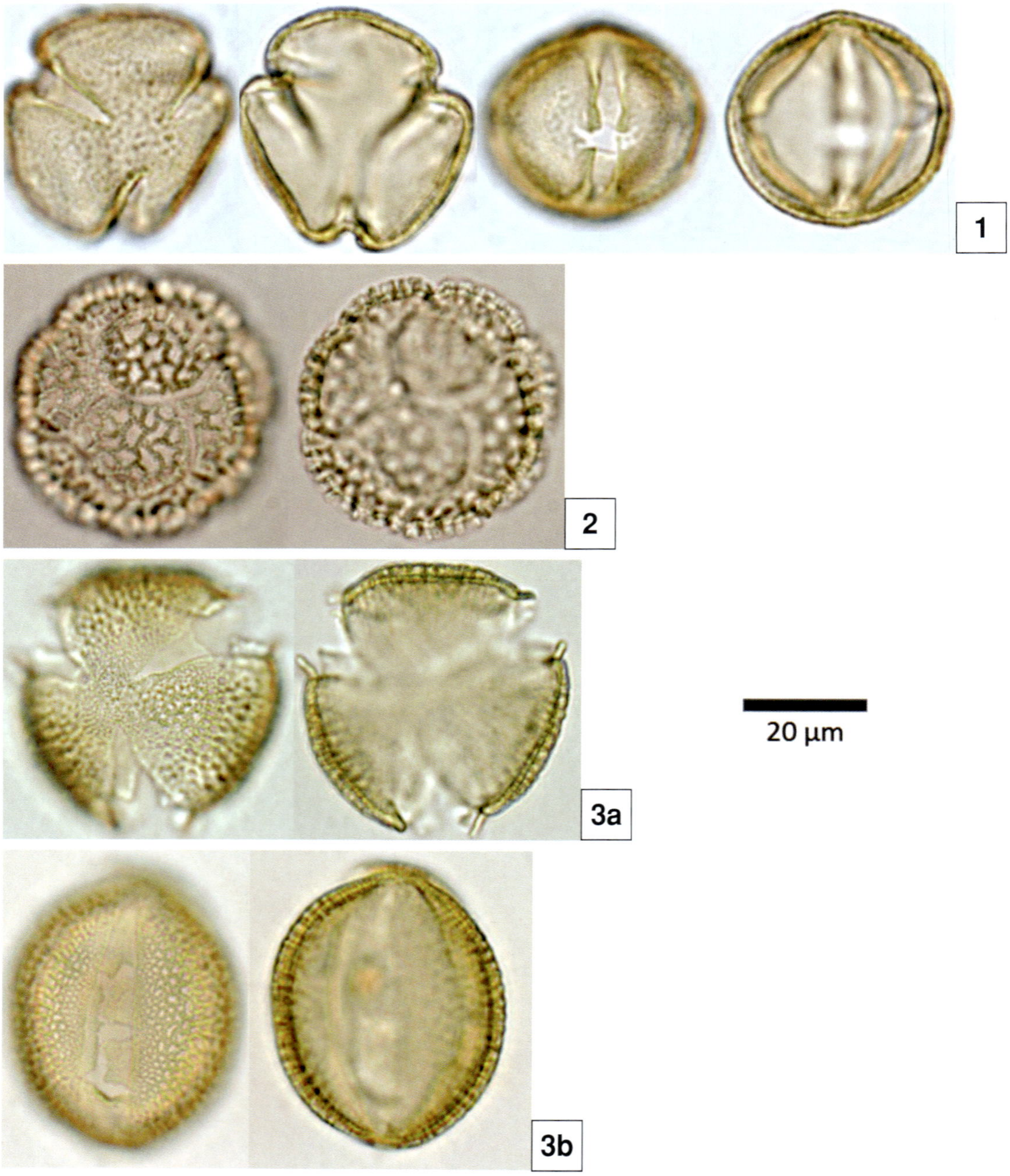

Prancha/Plate 44: Bignoniaceae: *Lundia virginalis* (1); *Mansoa difficilis* (2); *Paratecoma peroba* (3a,b).

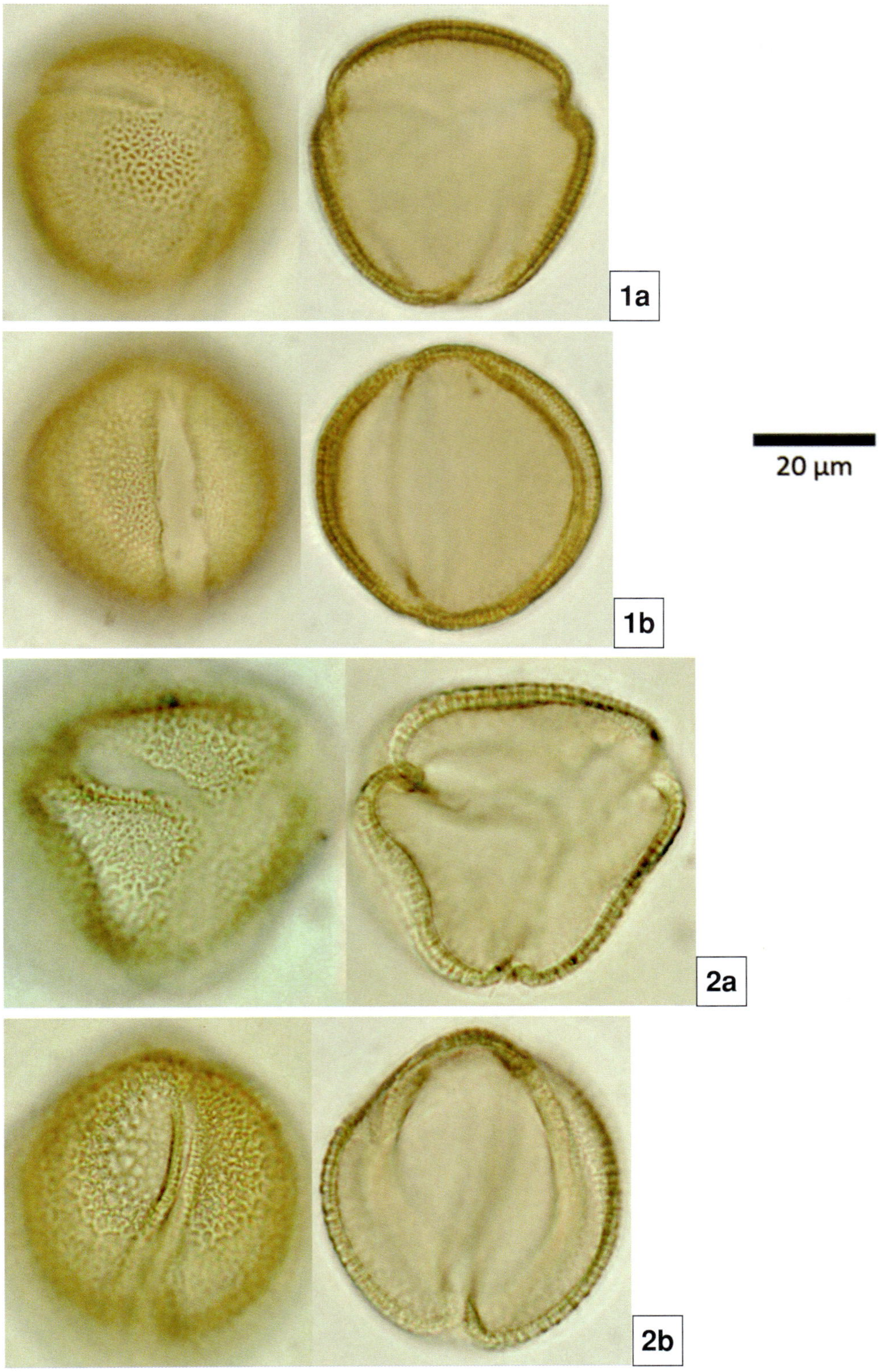

Prancha/Plate 45: Bignoniaceae: *Pleonotoma albiflora* (1a,b; 2a,b).

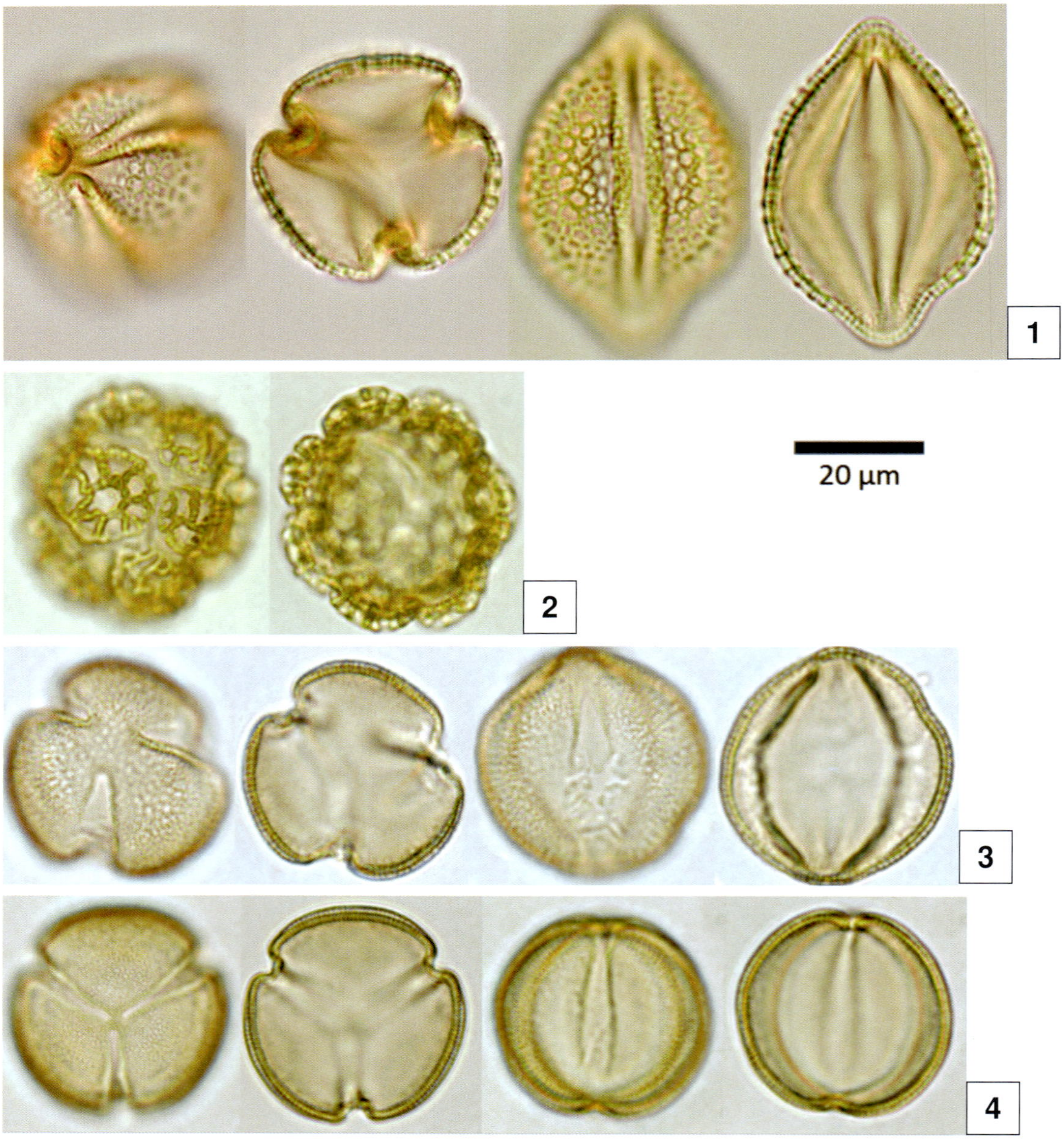

Prancha/Plate 46: Bignoniaceae: *Pyrostegia venusta* (1); *Sparattosperma leucanthum* (2); *Stizophyllum riparium* (3); *Tecoma stans* (4).

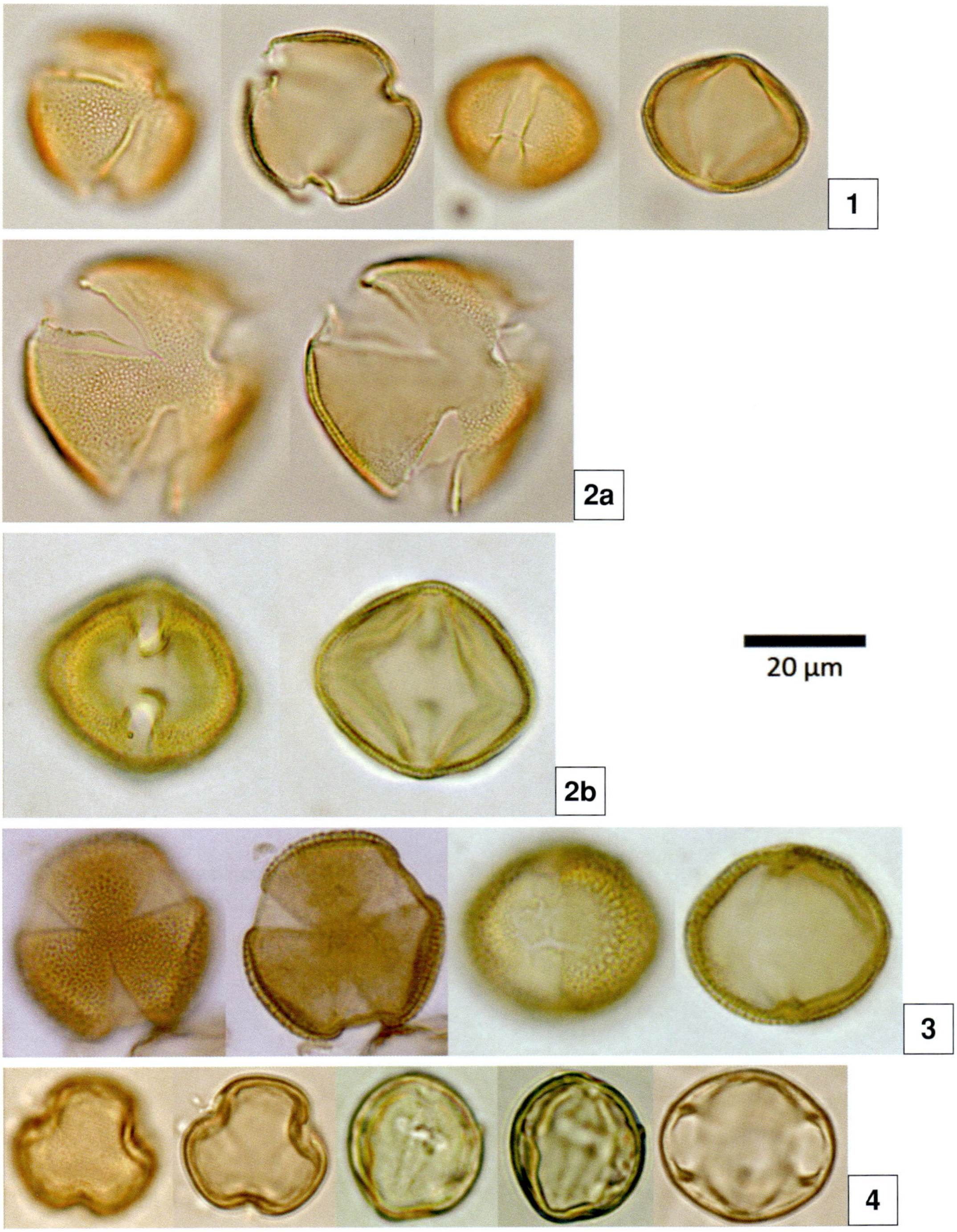

Prancha/Plate 47: Bignoniaceae: *Tynanthus cognatus* (1); *Xylophragma myrianthum* (2a,b); *Zeyheria tuberculosa* (3); Bixaceae: *Bixa arborea* (4).

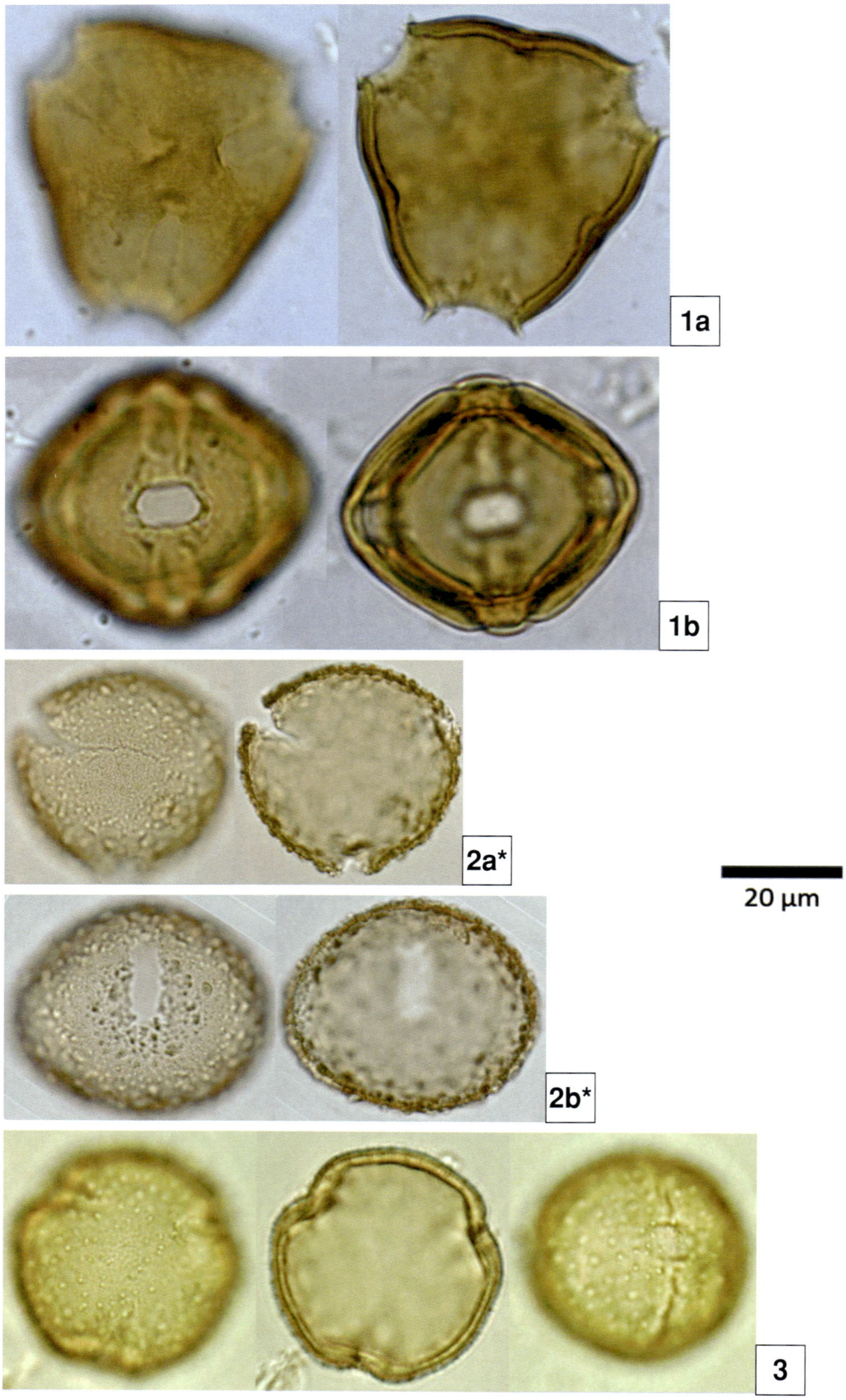

Prancha/Plate 48: Bonnetiaceae: *Bonnetia stricta* (1a,b); Boraginaceae: *Cordia aberrans* (2a,b); *Cordia acutifolia* (3). [*Reduzida para ½ da escala.]

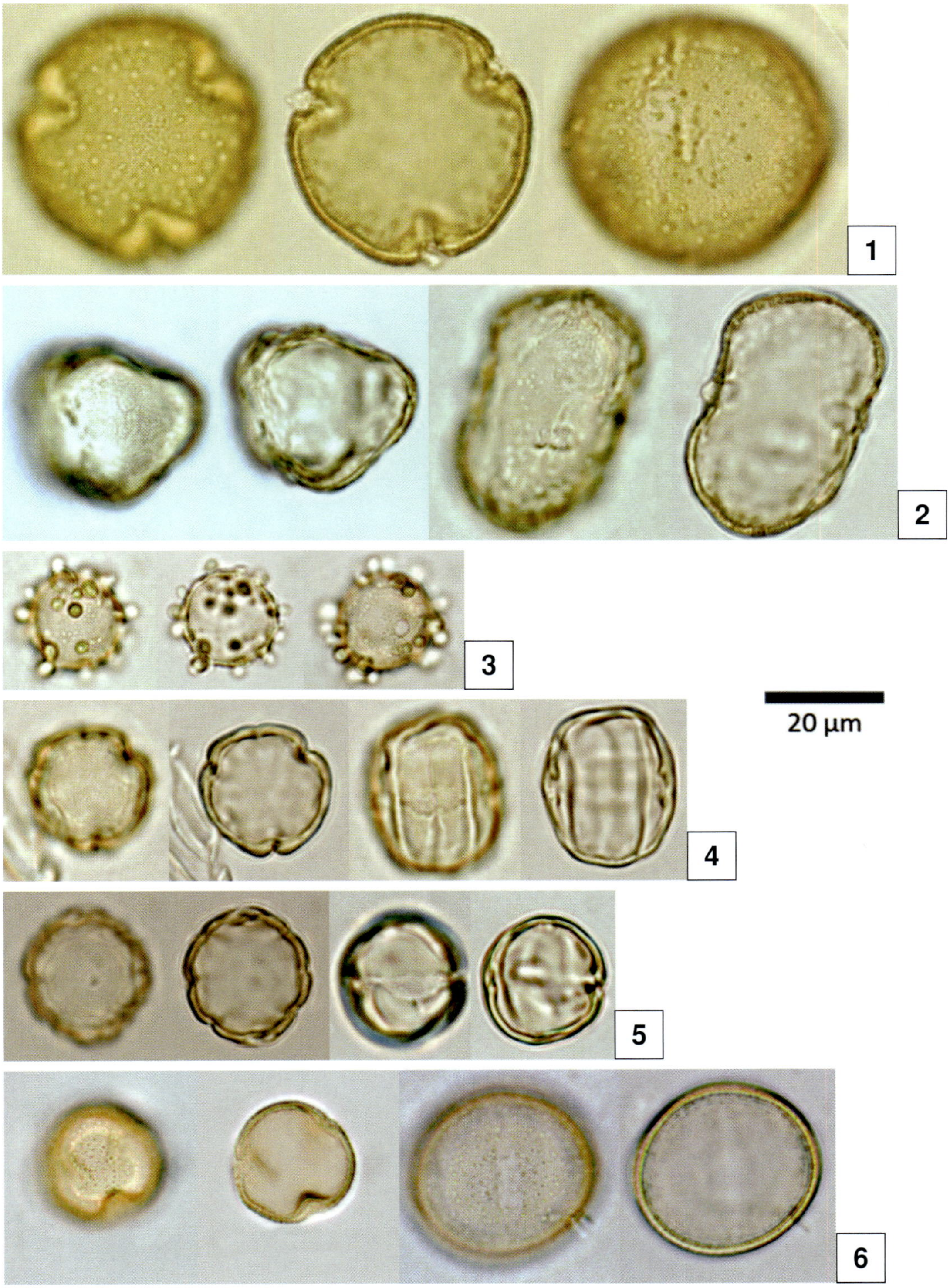

Prancha/Plate 49: Boraginaceae: *Cordia hatschbachii* (1); *Heliotropium* sp. (2); *Tournefortia bicolor* (3); *Tournefortia rubicunda* (4); *Tournefortia paniculata* (5); Brassicaceae: *Cardamine flexuosa* (6).

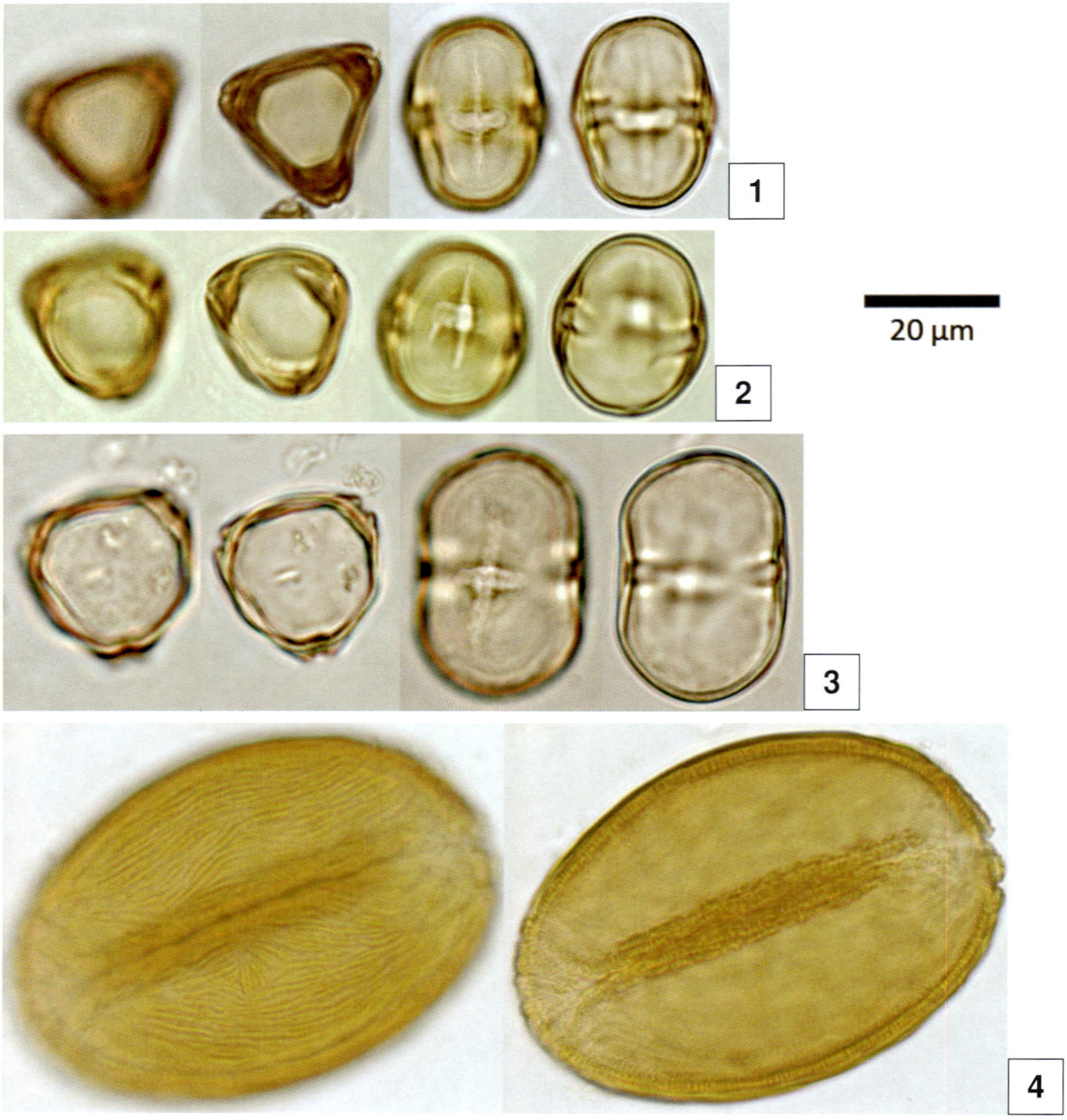

Prancha/Plate 50: Burseraceae: *Crepidospermum atlanticum* (1); *Protium heptaphyllum* subsp. *heptaphyllum* (2); *Trattinickia mensalis* (3); Cabombaceae: *Cabomba aquatica* (4).

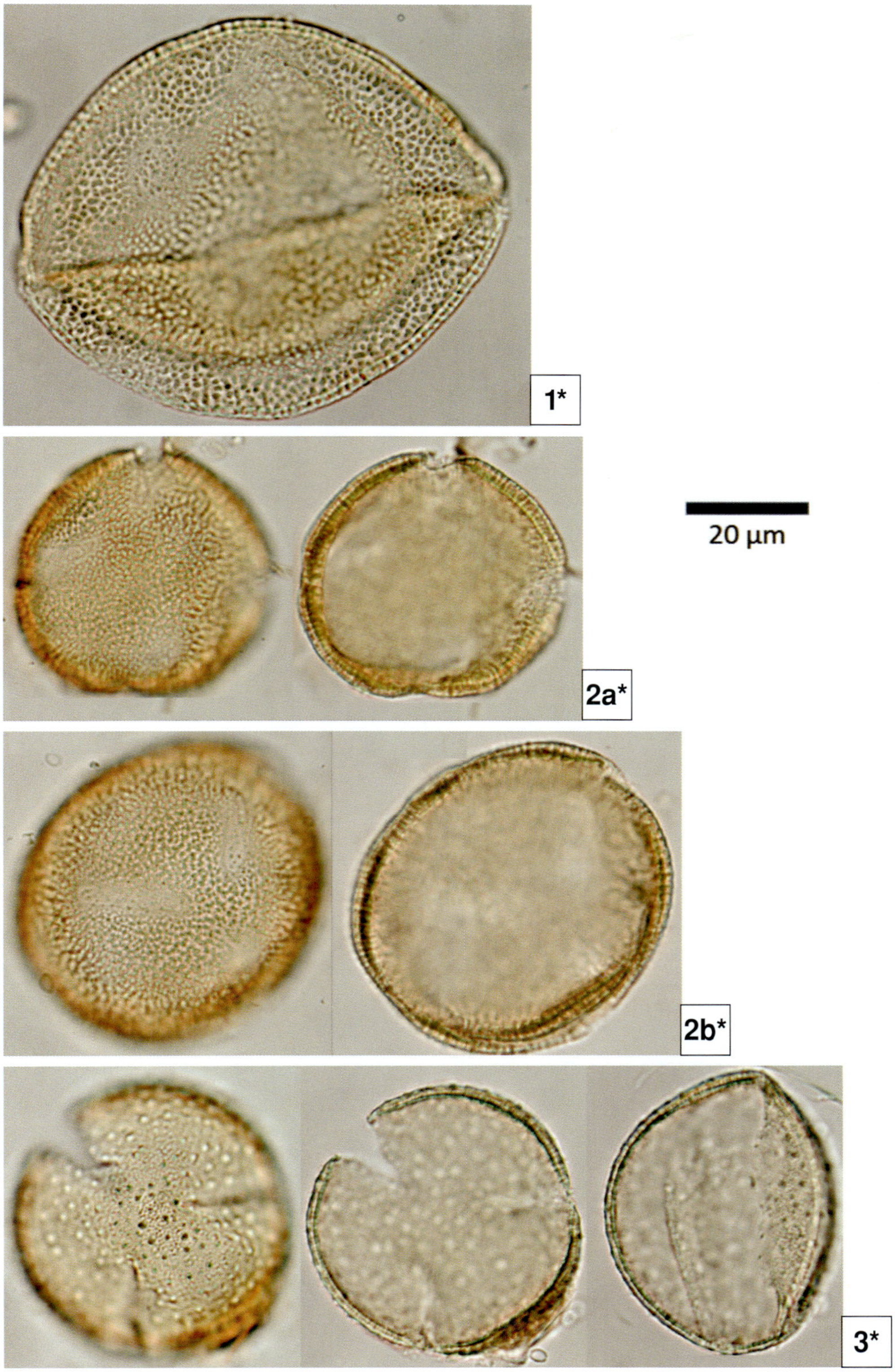

Prancha/Plate 51: Cactaceae: *Brasiliopuntia brasiliensis* (1); *Pereskia grandifolia* (2a,b); *Pilosocereus arrabidae* (3). [*Reduzida para ½ da escala.]

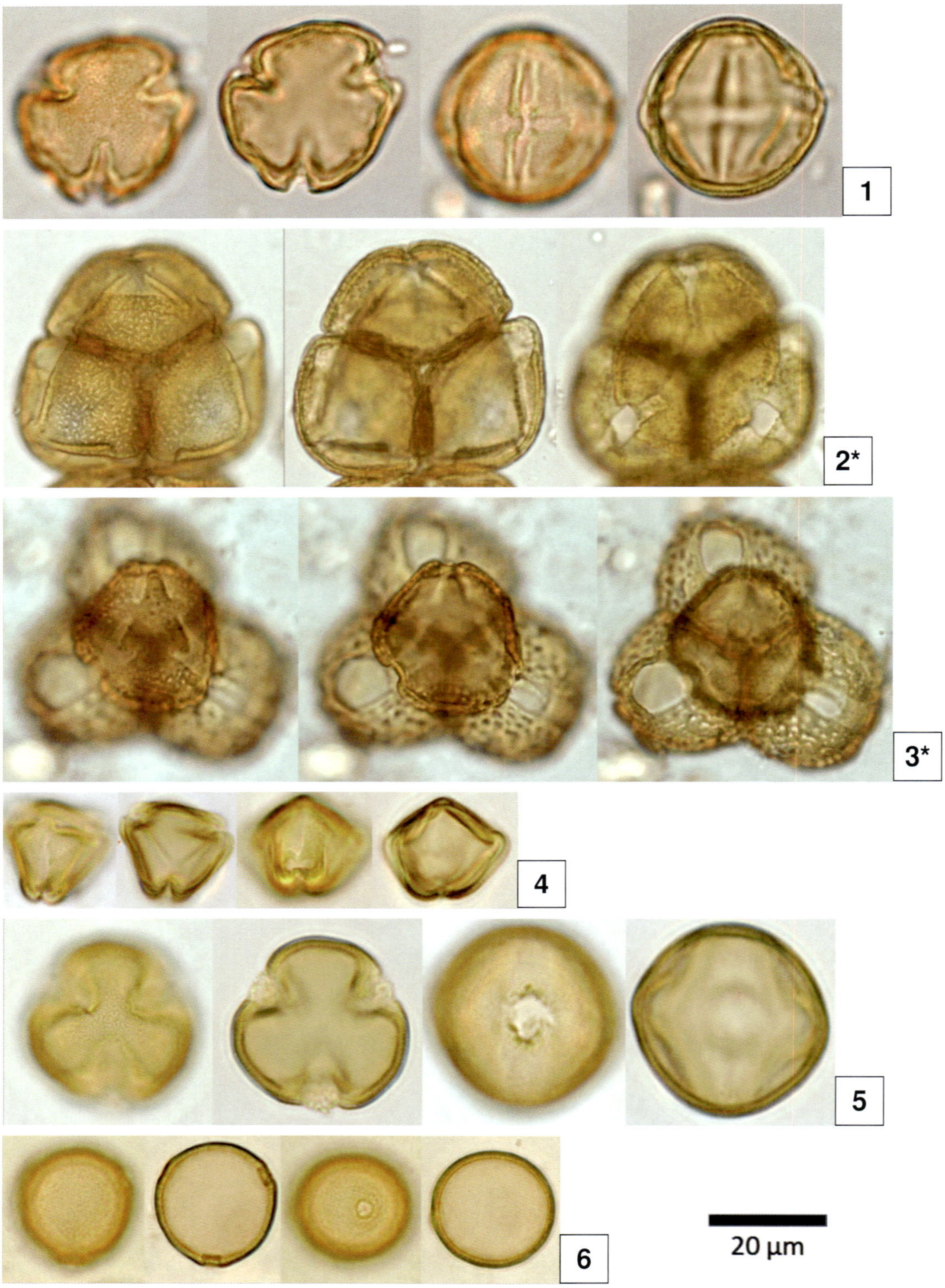

Prancha/Plate 52: Calophyllaceae: *Calophyllum brasiliense* (1); *Kielmeyera albopunctata* (2); *Kielmeyera occhioniana* (3); Calyceraceae: *Acicarpha spathulata* (4); Campanulaceae: *Centropogon cornutus* (5); Cannabaceae: *Celtis brasiliensis* (6). [*Reduzida para ½ da escala.]

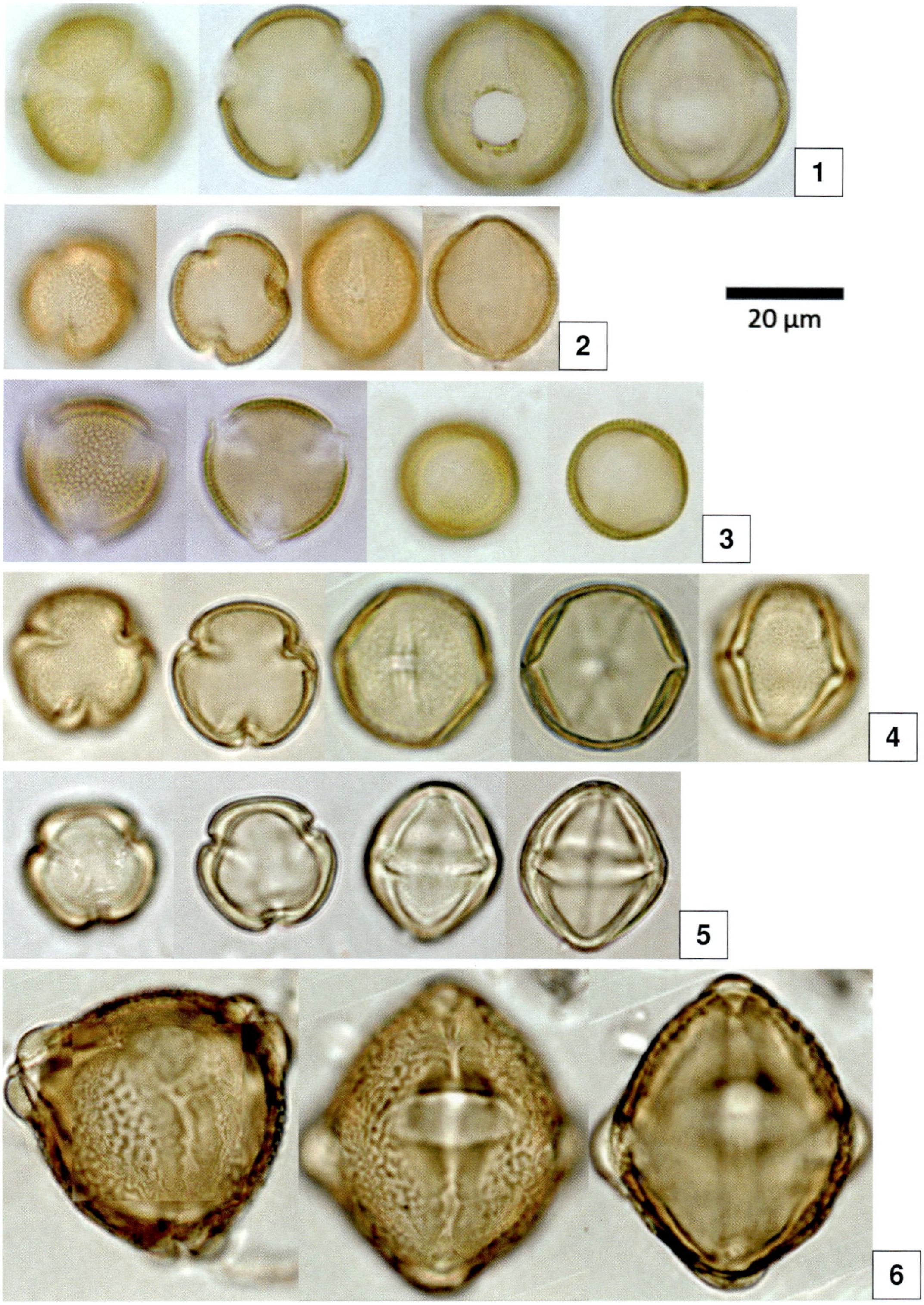

Prancha/Plate 53: Capparaceae: *Colicodendron yco* (1); *Crateva tapia* (2); Cardiopteridaceae: *Citronella paniculata* (3); Caricaceae: *Jacaratia heptaphylla* (4); Caryocaraceae: *Anthodiscus amazonicus* (5); *Caryocar edule* (6).

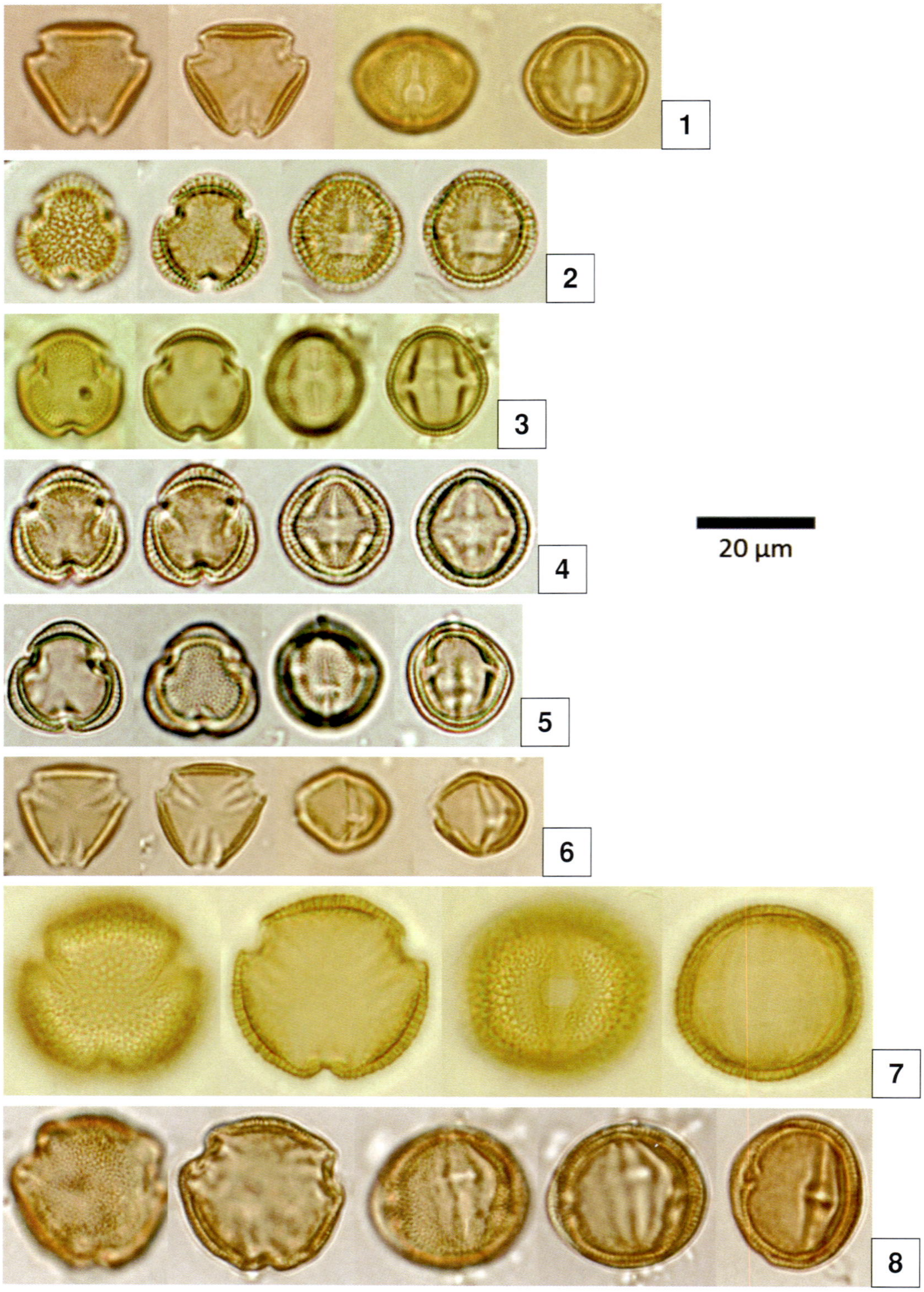

Prancha/Plate 54: Celastraceae: *Elachyptera festiva* (1); *Maytenus evonimoides* (2); *Maytenus obtusifolia* (3); *Maytenus schumanniana* (4,5); *Pristimera celastroides* (6); *Salacia elliptica* (7); *Salacia krigsneri* (8).

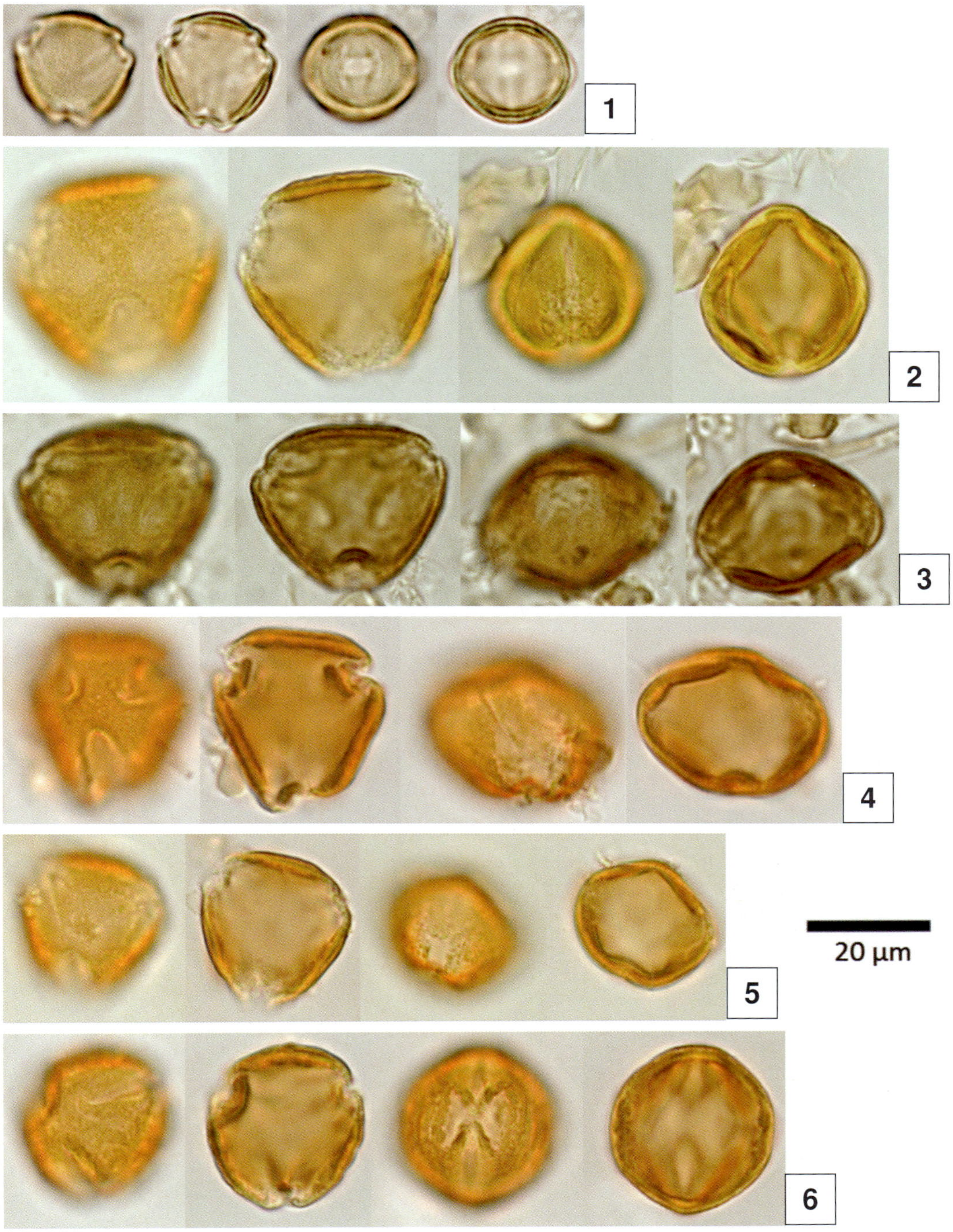

Prancha/Plate 55: Celastraceae: *Tontelea miersii* (1); Chrysobalanaceae: *Couepia belemii* (2); *Couepia ovalifolia* (3); *Coeupia schottii* (4); *Exellodendron gracile* (5); *Hirtella bahiensis* (6).

Prancha/Plate 56: Chrysobalanaceae: *Hirtella corymbosa* (1); *Licania belemii* (2); *Licania littoralis* (3); *Licania micrantha* (4); *Parinari excelsa* (5); Cleomaceae: *Dactylaena microphylla* (6); *Tarenaya hassleriana* (7).

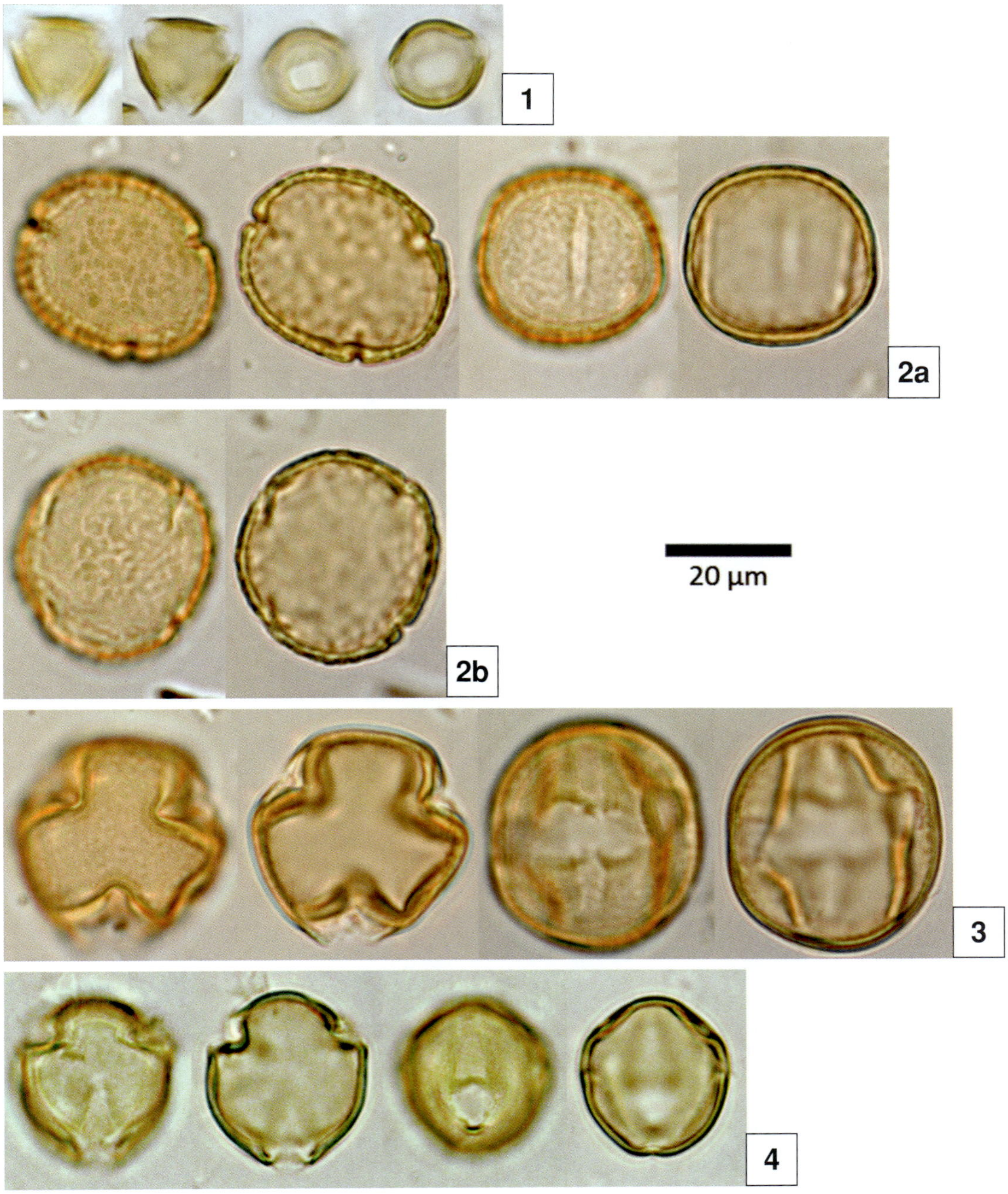

Prancha/Plate 57: Clethraceae: *Clethra scabra* (1); Clusiaceae: *Clusia marizii* (2a,b); *Garcinia brasiliensis* (3); *Garcinia gardneriana* (4).

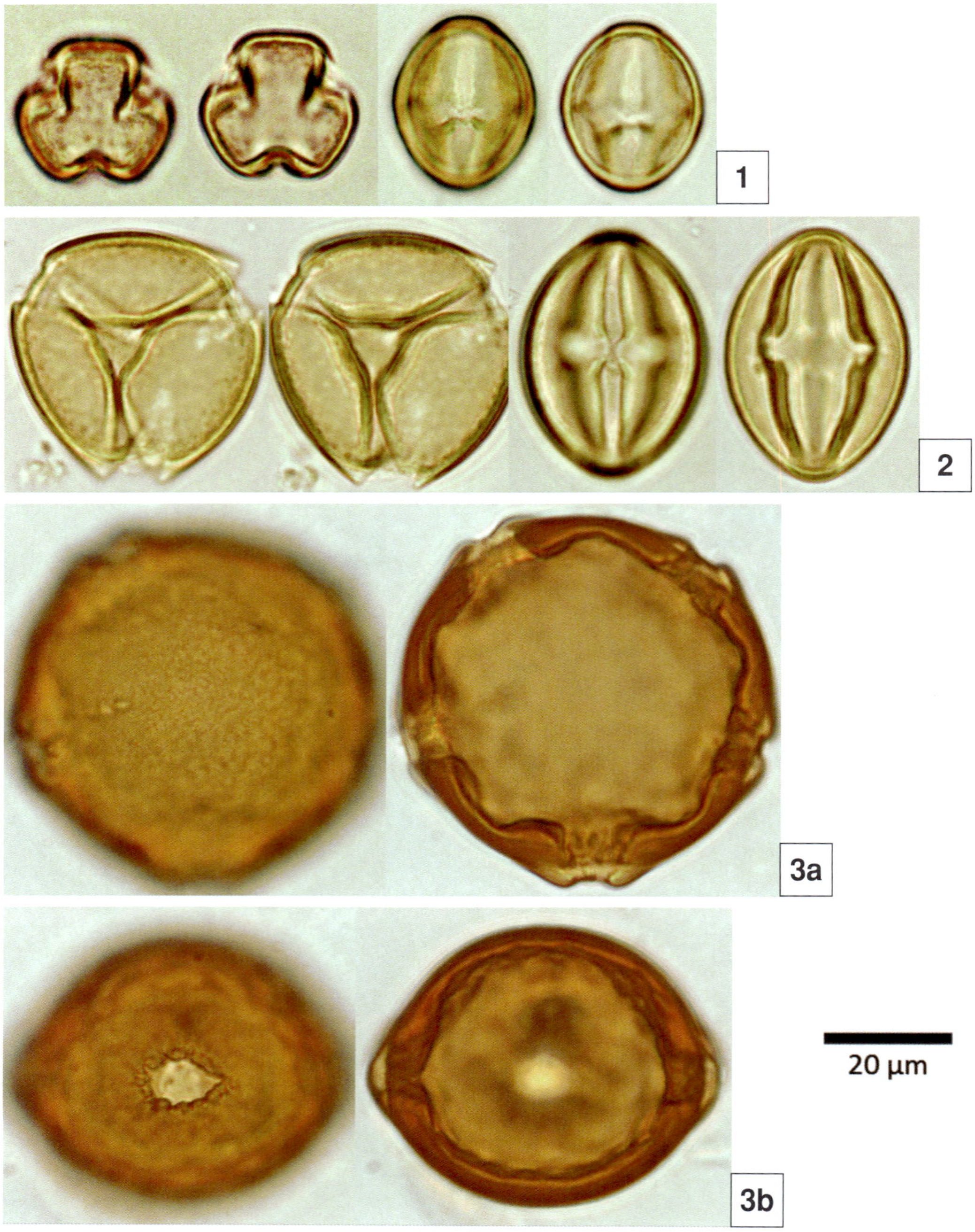

Prancha/Plate 58: Clusiaceae: *Garcinia gardneriana* (1); *Garcinia intermedia* (2); *Symphonia globulifera* (3a,b).

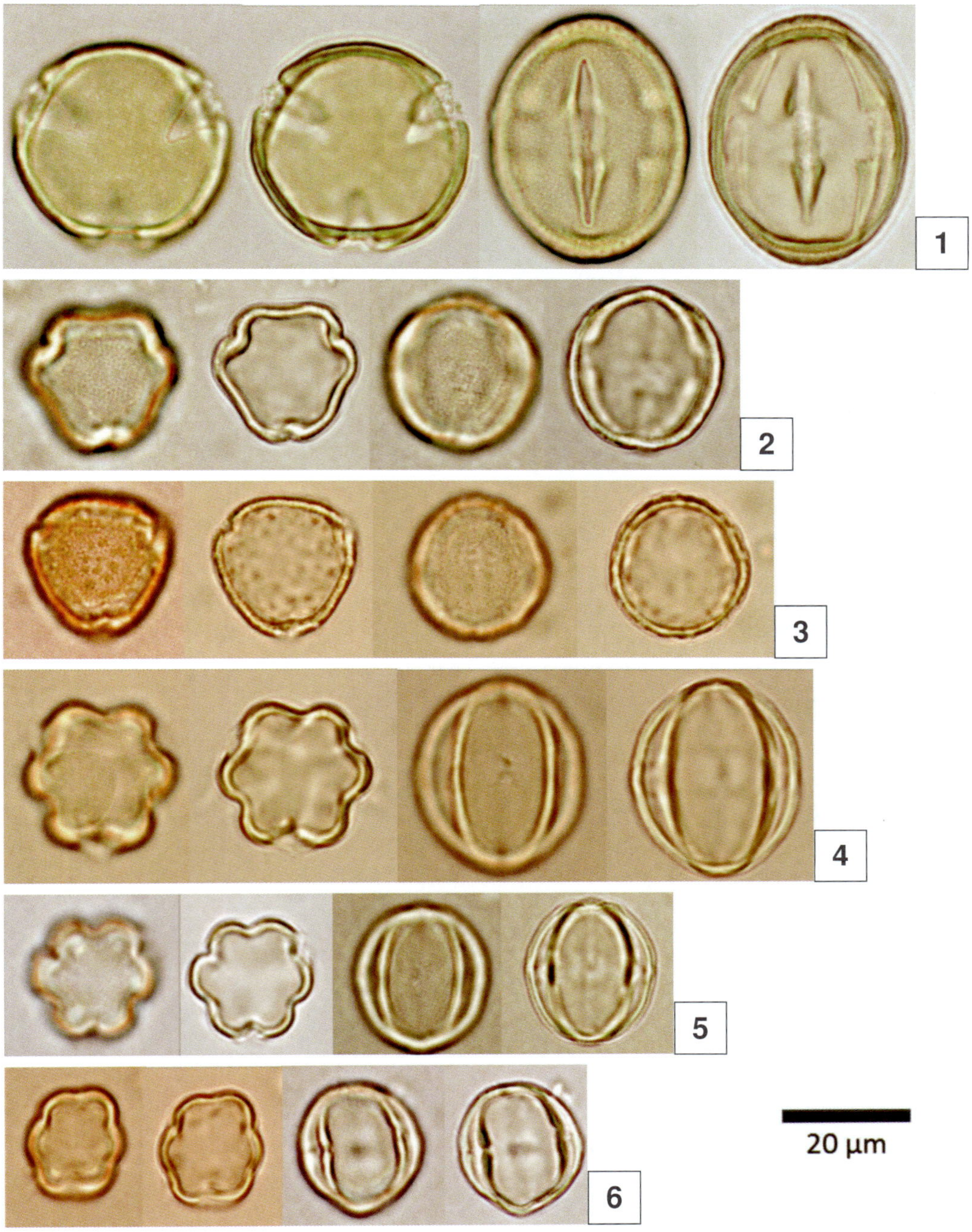

Prancha/Plate 59: Clusiaceae: *Tovomita fructipendula* (1); Combretaceae: *Buchenavia parvifolia* subsp. *rabelloana* (2); *Buchenavia tetraphylla* (3); *Combretum fruticosum* (4); *Combretum laxum* (5); *Conocarpus erectus* (6).

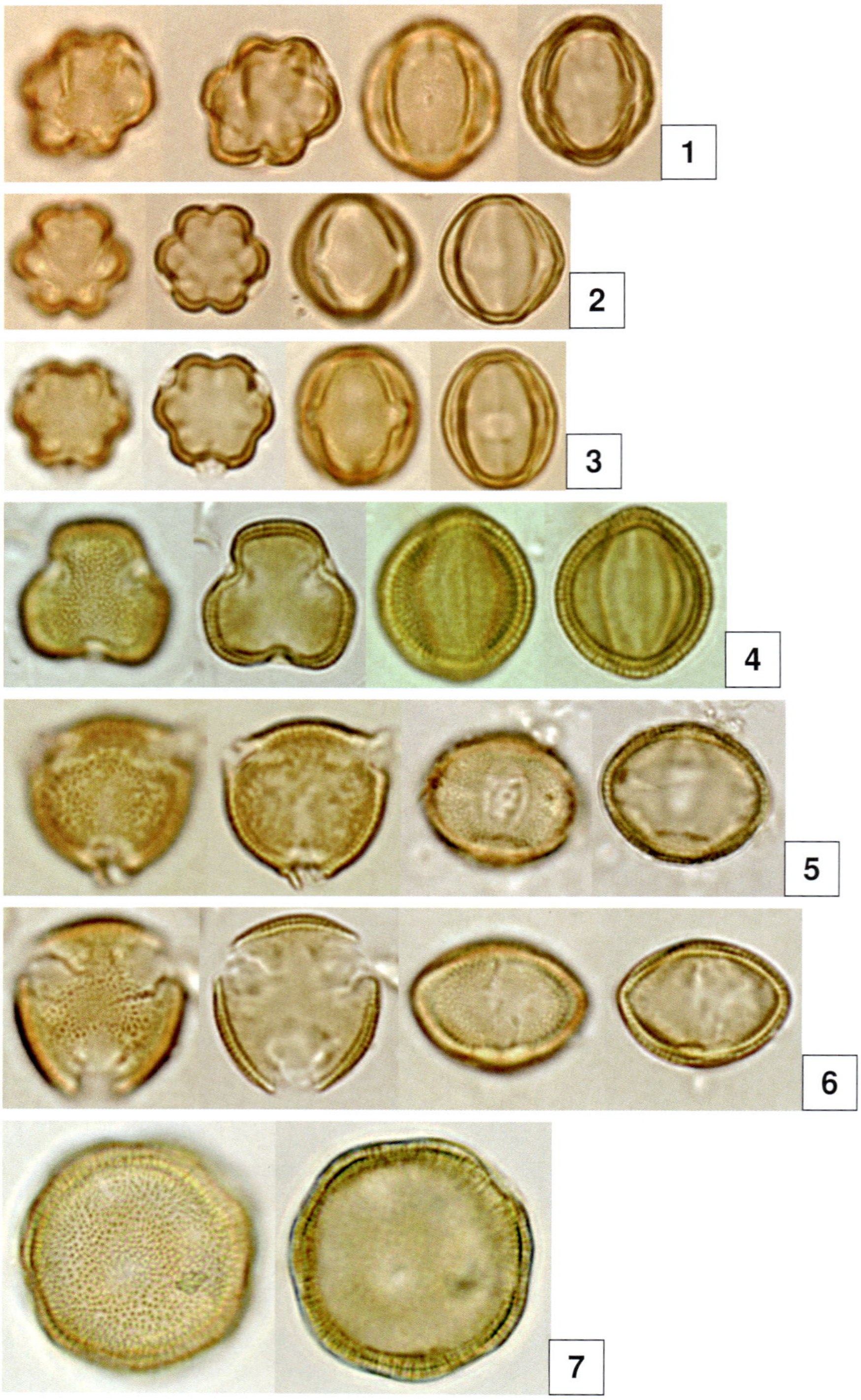

Prancha/Plate 60: Combretaceae: *Terminalia argentea* (1); *Terminalia glabrescens* (2); *Terminalia mameluco* (3); Connaraceae: *Connarus detersus* (4); *Rourea gardneriana* (5); *Rourea glaziovii* (6); Convolvulaceae: *Evolvulus maximiliani* (7).

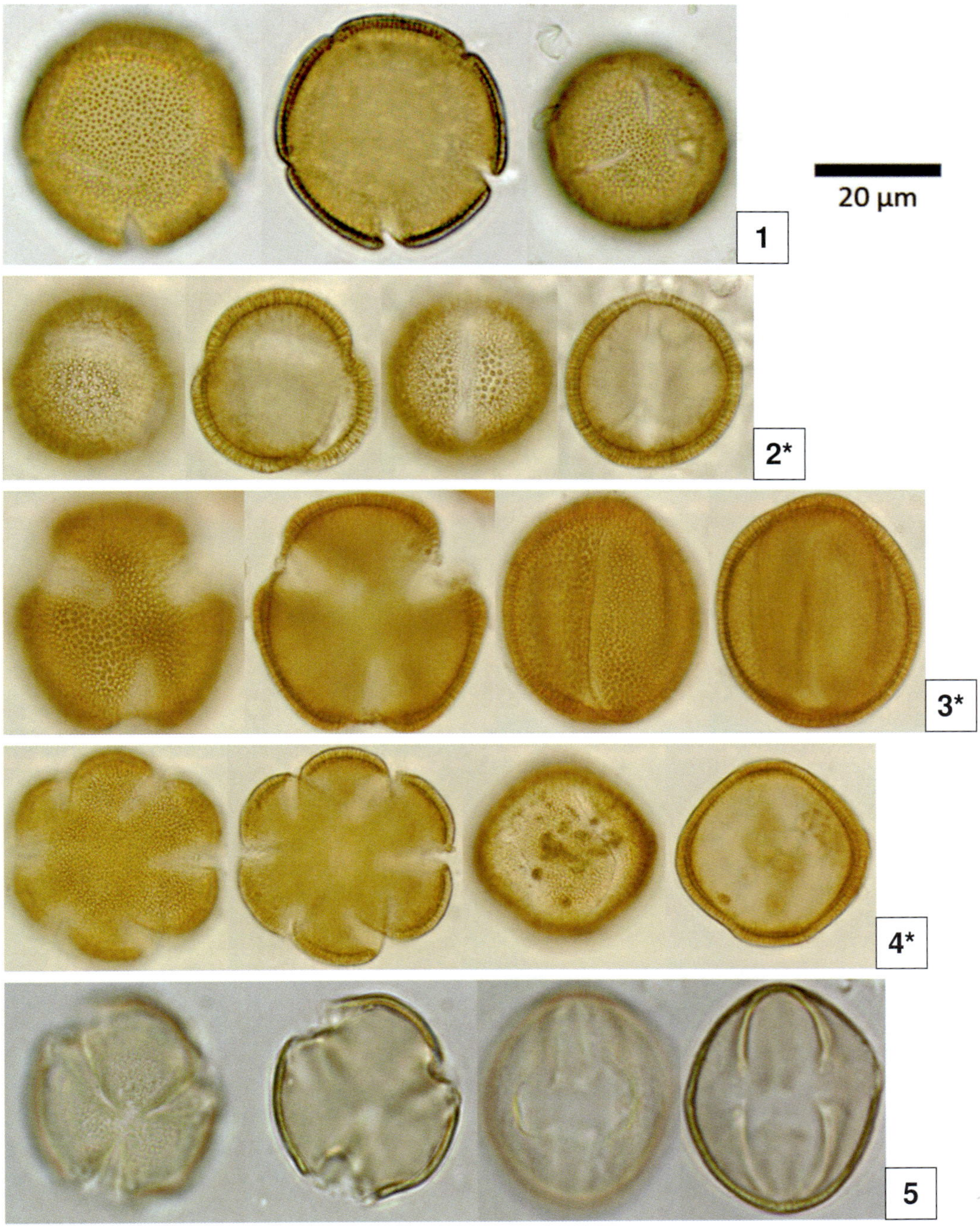

Prancha/Plate 61: Convolvulaceae: *Evolvulus nummularius* (1); *Jacquemontia glaucescens* (2); *Merremia macrocalyx* (3); *Odonellia eriocephala* (4); Crassulaceae: *Kalanchoe pinnata* (5). [*Reduzida para ½ da escala.]

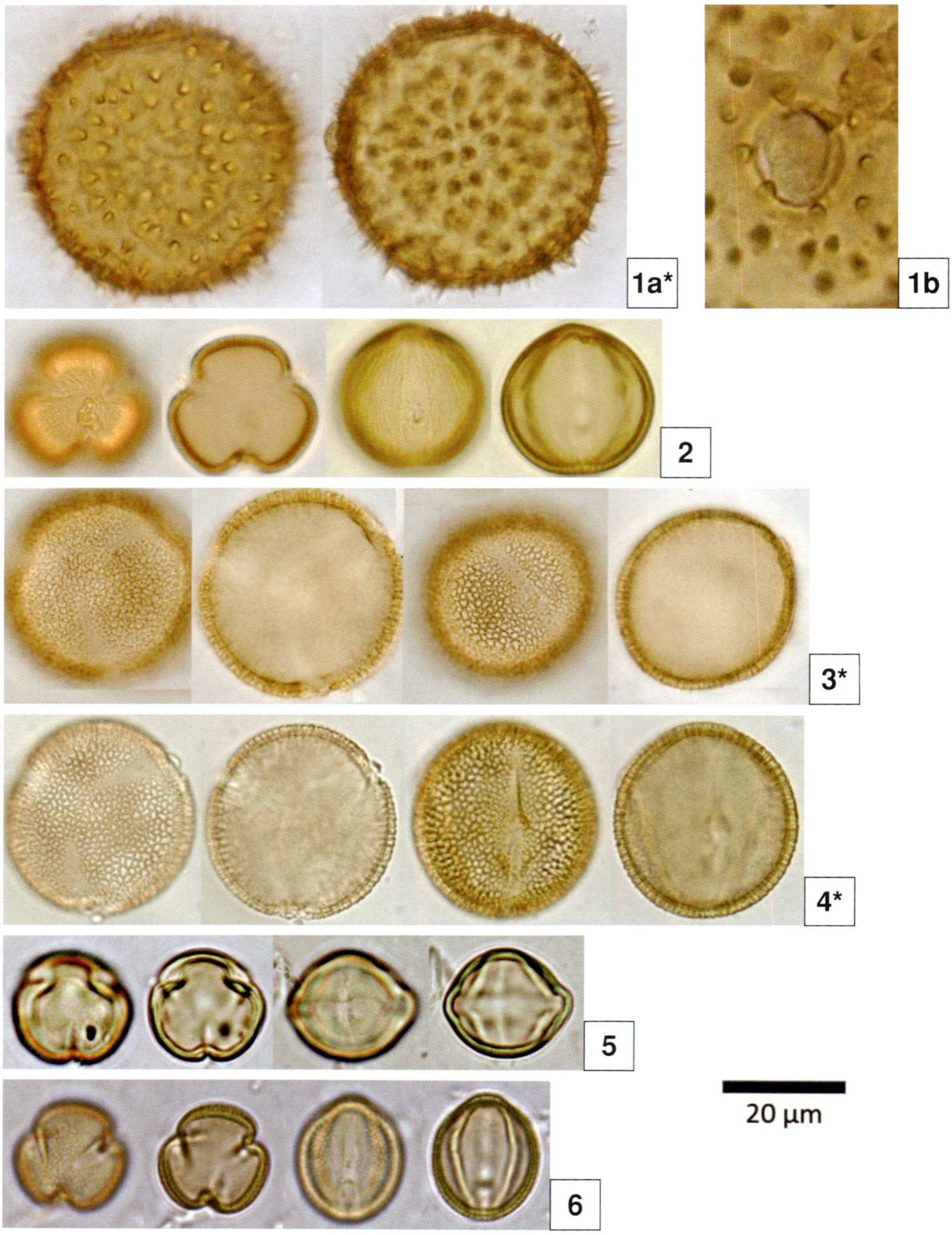

Prancha/Plate 62: Cucurbitaceae: *Cayaponia trifoliata* (1a,b); *Fevillea trilobata* (2); *Melothria pendula* (3); *Momordica charantina* (4); Dichapetalaceae: *Stephanopodium blanchetianum* (5); Dilleniaceae: *Curatella americana* (6). [*Reduzida para ½ da escala.]

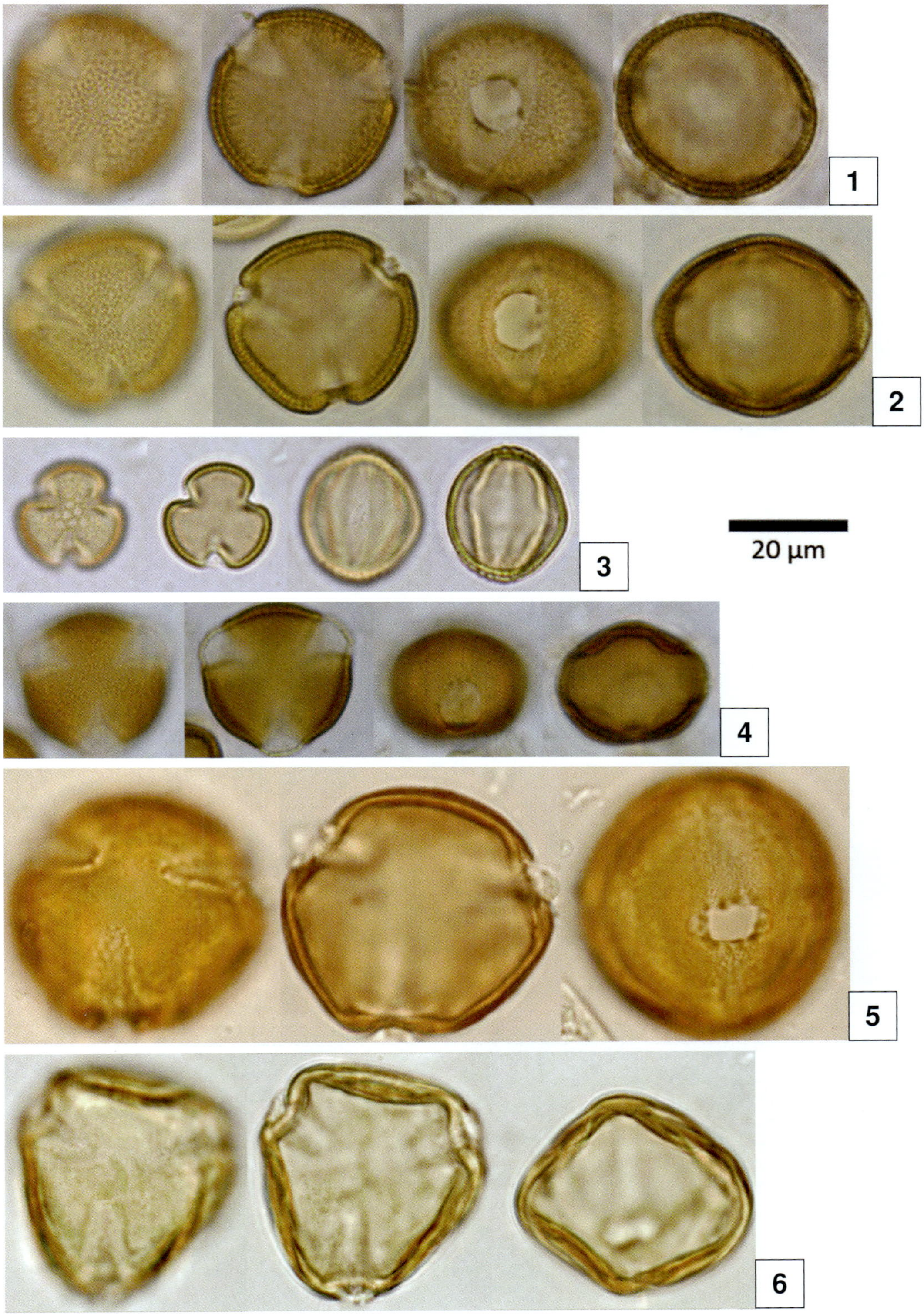

Prancha/Plate 63: Dilleniaceae: *Davilla flexuosa* (1); *Davilla grandiflora* (2); *Doliocarpus validus* (3); *Tetracera breyniana* (4); Ebenaceae: *Diospyros apeibocarpos* (5); *Diospyros capreaefolia* (6).

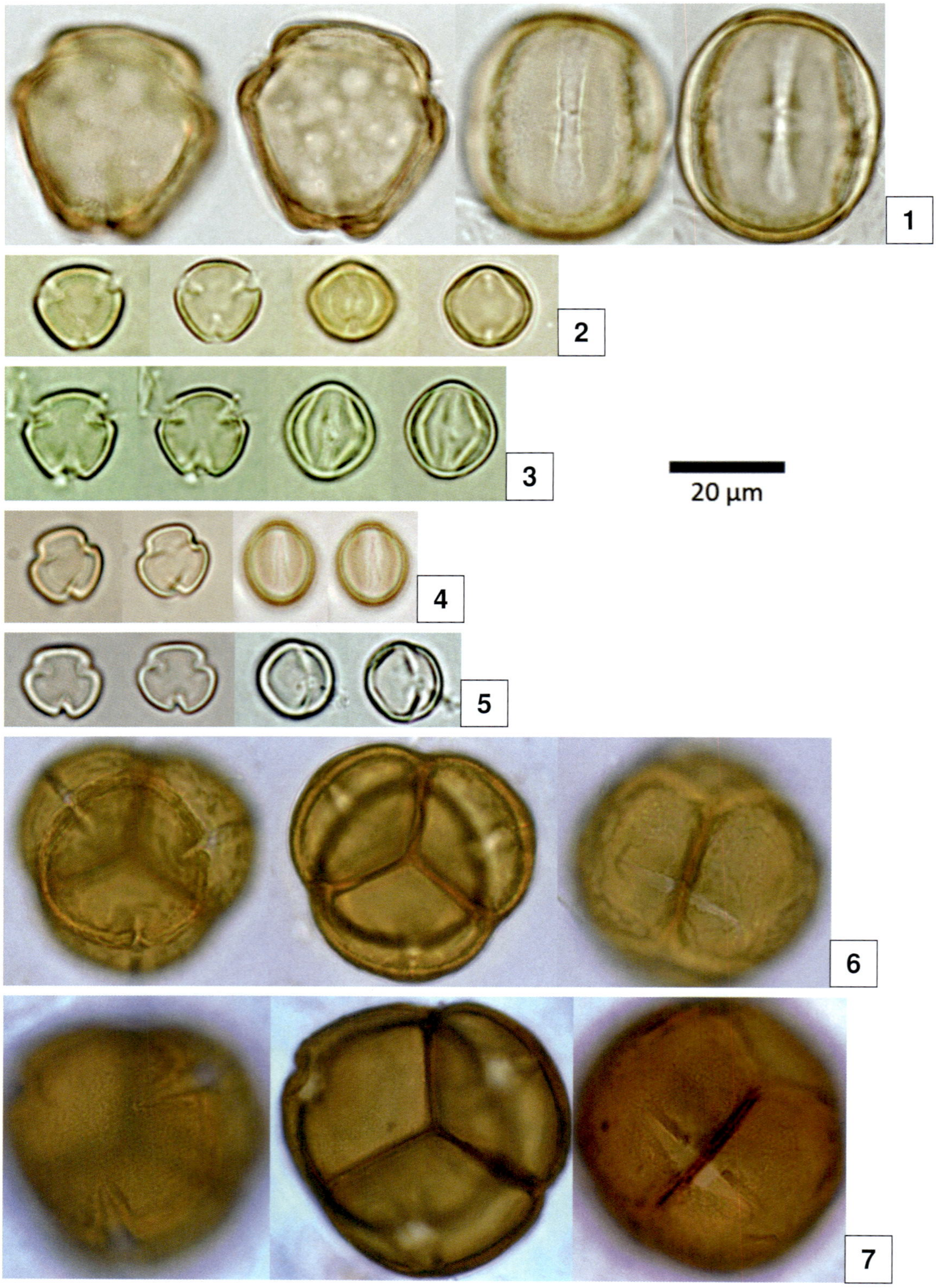

Prancha/Plate 64: Ebenaceae: *Diospyros inconstans* (1); Elaeocarpaceae: *Sloanea granulosa* (2); *Sloanea guianensis* (3); *Sloanea retusa* (4); *Sloanea* sp. (5); Ericaceae: *Agarista revoluta* var. *revoluta* (6); *Gaylussacia brasiliensis* (7).

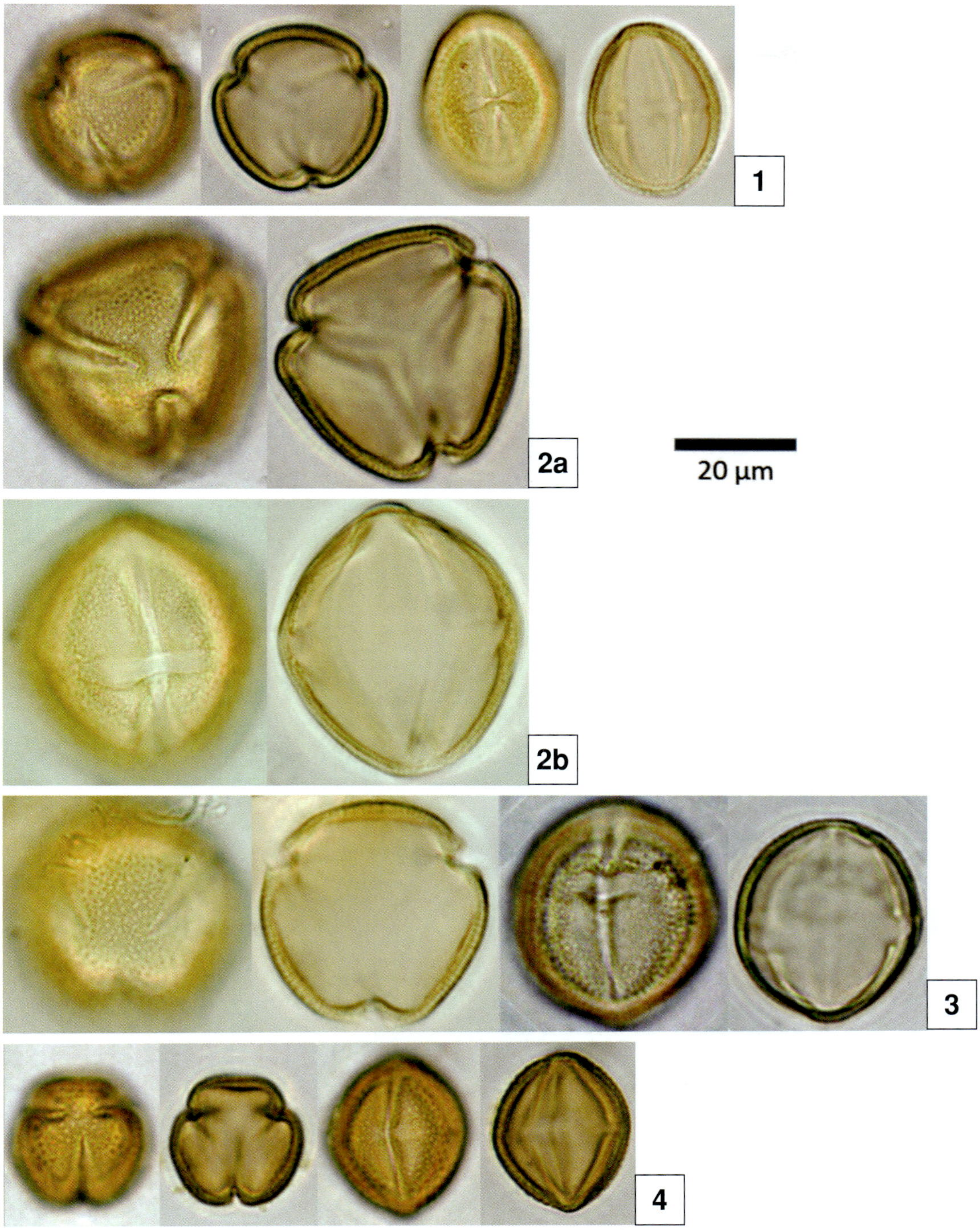

Prancha/Plate 65: Erythroxylaceae: *Erythroxylum affine* (1); *Erythroxylum hamigerum* (2a,b); *Erythroxylum macrophyllum* (3); *Erythroxylum passerinum* (4).

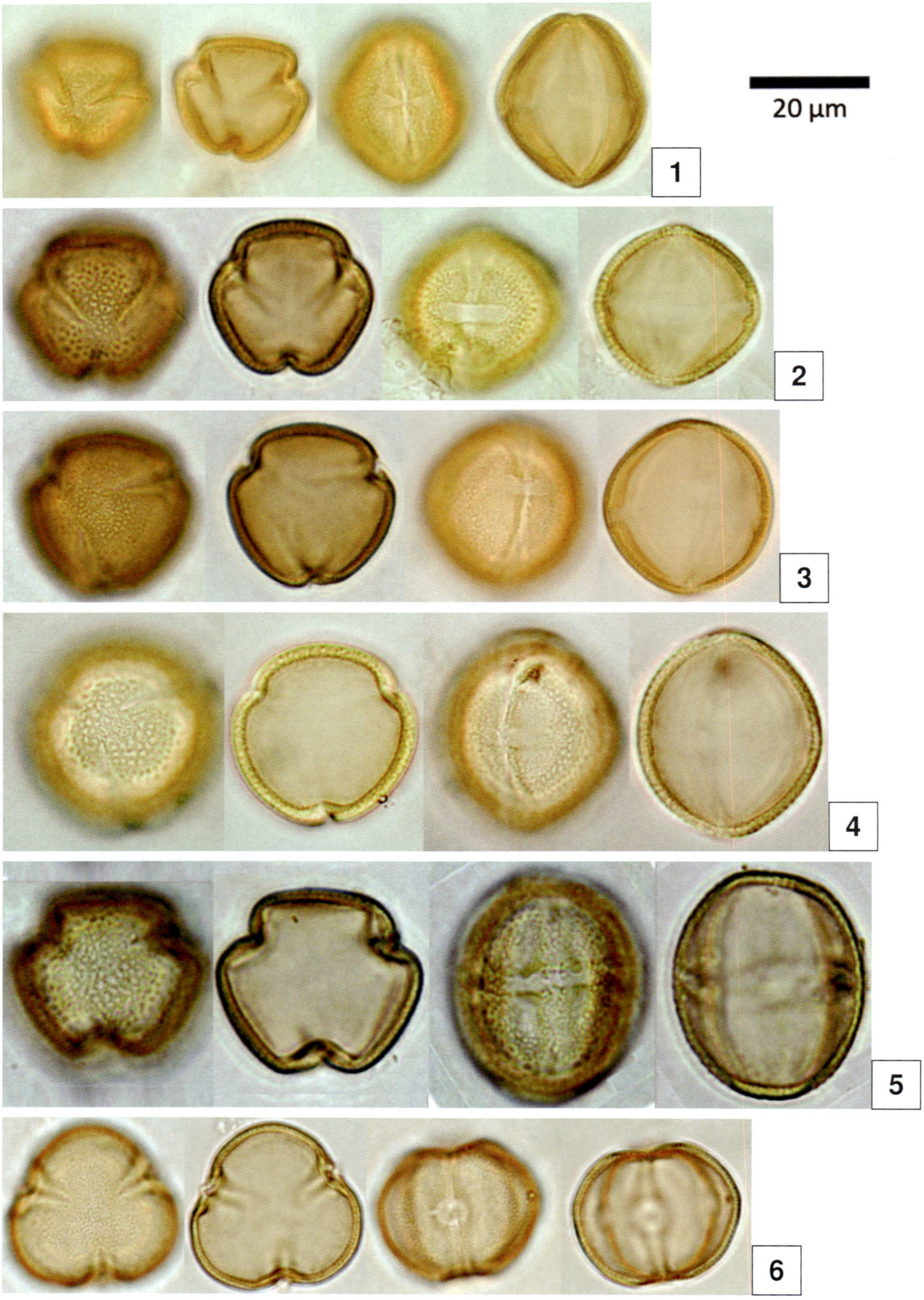

Prancha/Plate 66: Erythroxylaceae: *Erythroxylum pulchrum* (1); *Erythroxylum squamatum* (2); *Erythroxylum subrotundum* (3); *Erythroxylum subsessile* (4); *Erythroxylum tenue* (5); Euphorbiaceae: *Actinostemon* cf. *concolor* (6).

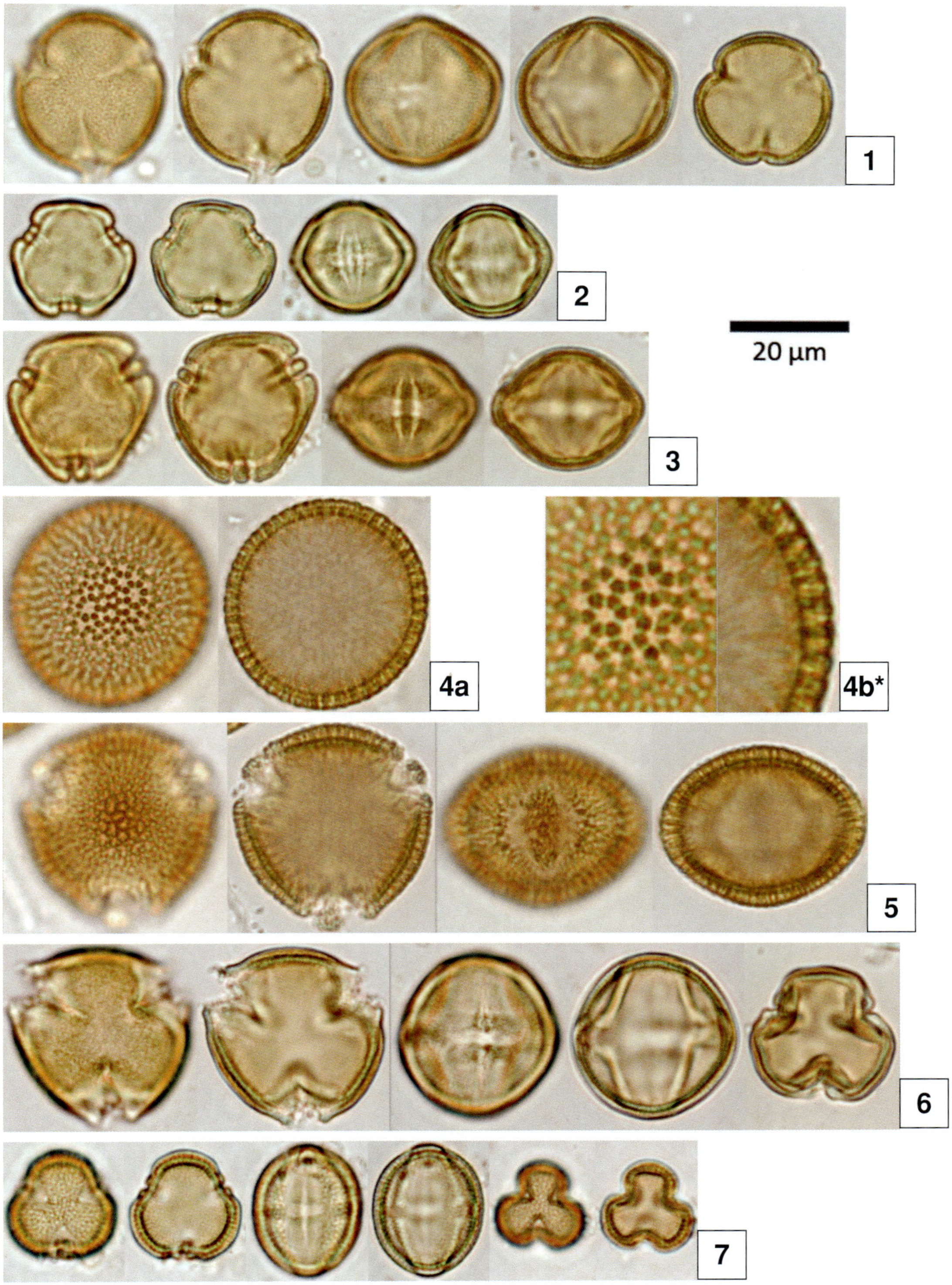

Prancha/Plate 67: Euphorbiaceae: *Actinostemon klotzschii* (1); *Alchornea triplinervia* (2); *Aparisthmium cordatum* (3); *Brasiliocroton mamoninha* (4a,b); *Caperonia palustris* (5); *Caryodendron janeirense* (6); *Chamaesyce hirta* (7). [*Aumentada para 2x a escala.]

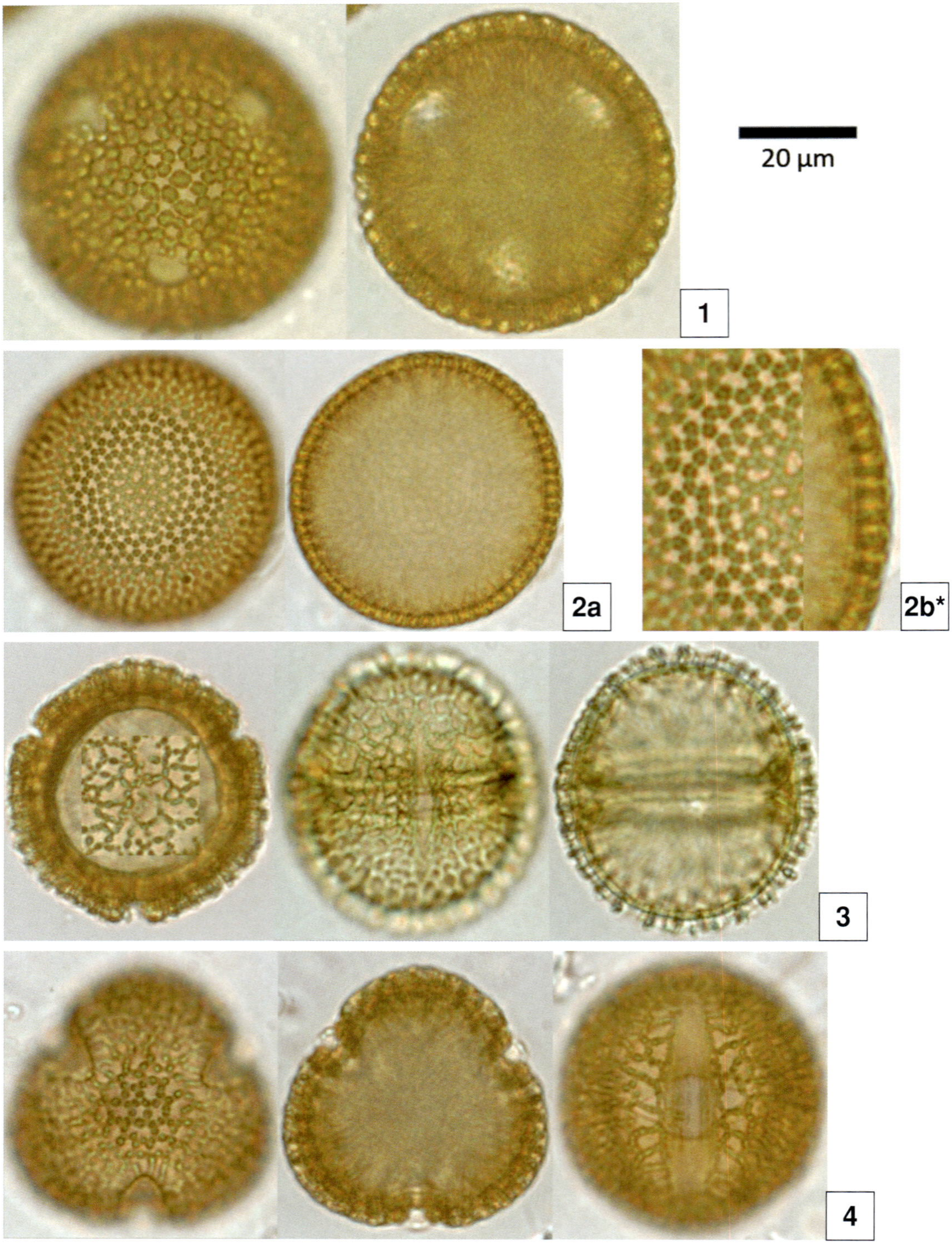

Prancha/Plate 68: Euphorbiaceae: *Cnidoscolus urens* (1); *Croton lundianus* (2a,b); *Dalechampia ficifolia* (3); *Euphorbia cyathophora* (4).
[*Aumentada para 2x a escala.]

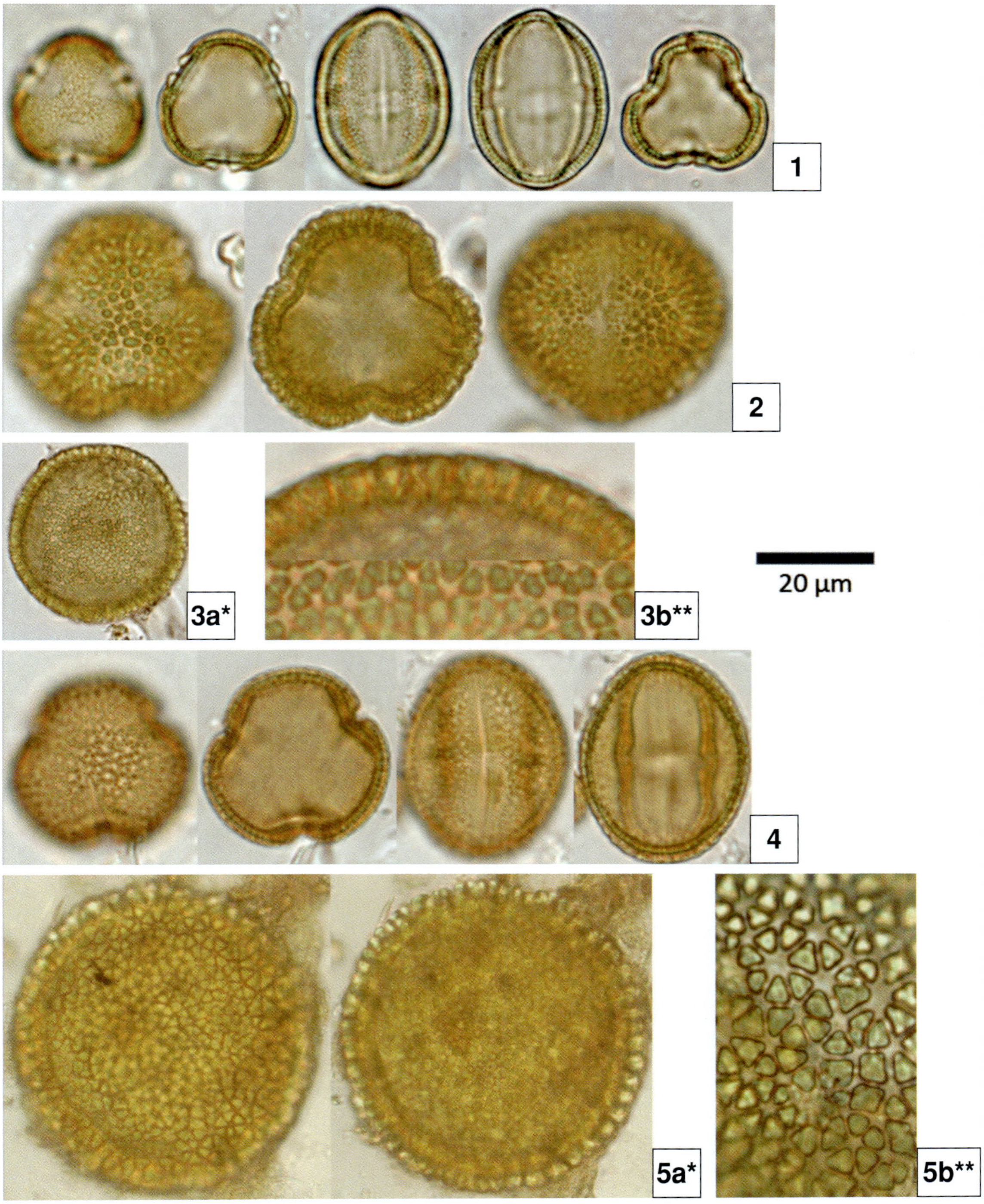

Prancha/Plate 69: Euphorbiaceae: *Euphorbia hyssopifolia* (1); *Glycydendron espiritosantense* (2); *Joannesia princeps* (3a,b); *Mabea* cf. *paniculata* (4); *Manihot tripartita* (5a,b). [*Reduzida para ½ da escala; **Aumentada para 2x a escala.]

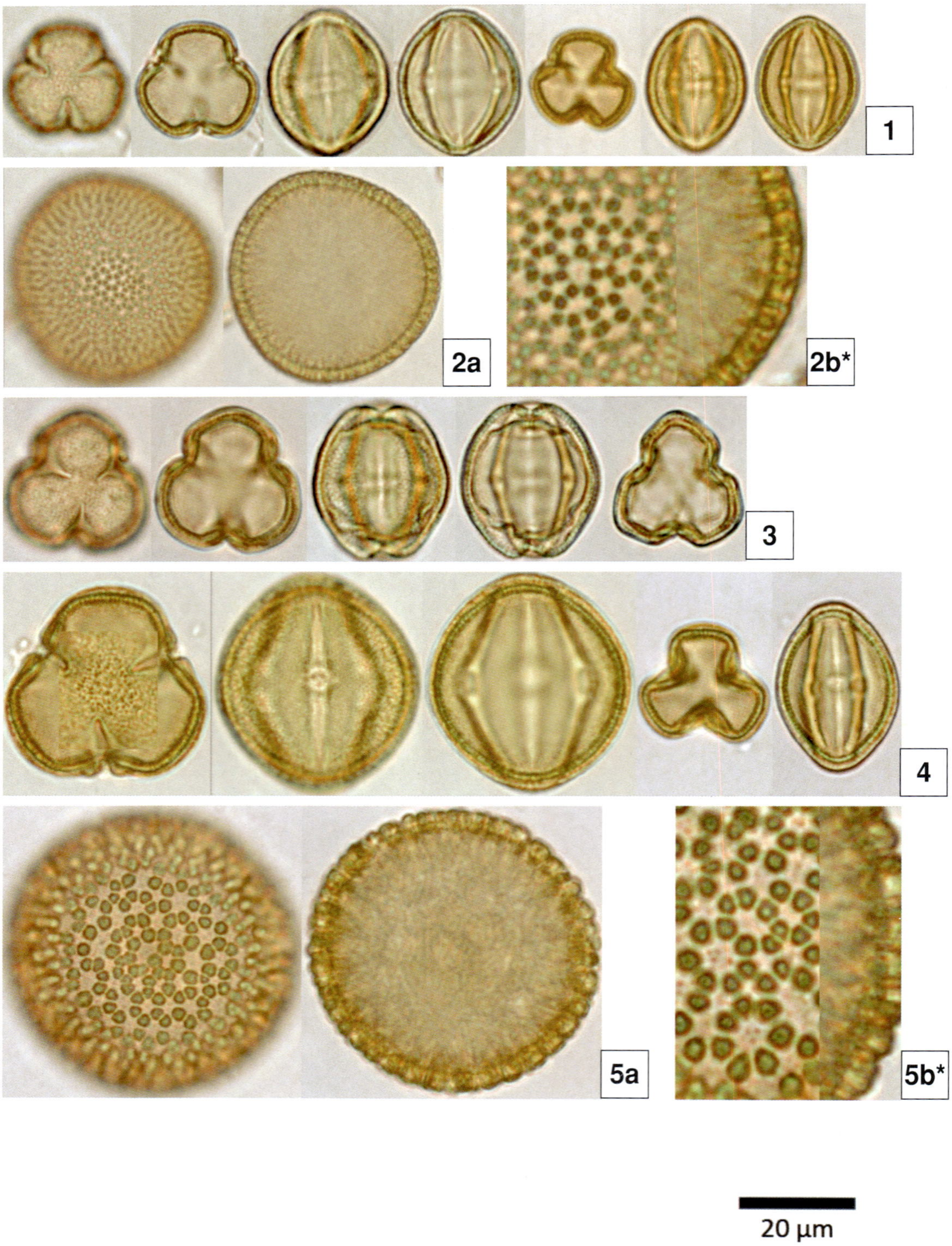

Prancha/Plate 70: Euphorbiaceae: *Maprounea* cf. *guianensis* (1); *Micrandra* sp. (2a,b); *Microstachys* sp. (3); *Pachystroma ilicifolium* (4); *Pausandra morisiana* (5a,b). [*Aumentada para 2x a escala.]

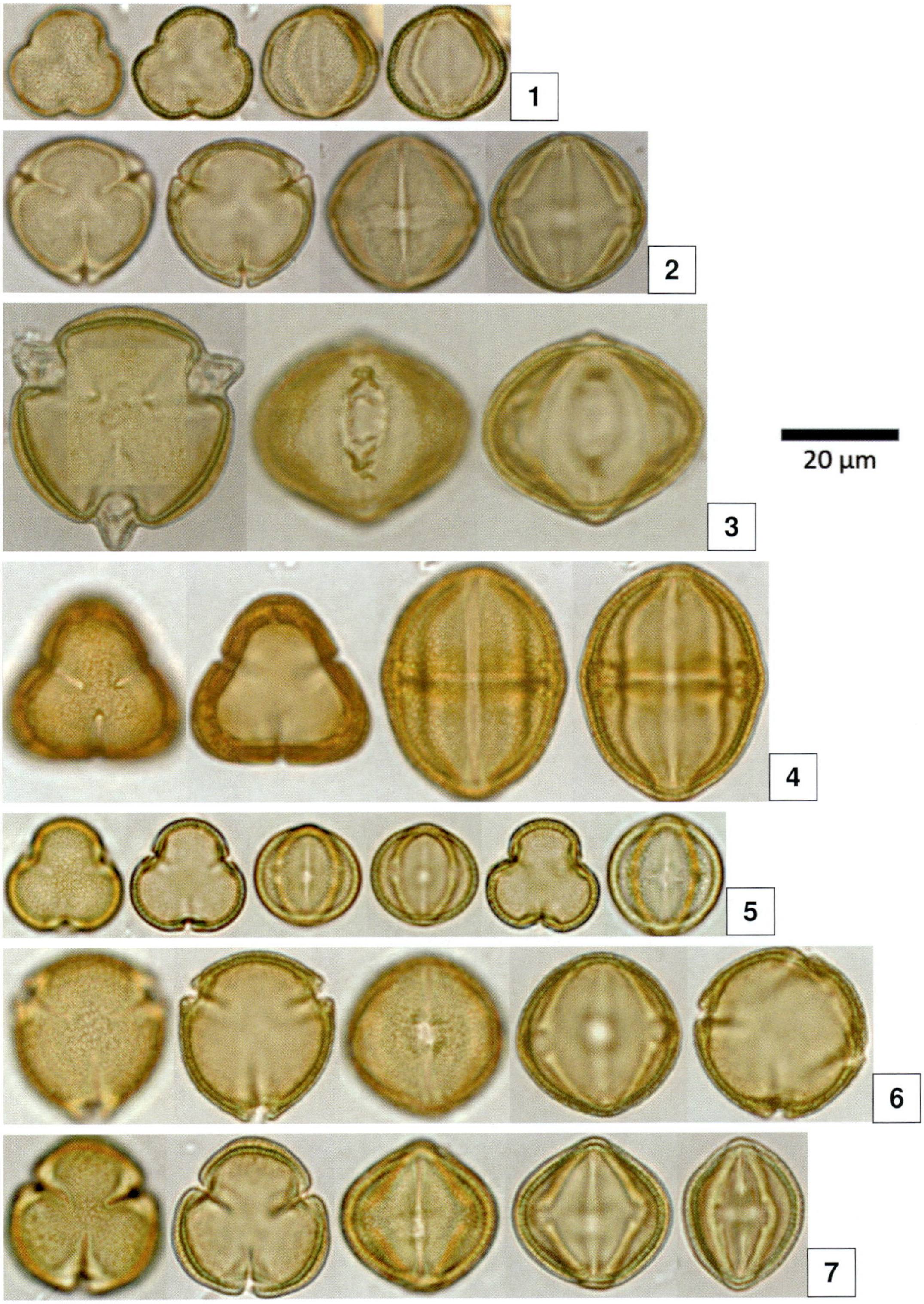

Prancha/Plate 71: Euphorbiaceae: *Plukenetia verrucosa* (1); *Ricinus communis* (2); *Romanoa tamnoides* (3); *Sapium glandulatum* (4); *Sebastiania brasiliensis* (5); *Sebastiania discolor* (6); *Senefeldera verticillata* (7).

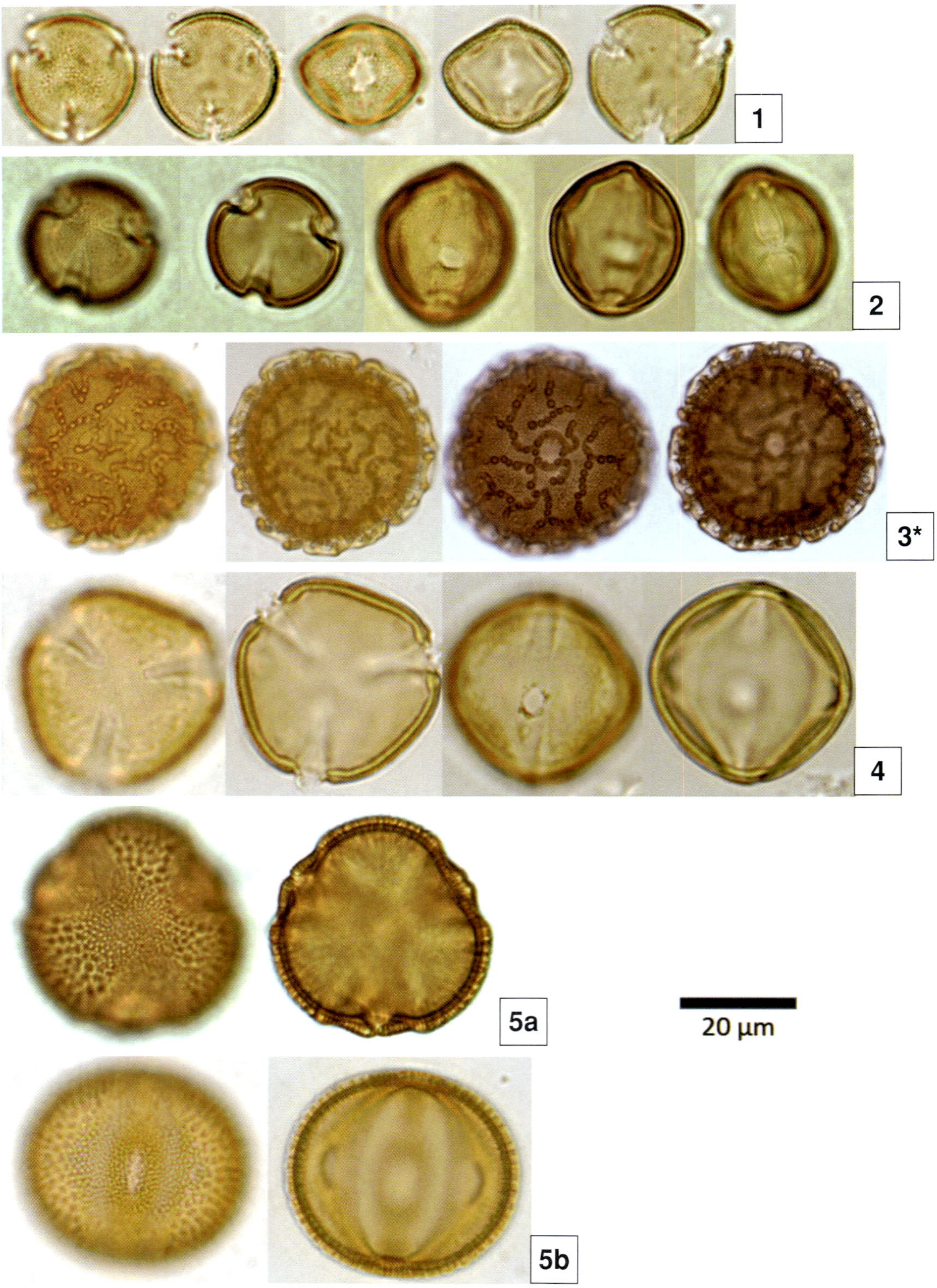

Prancha/Plate 72: Euphorbiaceae: *Tragia* sp. (1); Fabaceae – Caesalpinioideae: *Apuleia leiocarpa* (2); *Arapatiella psilophylla* (3); *Barnebydendron riedelii* (4); *Caesalpinia coriaria* (5a,b). [*Reduzida para ½ da escala.]

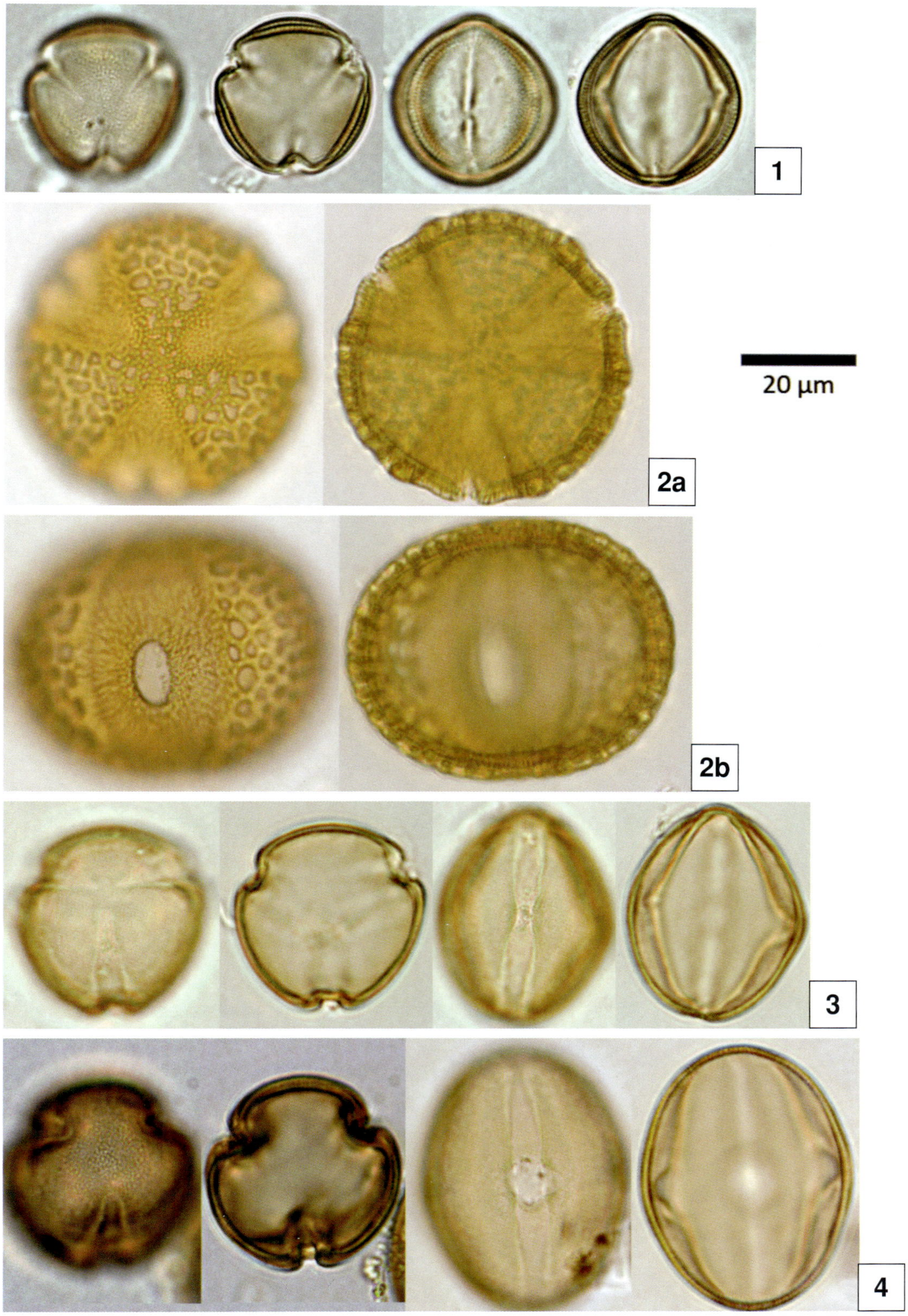

Prancha/Plate 73: Fabaceae – Caesalpinioideae: *Cassia ferruginea* (1); *Cenostigma tocantinum* (2a,b); *Chamaecrista aspleniifolia* (3); *Chamaecrista bahiae* (4).

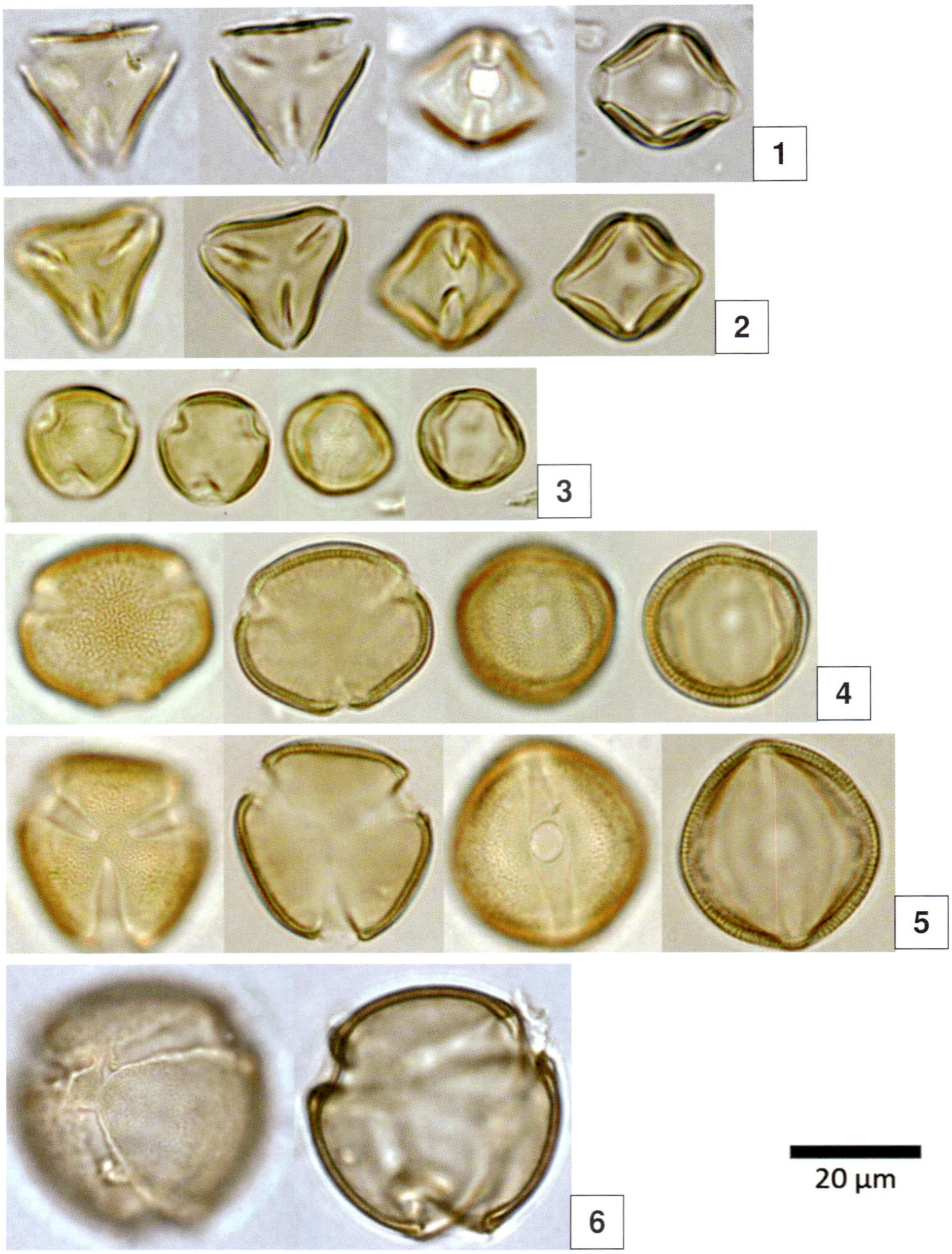

Prancha/Plate 74: Fabaceae – Caesalpinioideae: *Copaifera langsdorffii* (1); *Copaifera lucens* (2); *Dialium guianense* (3); *Dimorphandra jorgei* (4); *Goniorrhachis marginata* (5); *Hymenaea aurea* (6).

Prancha/Plate 75: Fabaceae – Caesalpinioideae: *Hymenaea aurea* (1); *Hymenaea* sp. nov. (2); *Macrolobium latifolium* (3a,b); *Melanoxylum brauna* (4).

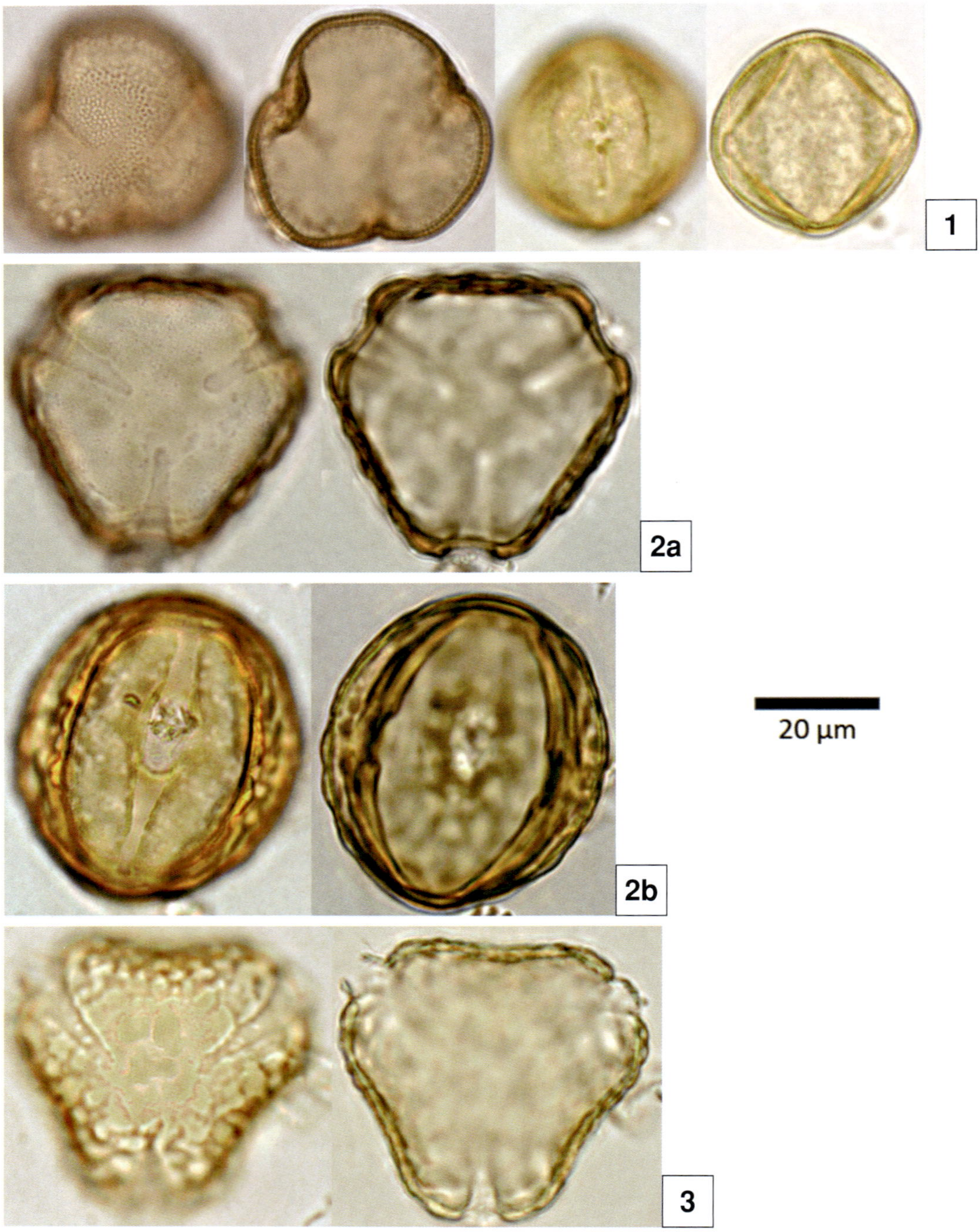

Prancha/Plate 76: Fabaceae – Caesalpinioideae: *Moldenhawera papillanthera* (1); *Peltogyne angustiflora* (2a,b); *Peltogyne confertiflora* (3).

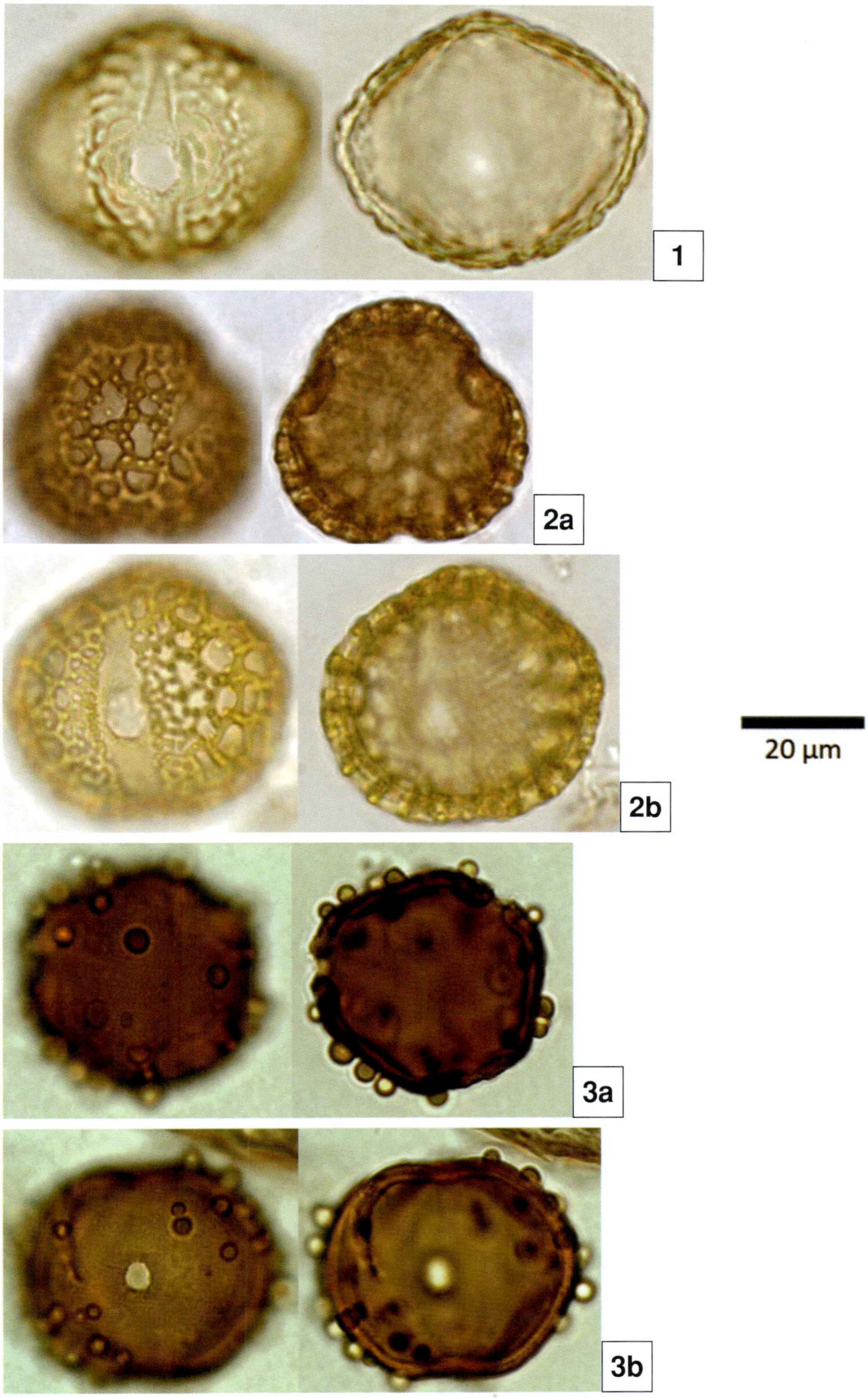

Prancha/Plate 77: Fabaceae – Caesalpinioideae: *Peltogyne confertiflora* (1); *Peltophorum dubium* (2a,b); *Phanera microstachya* (3a,b).

Prancha/Plate 78: Fabaceae – Caesalpinioideae: *Poeppigia procera* (1); *Schizolobium parahyba* (2); *Senna affinis* (3a,b); *Senna alata* (4); *Senna australis* (5).

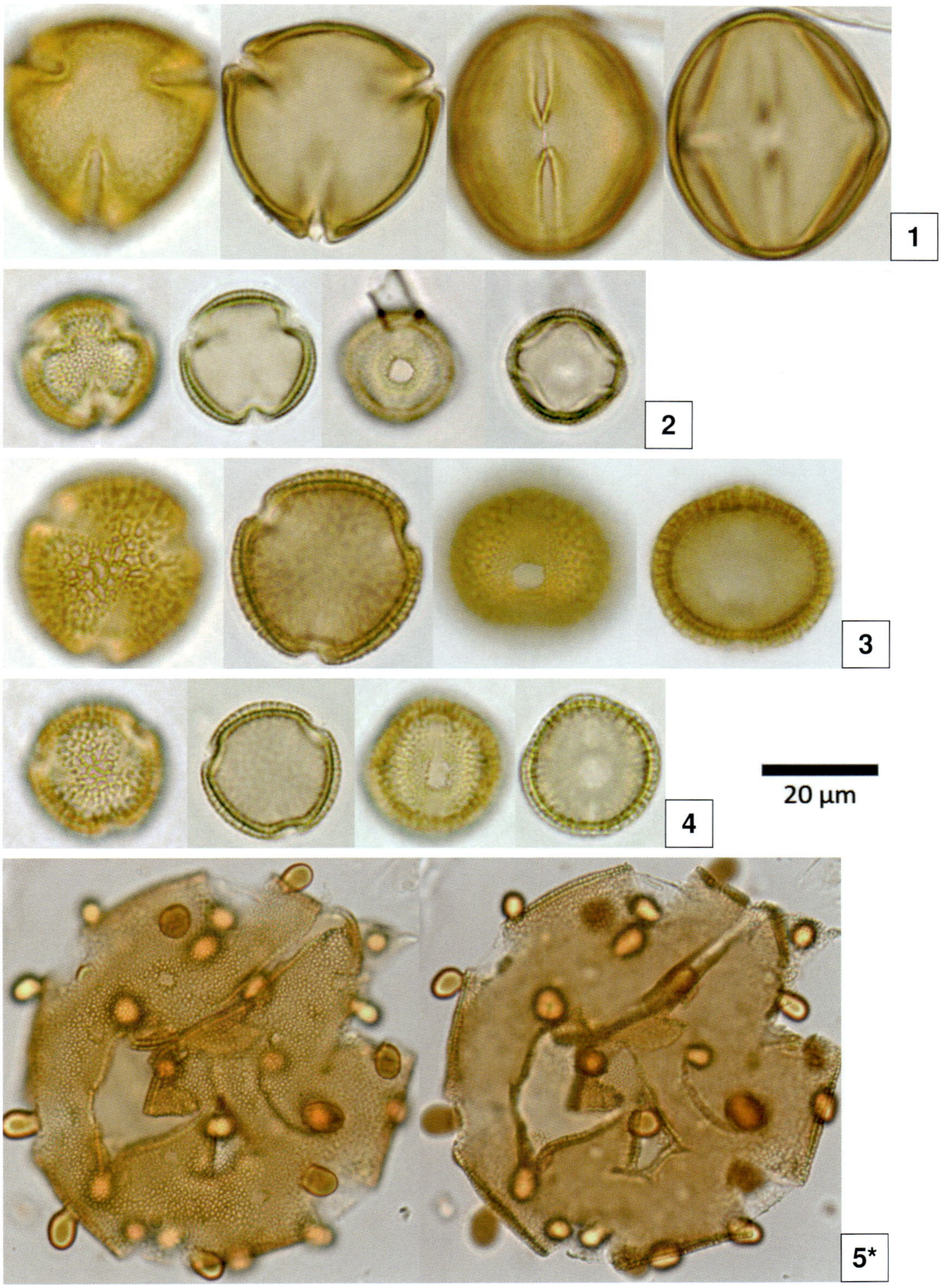

Prancha/Plate 79: Fabaceae – Caesalpinioideae: *Senna occidentalis* (1); *Tachigali densiflora* (2); *Tachigali paratyensis* (3); *Tachigali rugosa* (4); Fabaceae – Cercideae: *Bauhinia forficata* (5). [*Reduzida para ½ da escala.]

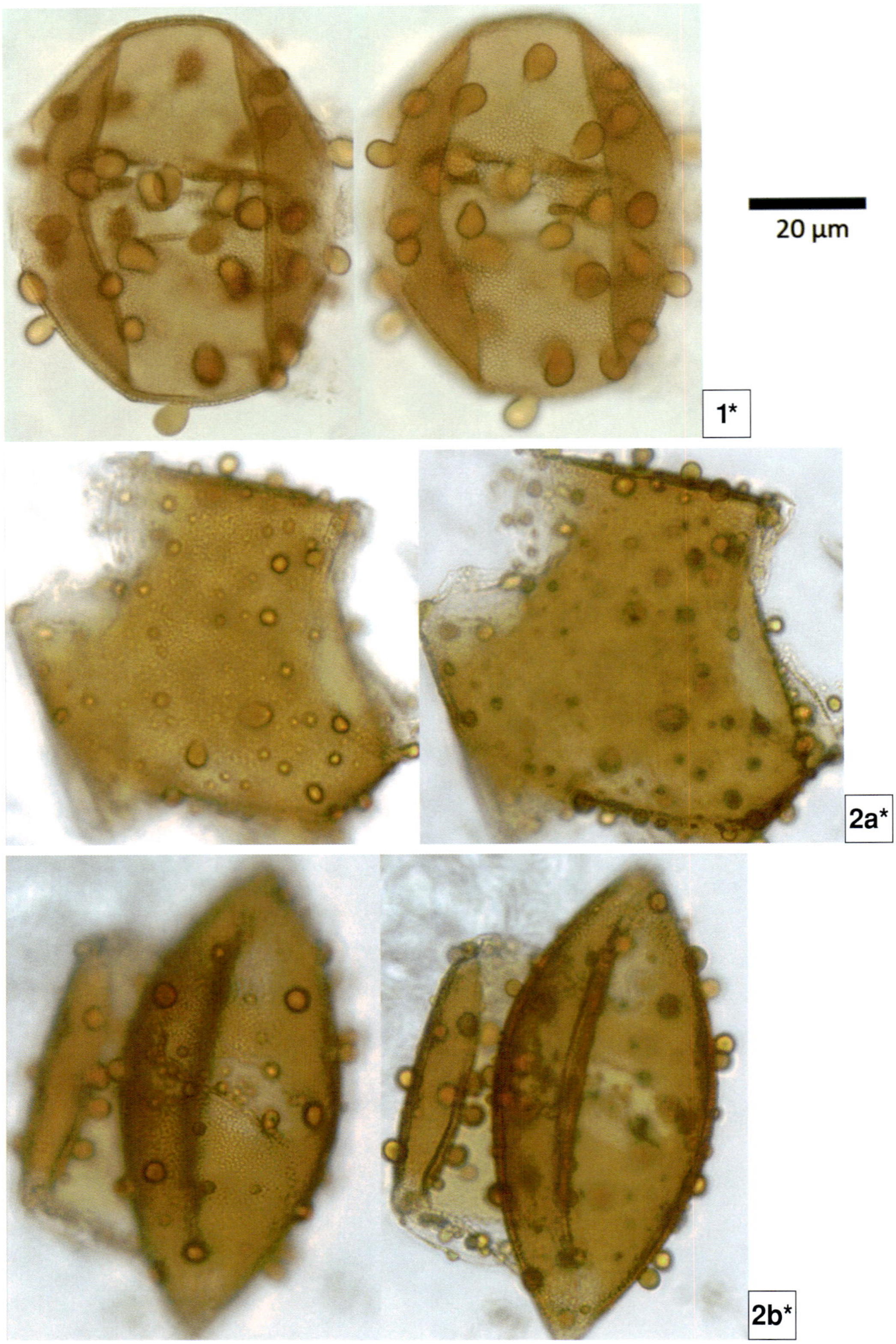

Prancha/Plate 80: Fabaceae – Cercideae: *Bauhinia forficata* (1); *Bauhinia fusconervis* (2a,b). [*Reduzida para ½ da escala.]

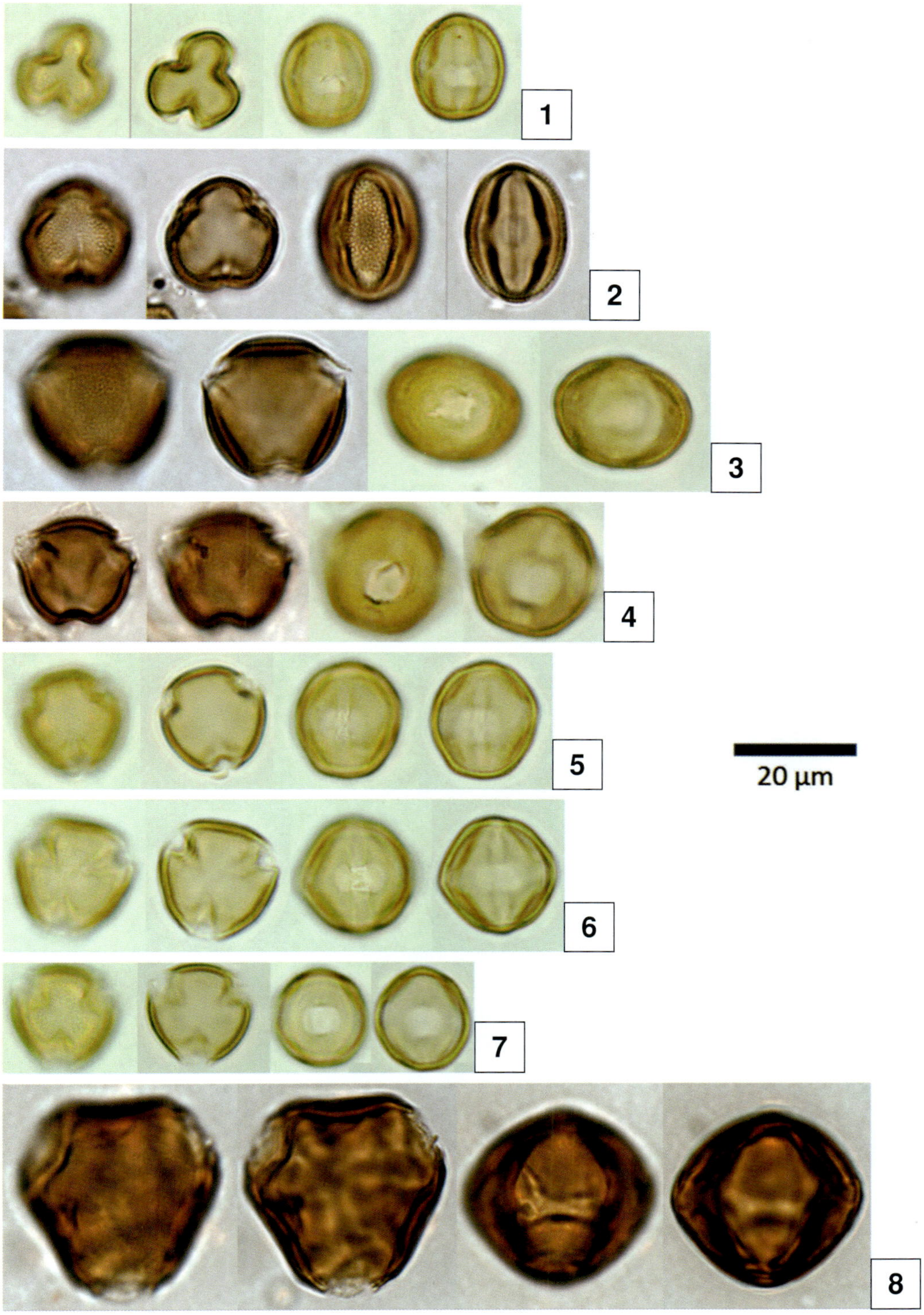

Prancha/Plate 81: Fabaceae – Faboideae: *Acosmium lentiscifolium* (1); *Aeschynomene fluminensis* (2); *Amburana cearensis* (3); *Andira anthelmia* (4); *Andira fraxinifolia* (5); *Andira legalis* (6); *Andira nitida* (7); *Bowdichia virgilioides* (8).

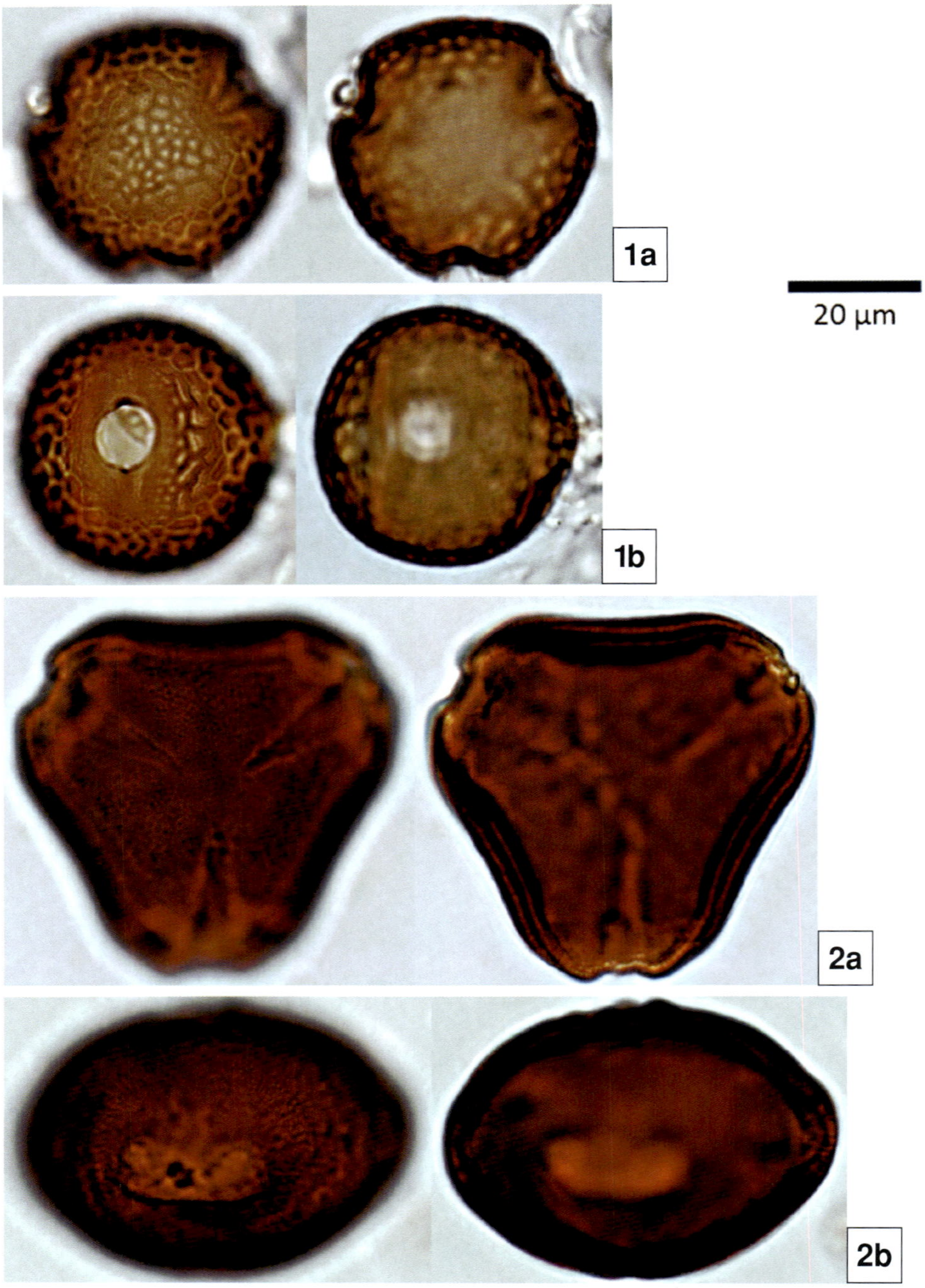

Prancha/Plate 82: Fabaceae – Faboideae: *Cajanus cajan* (1a,b); *Canavalia brasiliensis* (2a,b).

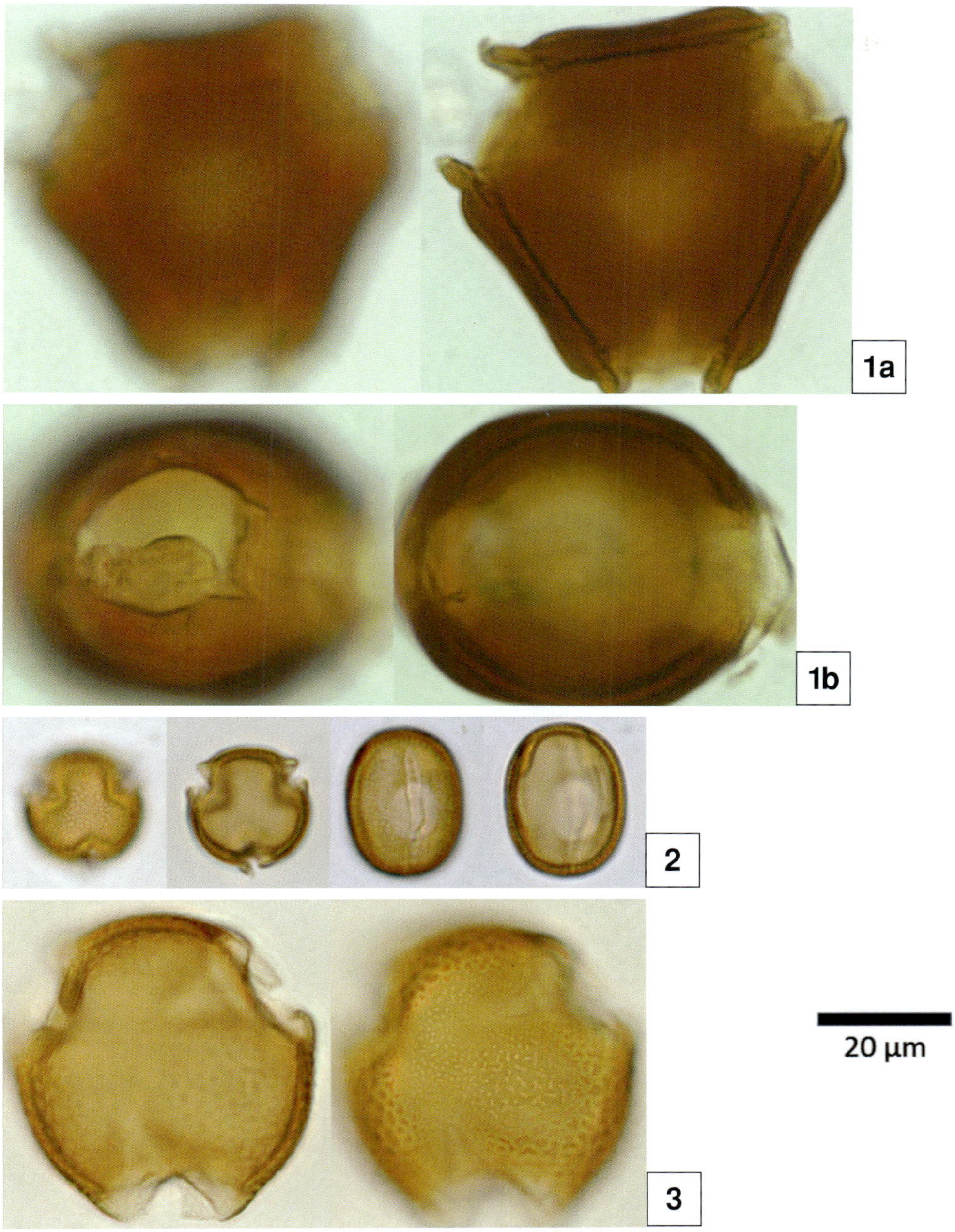

Prancha/Plate 83: Fabaceae – Faboideae: *Canavalia parviflora* (1a,b); *Centrolobium sclerophyllum* (2); *Centrosema arenarium* (3).

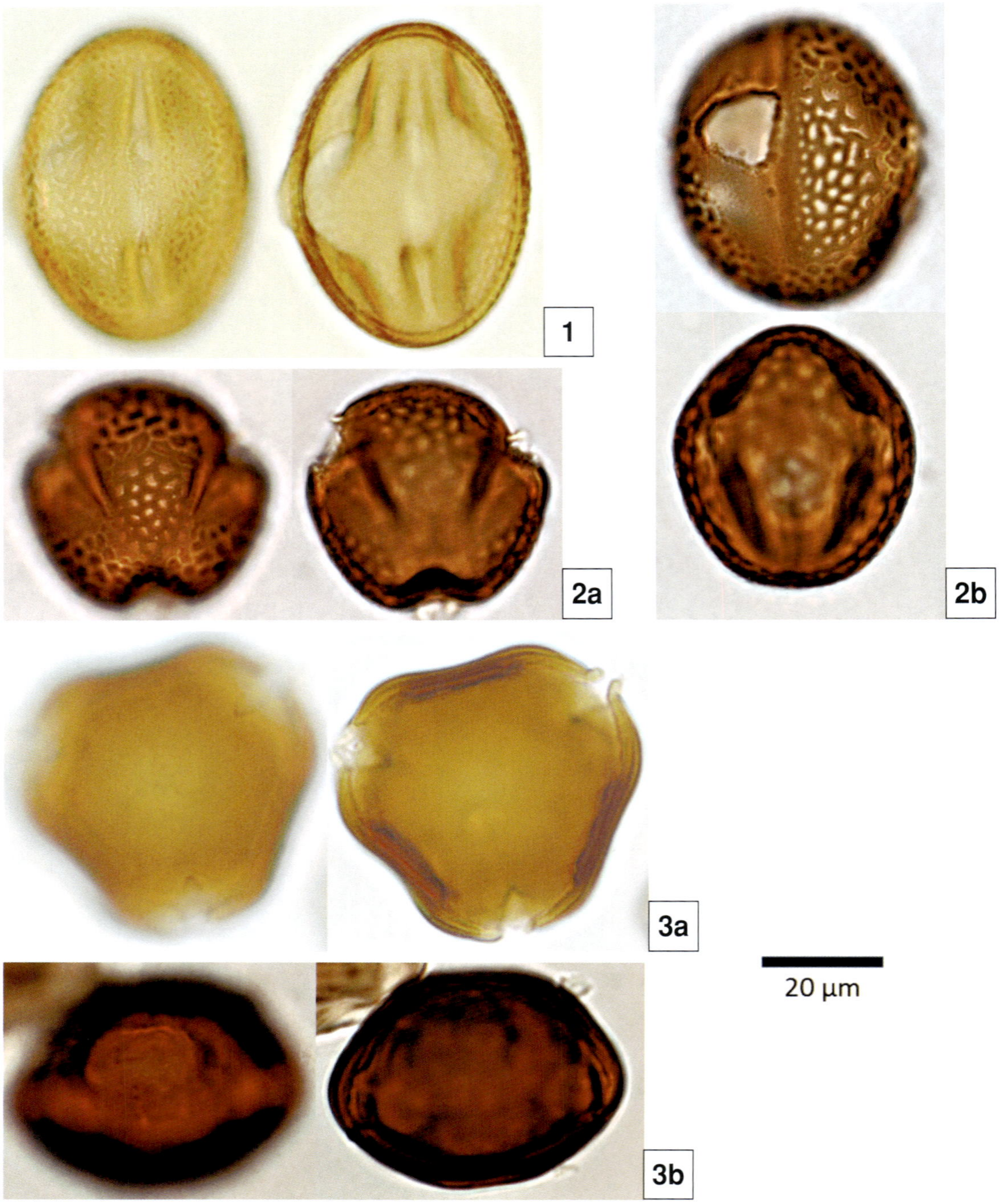

Prancha/Plate 84: Fabaceae – Faboideae: *Centrosema arenarium* (1); *Centrosema brasilianum* (2a,b); *Cleobulia multiflora* (3a,b).

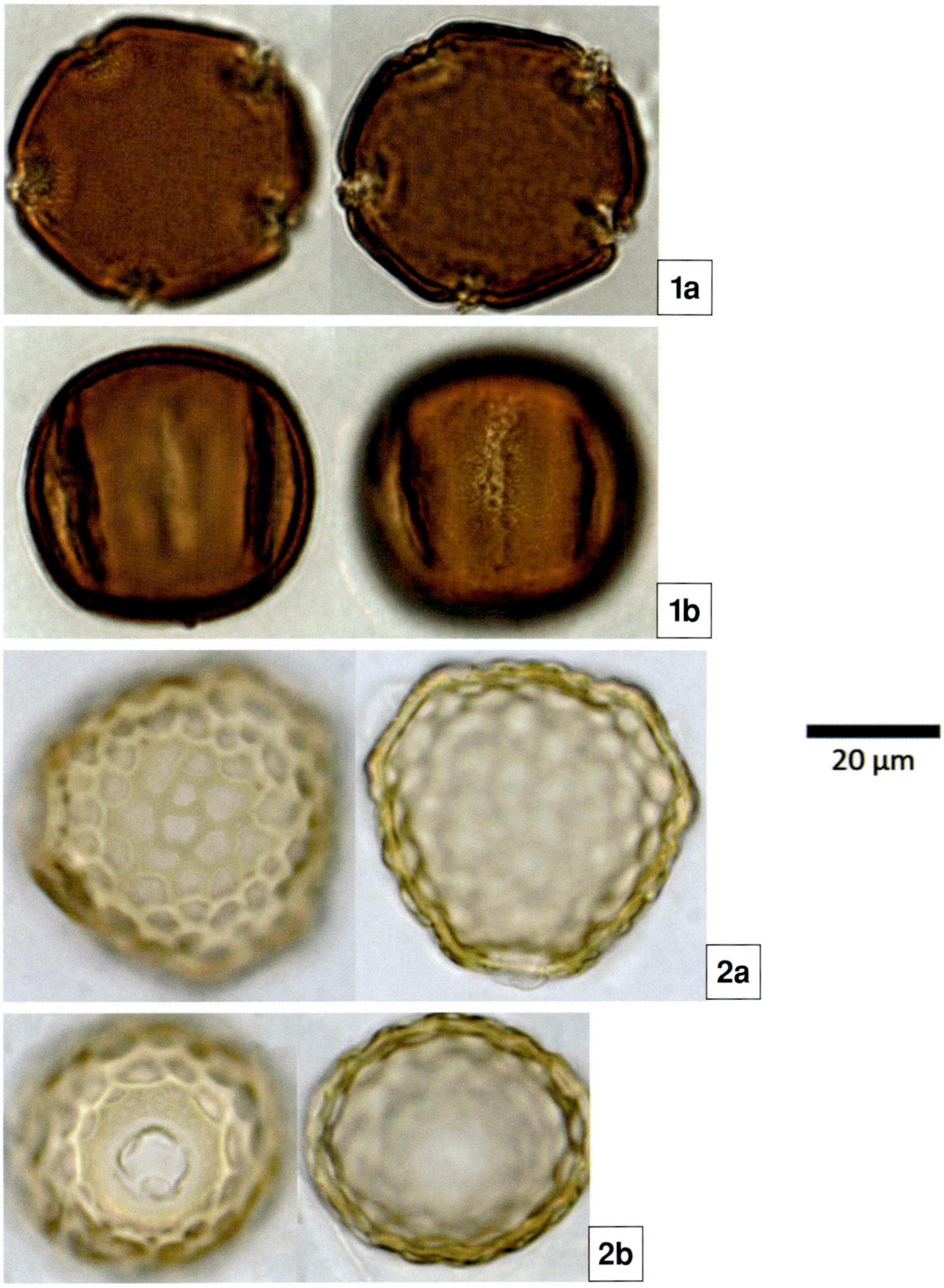

Prancha/Plate 85: Fabaceae – Faboideae: *Clitoria selloi* (1a,b); *Cochliasanthus caracalla* (2a,b).

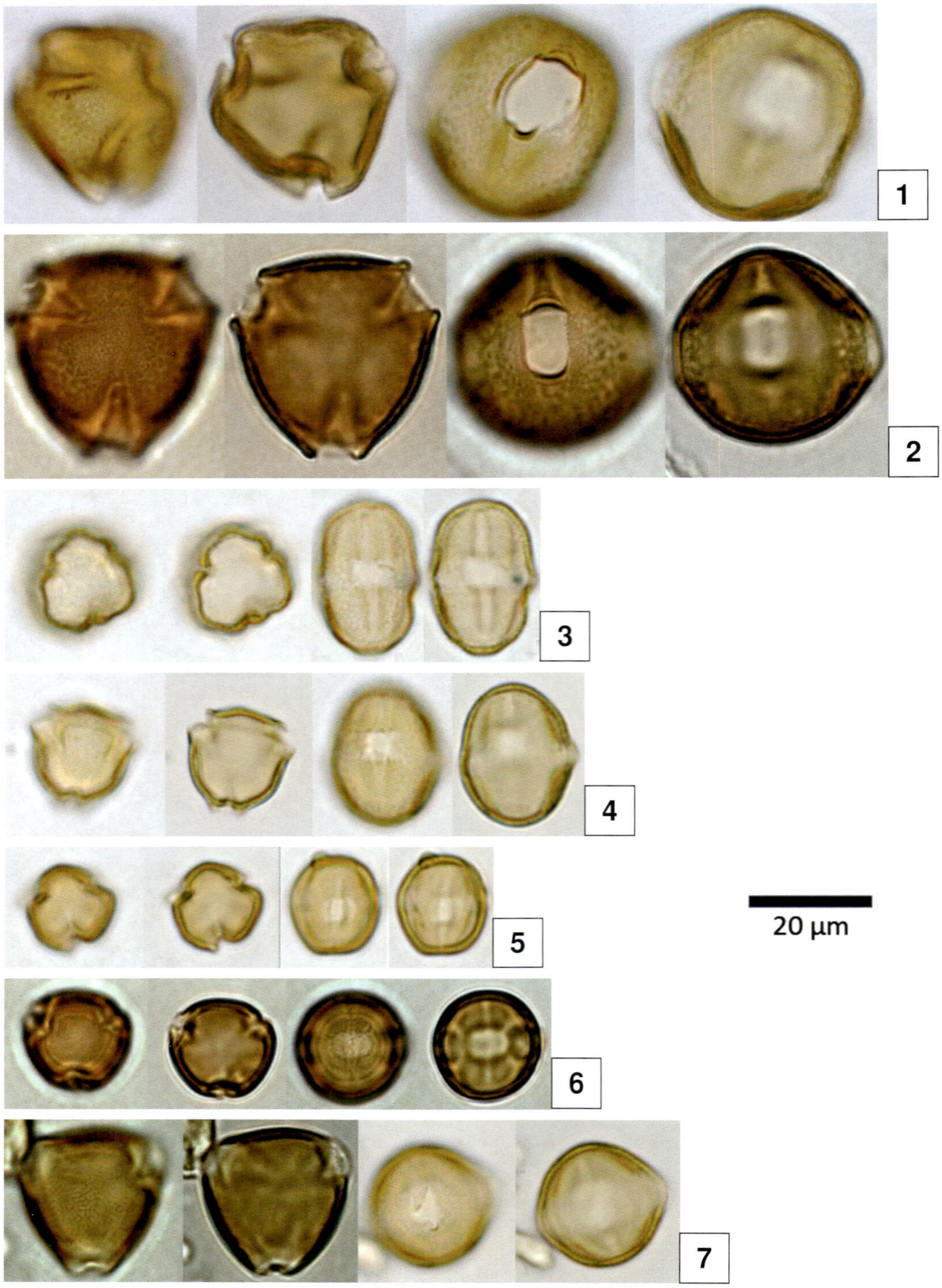

Prancha/Plate 86: Fabaceae – Faboideae: *Cratylia argentea* (1); *Cratylia hypargyrea* (2); *Crotalaria juncea* (3); *Crotalaria lanceolata* (4); *Dalbergia elegans* (5); *Dalbergia frutescens* (6); *Deguelia costata* (7).

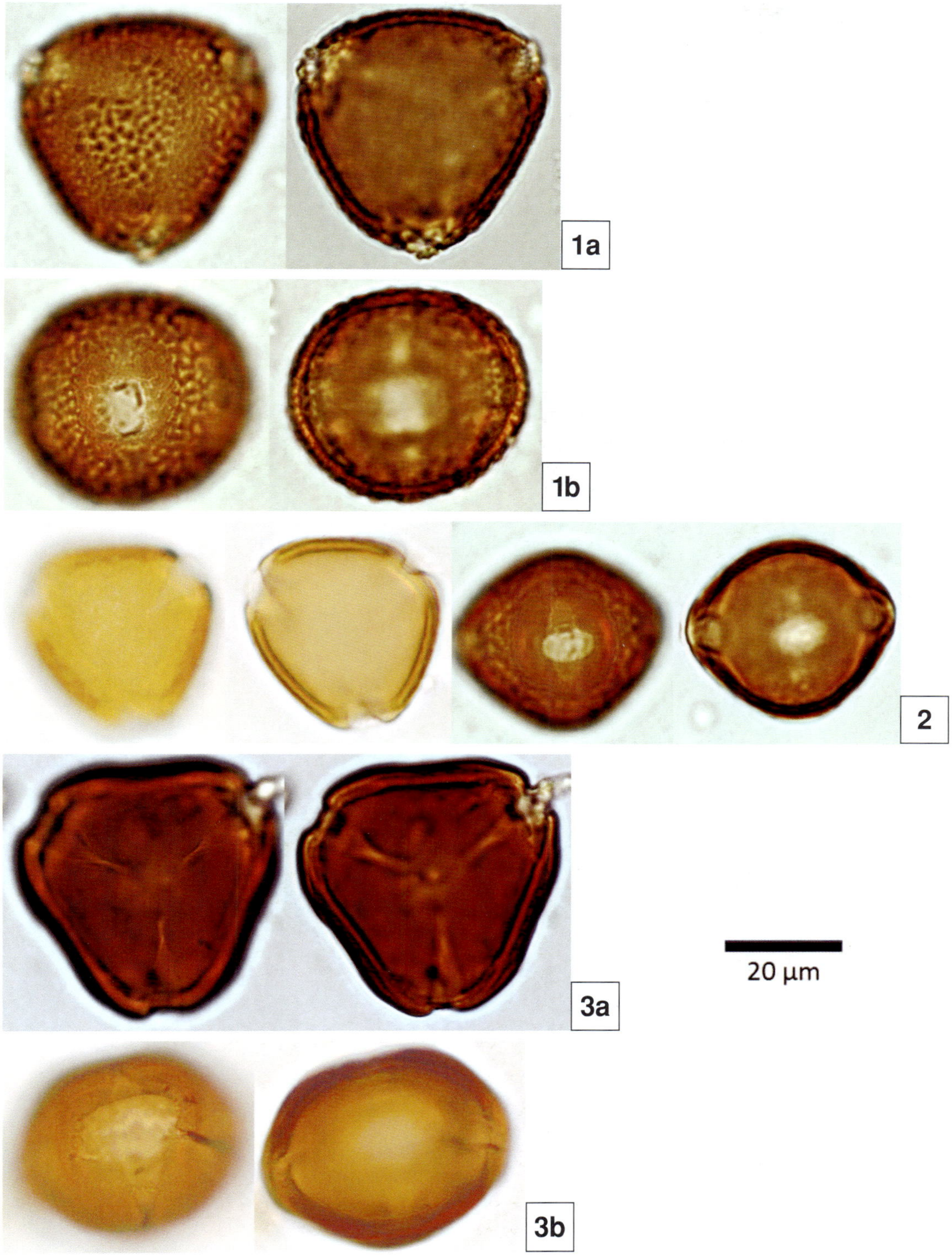

Prancha/Plate 87: Fabaceae – Faboideae: *Desmodium axillare* (1a,b); *Desmodium tortuosum* (2); *Dioclea virgata* (3a,b).

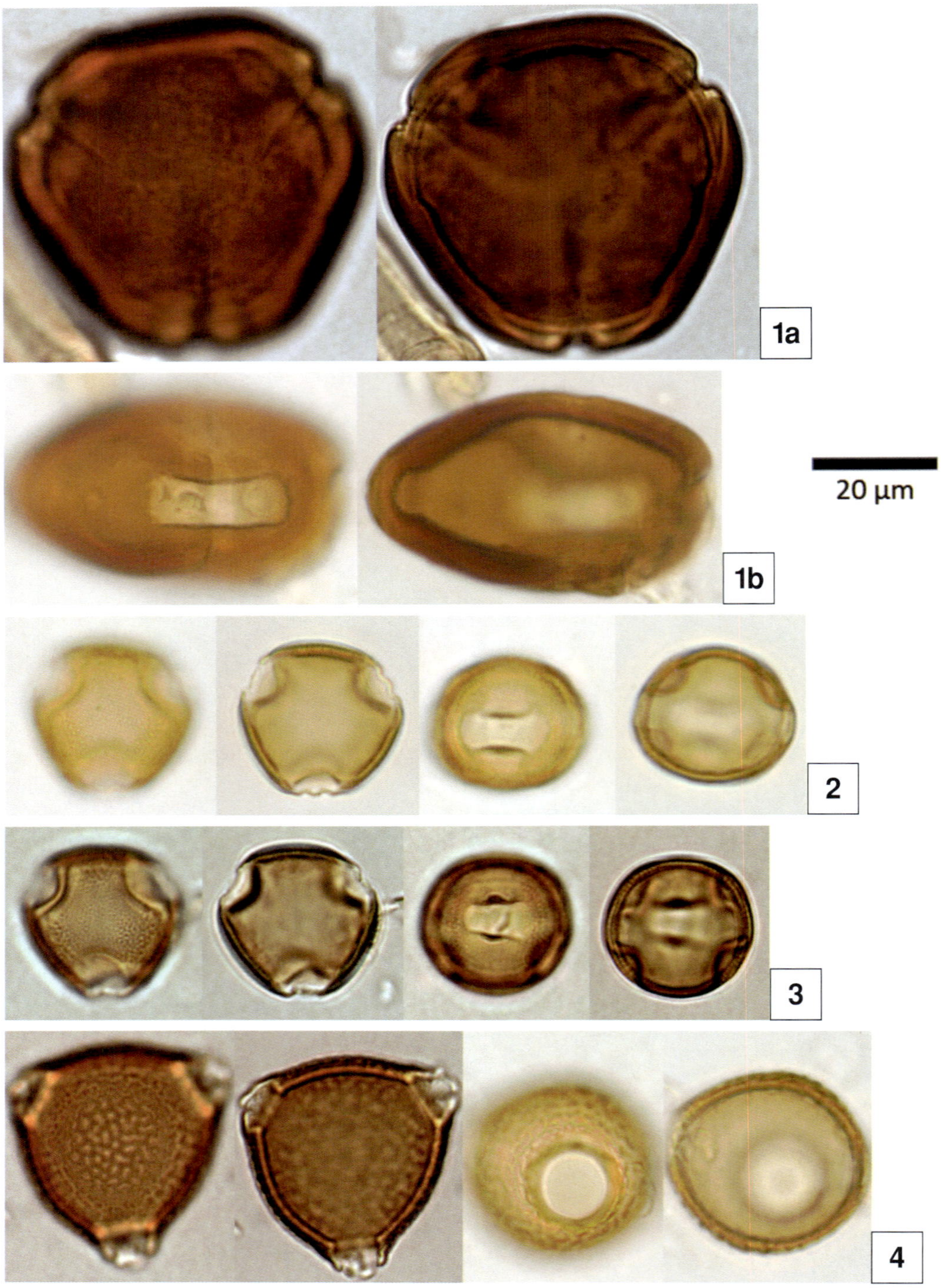

Prancha/Plate 88: Fabaceae – Faboideae: *Dioclea wilsonii* (1a,b); *Diplotropis incexis* (2); *Dipteryx* sp. (3); *Erythrina fusca* (4).

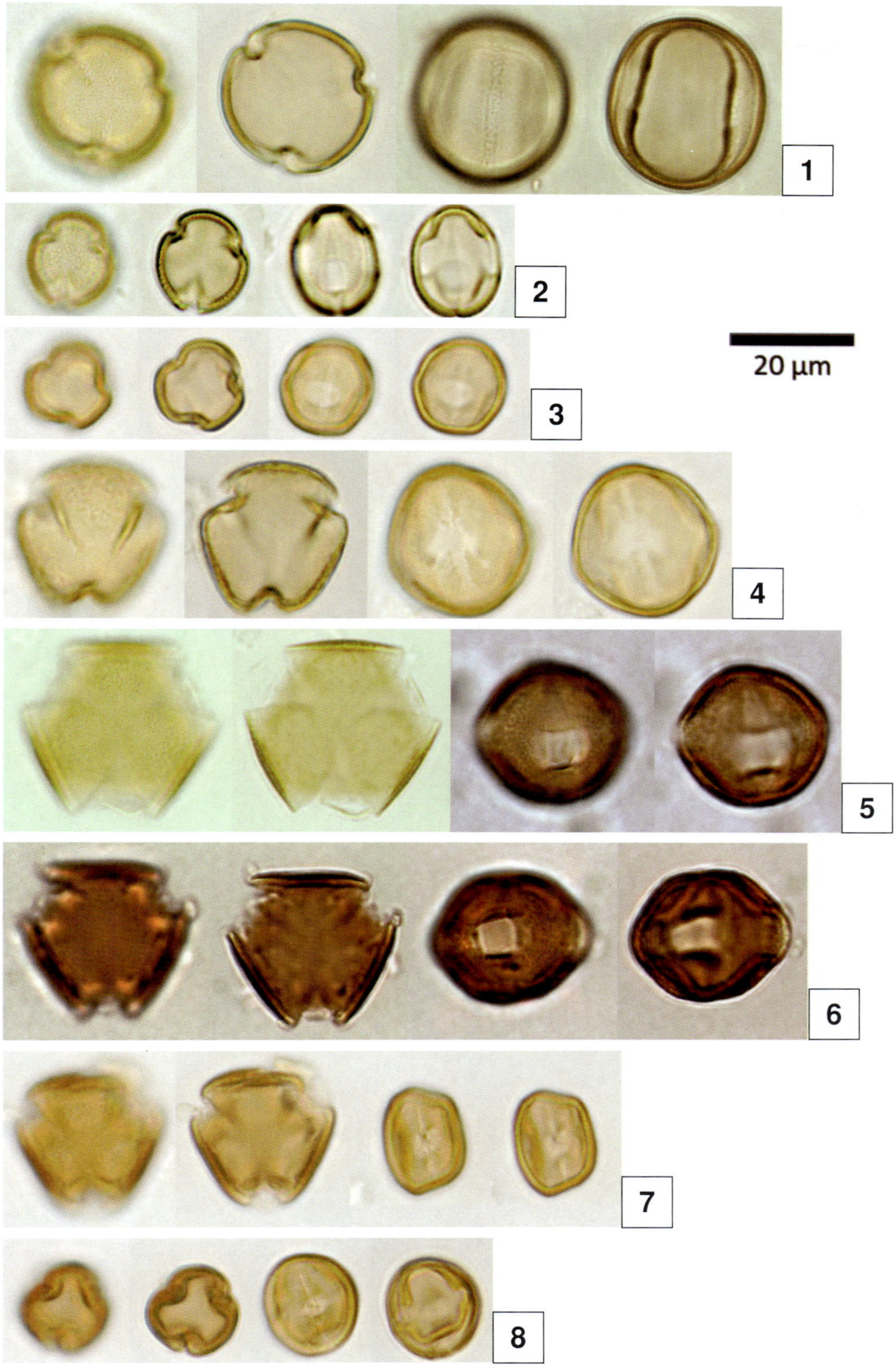

Prancha/Plate 89: Fabaceae – Faboideae: *Exostyles venusta* (1); *Grazielodendron riodocensis* (2); *Hymenolobium alagoanum* var. *parvifolium* (3); *Indigofera microcarpa* (4); *Leptolobium bijugum* (5); *Lonchocarpus cultratus* (6); *Machaerium aculeatum* (7); *Machaerium cantarellianum* (8).

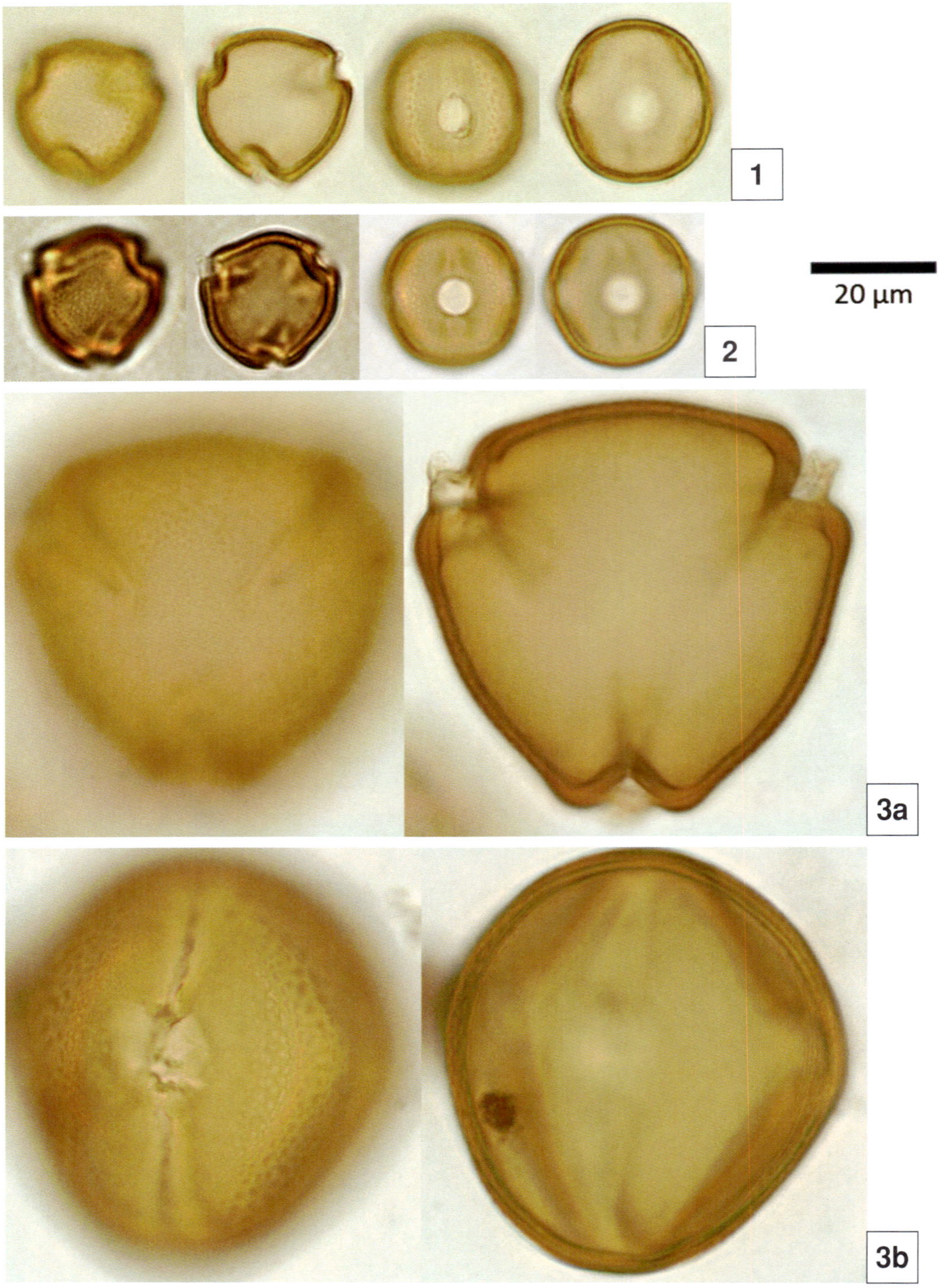

Prancha/Plate 90: Fabaceae – Faboideae: *Macroptilium atropurpureum* (1); *Macroptilium gracile* (2); *Mucuna urens* (3a,b).

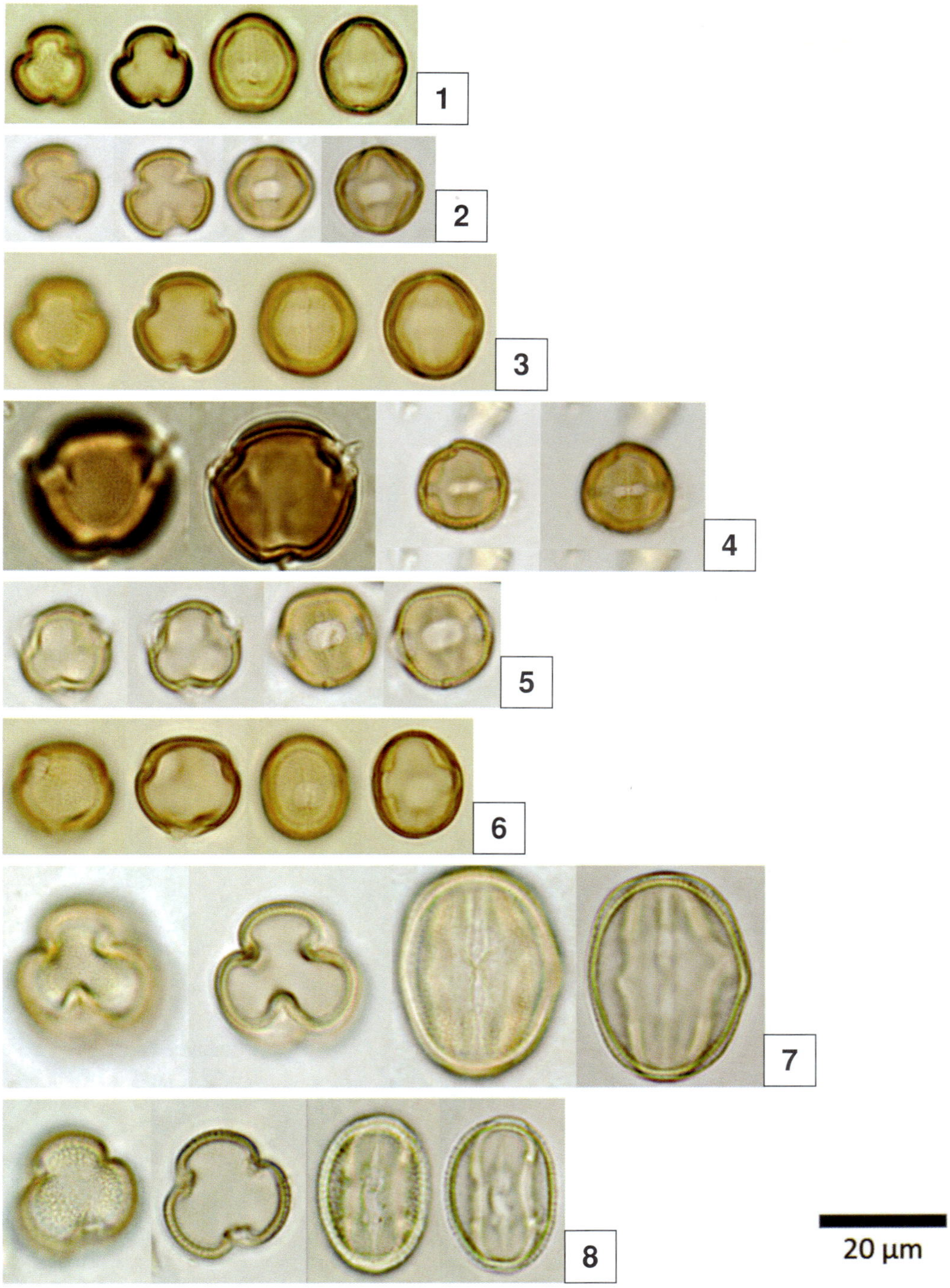

Prancha/Plate 91: Fabaceae – Faboideae: *Myrocarpus fastigiatus* (1); *Myrocarpus frondosus* (2); *Myroxylon peruiferum* (3); *Ormosia arborea* (4); *Platymiscium* aff. *floribundum* (5); *Platymiscium speciosum* (6); *Poecilanthe falcata* (7); *Pterocarpus rohrii* (8).

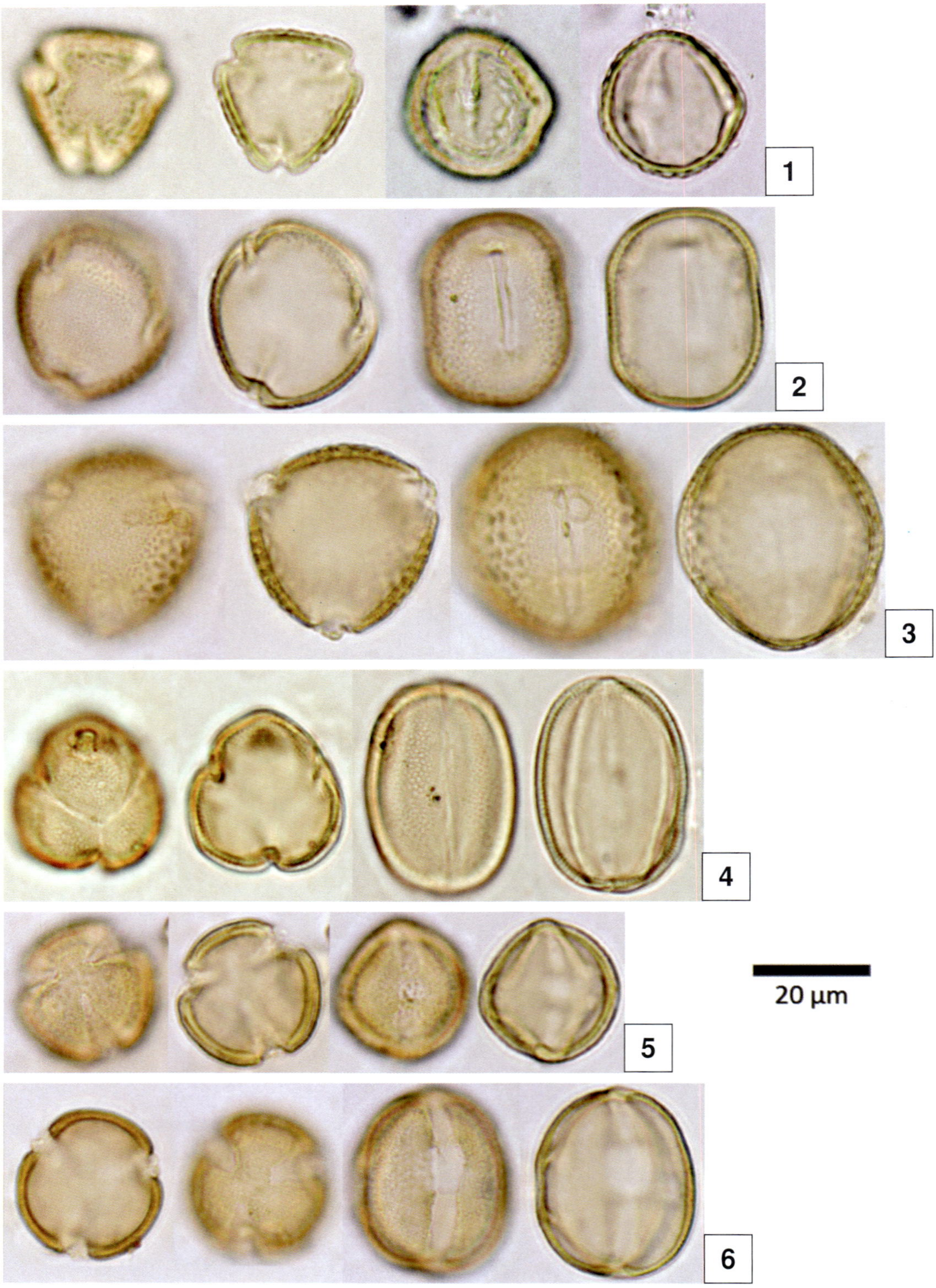

Prancha/Plate 92: Fabaceae – Faboideae: *Rhynchosia phaseoloides* (1); *Sesbania exasperata* (2); *Sesbania grandiflora* (3); *Stylosanthes guianensis* (4); *Swartzia myrtifolia* var. *elegans* (5); *Swartzia submarginata* var. *leiogyna* (6).

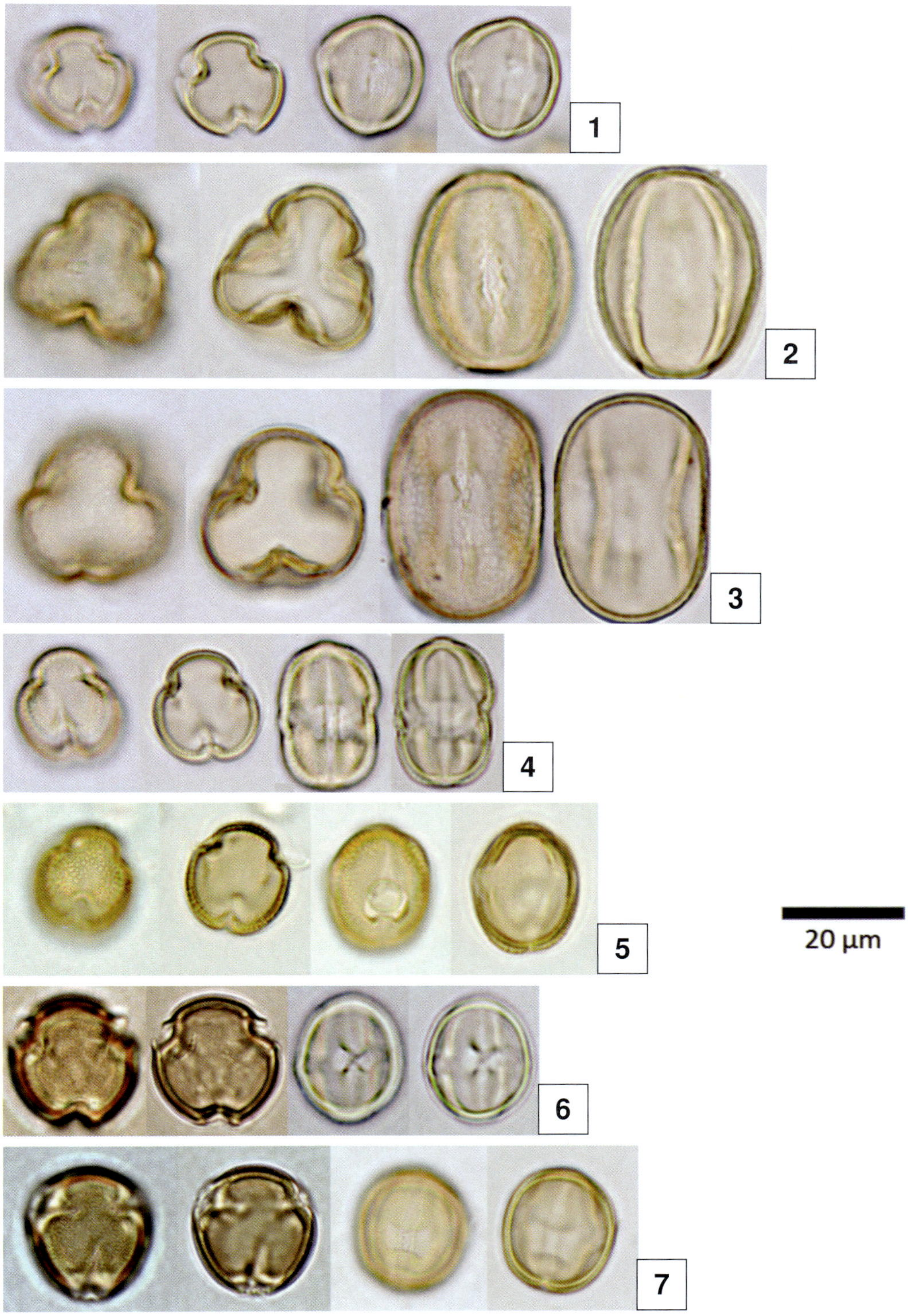

Prancha/Plate 93: Fabaceae – Faboideae: *Sweetia fruticosa* (1); *Tephrosia candida* (2); *Tephrosia noctiflora* (3); *Vatairea heteroptera* (4); *Vataireopsis araroba* (5); *Zollernia glabra* (6); *Zollernia modesta* (7).

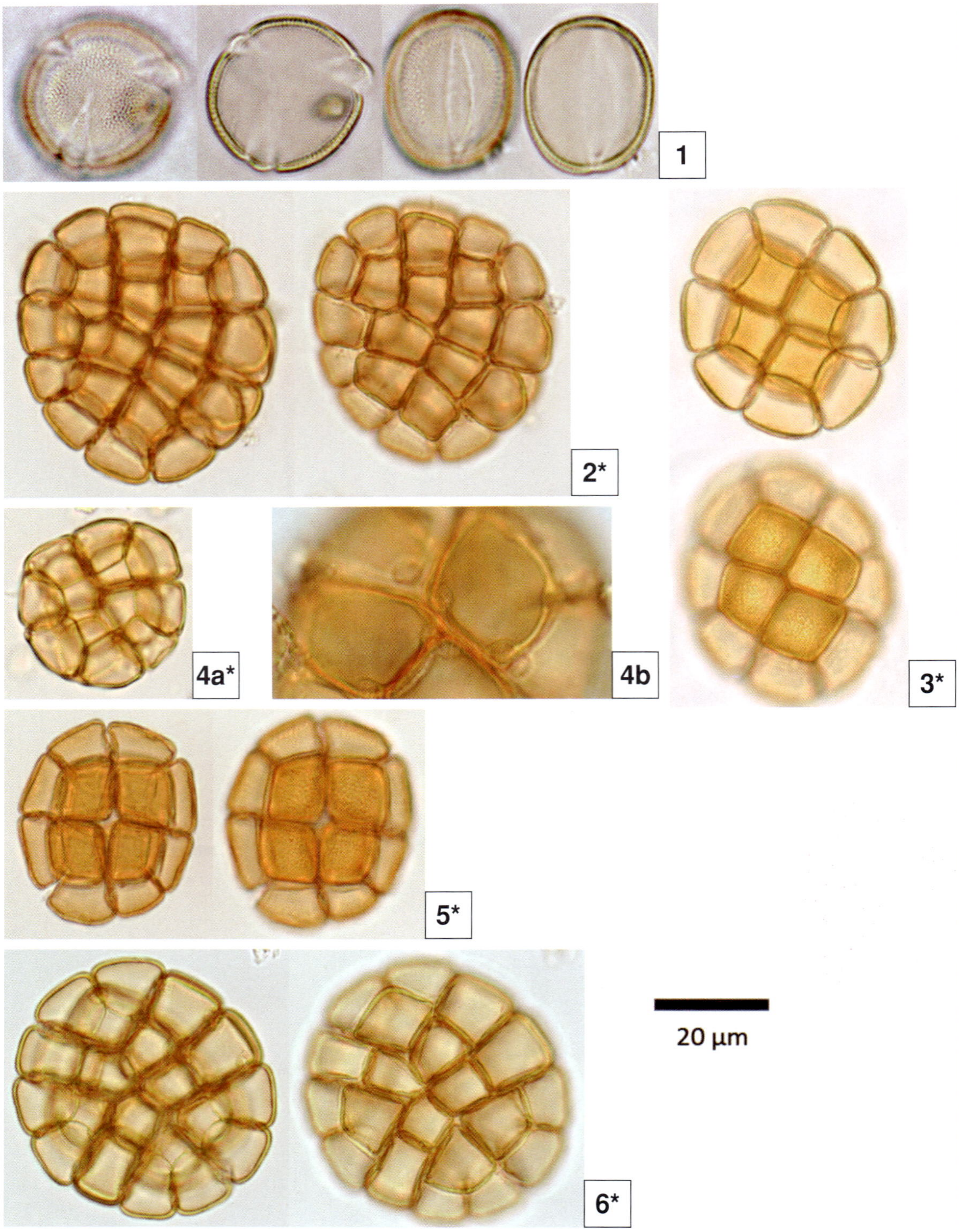

Prancha/Plate 94: Fabaceae – Faboideae: *Zornia latifolia* (1); Fabaceae – Mimosoideae: *Abarema cochliacarpos* (2); *Abarema filamentosa* (3); *Adenanthera pavonina* (4a,b); *Albizia polycephala* (5); *Enterolobium glaziovii* (6). [*Reduzida para ½ da escala.]

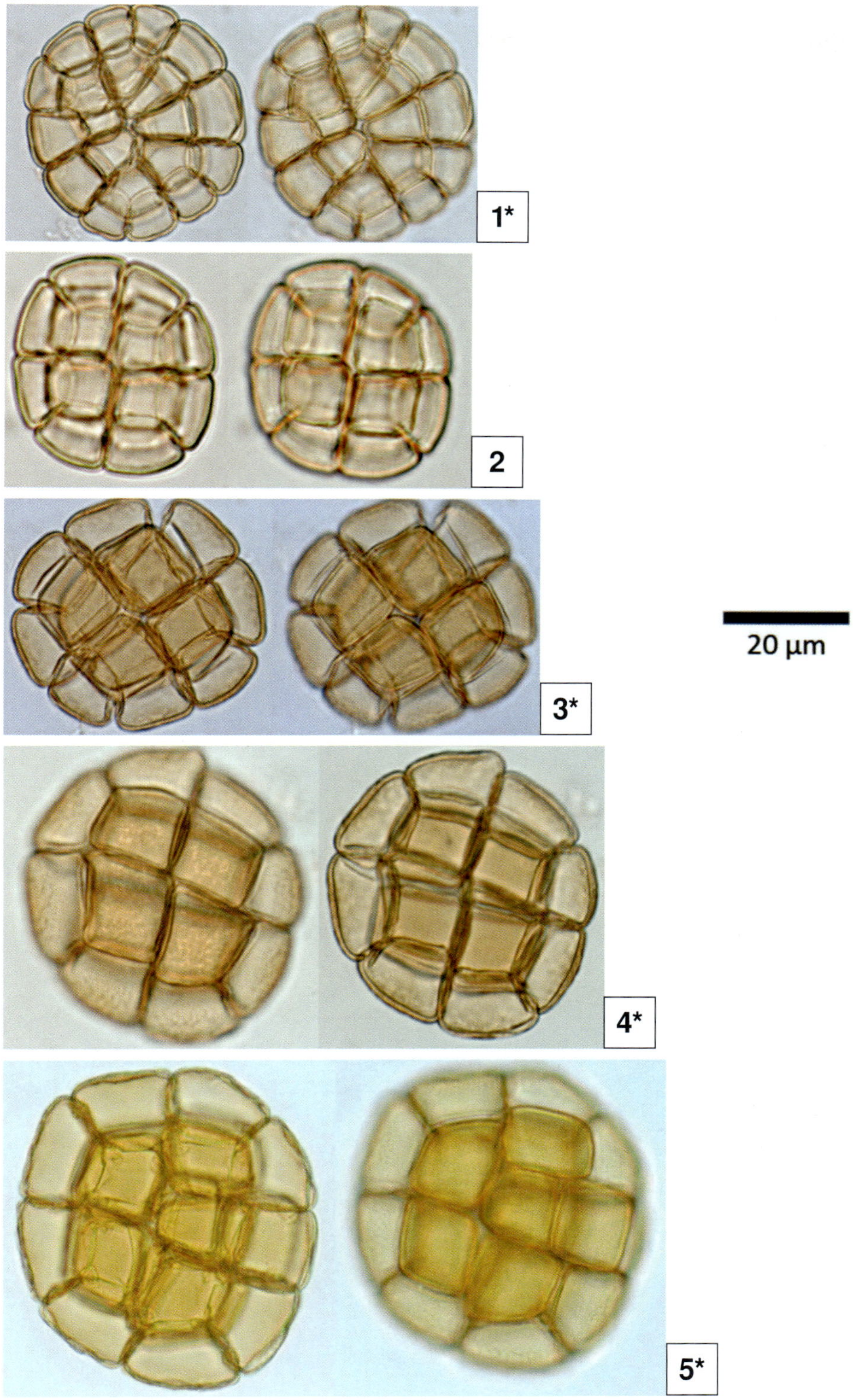

Prancha/Plate 95: Fabaceae – Mimosoideae: *Enterolobium monjollo* (1); *Enterolobium* sp. (2); *Inga* aff. *cylindrica* (3); *Inga cabelo* (4); *Inga capitata* (5). [*Reduzida para ½ da escala.]

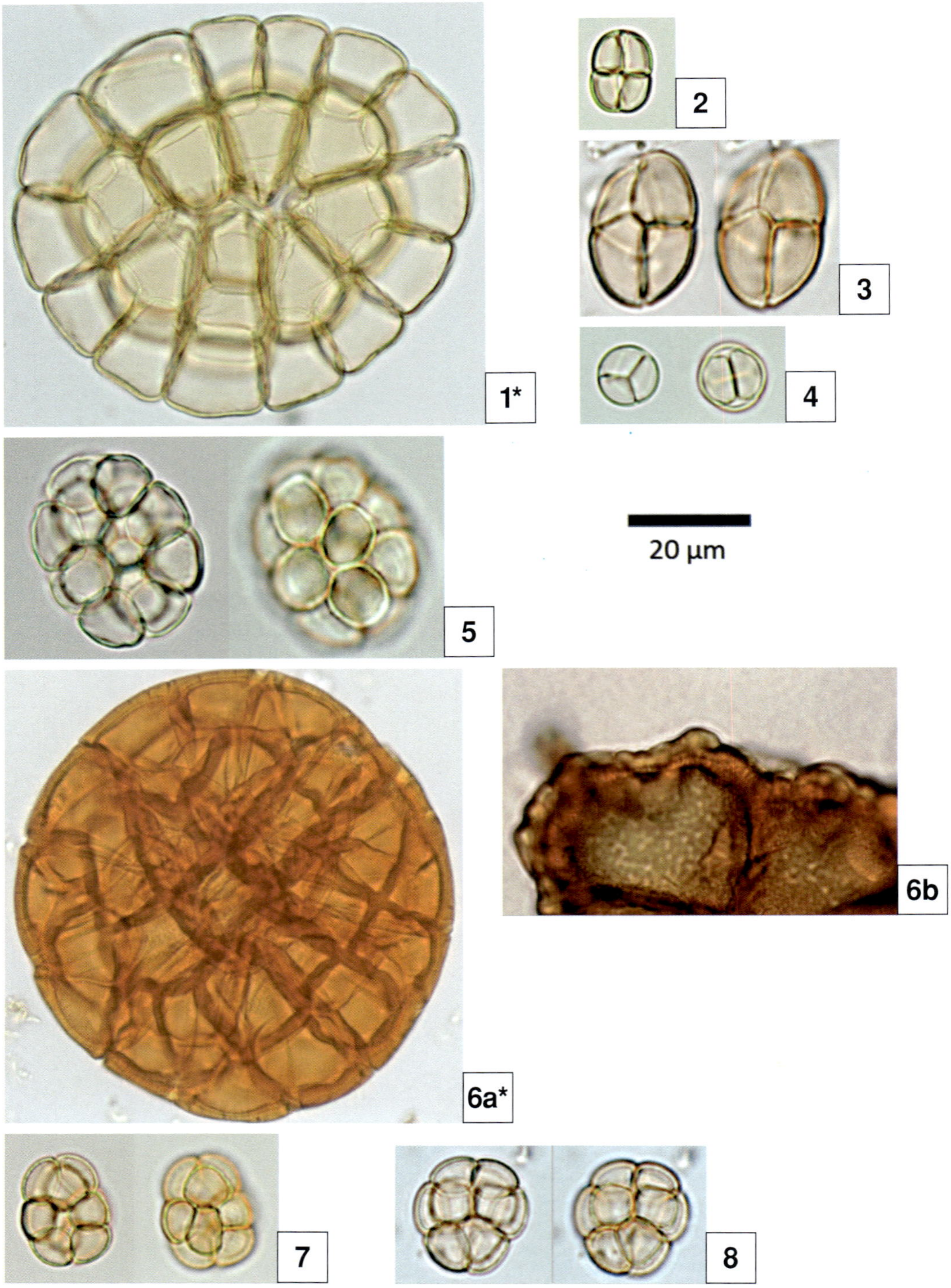

Prancha/Plate 96: Fabaceae – Mimosoideae: *Inga hispida* (1); *Mimosa ceratonia* var. *pseudo-obovata* (2); *Mimosa elliptica* (3); *Mimosa velloziana* (4); *Parapiptadenia pterosperma* (5); *Parkia pendula* (6a,b); *Piptadenia adiantoides* (7,8).
[*Reduzida para ½ da escala.]

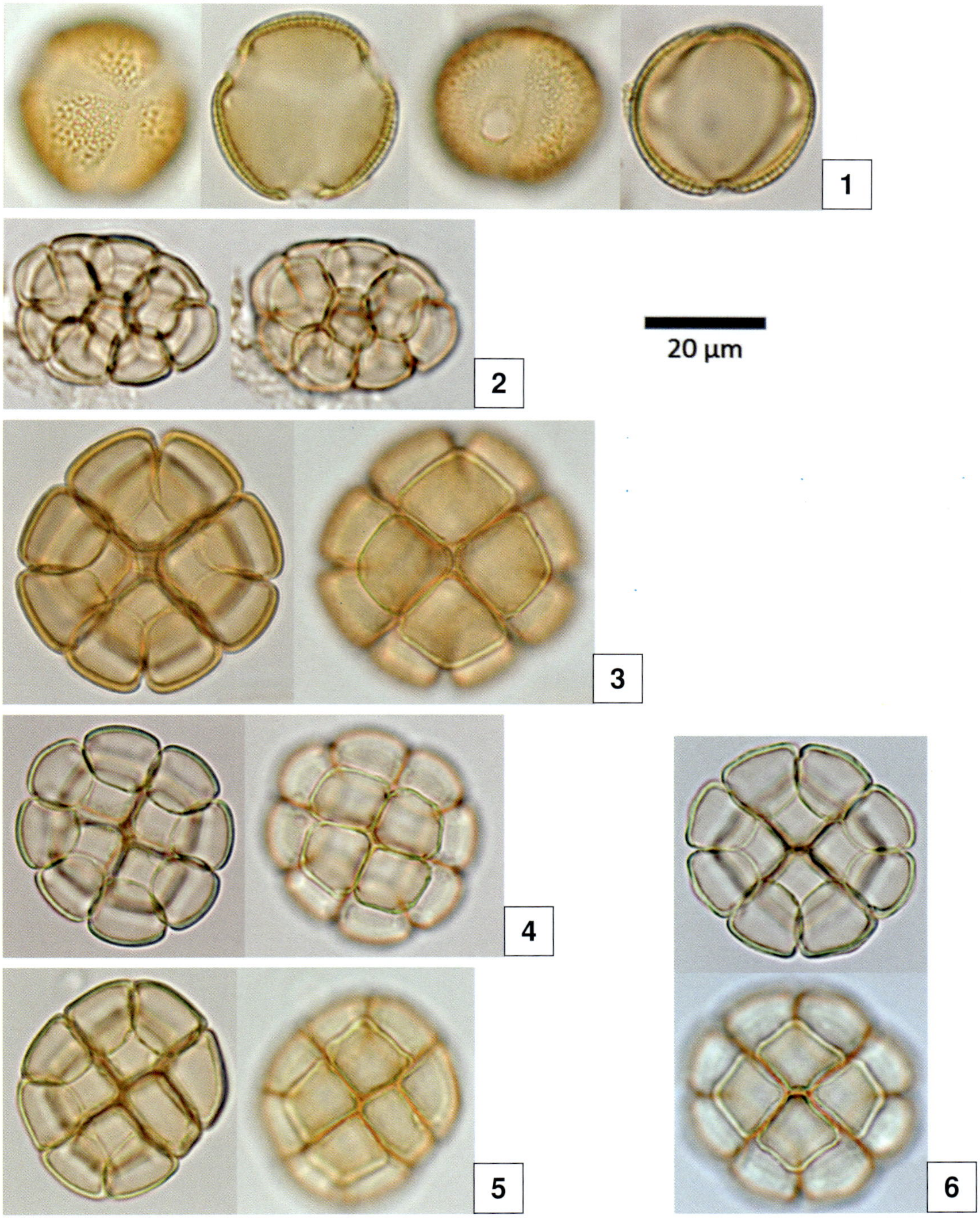

Prancha/Plate 97: Fabaceae – Mimosoideae: *Plathymenia reticulata* (1); *Pseudopiptadenia contorta* (2); *Senegalia amazonica* (3); *Senegalia polyphylla* (4); *Senegalia tenuifolia* (5,6).

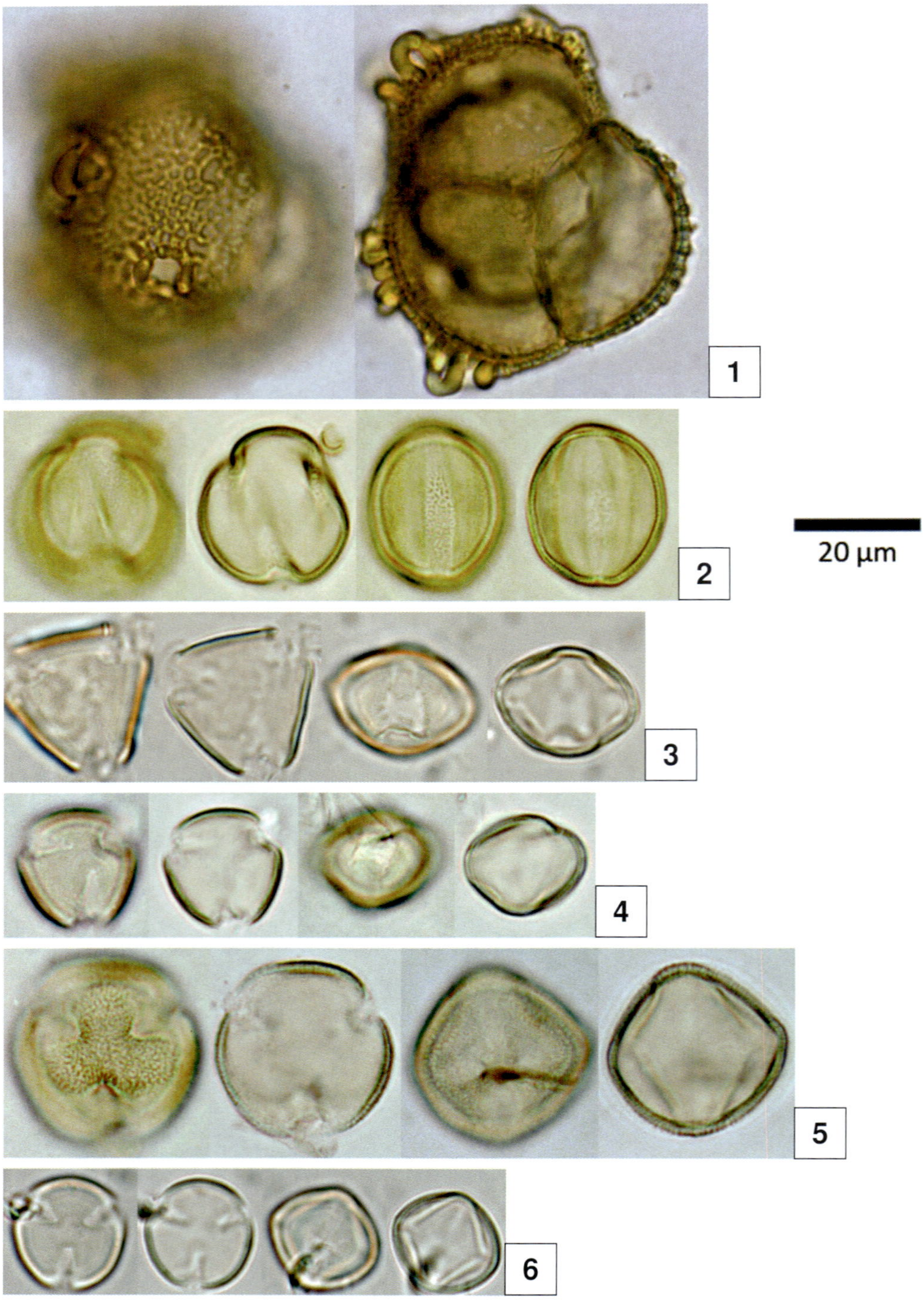

Prancha/Plate 98: Gentianaceae: *Chelonanthus purpurascens* (1); Gesneriaceae: *Sinningia elatior* (2); Gratiolaceae: *Achetaria platychila* (3); *Achetaria ocymoides* (4); *Bacopa aquatica* (5); *Conobea scoparioides* (6).

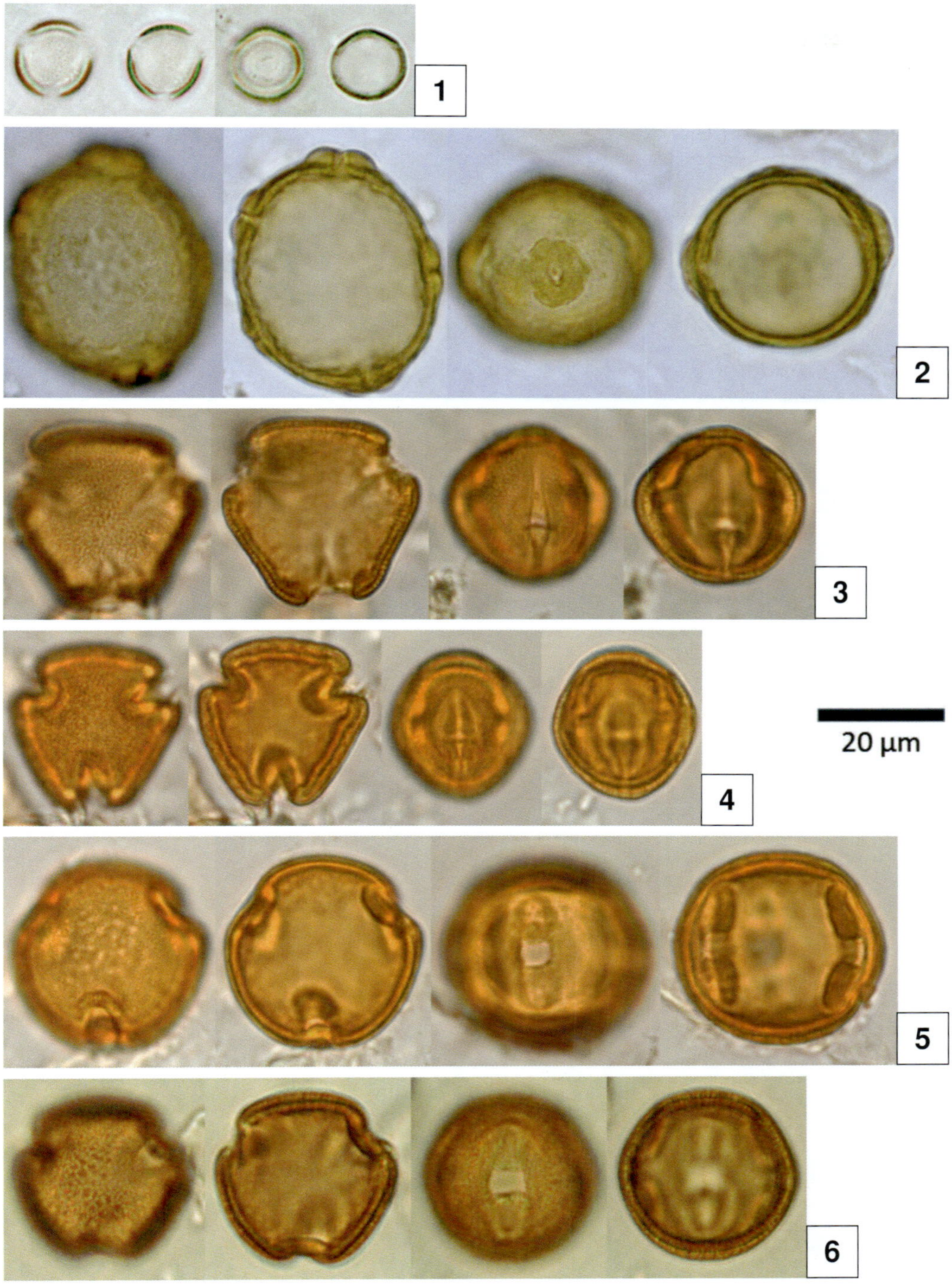

Prancha/Plate 99: Gratiolaceae: *Scoparia dulcis* (1); Haloragaceae: *Laurembergia tetrandra* (2); Humiriaceae: *Duckesia verrucosa* (3); *Endopleura uchi* (4); *Humiria balsamifera* (5); *Humiriastrum mussunungense* (6).

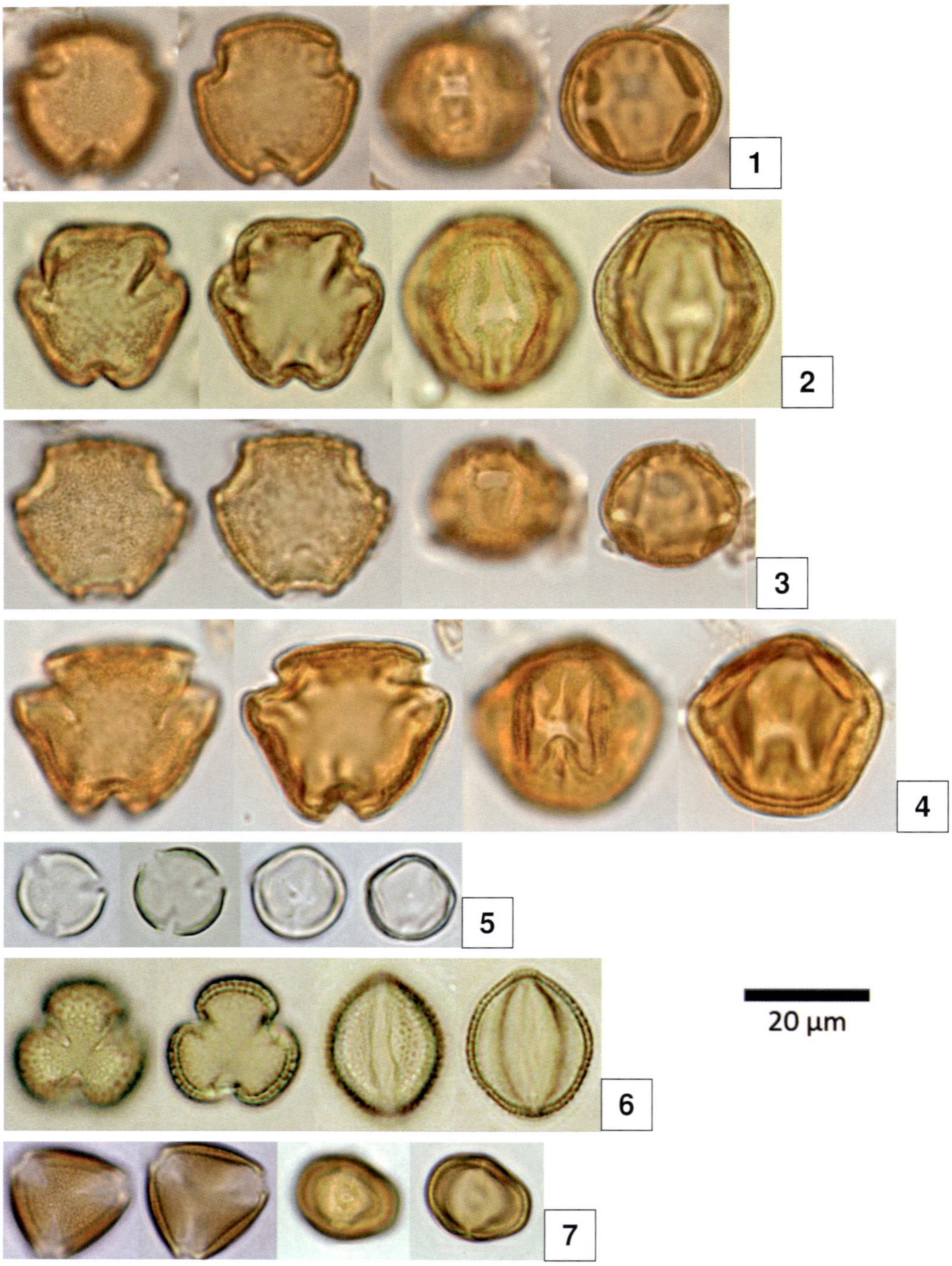

Prancha/Plate 100: Humiriaceae: *Humiriastrum mussunungense* (1); *Humiriastrum spiritu-sancti* (2); *Sacoglottis mattogrossensis* (3); *Vantanea bahiensis* (4); Hydrangeaceae: *Hydrangea* sp. (5); Hydroleaceae: *Hydrolea spinosa* (6); Hypericaceae: *Vismia brasiliensis* (7).

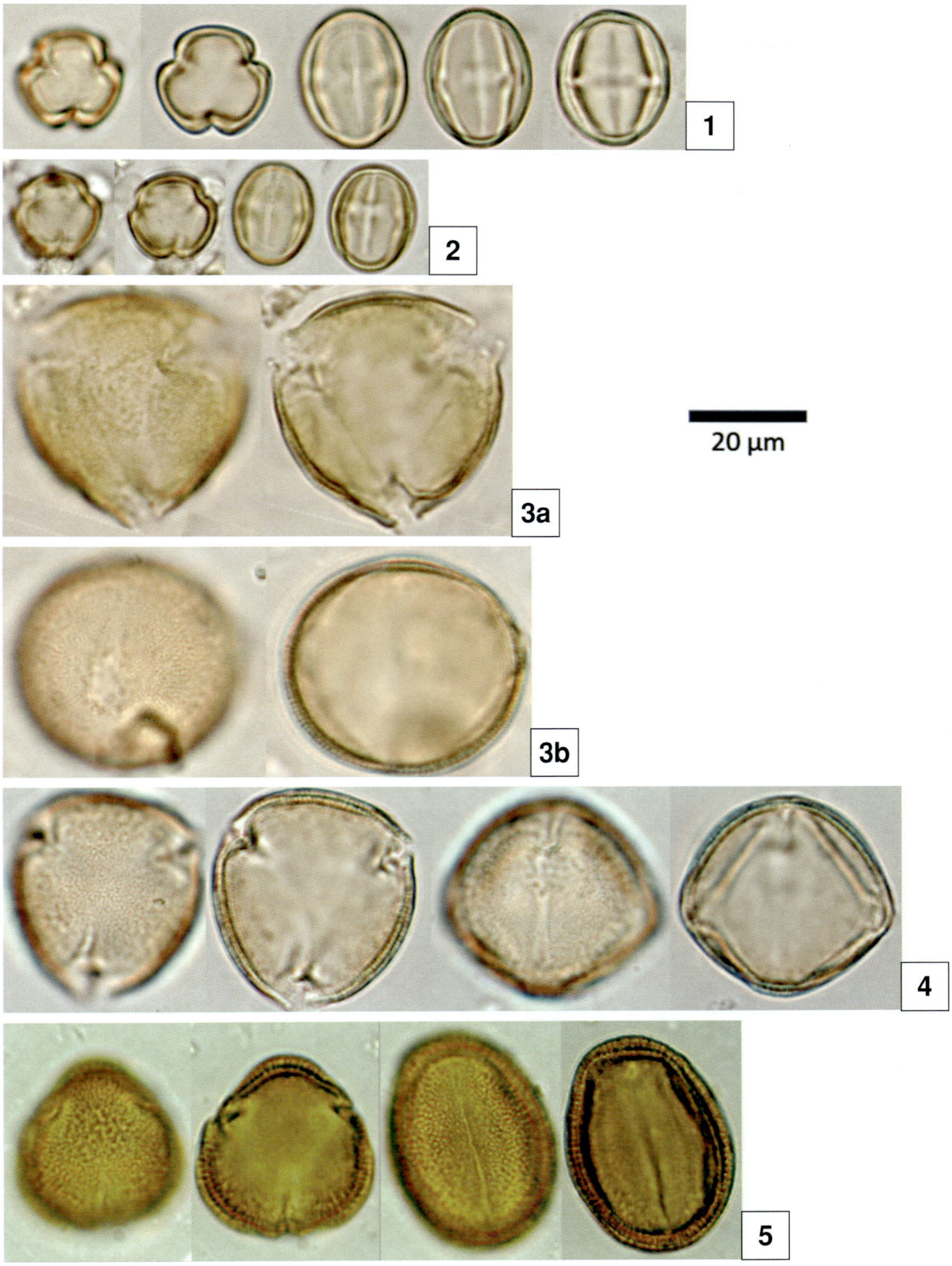

Prancha/Plate 101: Icacinaceae: *Emmotum affine* (1); *Emmotum nitens* (2); *Leretia cordata* (3a,b;4); *Pleurisanthes* sp. (5).

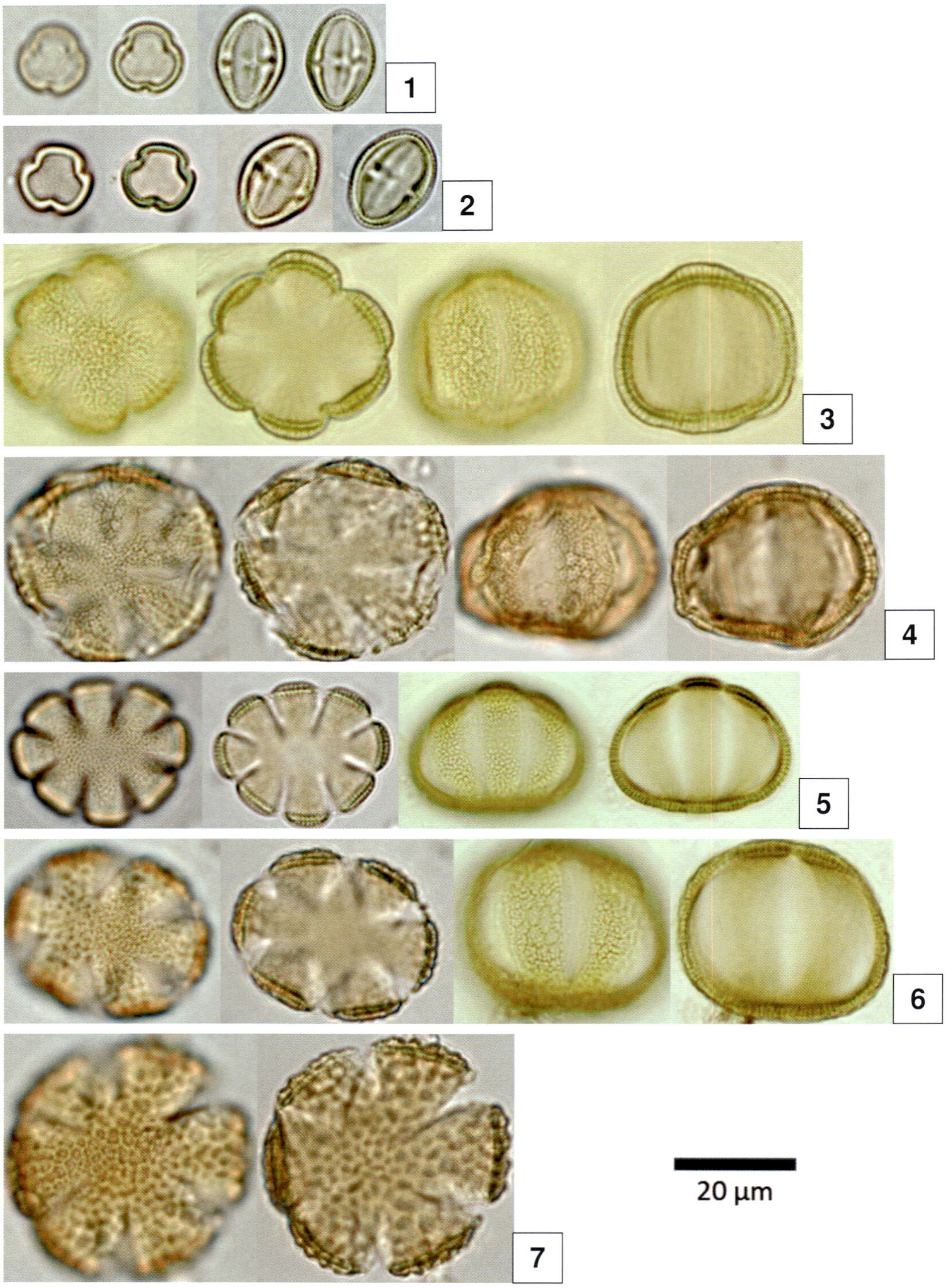

Prancha/Plate 102: Lacistemataceae: *Lacistema recurvum* (1,2); Lamiaceae: *Eriope macrostachya* (3); *Hyptidendron asperrimum* (4); *Hyptis* cf. *brevipes* (5); *Marsypianthes chamaedrys* (6); *Ocimum selloi* (7).

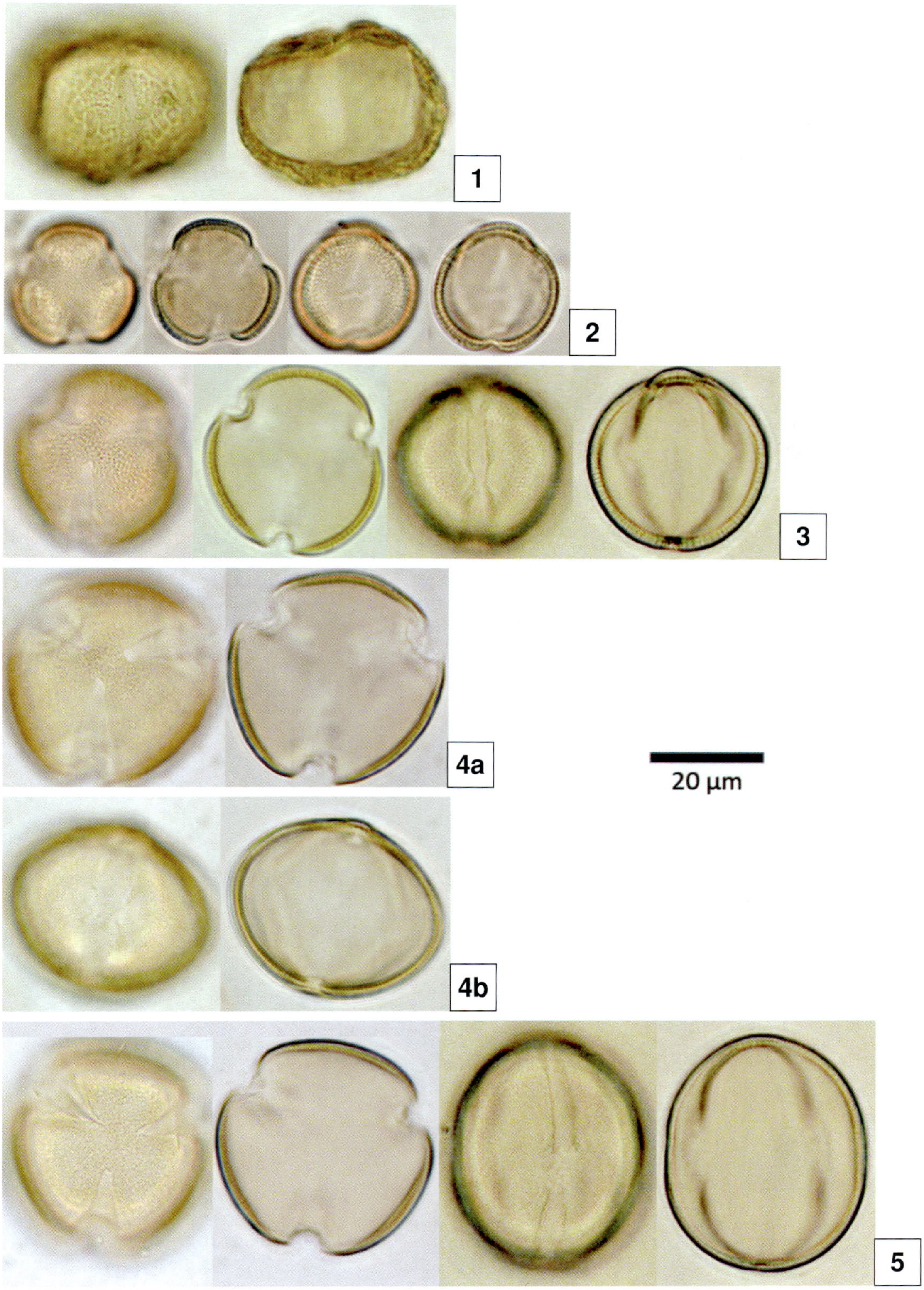

Prancha/Plate 103: Lamiaceae: *Ocimum selloi* (1); *Vitex* cf. *compressa* (2); Lecythidaceae: *Bertholletia excelsa* (3); *Cariniana legalis* (4a,b); *Couratari macrosperma* (5).

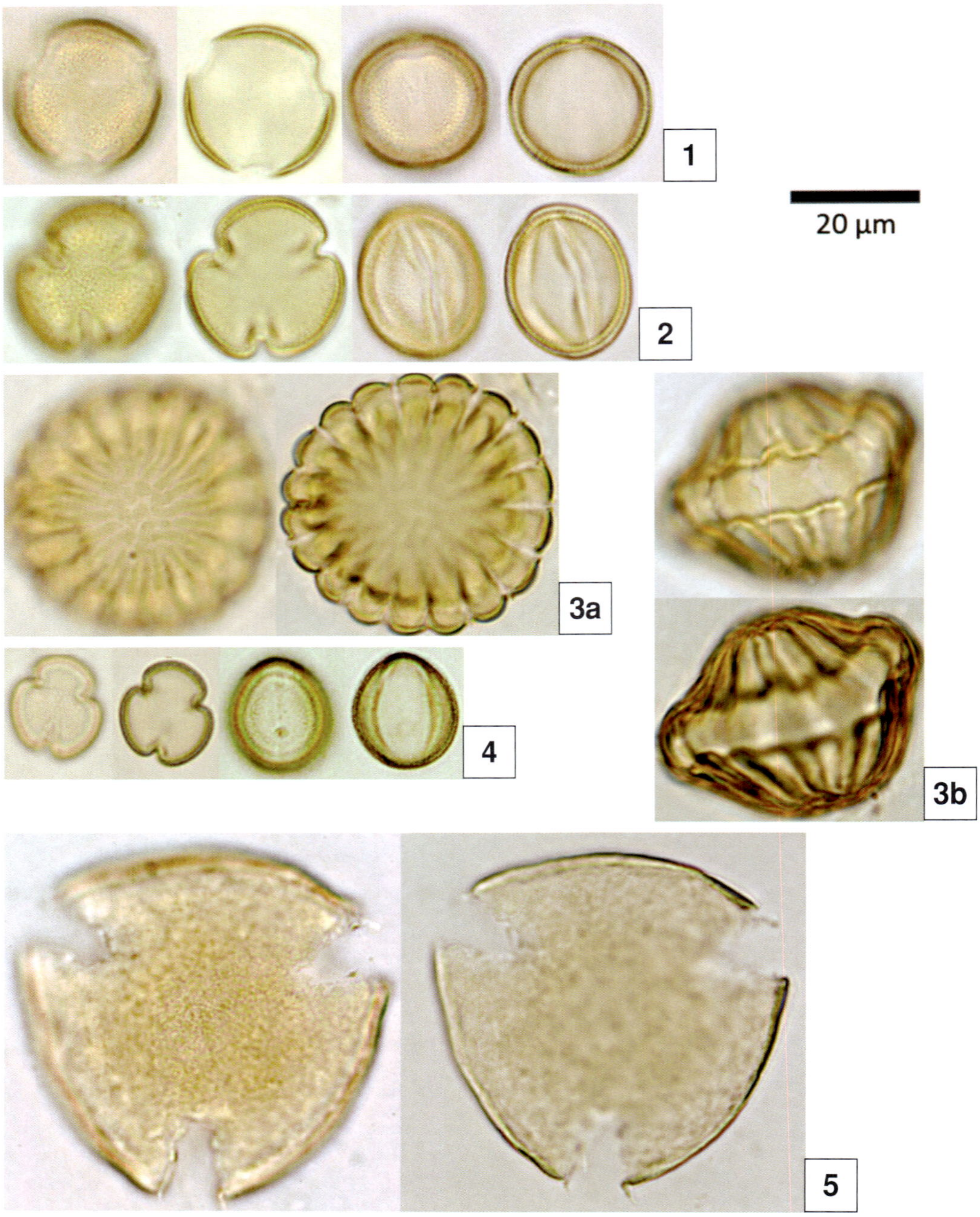

Prancha/Plate 104: Lecythidaceae: *Eschweilera ovata* (1); *Lecythis lurida* (2); Lentibulariaceae: *Utricularia foliosa* (3a,b); Linderniaceae: *Torenia thouarsii* (4); Loganiaceae: *Spigelia anthelmia* (5).

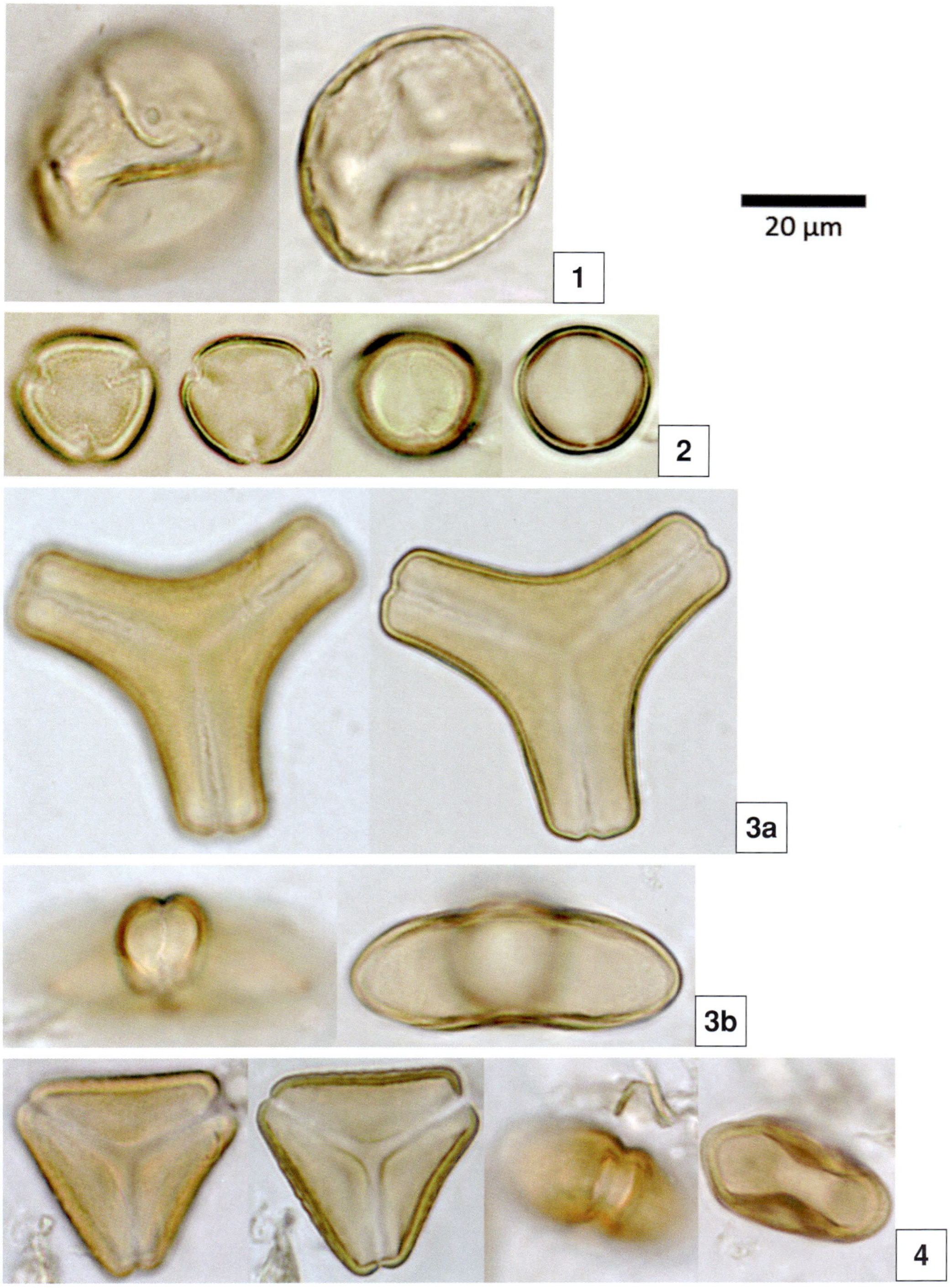

Prancha/Plate 105: Loganiaceae: *Spigelia anthelmia* (1); *Strychnos fulvotomentosa* (2); Loranthaceae: *Psittacanthus dichrous* (3a,b); *Struthanthus confertus* (4).

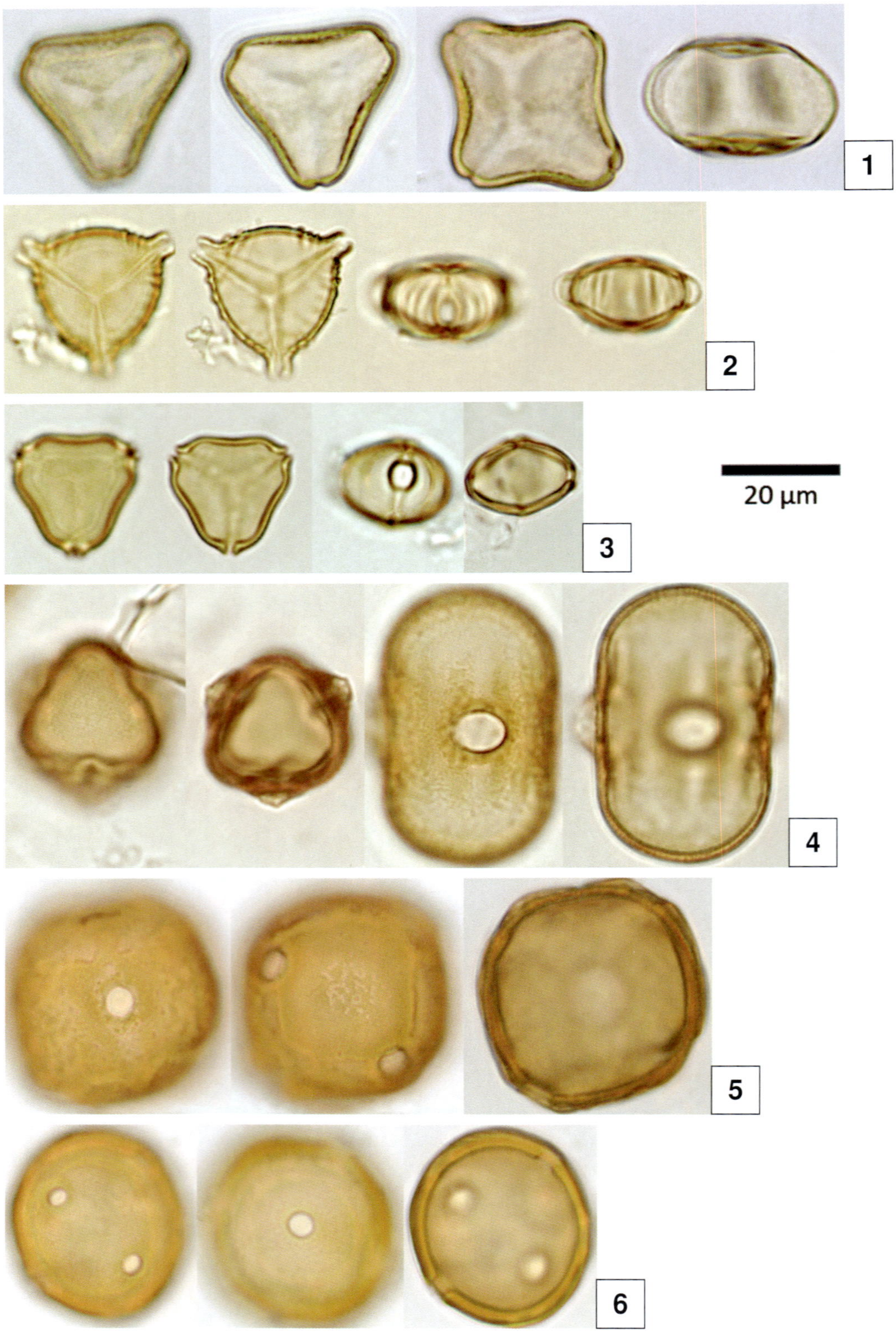

Prancha/Plate 106: Loranthaceae: *Struthanthus polyhizus* (1); Lythraceae: *Cuphea carthagenensis* (2); *Cuphea flava* (3); *Lafoensia glyptocarpa* (4); Malpighiaceae: *Banisteriopsis nummifera* (5); *Bunchosia acuminata* (6).

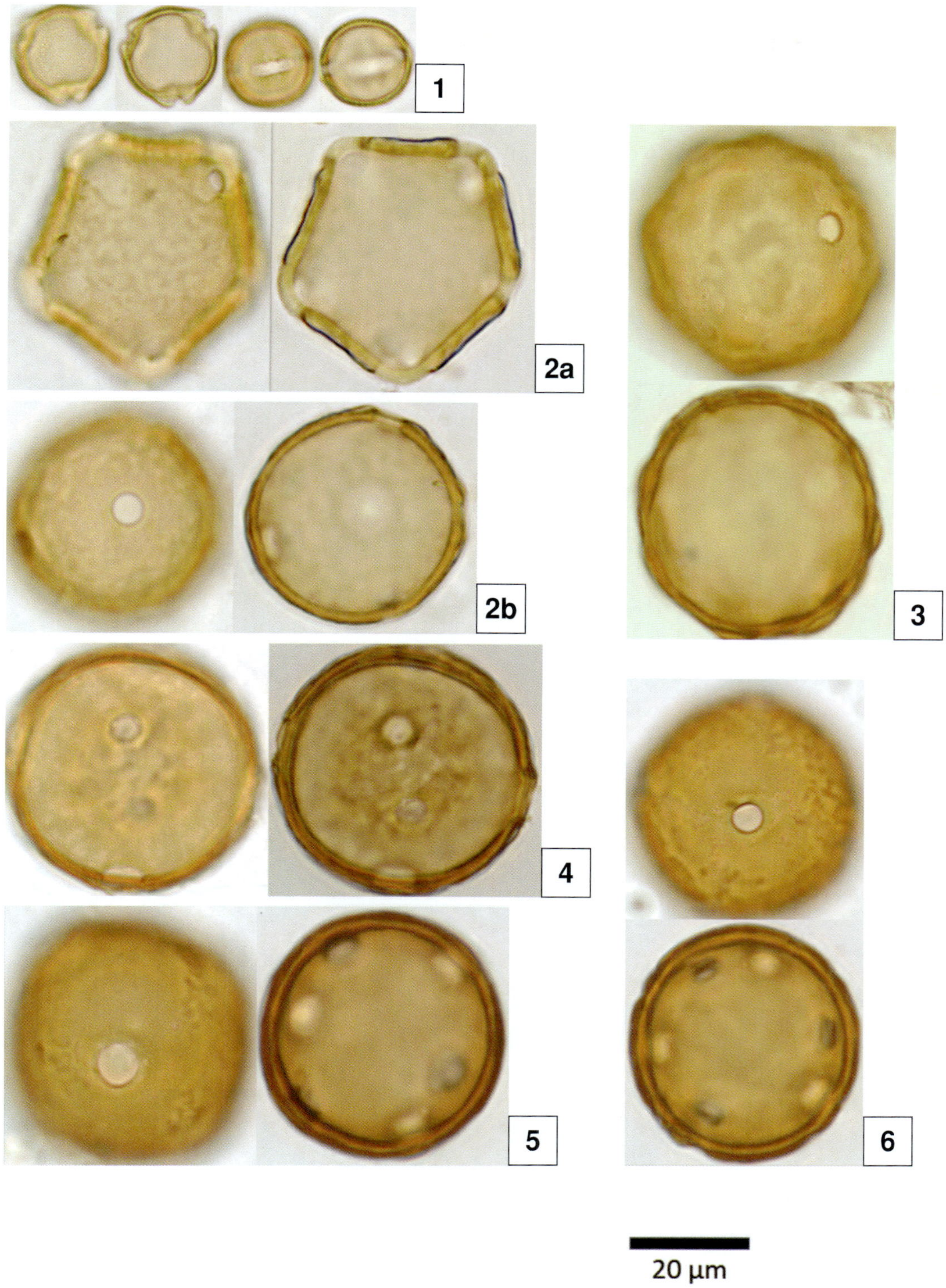

Prancha/Plate 107: Malpighiaceae: *Byrsonima crispa* (1); *Heladena bunchosioides* (2a,b); *Heteropterys nordestina* (3); *Hiraea fagifolia* (4); *Janusia hexandra* (5); *Mascagnia cordifolia* (6).

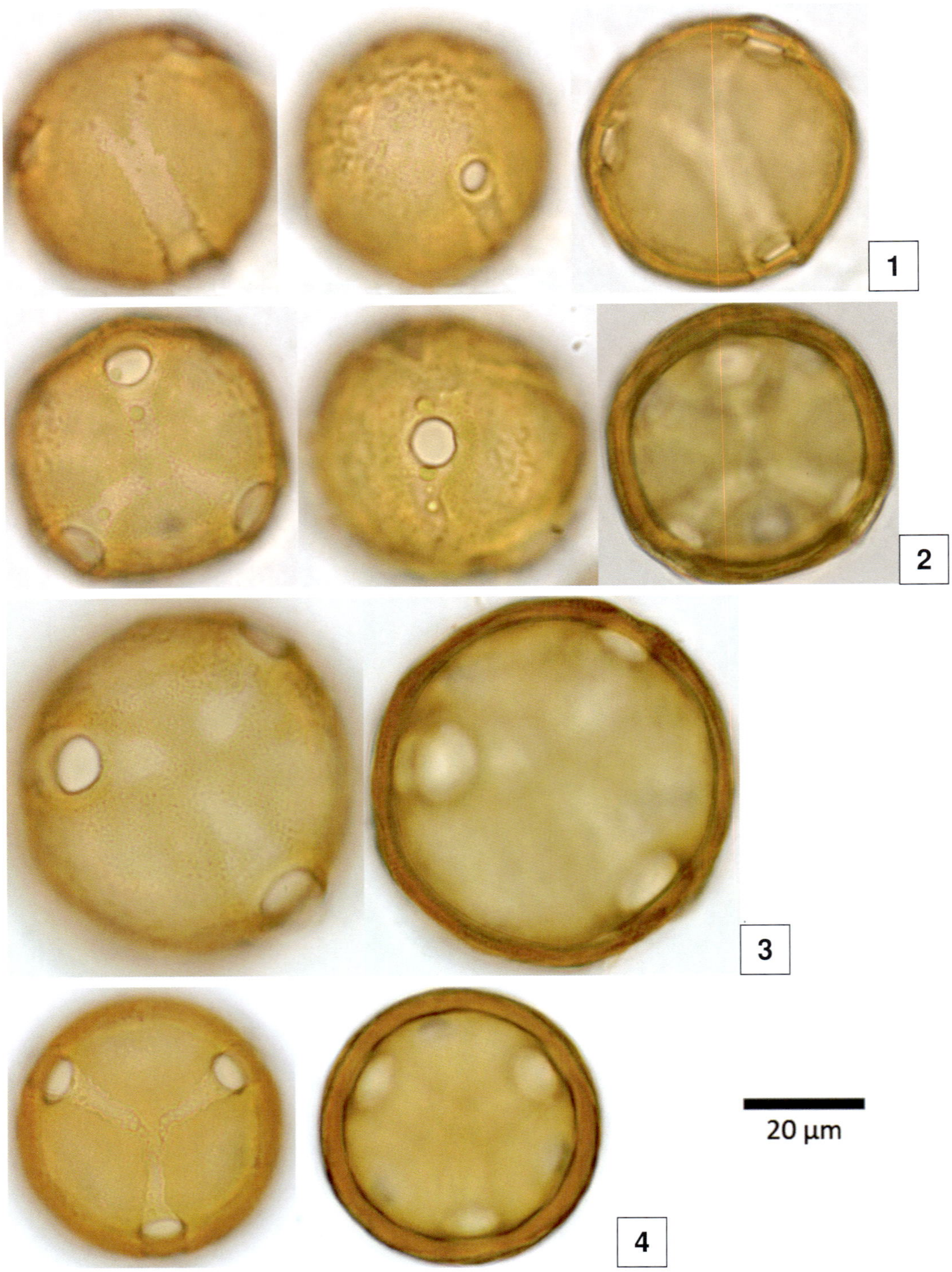

Prancha/Plate 108: Malpighiaceae: *Mezia araujei* (1); *Peixotoa hispidula* (2); *Stigmaphyllon paralias* (3); *Tetrapterys phlomoides* (4).

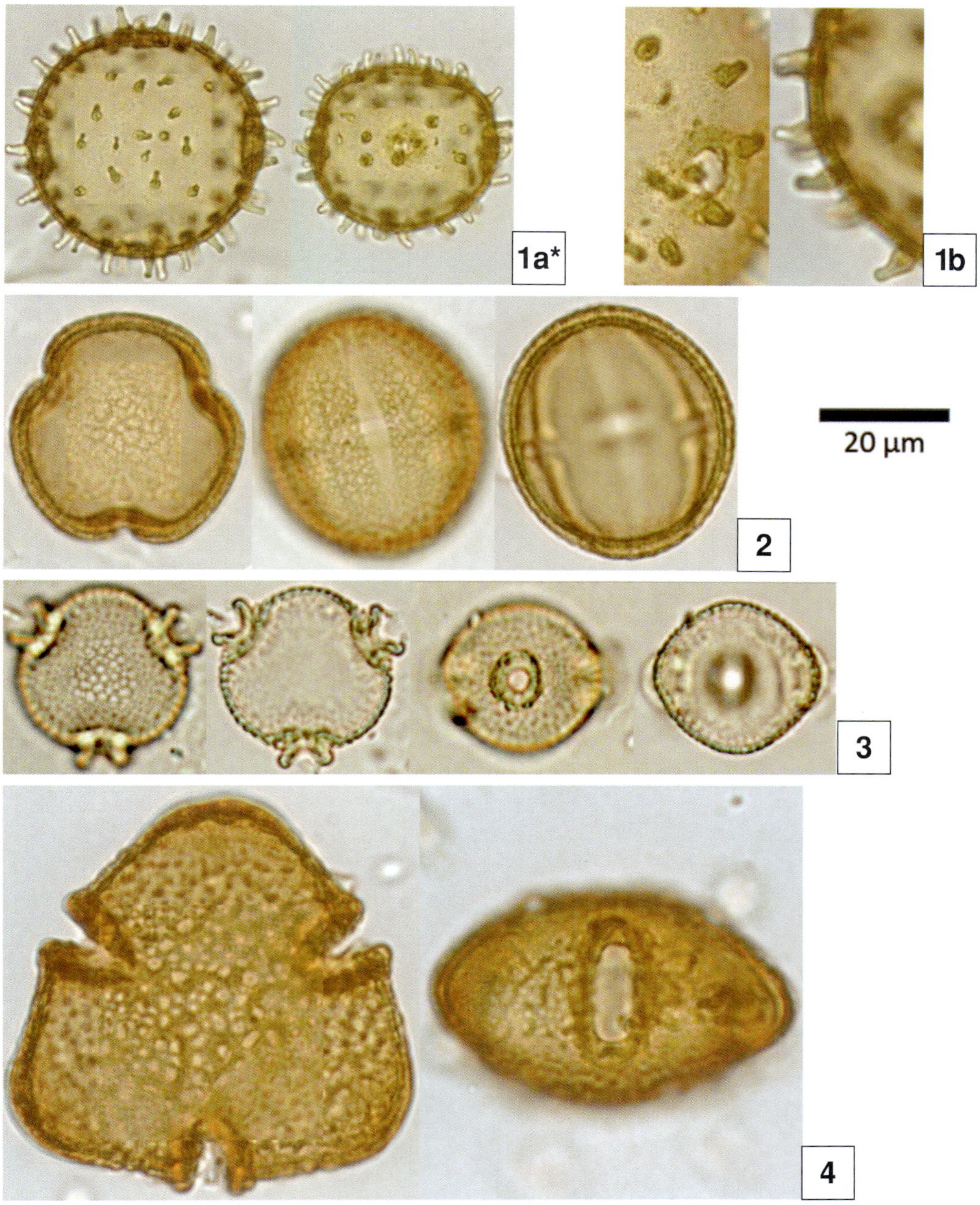

Prancha/Plate 109: Malvaceae: *Abutilon* cf. *schenckii* (1a,b); *Basiloxylon brasiliensis* (2); *Byttneria gayana* (3); *Cavanillesia arborea* (4).
[*Reduzida para ½ da escala.]

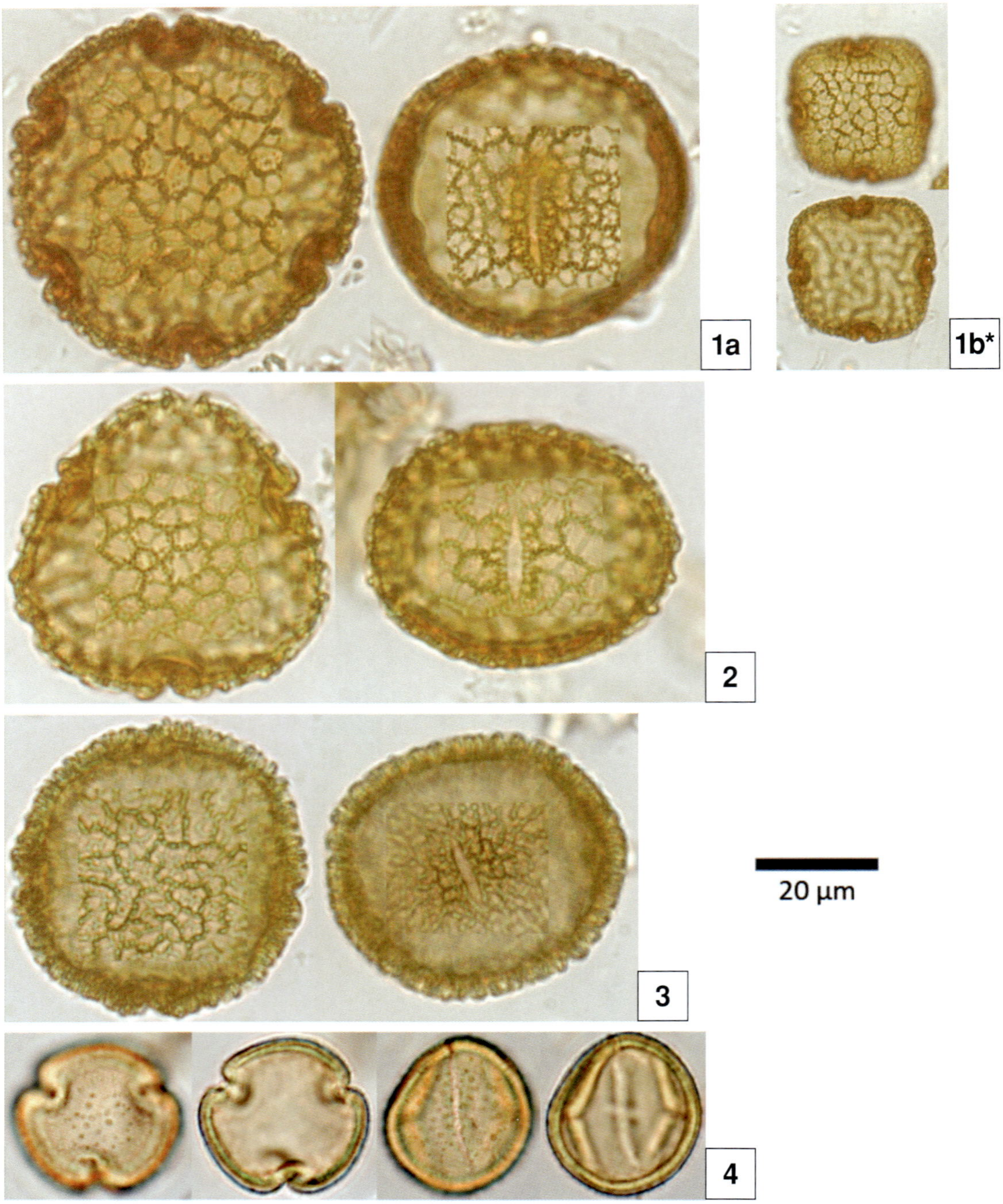

Prancha/Plate 110: Malvaceae: *Ceiba erianthos* (1a,b); *Ceiba pentandra* (2); *Ceiba pubiflora* (3); *Christiana* sp. (4).
[*Reduzida para ½ da escala.]

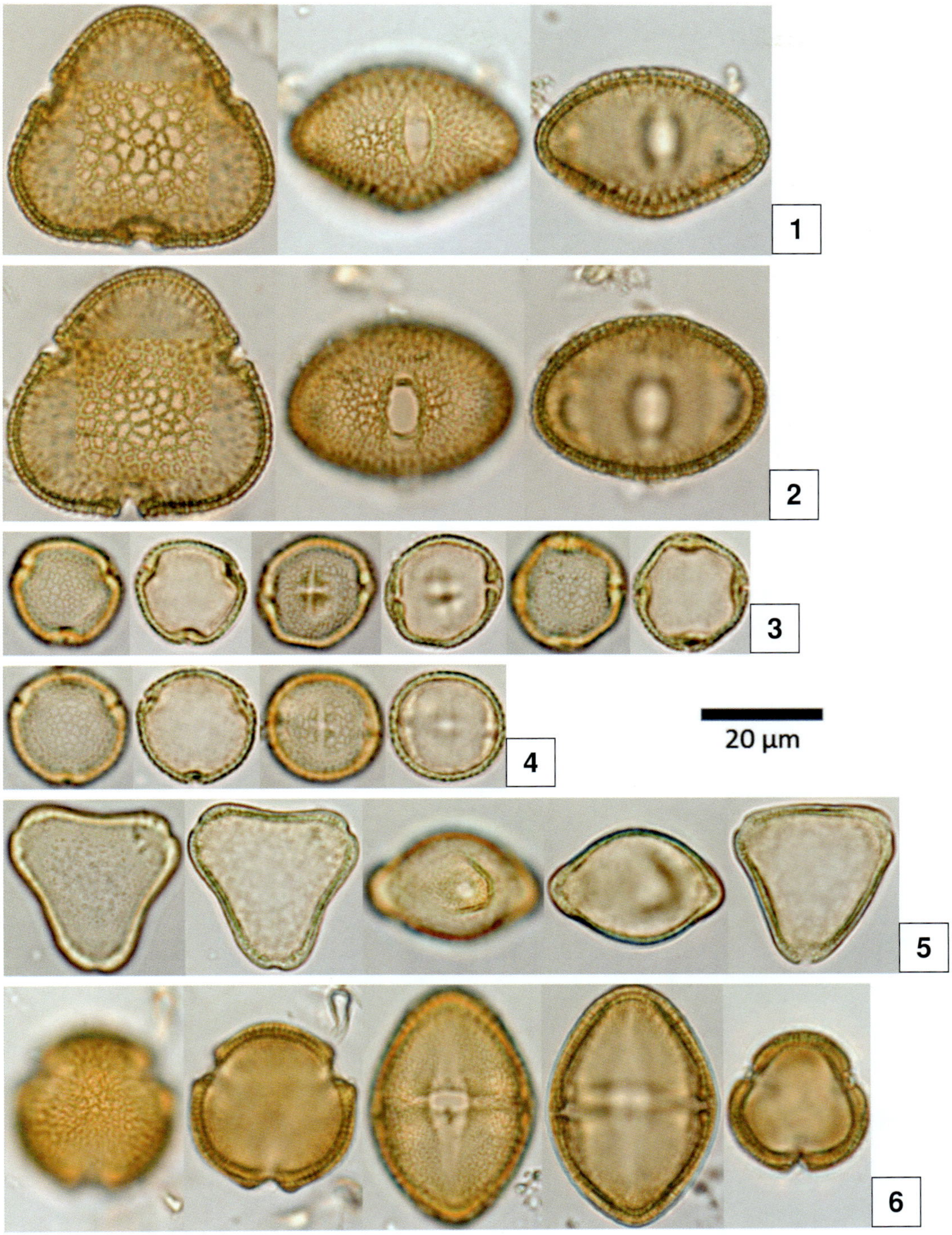

Prancha/Plate 111: Malvaceae: *Eriotheca candolleana* (1); *Eriotheca macrophylla* (2); *Guazuma crinita* (3); *Guazuma ulmifolia* (4); *Helicteres* cf. *brevispira* (5); *Heliocarpus americanus* (6).

Prancha/Plate 112: Malvaceae: *Hibiscus bifurcatus* (1a,b); *Hydrogaster trinervis* (2); *Luehea candida* (3); *Luehea divaricata* (4).
[*Reduzida para ½ da escala.]

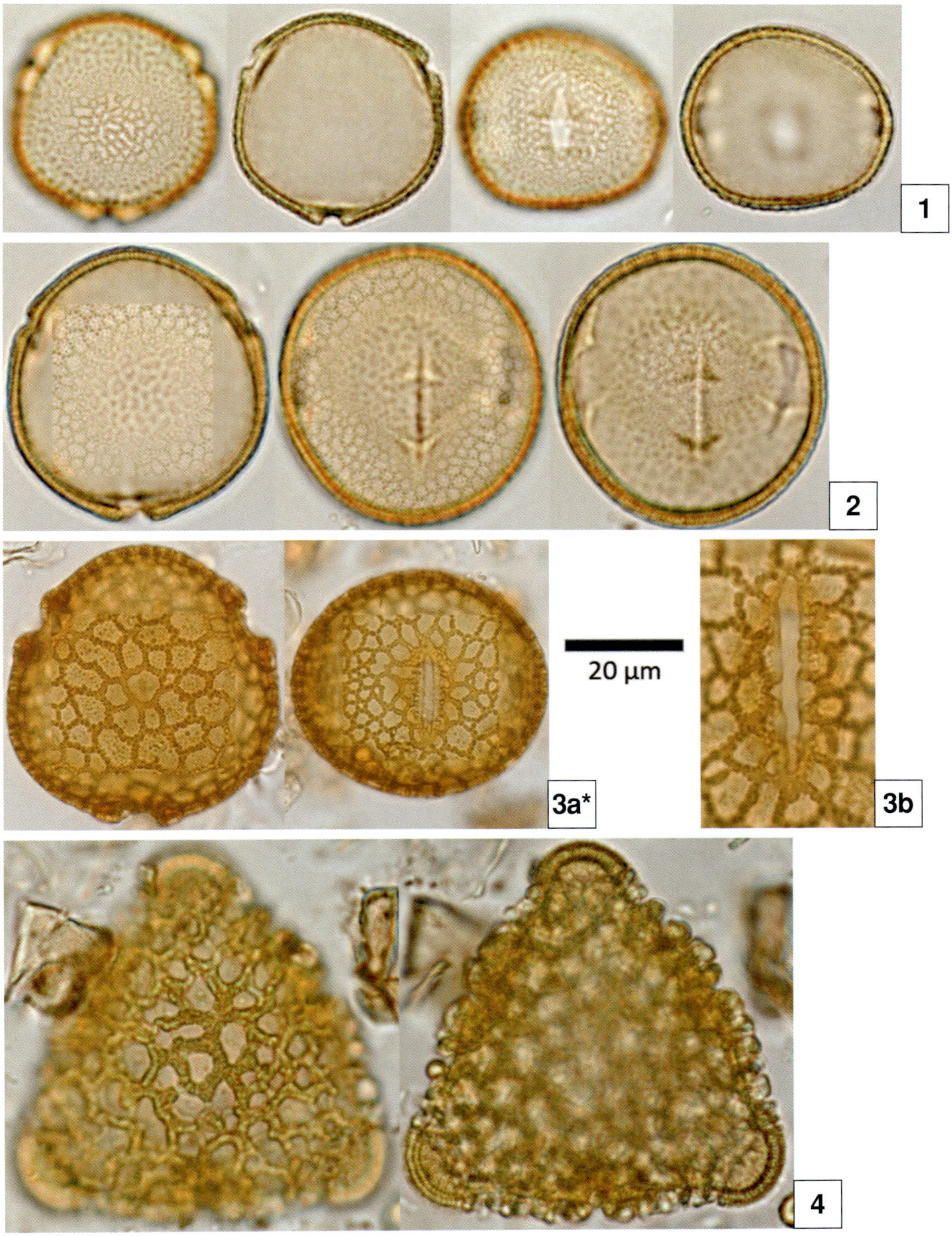

Prancha/Plate 113: Malvaceae: *Lueheopsis* sp. (1); *Melochia tomentosa* (2); *Ochroma pyramidale* (3a,b); *Pachira endecaphylla* (4).
[*Reduzida para ½ da escala.]

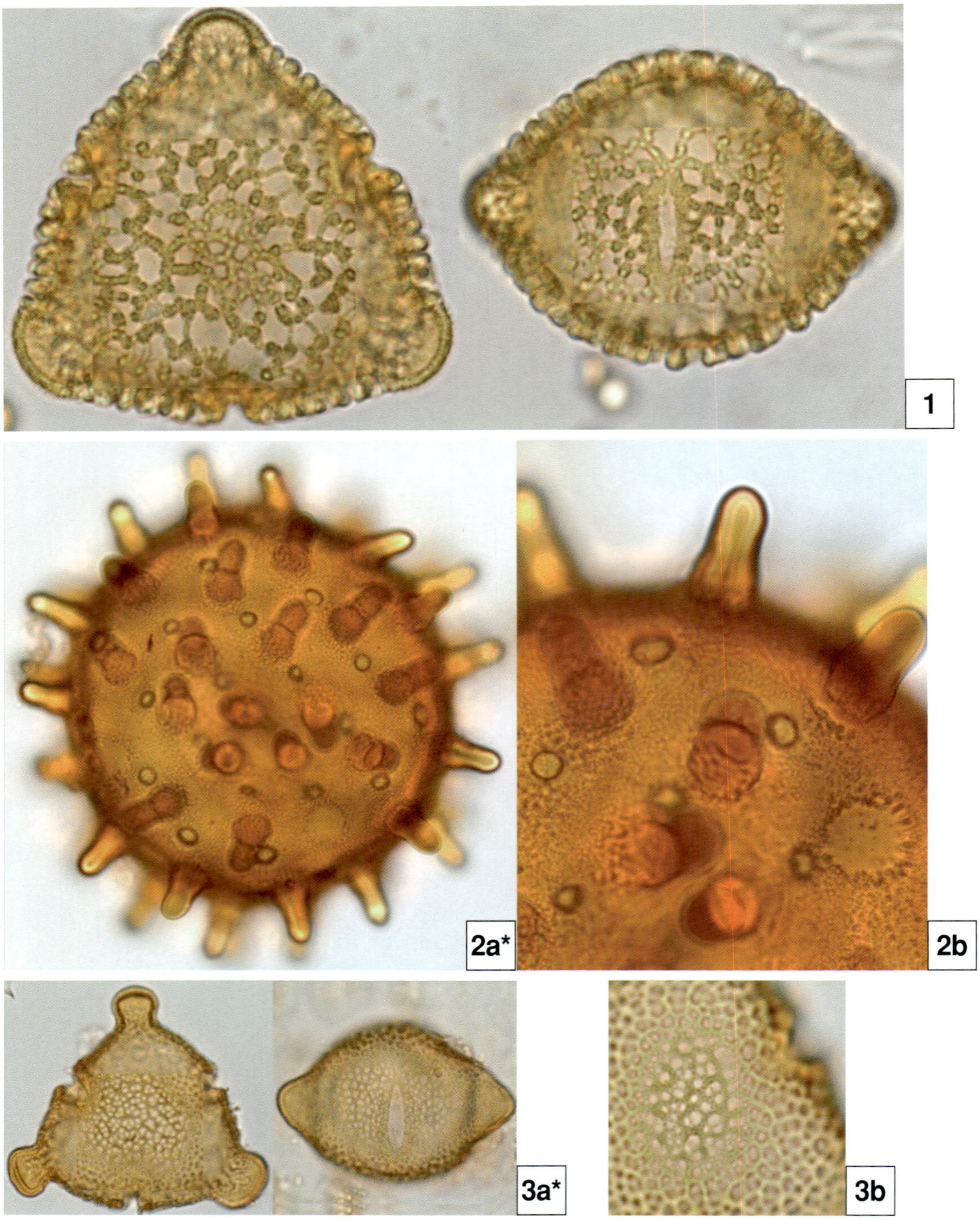

Prancha/Plate 114: Malvaceae: *Pachira glabra* (1); *Pavonia calyculosa* (2a,b); *Pseudobombax grandiflorum* (3a,b).
[*Reduzida para ½ da escala.]

Prancha/Plate 115: Malvaceae: *Quararibea penduliflora* (1a,b); *Sida ciliaris* (2a,b); *Sida cordifolia* (3a,b); *Sidastrum micranthum* (4a,b); *Sterculia excelsa* (5).
[*Reduzida para ½ da escala.]

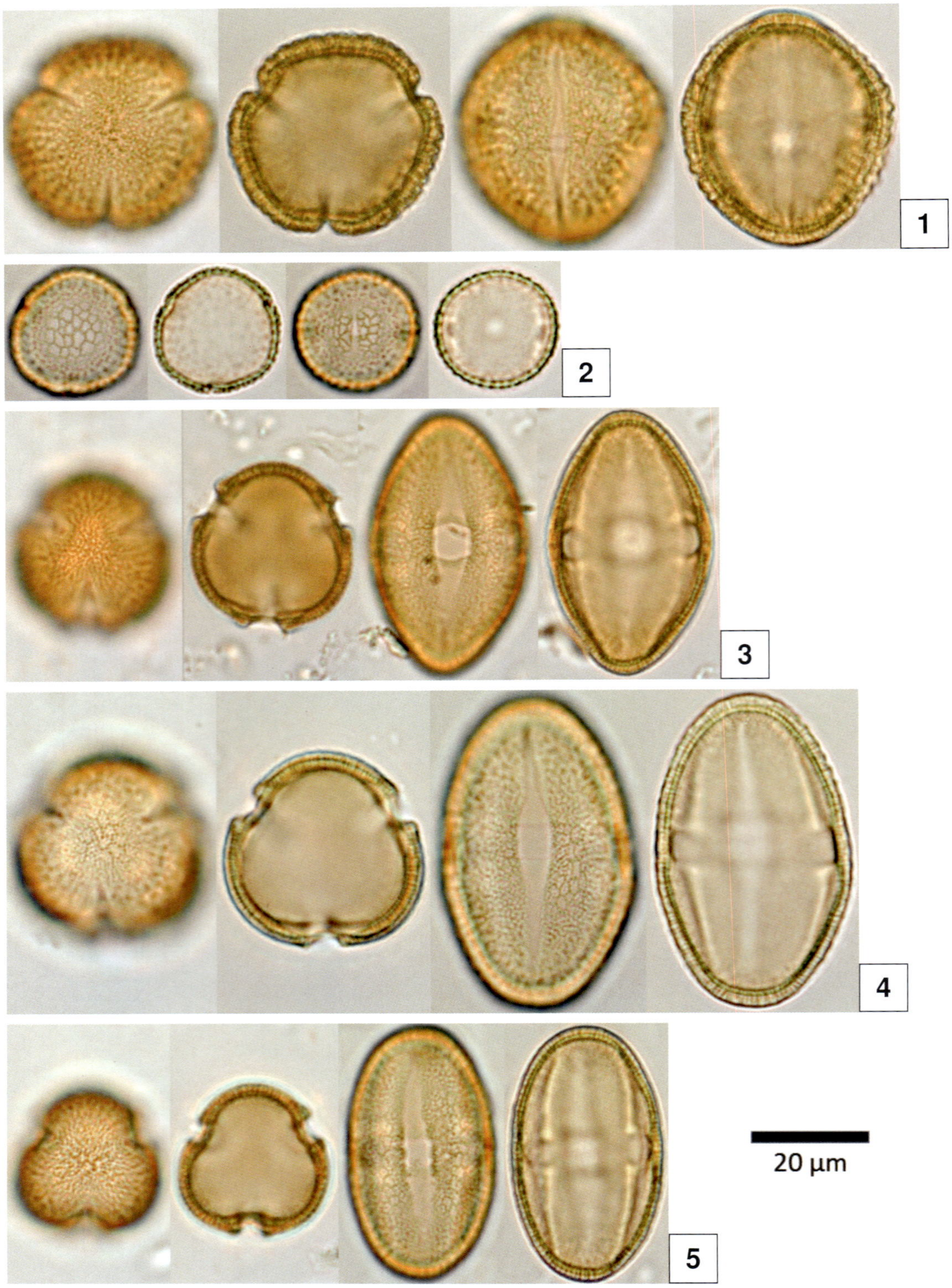

Prancha/Plate 116: Malvaceae: *Sterculia apetala* (1); *Theobroma grandiflorum* (2); *Triumfetta lappula* (3); *Triumfetta semitriloba* (4); *Triumfetta rhomboidea* (5).

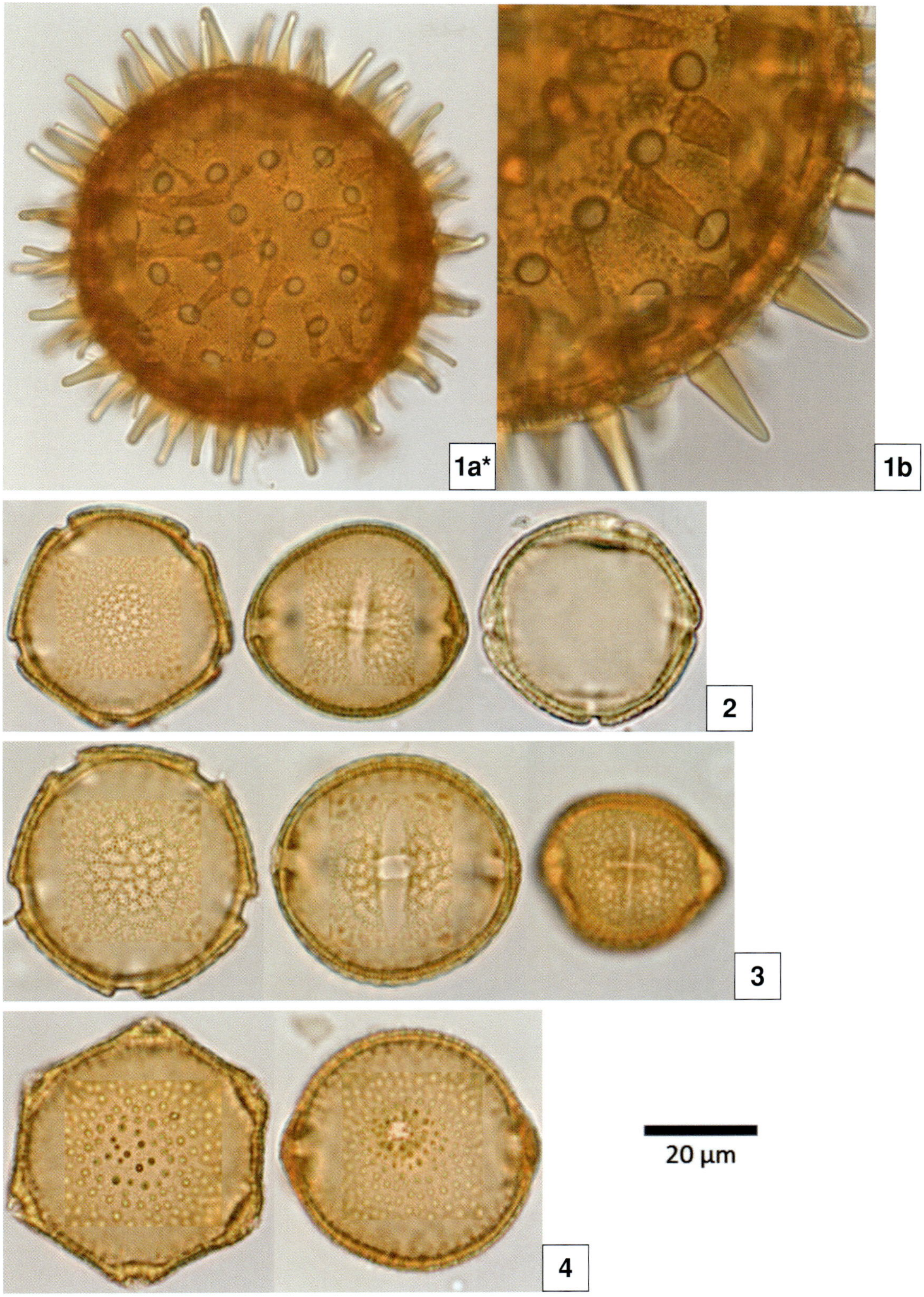

Prancha/Plate 117: Malvaceae: *Urena lobata* (1a,b); *Waltheria cinerescens* (2); *Waltheria maritima* (3); *Waltheria* aff. *viscosissima* (4).
[*Reduzida para ½ da escala.]

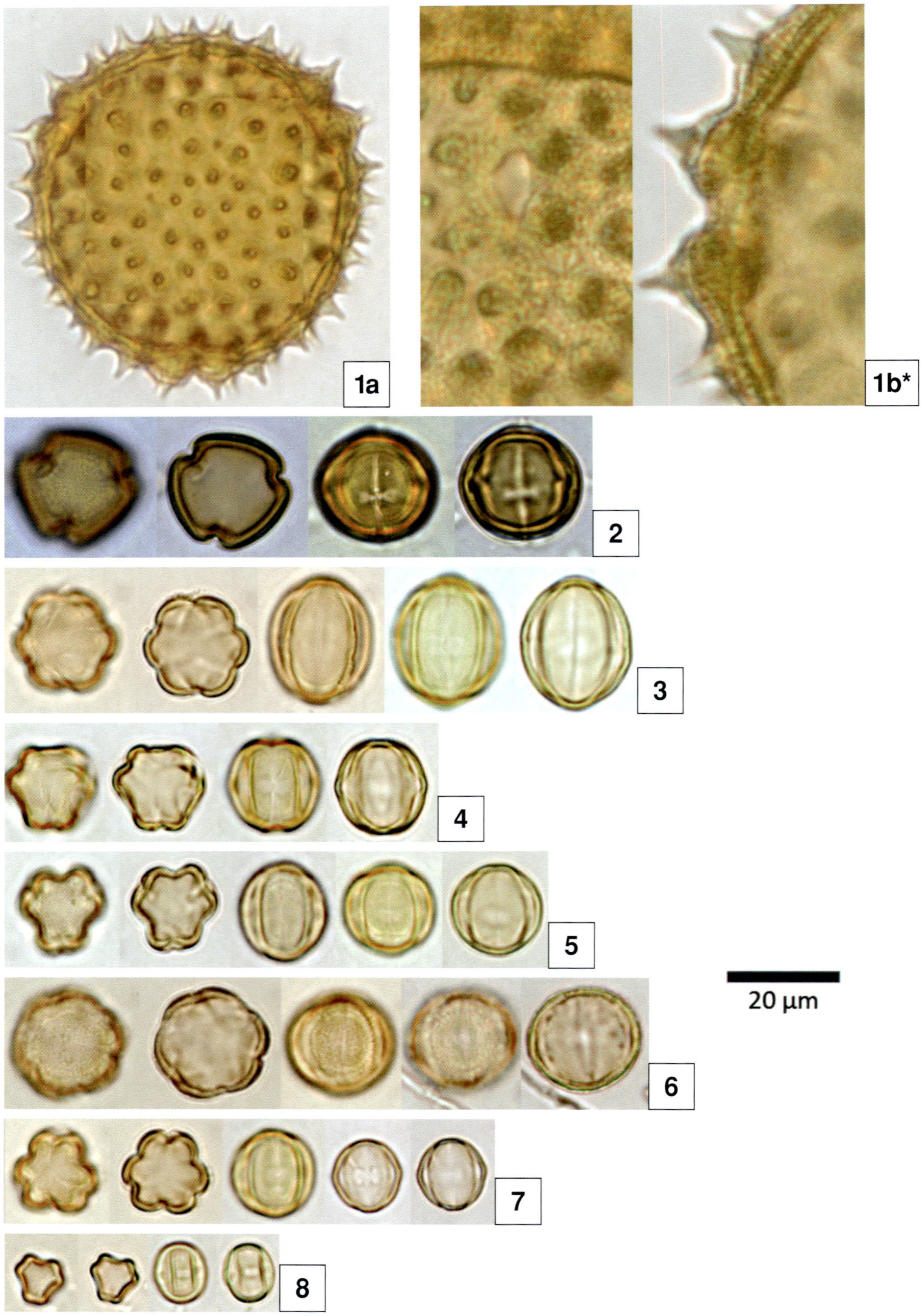

Prancha/Plate 118: Malvaceae: *Wissadula contracta* (1a,b); Marcgraviaceae: *Schwartzia brasiliensis* (2); Melastomataceae: *Aciotis paludosa* (3); *Bertolonia maculata* (4); *Clidemia hirta* (5); *Henriettea succosa* (6); *Huberia ovalifolia* (7); *Leandra rhamnifolia* (8). [*Aumentada para 2x a escala.]

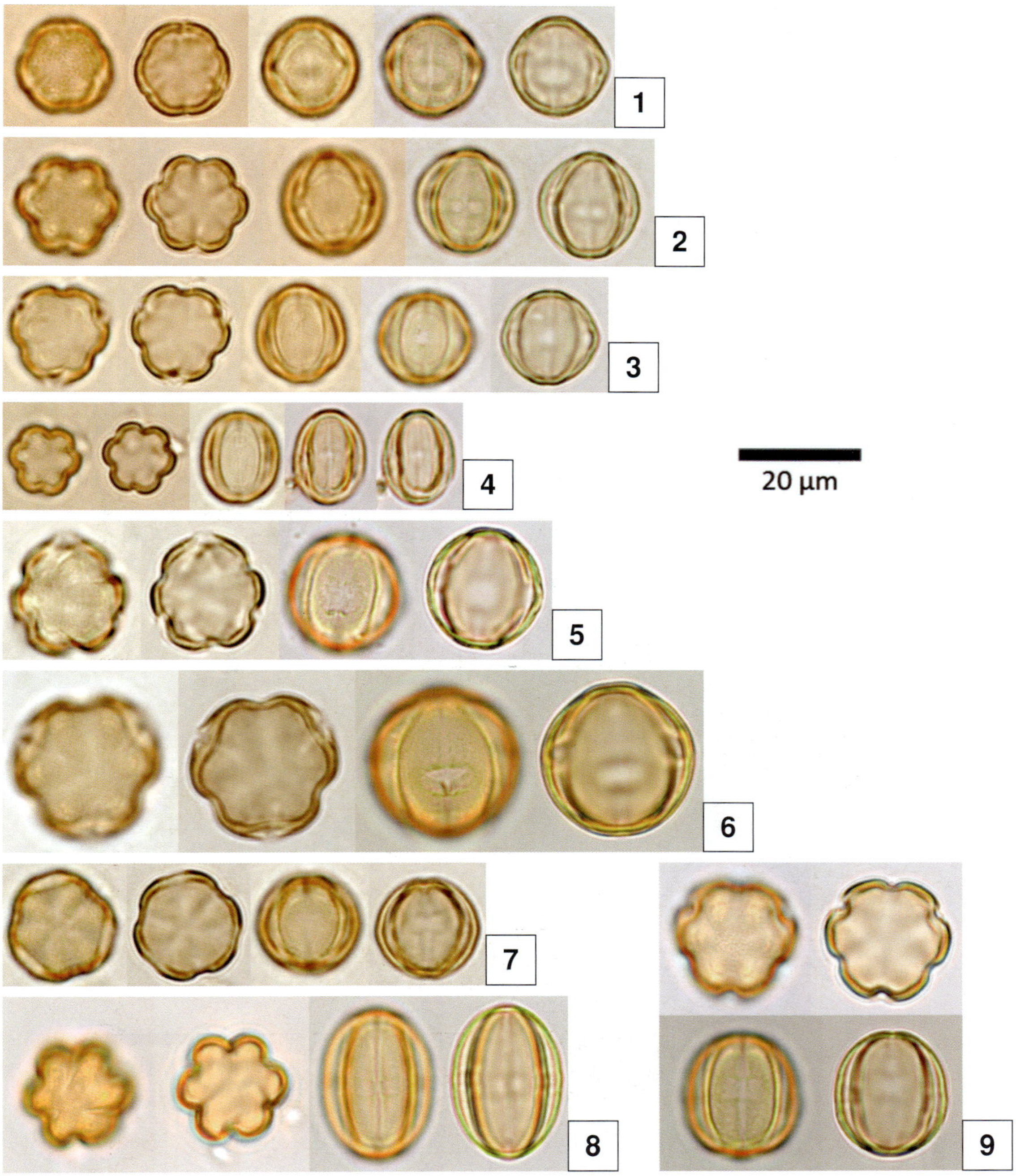

Prancha/Plate 119: Melastomataceae: *Leandra rufescens* (1); *Marcetia taxifolia* (2); *Miconia amoena* (3); *Miconia* cf. *cinnamomifolia* (4); *Mouriri doriana* (5); *Mouriri glazioviana* (6); *Pterolepis cataphracta* (7); *Rhynchanthera dichotoma* (8); *Tibouchina fissinervia* (9).

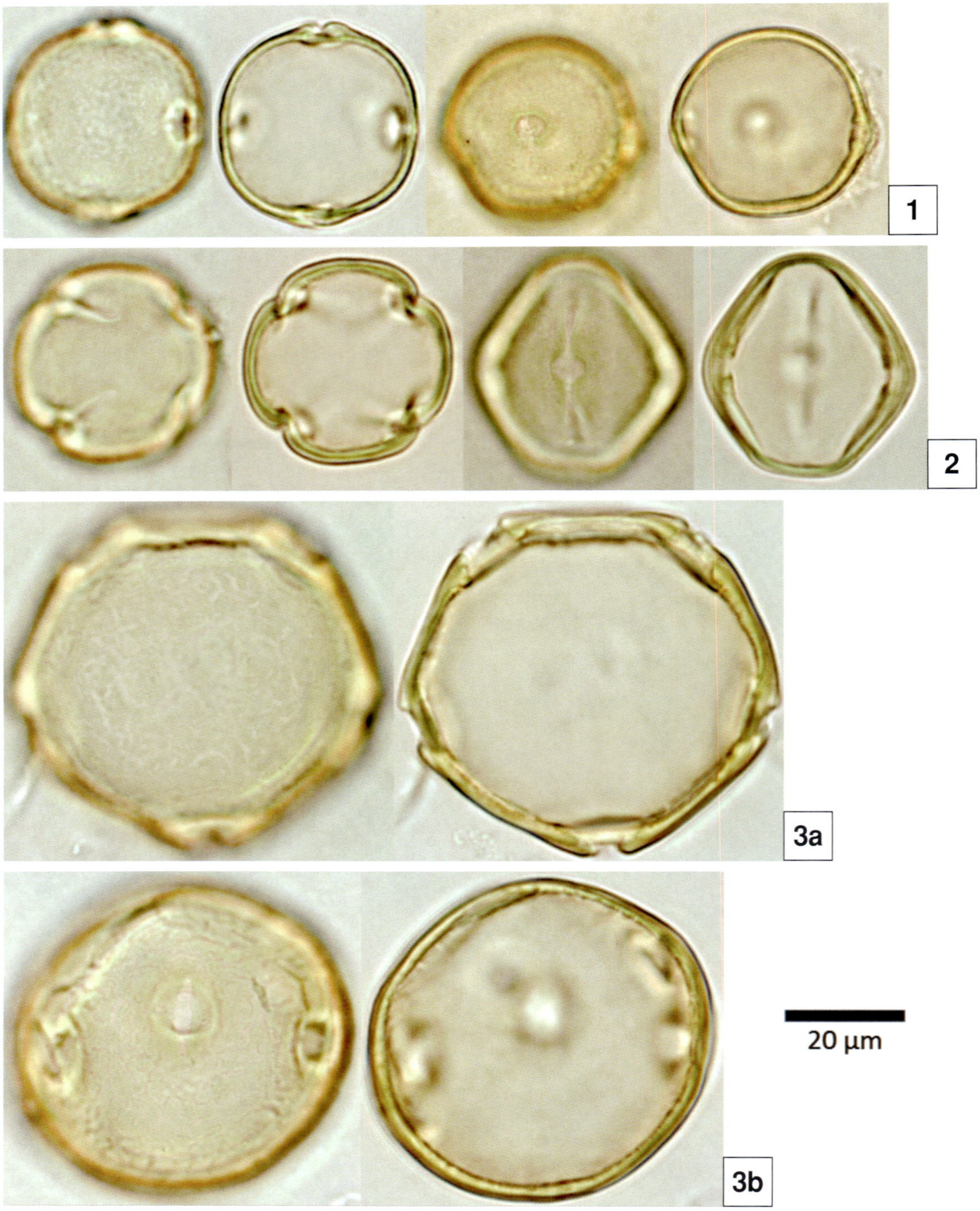

Prancha/Plate 120: Meliaceae: *Carapa guianensis* (1); *Cedrela fissilis* (2); *Guarea blanchetii* (3a,b).

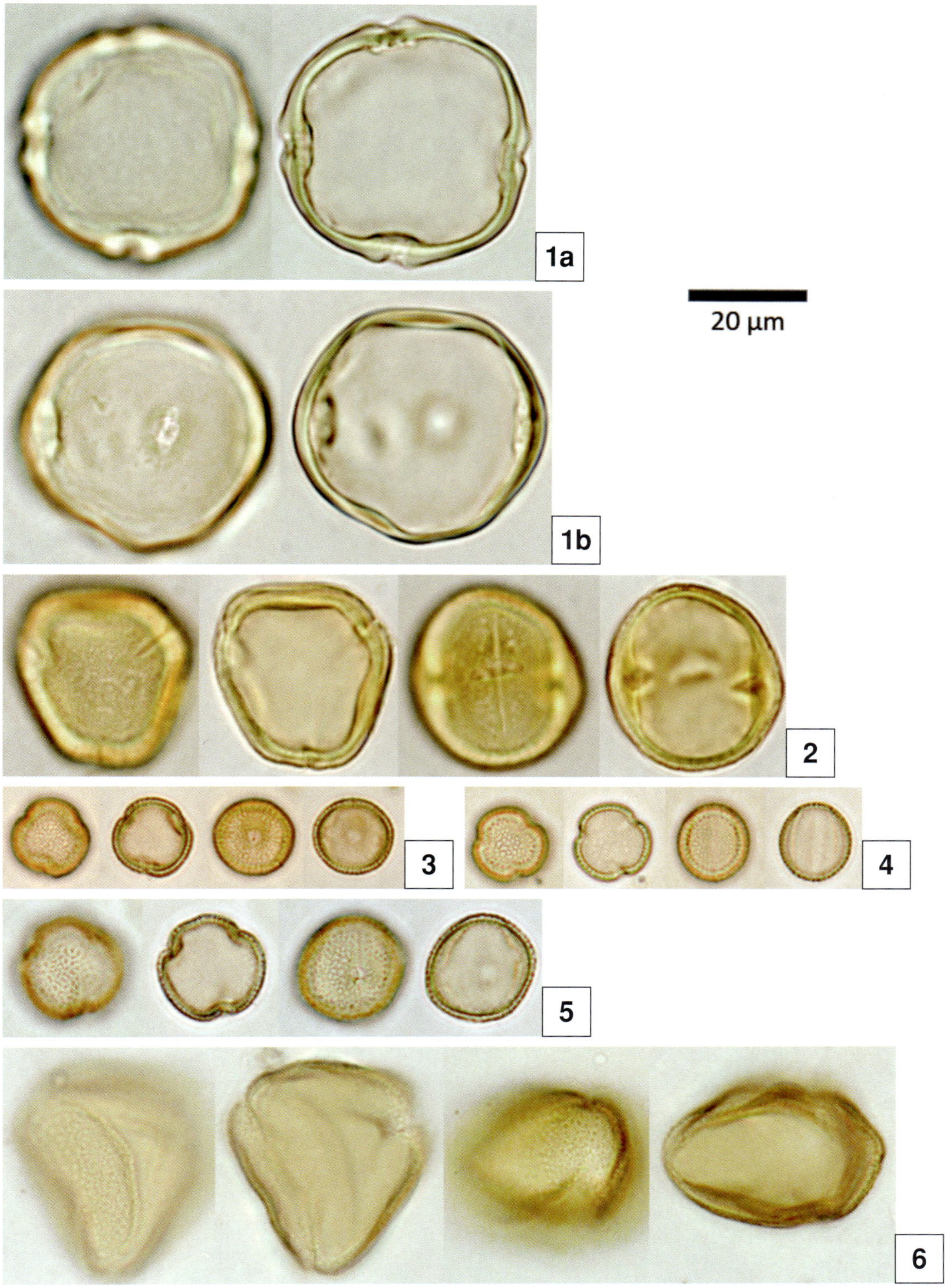

Prancha/Plate 121: Meliaceae: *Guarea penningtoniana* (1a,b); *Trichilia pseudostipularis* (2); Menispermaceae: *Abuta convexa* (3); *Borismene japurensis* (4); *Orthomene schomburgkii* (5); Menyanthaceae: *Nymphoides indica* (6).

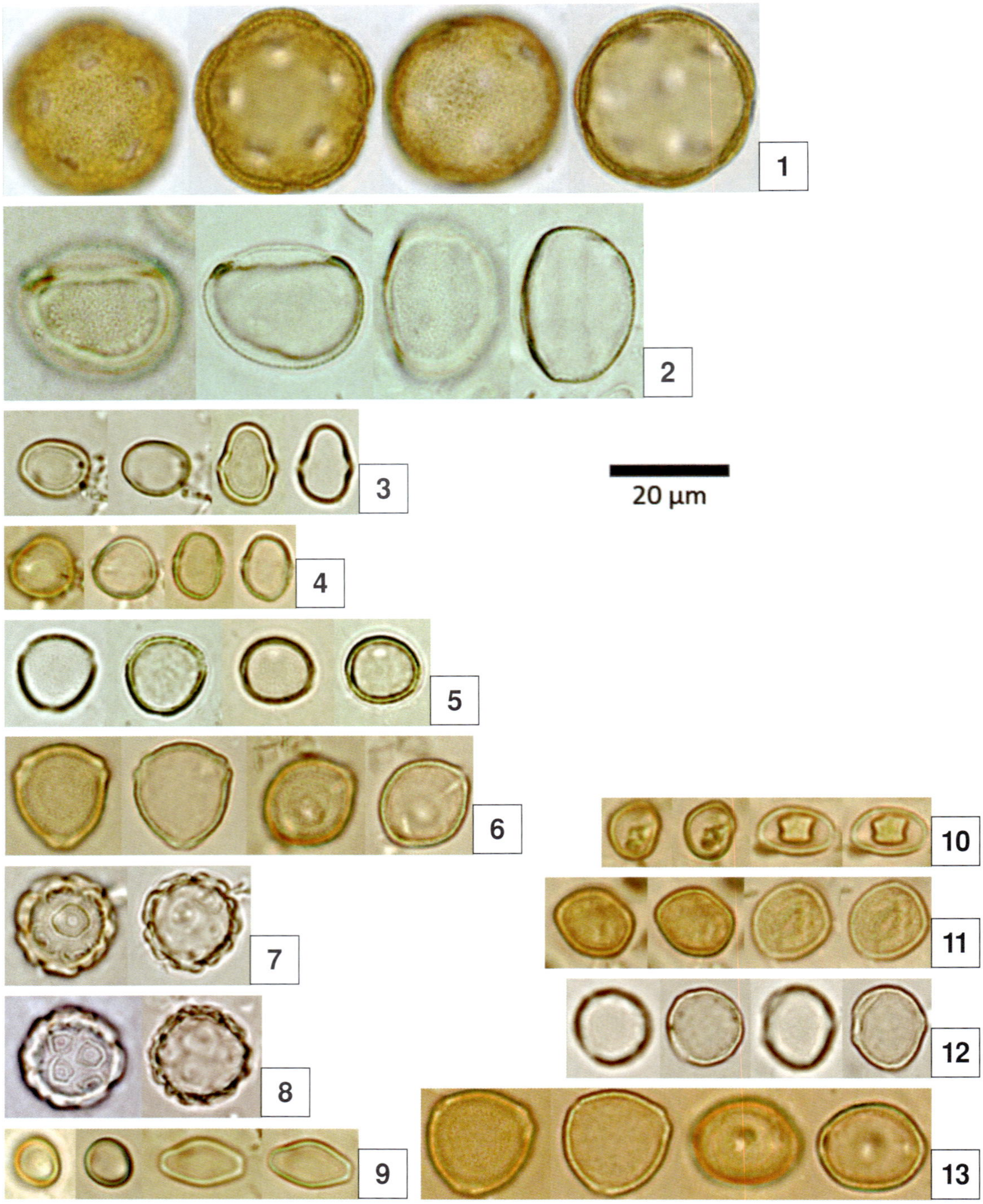

Prancha/Plate 122: Molluginaceae: *Mollugo verticillata* (1); Monimiaceae: *Mollinedia marquetiana* (2); Moraceae: *Brosimum glaucum* (3); *Brosimum glaziovii* (4); *Clarisia ilicifolia* (5); *Clarisia racemosa* (6); *Dorstenia arifolia* (7); *Dorstenia gracilis* (8); *Ficus clusiifolia* (9); *Ficus hirsuta* (10); *Helicostylis tomentosa* (11); *Maclura tinctoria* (12); *Morus alba* (13).

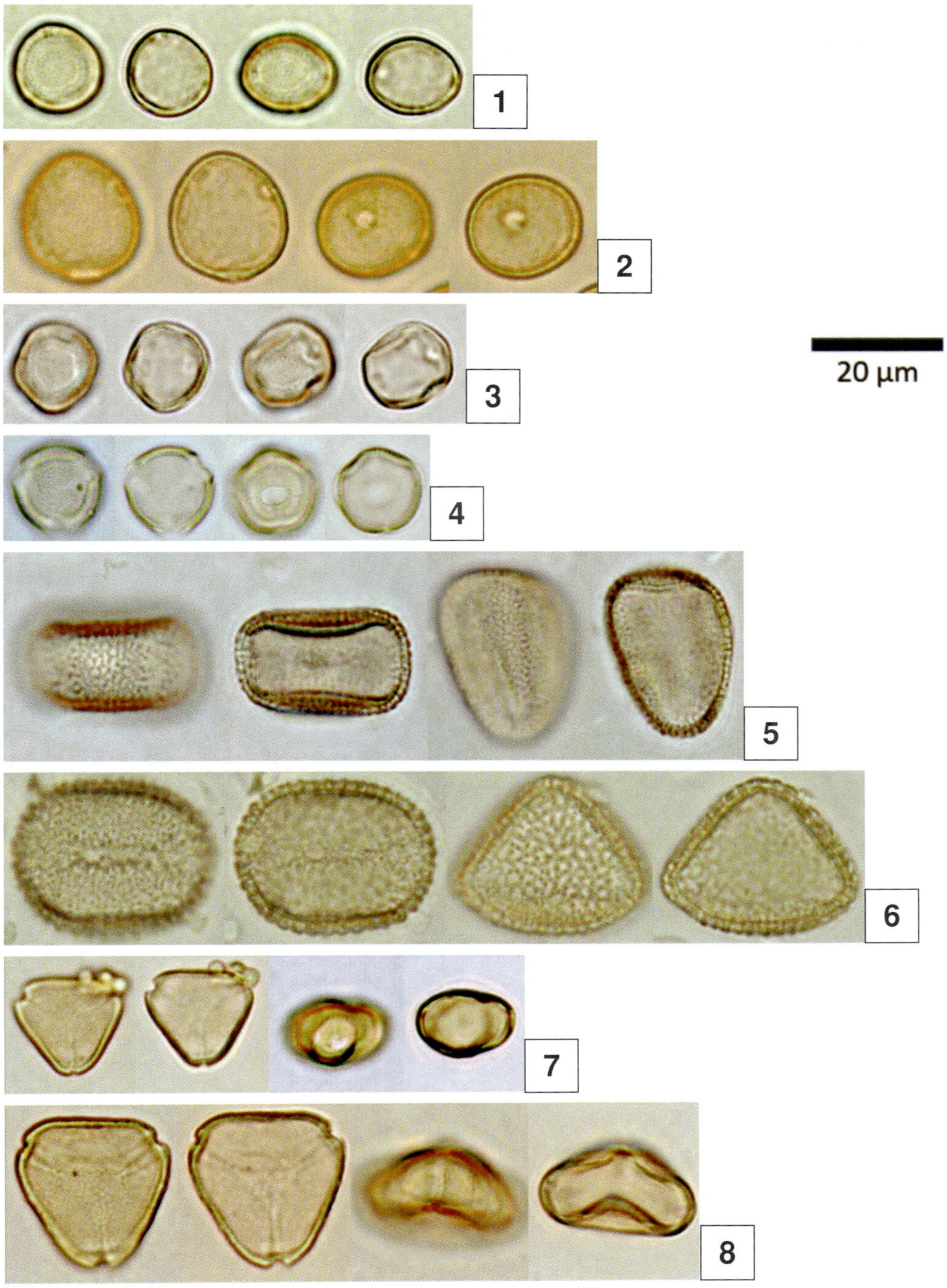

Prancha/Plate 123: Moraceae: *Naucleopsis oblongifolia* (1); *Sorocea guilleminiana* (2); *Sorocea hillarii* (3); Muntingiaceae: *Muntingia calabura* (4); Myristicaceae: *Virola bicuhyba* (5); *Virola gardneri* (6); Myrtaceae: *Blepharocalyx eggersii* (7); *Calyptranthes brasiliensis* var. *mutabilis* (8).

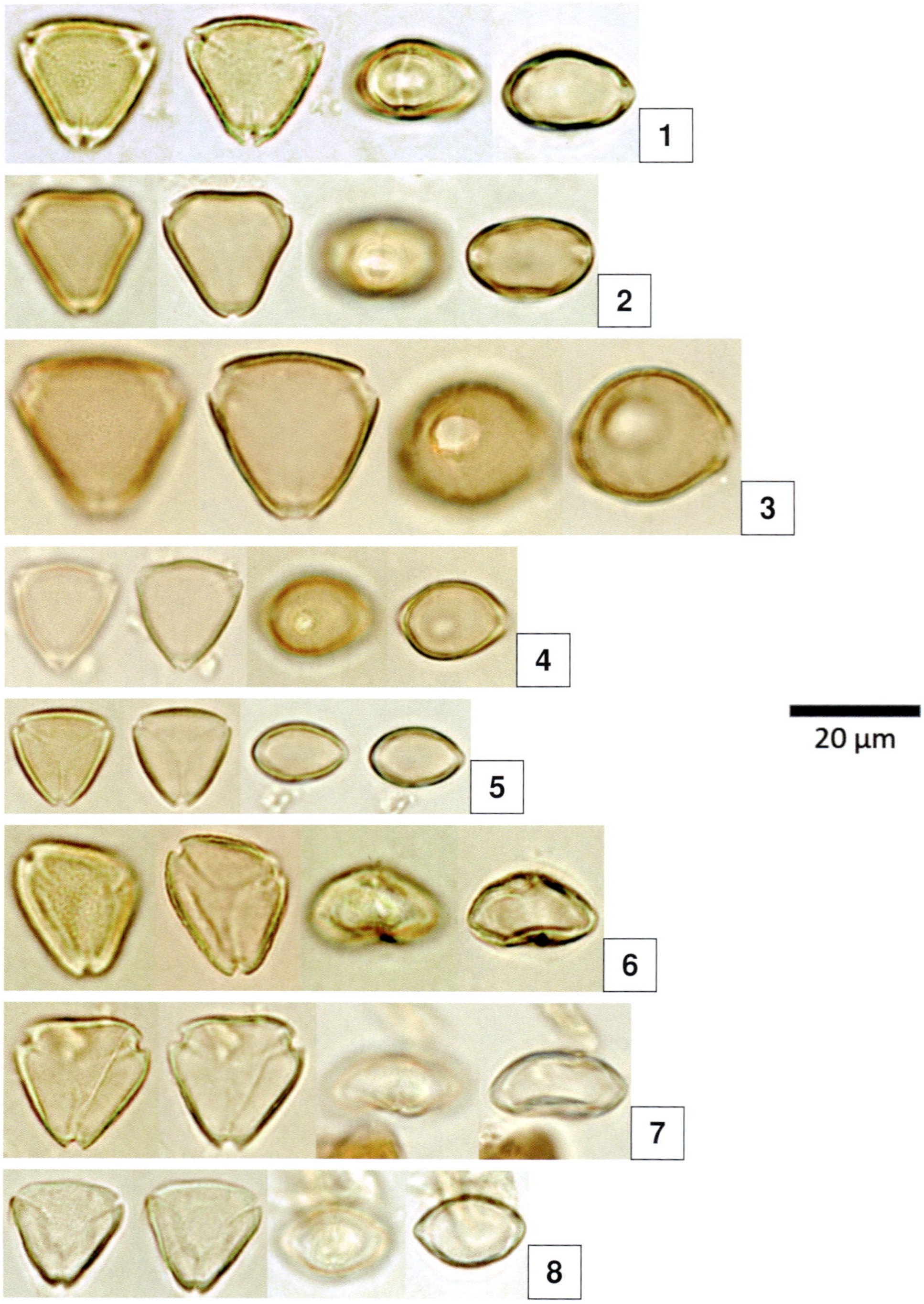

Prancha/Plate 124: Myrtaceae: *Calyptranthes lucida* var. *polyantha* (1); *Campomanesia guaviroba* (2); *Campomanesia guazumifolia* (3); *Eugenia bahiensis* (4); *Eugenia* cf. *badia* (5); *Eugenia excelsa* (6); *Marlierea estrellensis* (7); *Myrceugenia campestris* (8).

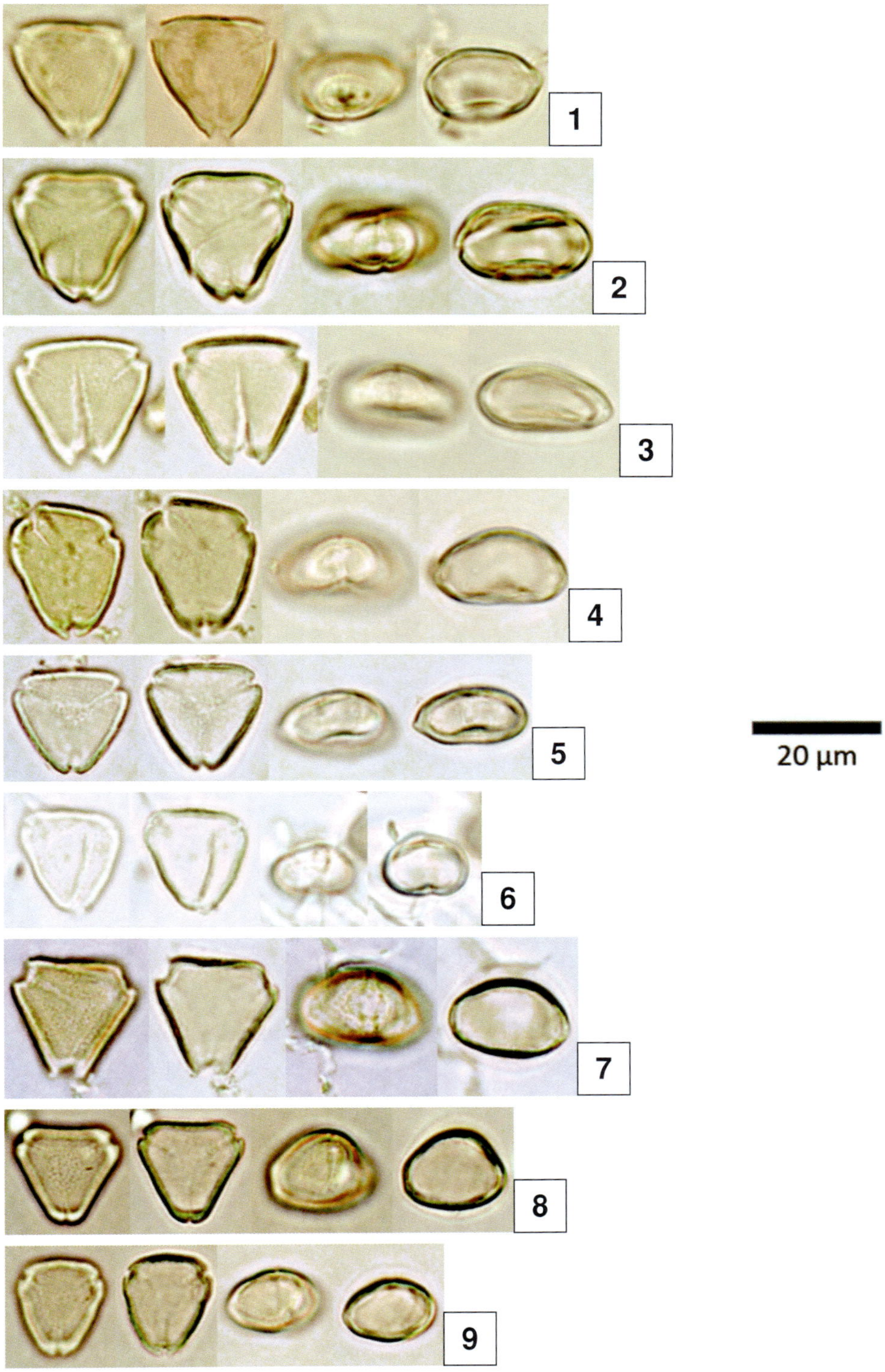

Prancha/Plate 125: Myrtaceae: *Myrcia cerqueiria* (1); *Myrcia ilheosensis* (2); *Myrcia multiflora* (3); *Myrcia rufipes* (4); *Neomitranthes langsdorffii* (5); *Plinia involucrata* (6); *Plinia renatiana* (7); *Psidium brownianum* (8); *Psidium sartorianum* (9).

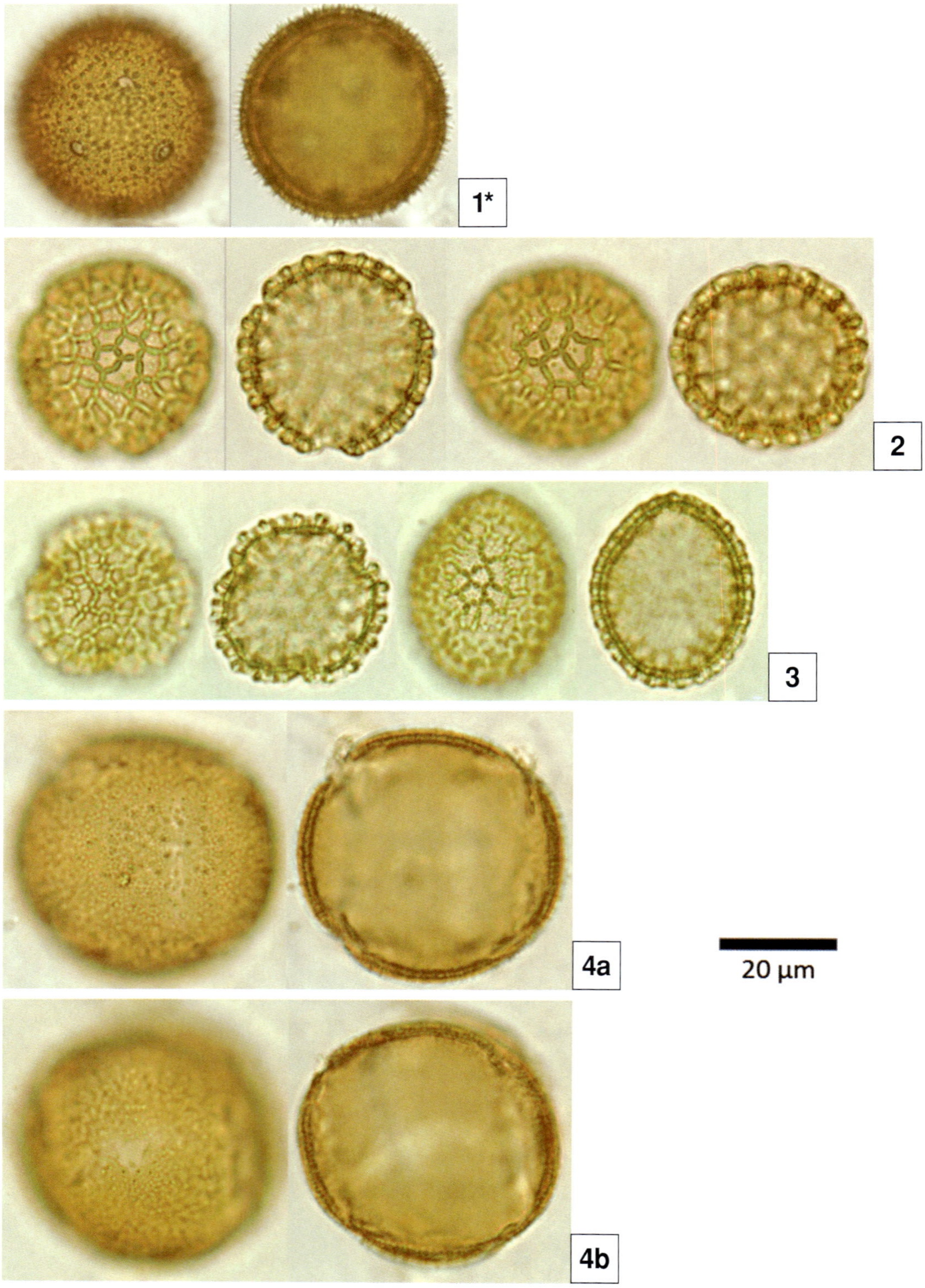

Prancha/Plate 126: Nyctaginaceae: *Boerhavia diffusa* (1); *Bougainvillea praecox* (2); *Bougainvillea spectabilis* (3); *Guapira opposita* (4a,b). [*Reduzida para ½ da escala.]

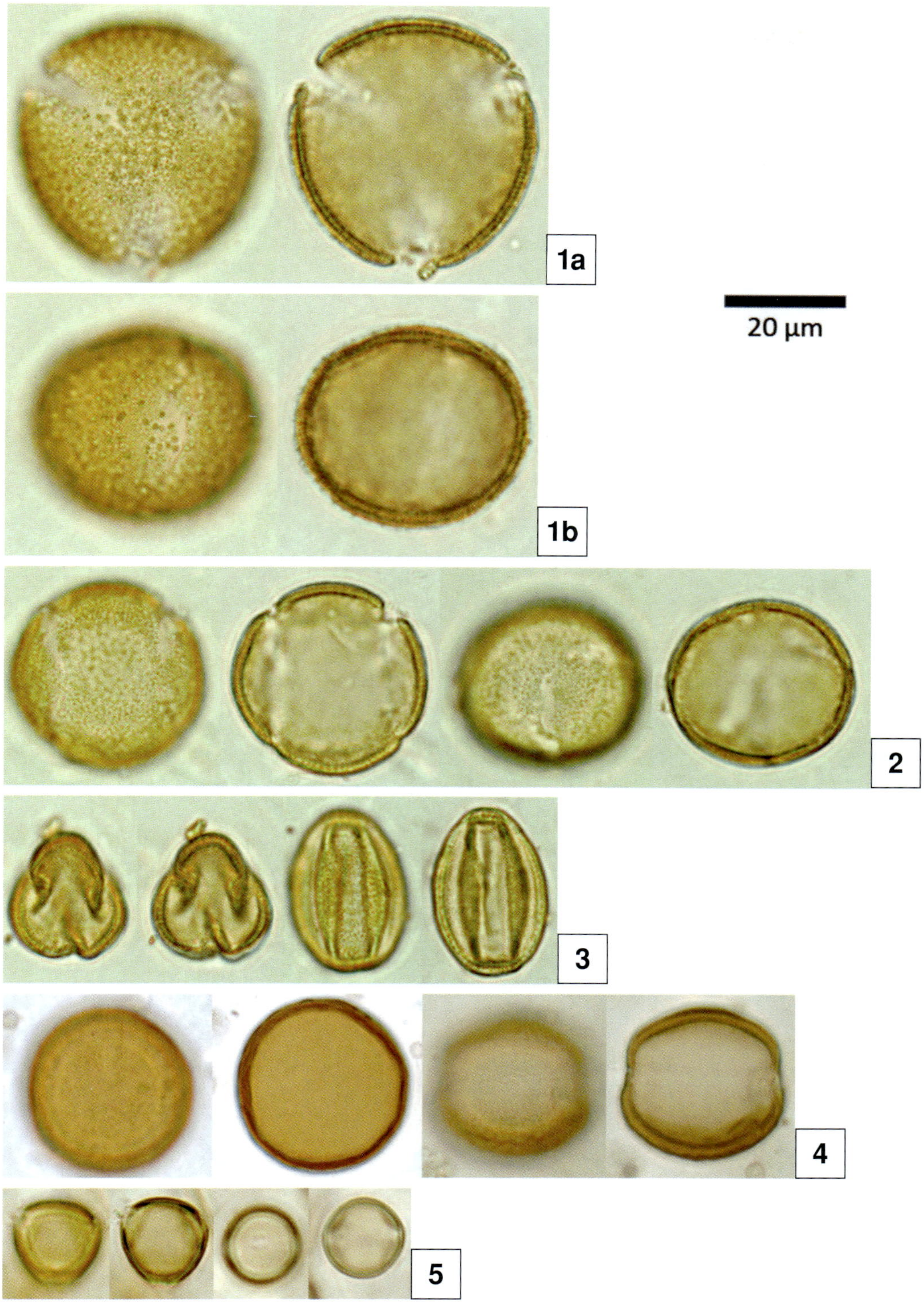

Prancha/Plate 127: Nyctaginaceae: *Guapira venosa* (1a,b); *Neea floribunda* (2); *Ramisia brasiliensis* (3); Nymphaeaceae: *Nymphaea caerulea* (4); Ochnaceae: *Elvasia tricarpellata* (5).

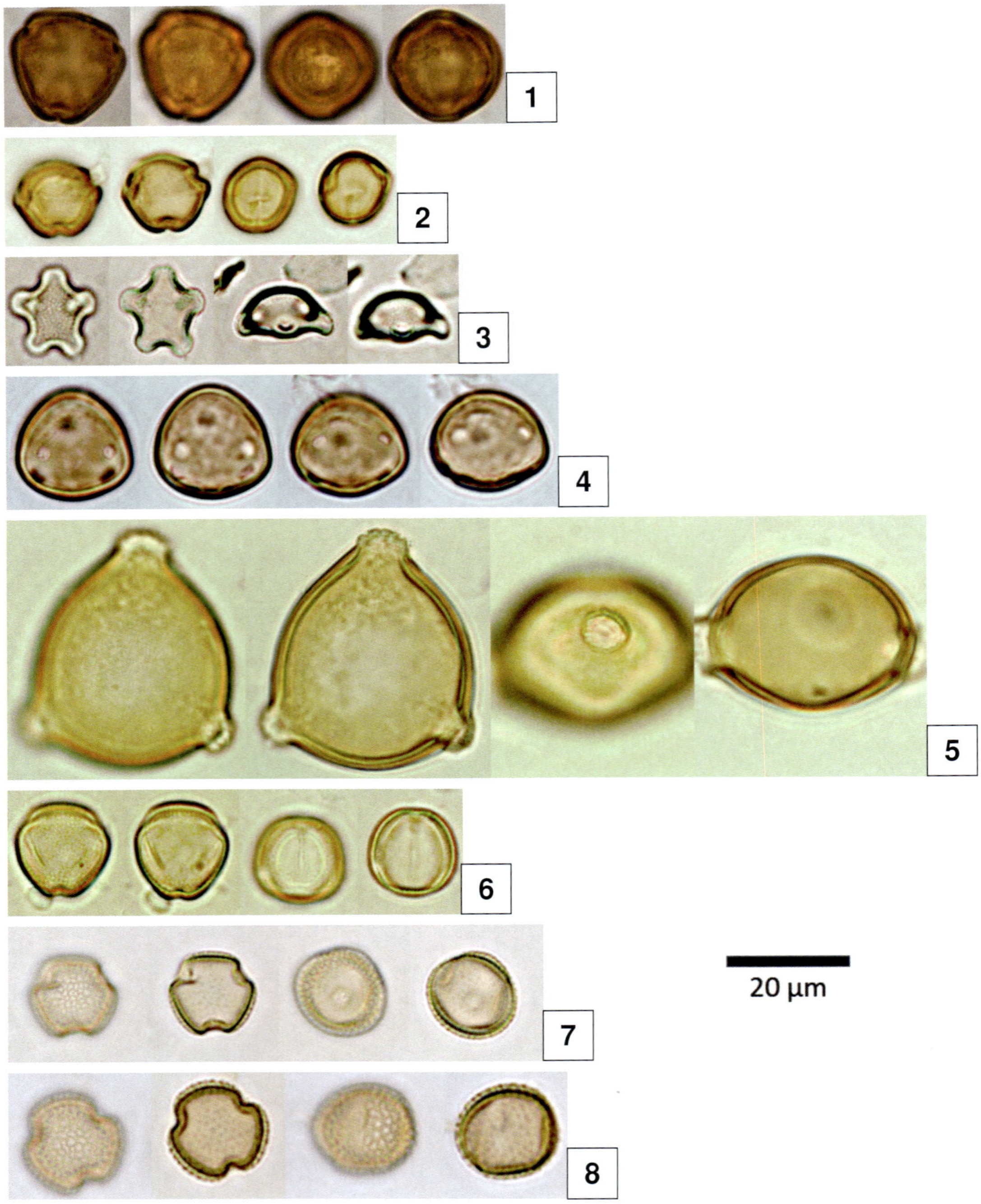

Prancha/Plate 128: Ochnaceae: *Ouratea cuspidata* (1); *Sauvagesia erecta* (2); Olacaceae: *Aptandra liriosmoides* (3); *Cathedra bahiensis* (4); *Dulacia* sp. (5); *Ximenia americana* (6); Oleaceae: *Chionanthus ferrugineus* (7); *Chionanthus parviflora* (8).

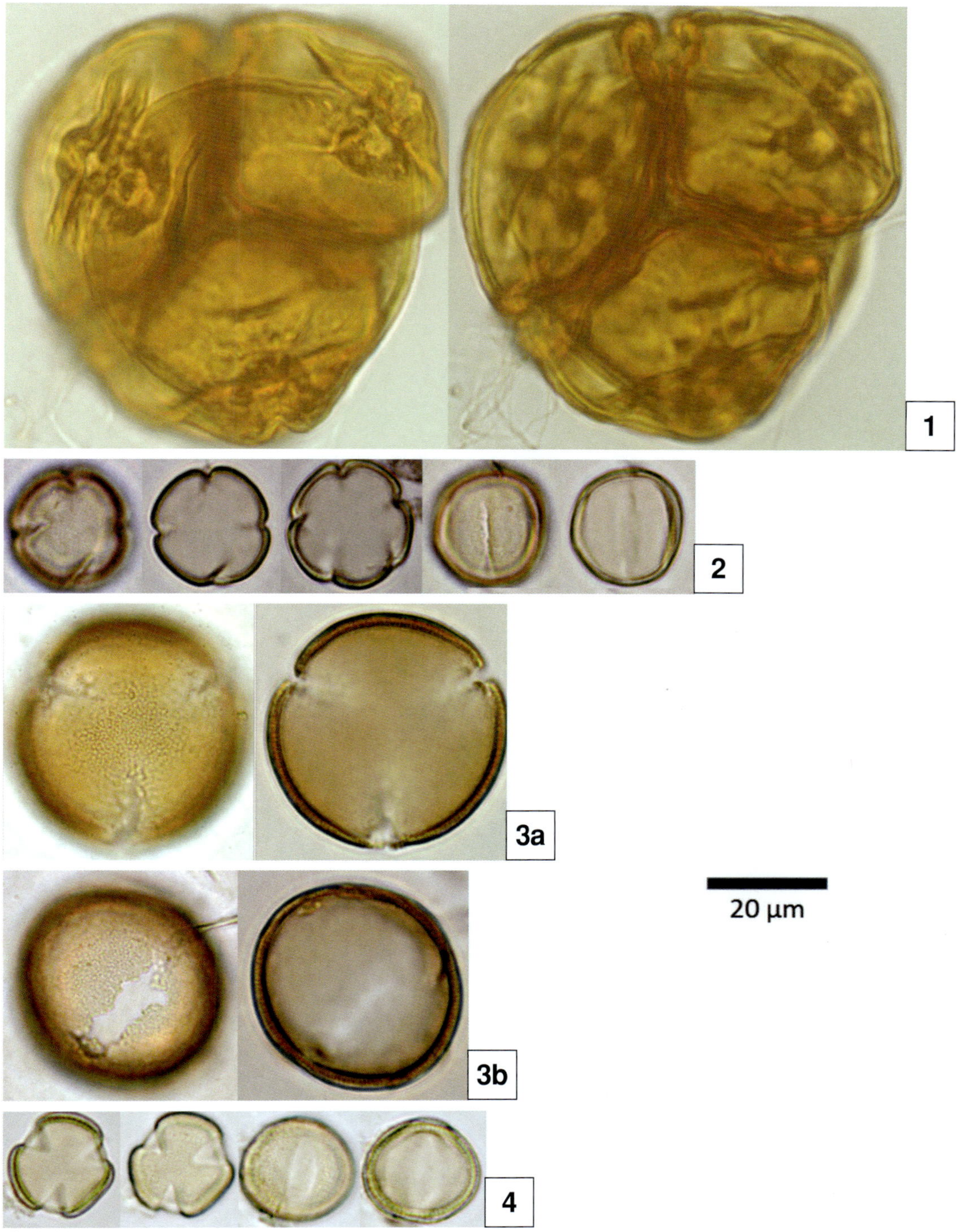

Prancha/Plate 129: Onagraceae: *Ludwigia nervosa* (1); Orobanchaceae: *Buchnera amethystina* (2); *Esterhazya splendida* (3a,b); Oxalidaceae: *Averrhoa carambola* (4).

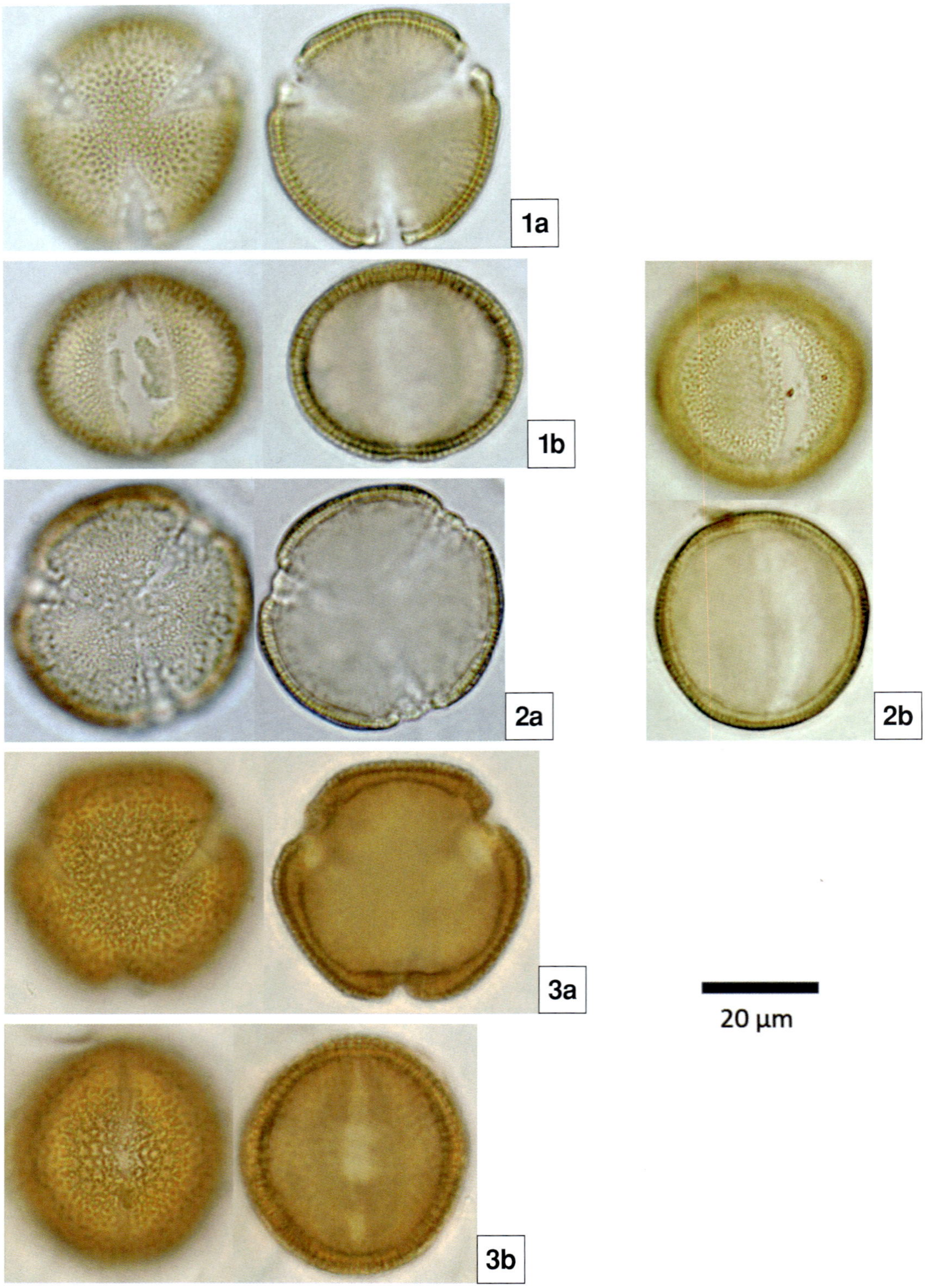

Prancha/Plate 130: Oxalidaceae: *Oxalis triangularis* (1a,b); Papaveraceae: *Argemone mexicana* (2a,b); Passifloraceae: *Mitostemma glaziovii* (3a,b).

Prancha/Plate 131: Passifloraceae: *Passiflora ceratocarpa* (1a,b); *Passiflora speciosa* (2); Pentaphyllacaceae: *Ternstroemia brasiliensis* (3); Peraceae: *Pera furfuracea* (4); *Pera heteranthera* (5). [*Reduzida para ½ da escala.]

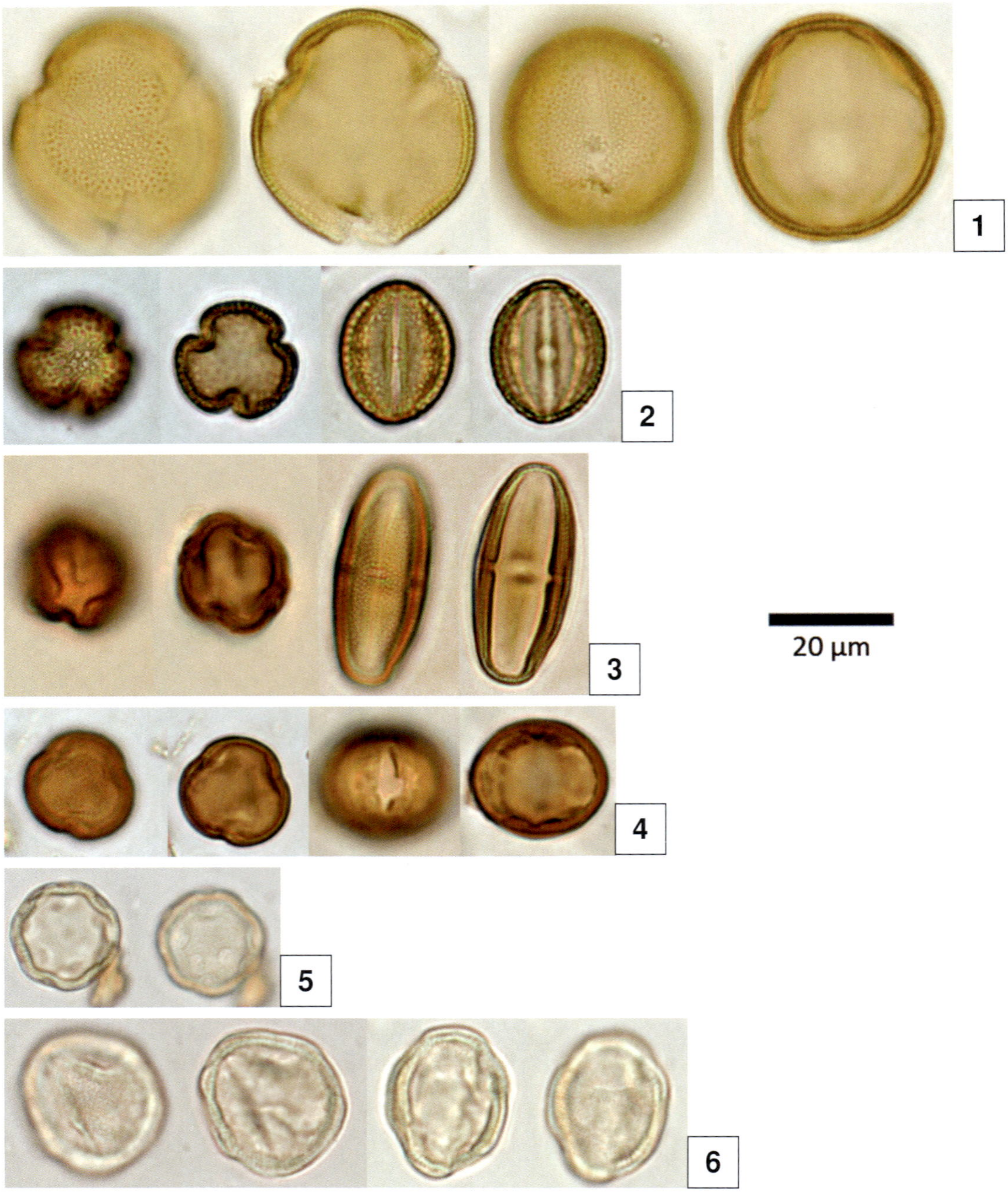

Prancha/Plate 132: Peraceae: *Pogonophora schomburgkiana* (1); Phyllanthaceae: *Margaritaria nobilis* (2); *Phyllanthus niruri* (3); Phytolaccaceae: *Gallesia integrifolia* (4); *Microtea paniculata* (5); *Petiveria alliacea* (6).

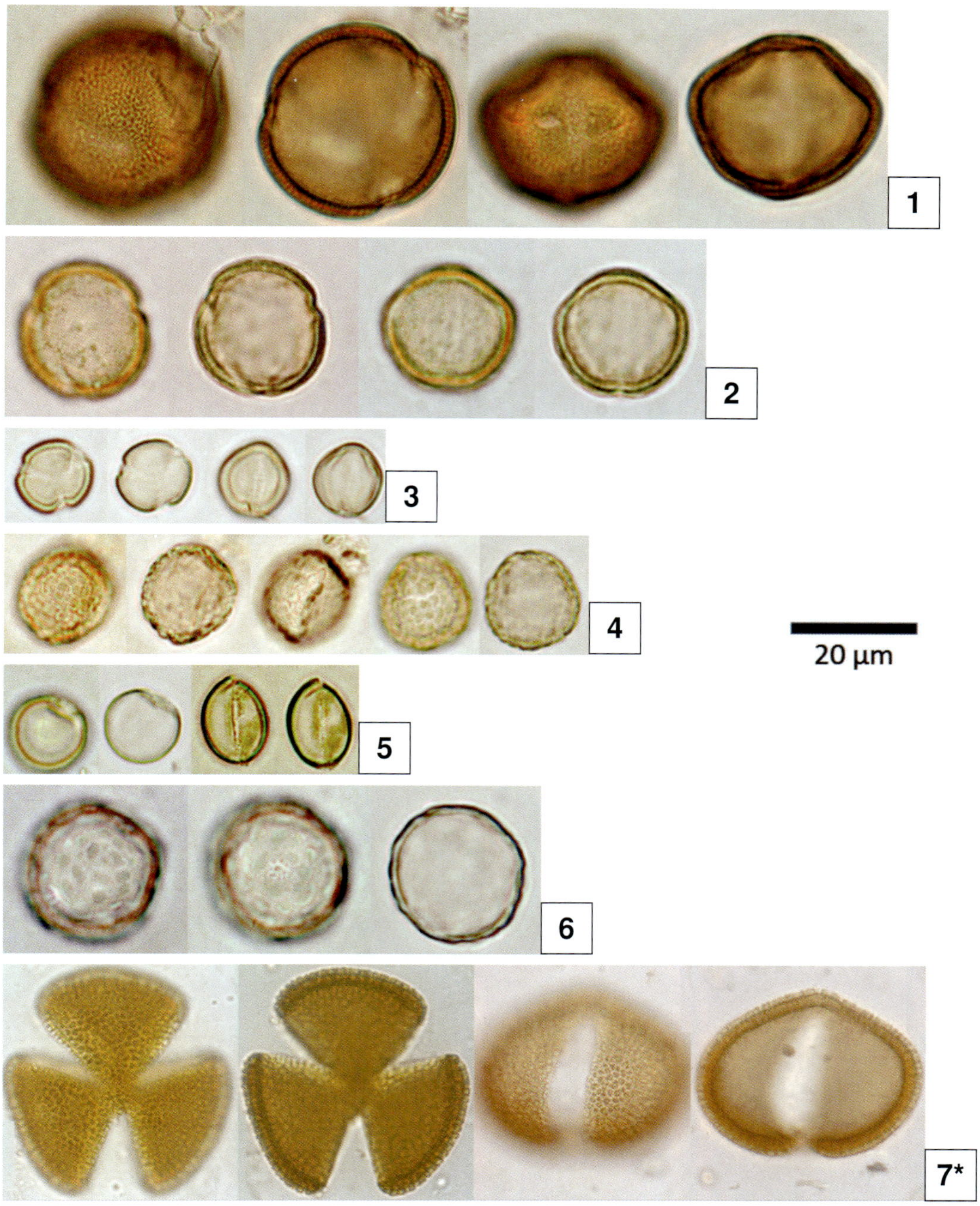

Prancha/Plate 133: Phytolaccaceae: *Phytolacca thyrsiflora* (1); *Seguieria aculeata* (2); Picramniaceae: *Picramnia ciliata* (3); Piperaceae: *Peperomia macrostachya* (4); *Piper corcovadensis* (5); Plantaginaceae: *Plantago major* (6). Plumbaginaceae: *Plumbago scandens* (7). [*Reduzida para ½ da escala.]

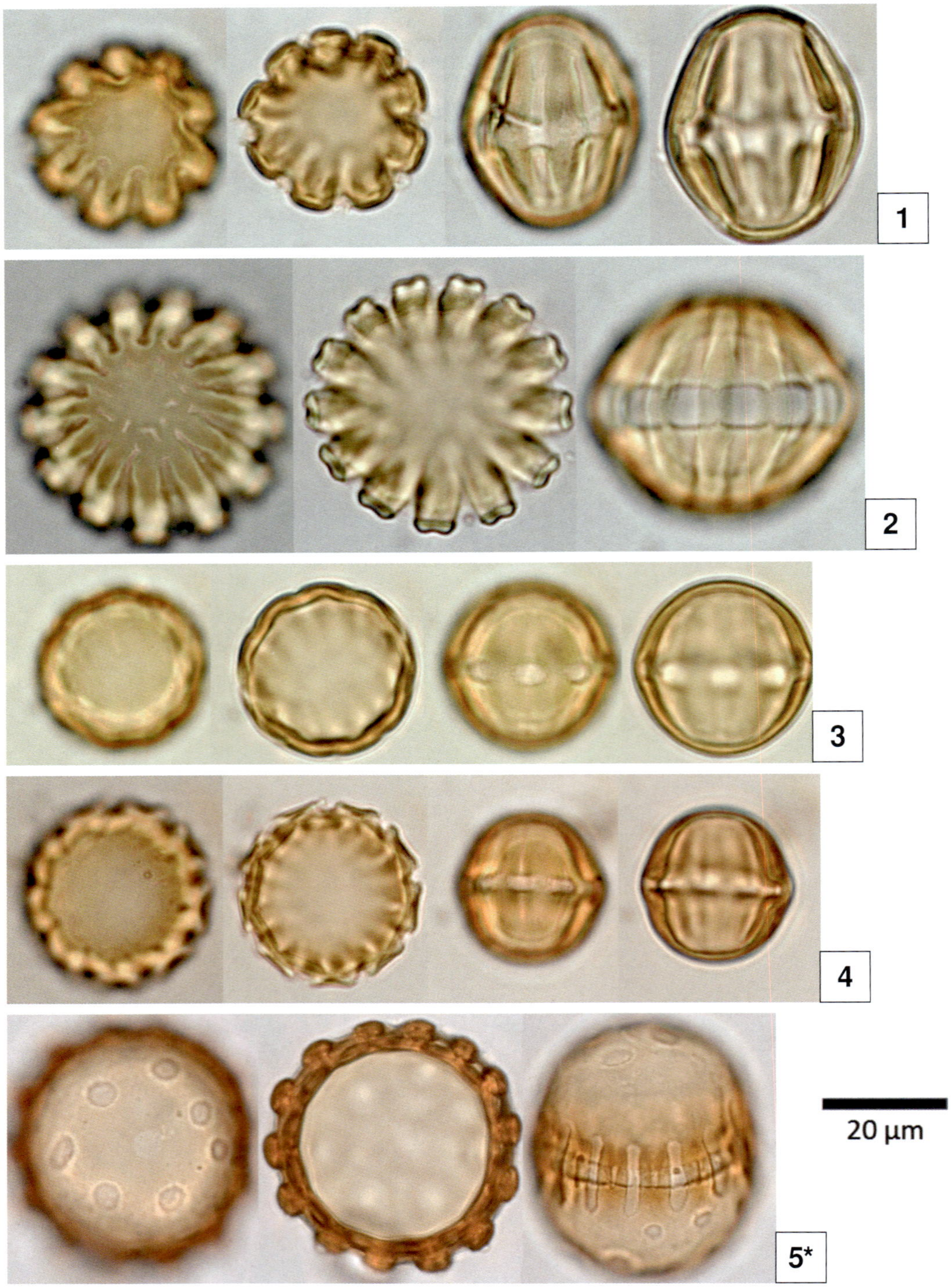

Prancha/Plate 134: Polygalaceae: *Acanthocladus pulcherrimus* (1); *Asemeia monninoides* (2); *Bredemeyera disperma* (3); *Bredemeyera hebeclada* (4); *Caamembeca grandifolia* (5). [*Reduzida para ½ da escala.]

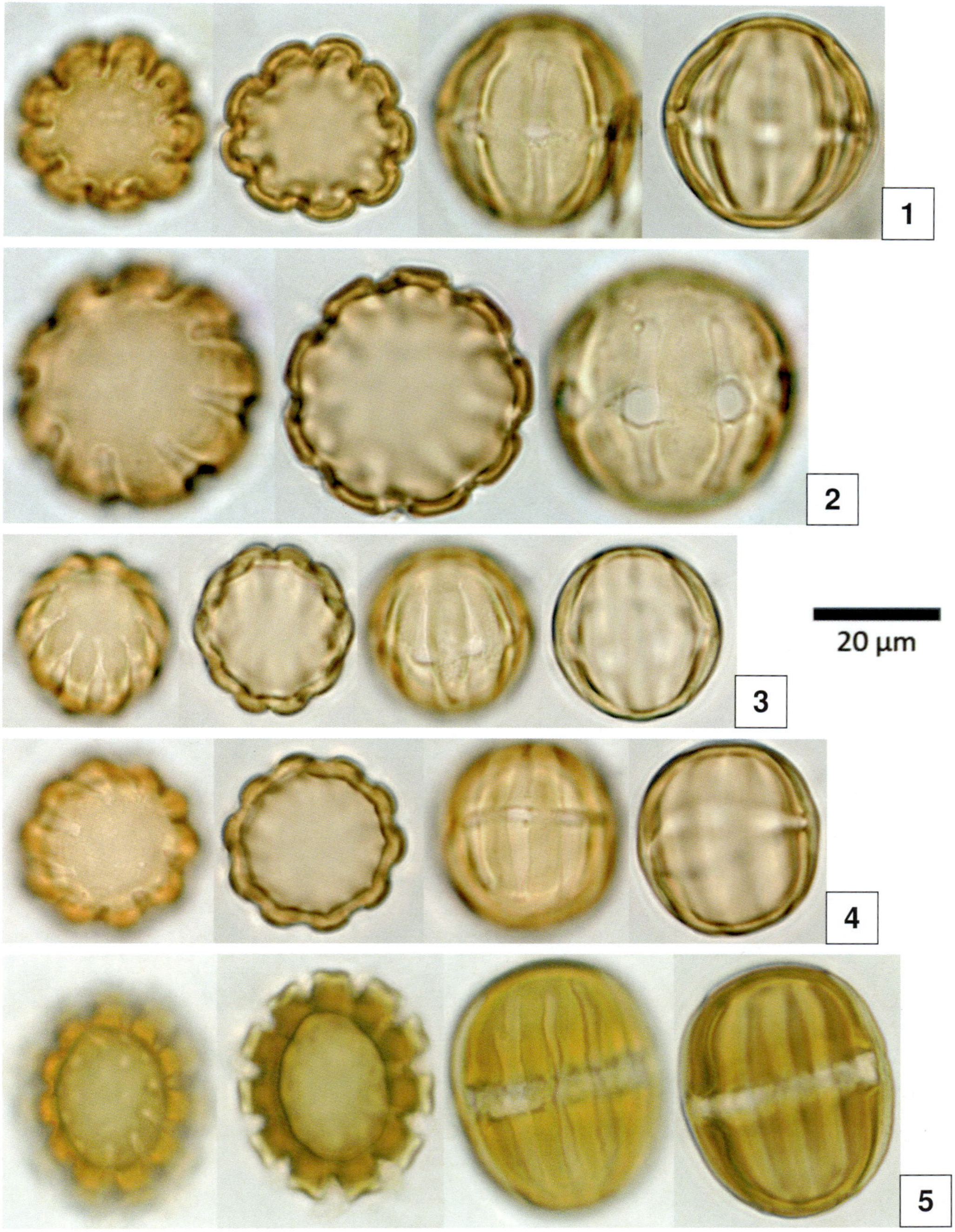

Prancha/Plate 135: Polygalaceae: *Diclidanthera laurifolia* (1); *Diclidanthera* sp. (2); *Polygala cyparissias* (3); *Polygala paniculata* (4); *Polygala santosii* (5).

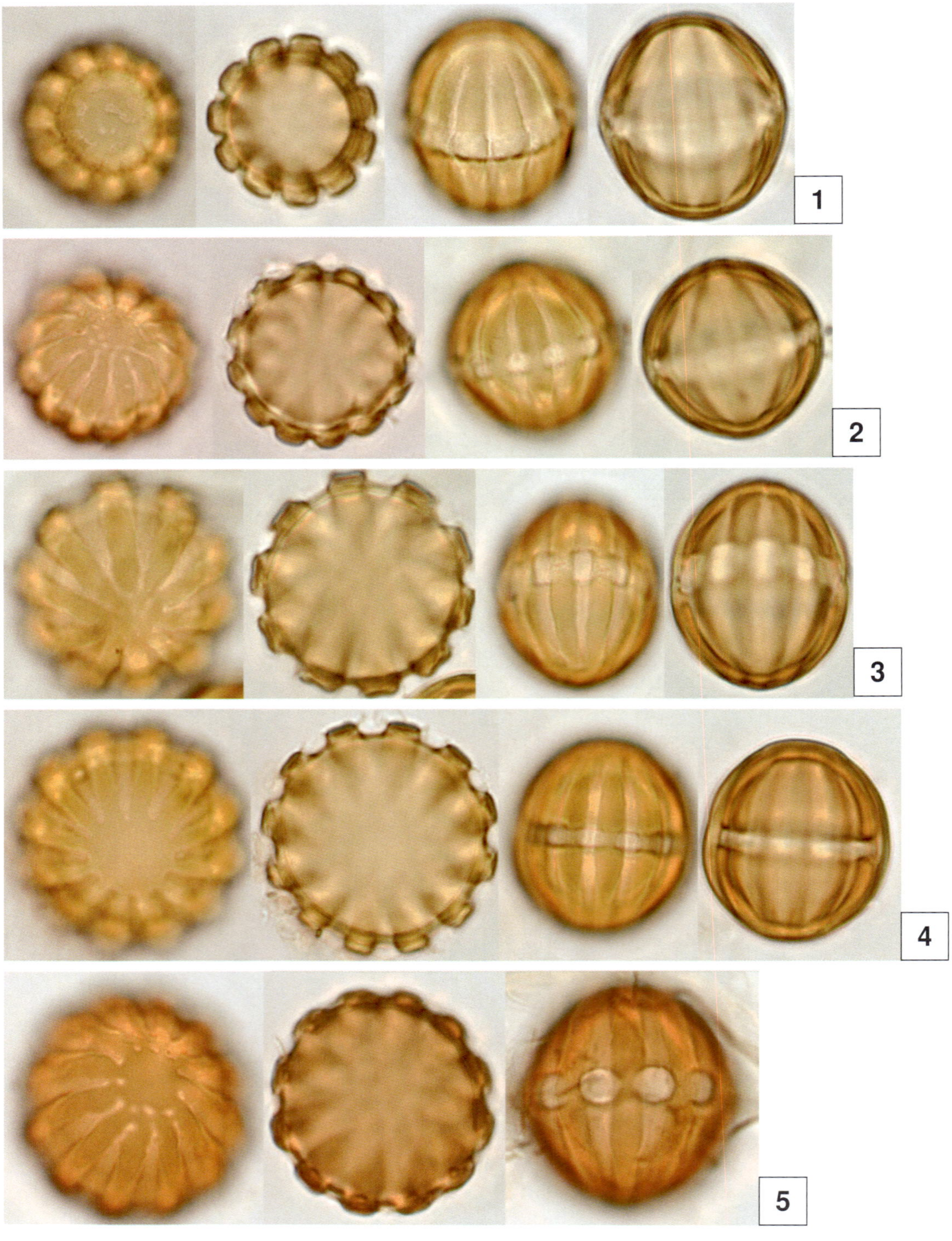

Prancha/Plate 136: Polygalaceae: *Polygala* sp. (1); *Securidaca coriacea* (2,3); *Securidaca diversifolia* (4); *Securidaca* sp.1 (5).

Prancha/Plate 137: Polygalaceae: *Securidaca* sp.2 (1); Polygonaceae: *Ruprechtia latifunda* (2); Portulacaceae: *Talinum paniculatum* (3a,b).

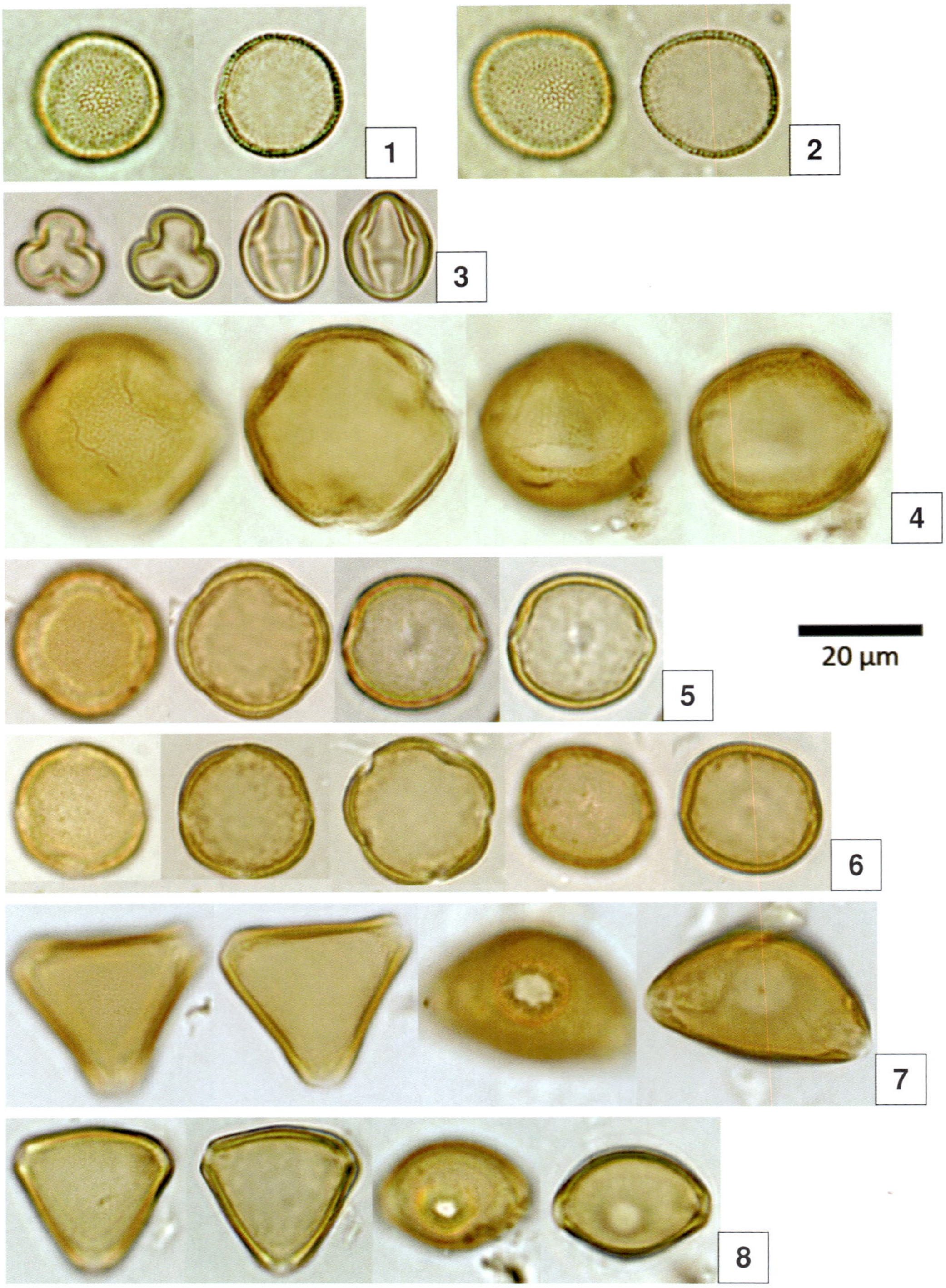

Prancha/Plate 138: Potamogetonaceae: *Potamogeton linguatus* (1); *Potamogeton montevidensis* (2); Primulaceae: *Cybianthus brasiliensis* (3); *Jacquinia brasiliensis* (4); *Myrsine guianensis* (5); *Myrsine rubra* (6); Proteaceae: *Macadamia ternifolia* (7); *Roupala* sp. (8).

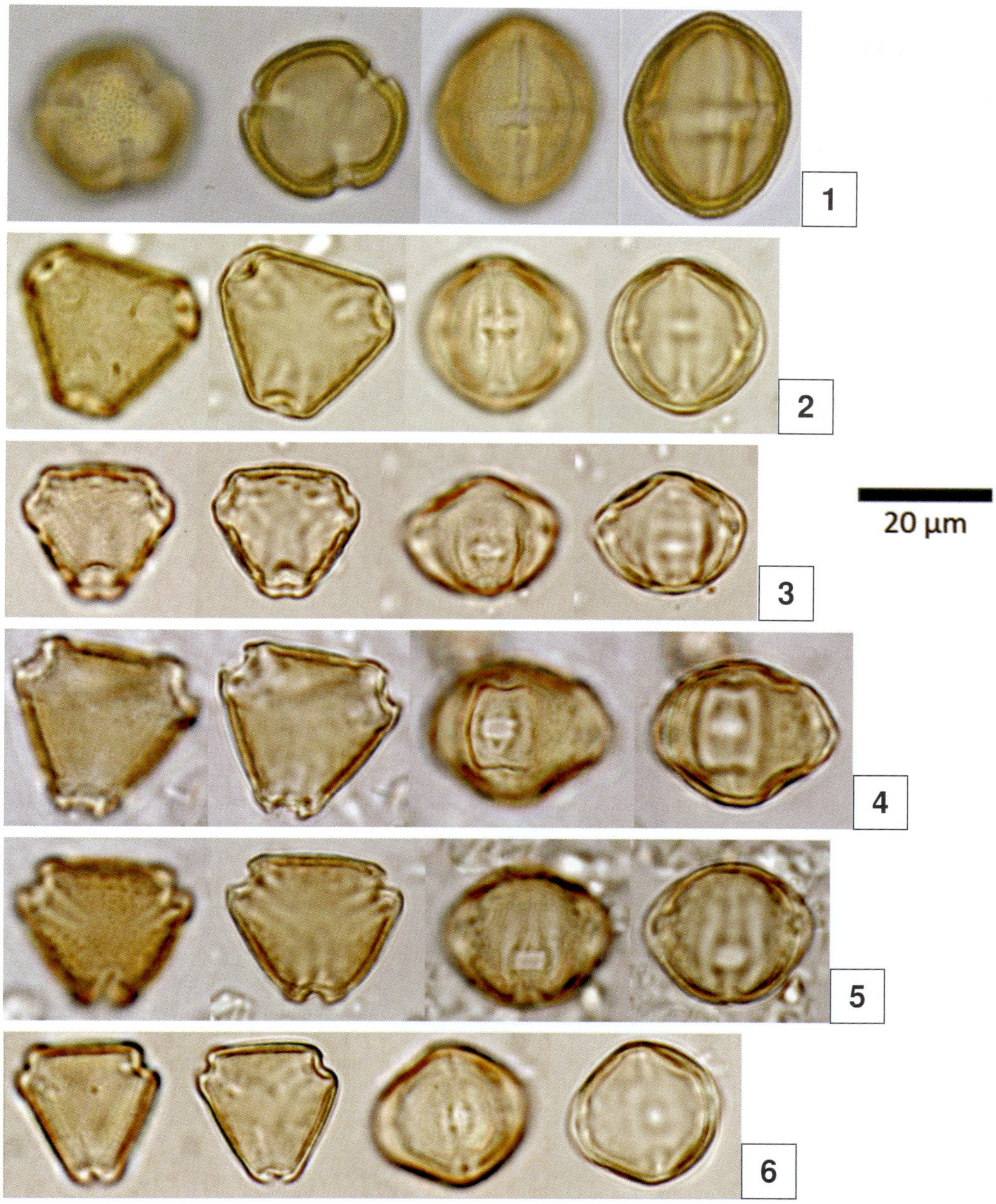

Prancha/Plate 139: Putranjivaceae: *Drypetes sessiliflora* (1); Rhamnaceae: *Colubrina arborescens* (2); *Gouania blanchetiana* (3); *Hovenia dulcis* (4); *Rhamnidium glabrum* (5); *Ziziphus glaziovii* (6).

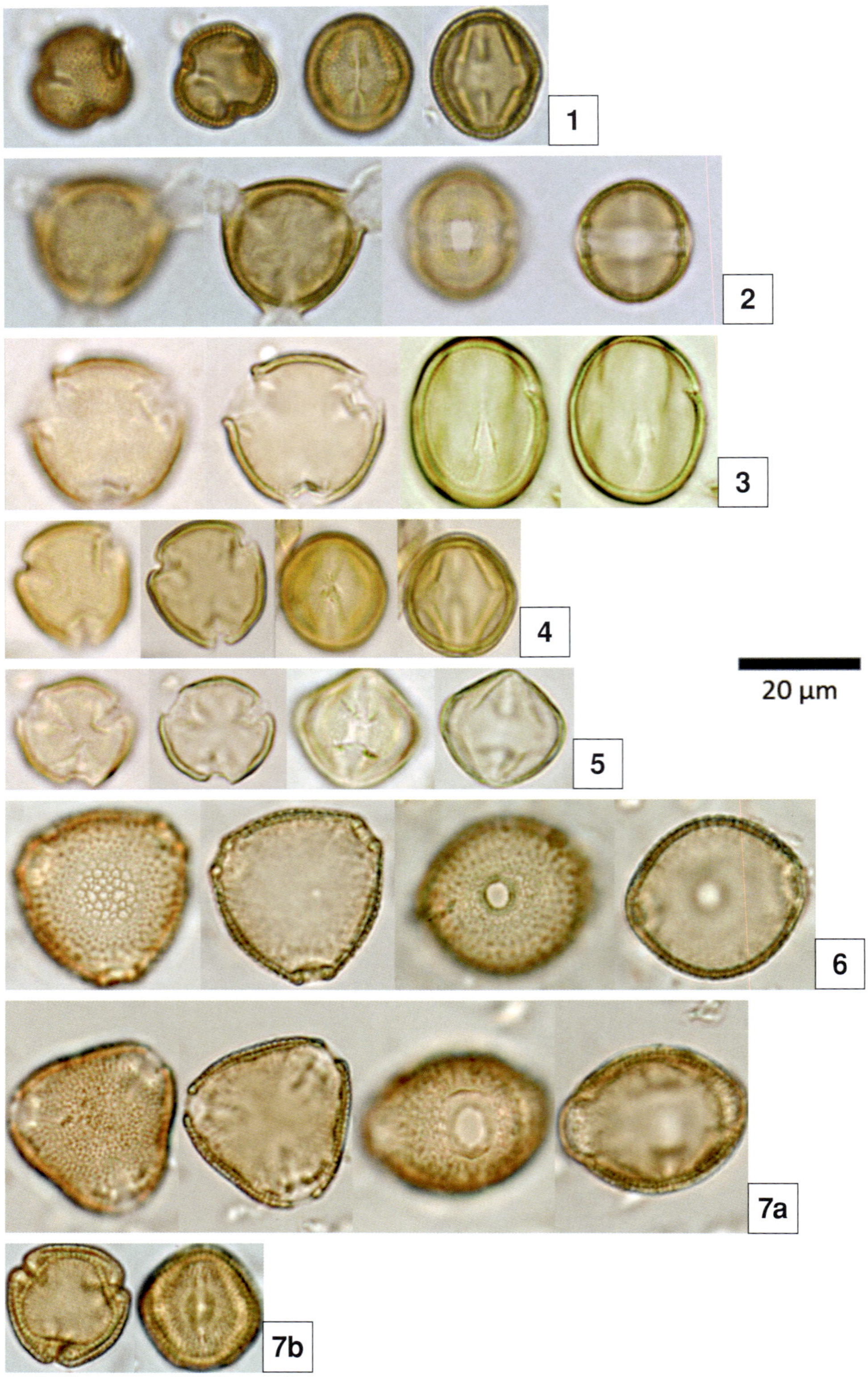

Prancha/Plate 140: Rhizophoraceae: *Paradrypetes ilicifolia* (1); *Rhizophora mangle* (2); Rosaceae: *Eriobotrya japonica* (3); *Prunus brasiliensis* (4); *Rubus sellowii* (5); Rubiaceae: *Alibertia edulis* (6); *Alibertia* sp. (7a,b).

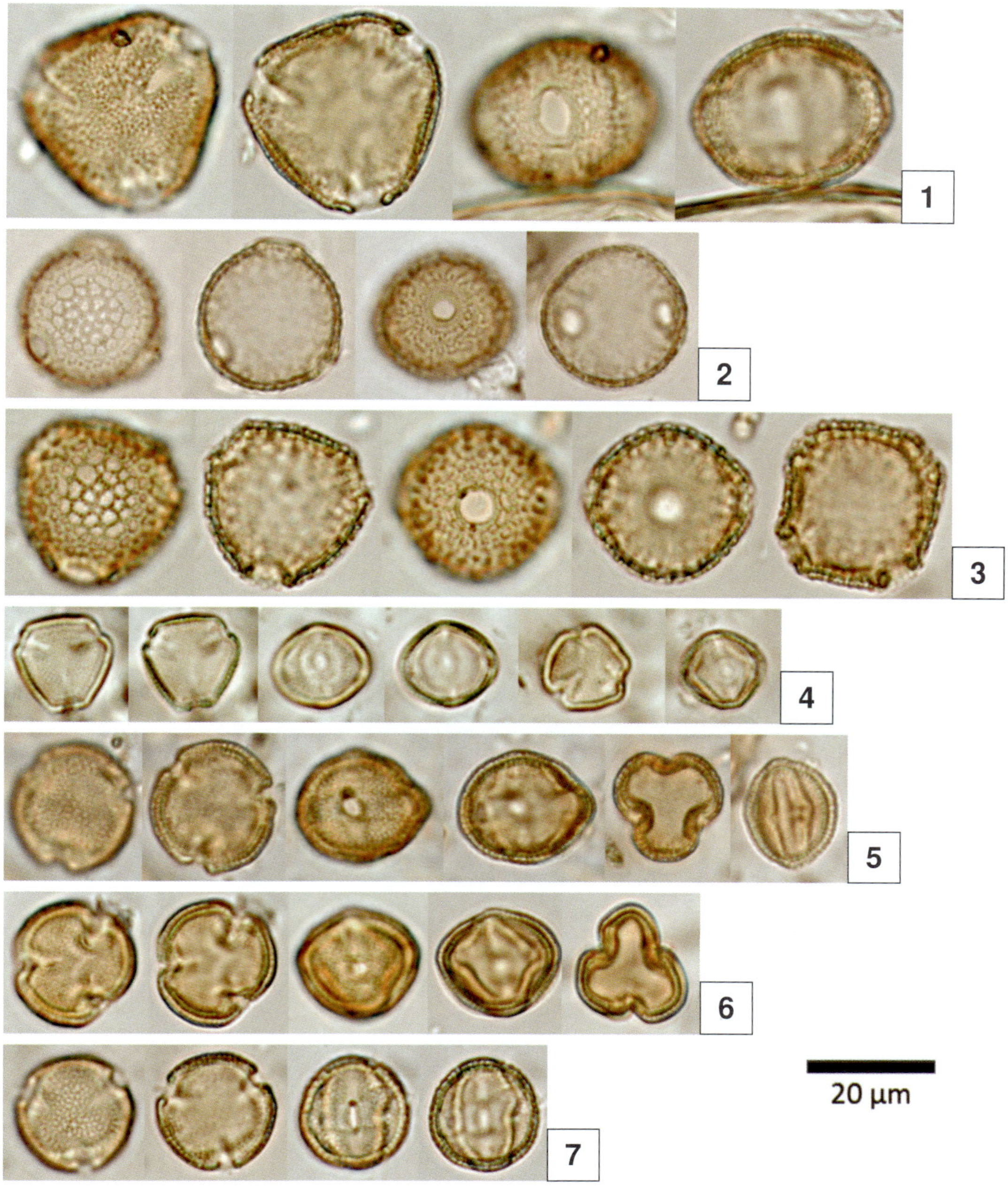

Prancha/Plate 141: Rubiaceae: *Alseis involuta* (1); *Amaioua guianensis* (2); *Amaioua intermedia* (3); *Anthocephalus cadamba* (4); *Bathysa australis* (5); *Bathysa stipulata* (6); *Bathysa* sp. (7).

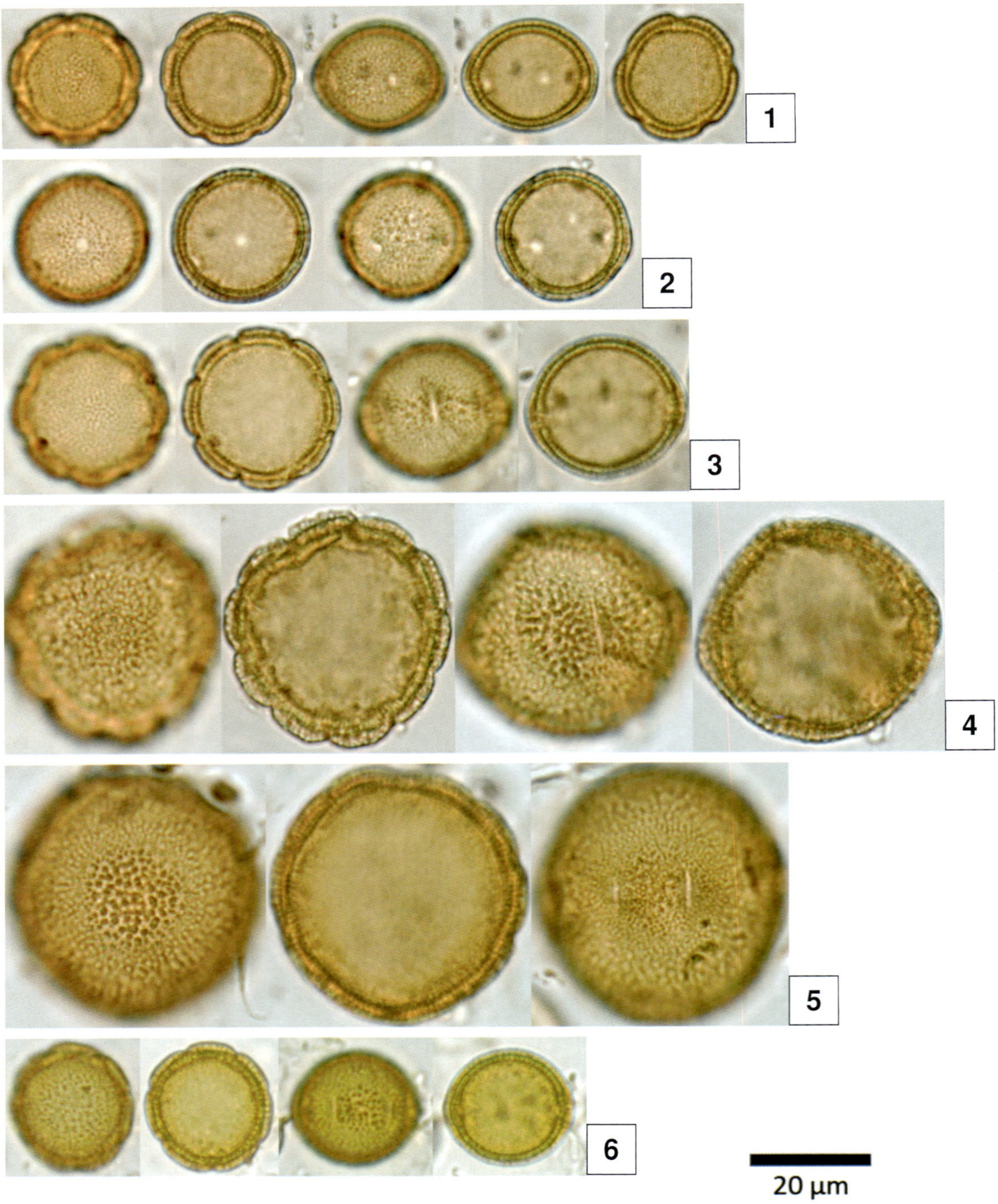

Prancha/Plate 142: Rubiaceae: *Borreria capitata* (1); *Borreria cupularis* (2); *Borreria densiflora* (3); *Borreria latifolia* (4); *Borreria ocymifolia* (5); *Borreria verticillata* (6).

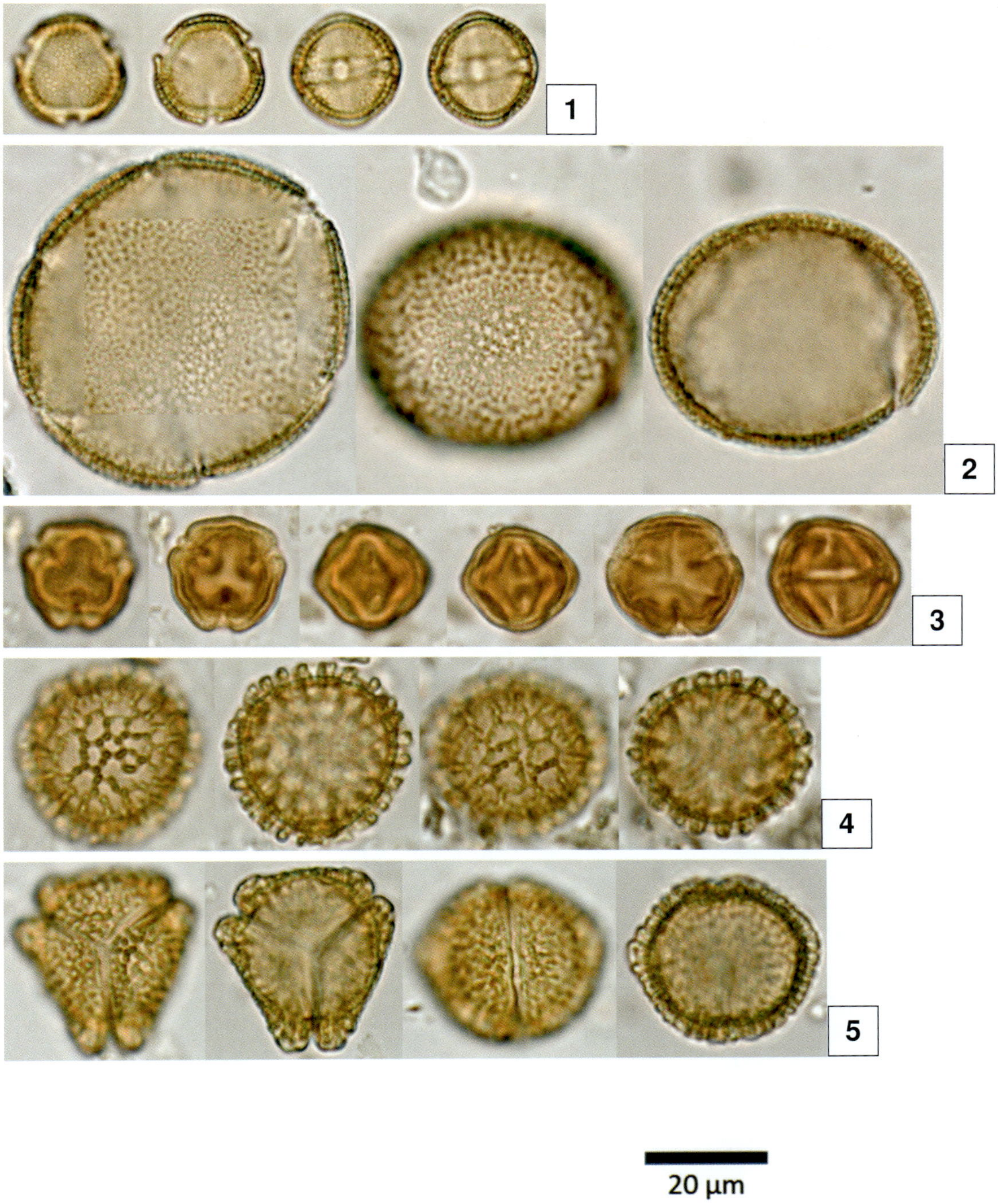

Prancha/Plate 143: Rubiaceae: *Calycophyllum papillosum* (1); *Carapichea ipecacuanha* (2); *Chiococca* cf. *alba* (3); *Chomelia obtusa* (4); *Chomelia pubescens* (5).

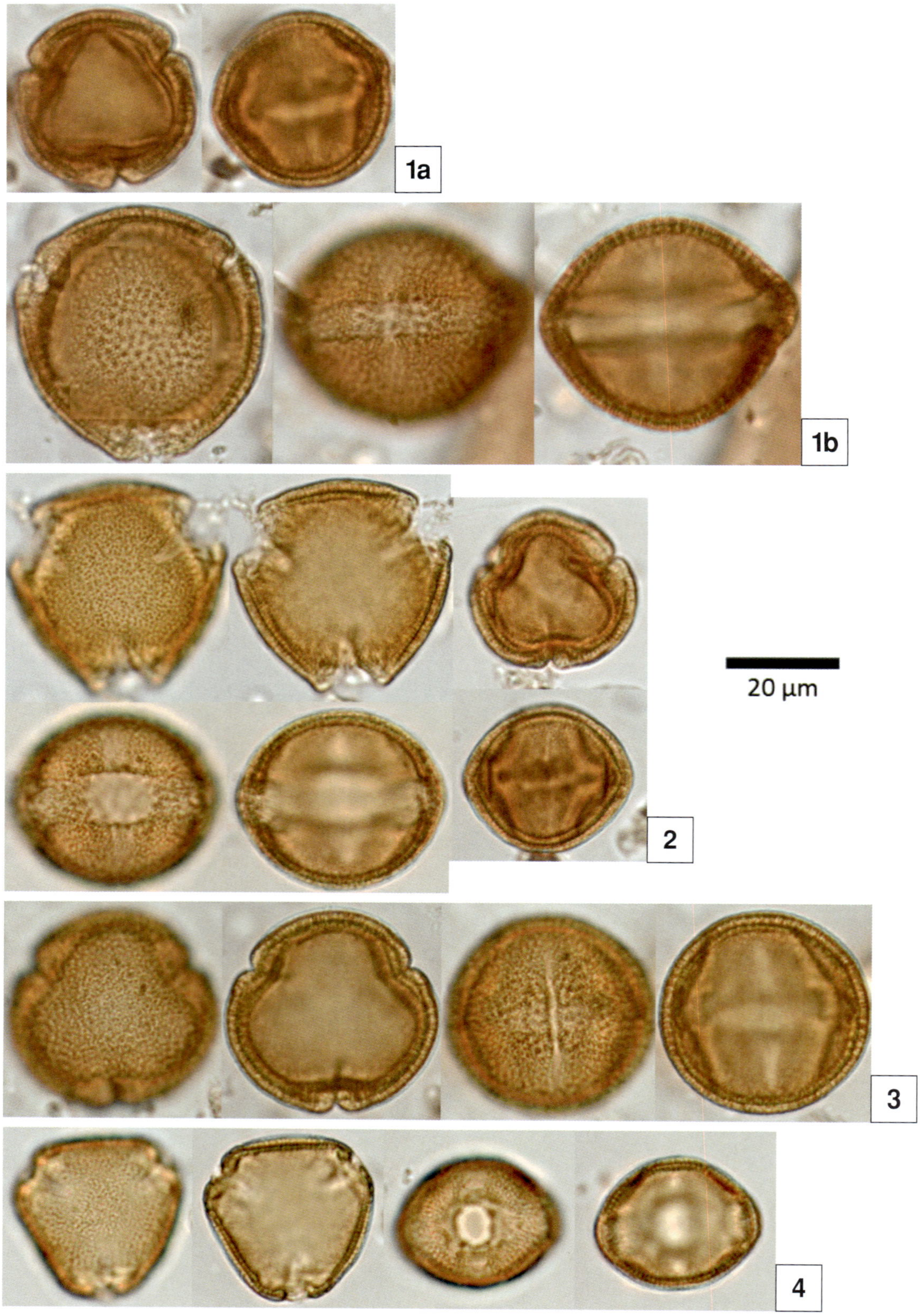

Prancha/Plate 144: Rubiaceae: *Coccocypselum anomalum* (1a,b); *Coccocypselum campanuliflorum* (2); *Coccocypselum cordifolium* (3); *Cordiera mussunungae* (4).

Prancha/Plate 145: Rubiaceae: *Coussarea contracta* (1); *Coutarea hexandra* (2); *Denscantia cymosa* (3); *Diodella teres* (4); *Emmeorhiza umbellata* (5).
[*Reduzida para ½ da escala].

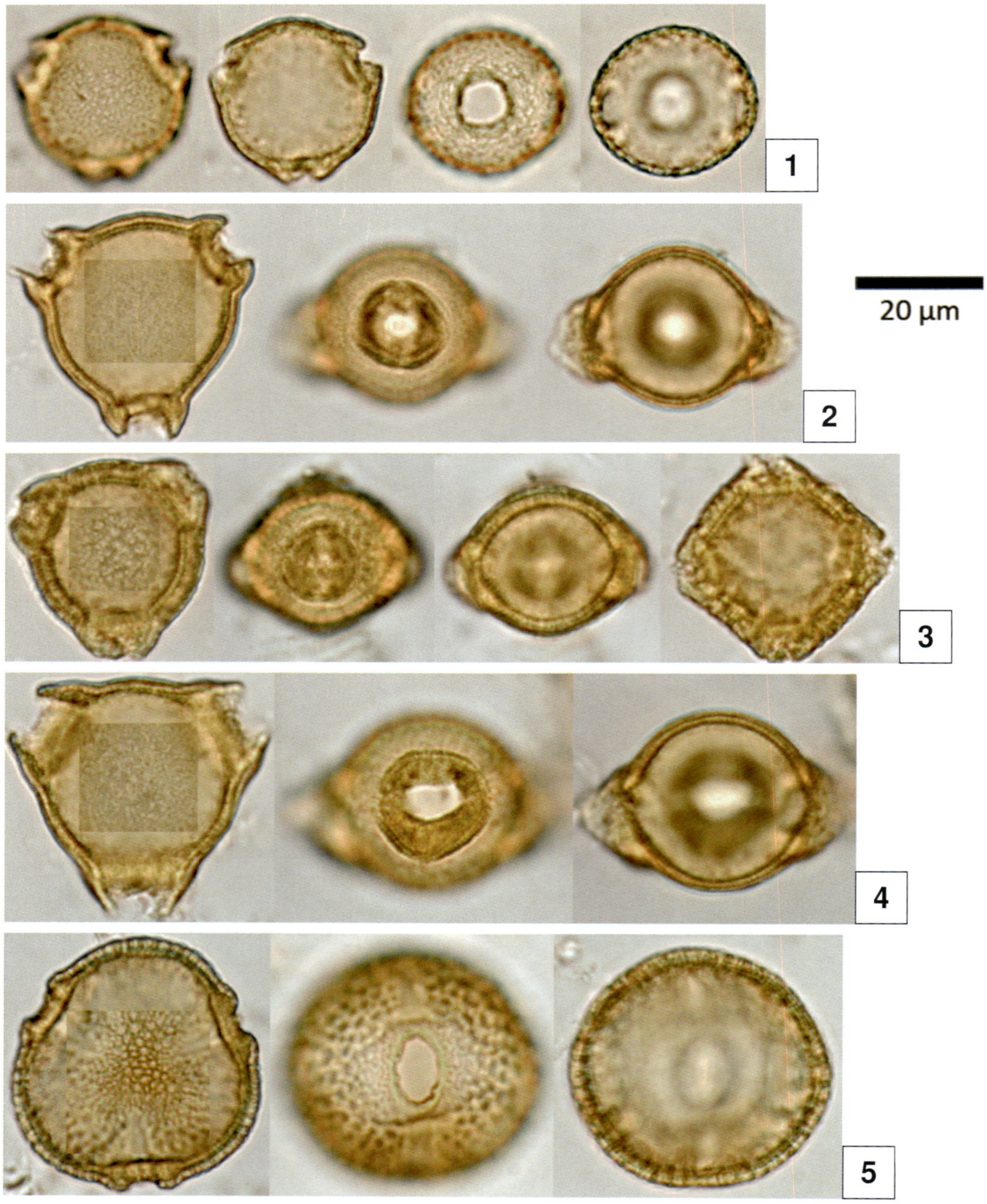

Prancha/Plate 146: Rubiaceae: *Faramea atlantica* (1); *Faramea bahiensis* (2); *Faramea* cf. *multiflora* (3); *Faramea pachyantha* (4); *Ferdinandusa guianiae* (5).

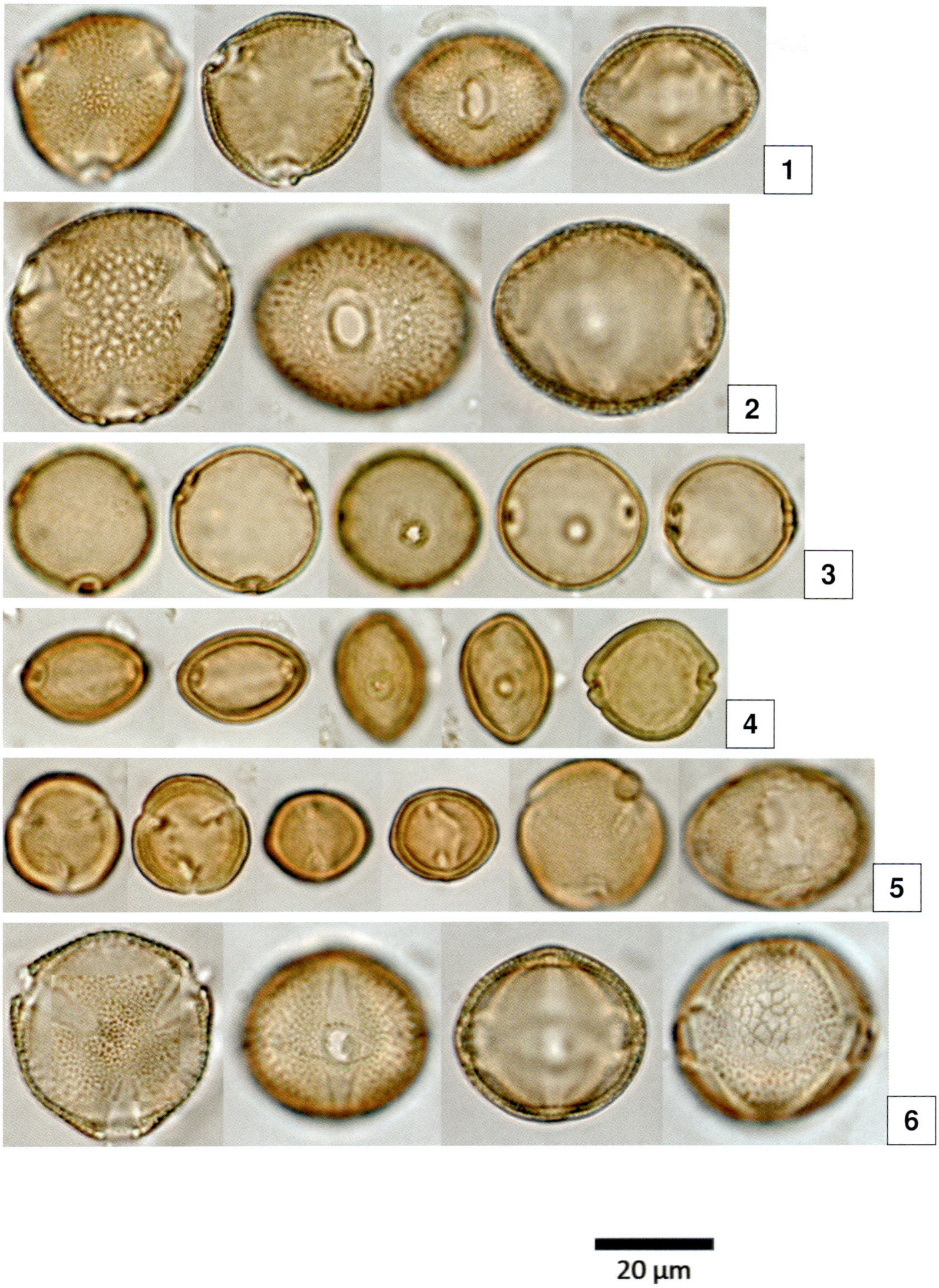

Prancha/Plate 147: Rubiaceae: *Genipa americana* (1); *Genipa infundibuliformis* (2); *Guettarda angelica* (3); *Guettarda viburnoides* (4); *Hamelia patens* (5); *Hillia illustris* (6).

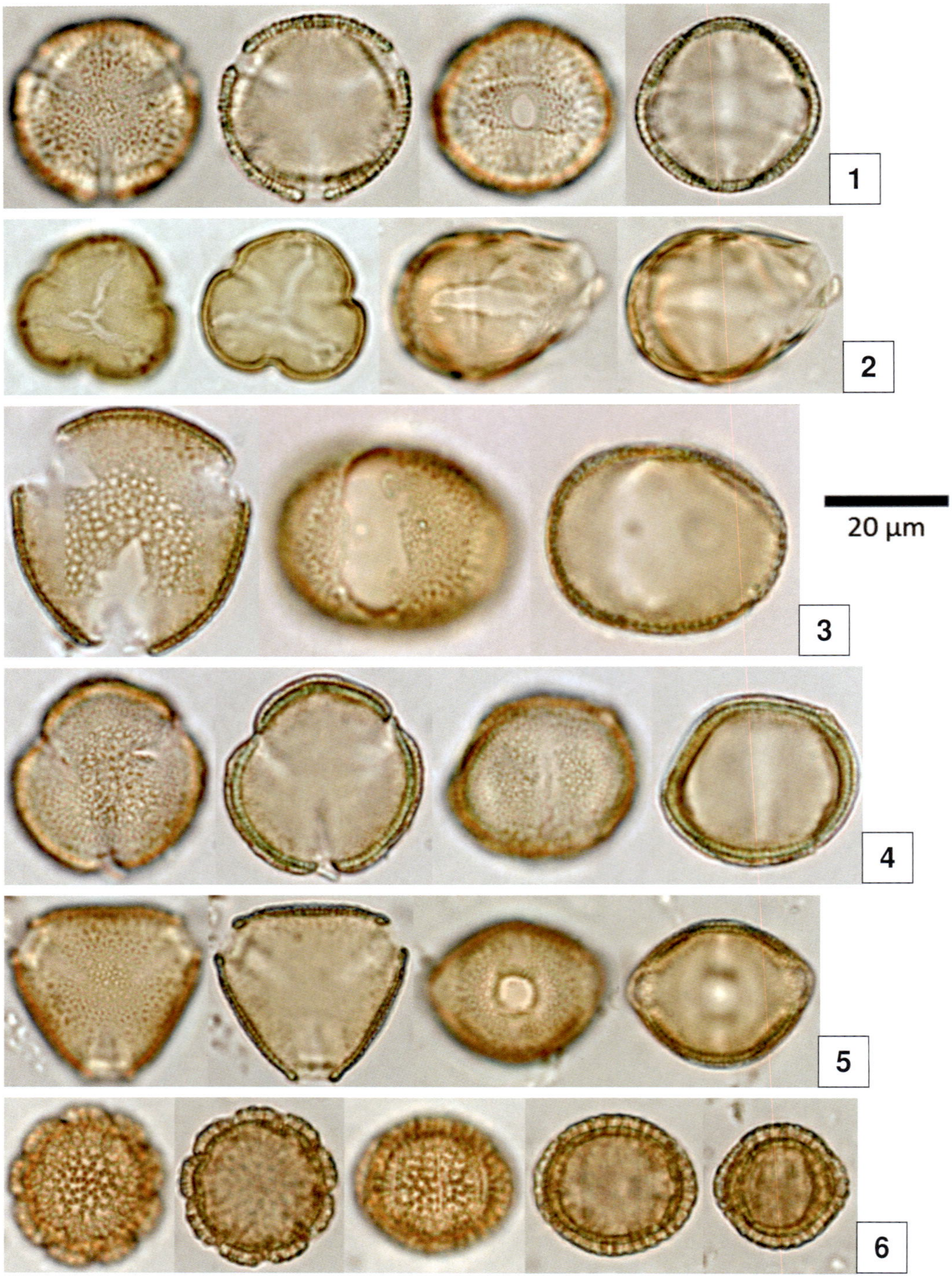

Prancha/Plate 148: Rubiaceae: *Ixora pubescens* (1); *Ladenbergia hexandra* (2); *Margaritopsis chaenotricha* (3); *Margaritopsis cephalantha* (4); *Melanopsidium nigrum* (5); *Mitracarpus frigidus* (6).

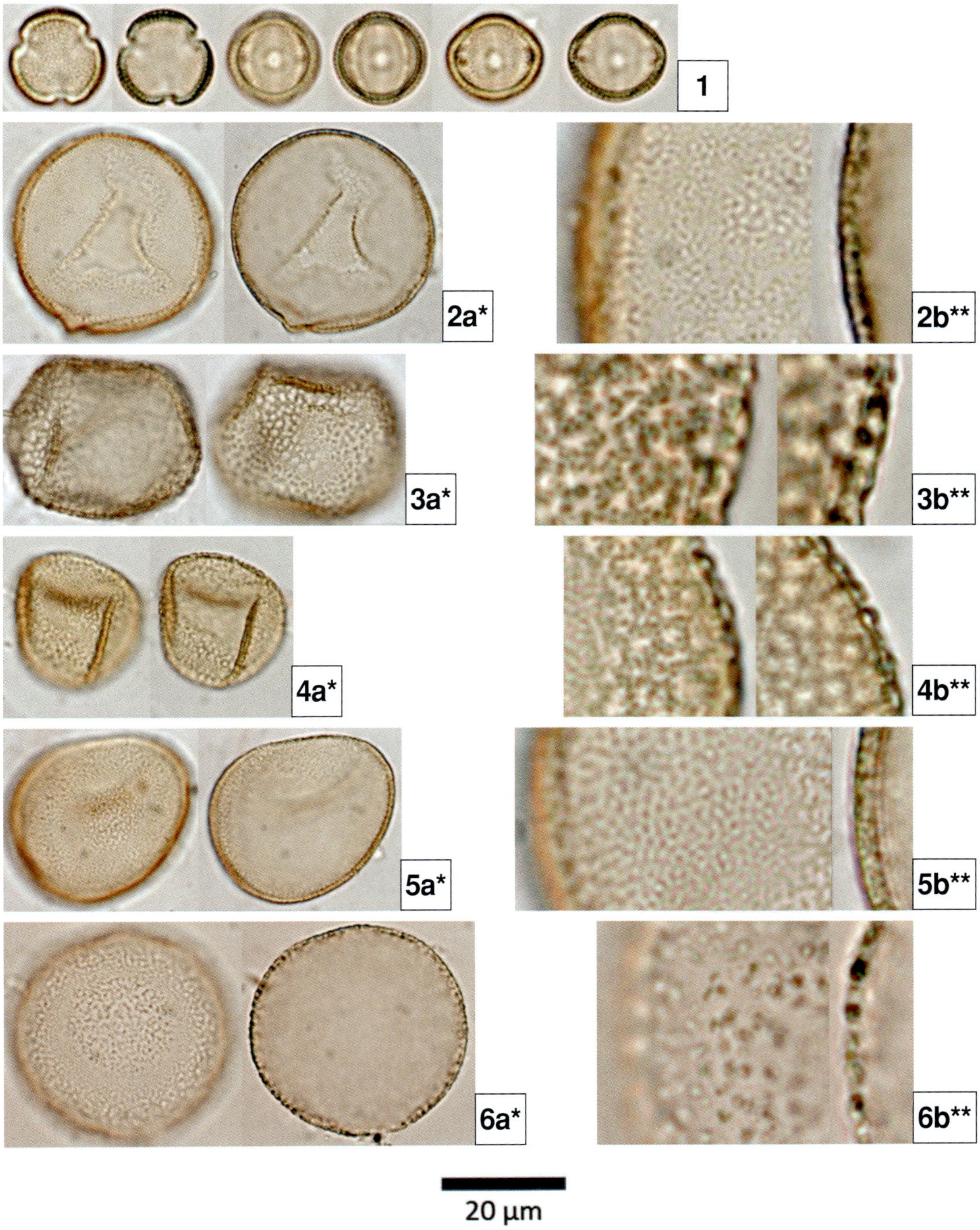

Prancha/Plate 149: Rubiaceae: *Molopanthera paniculata* (1); *Palicourea blanchetiana* (2a,b); *Palicourea exannulata* (3a,b); *Palicourea fulgens* (4a,b); *Palicourea guianensis* (5a,b); *Palicourea macrobotrys* (6a,b).
[*Reduzida para ½ da escala; **Aumentada para 2x a escala.]

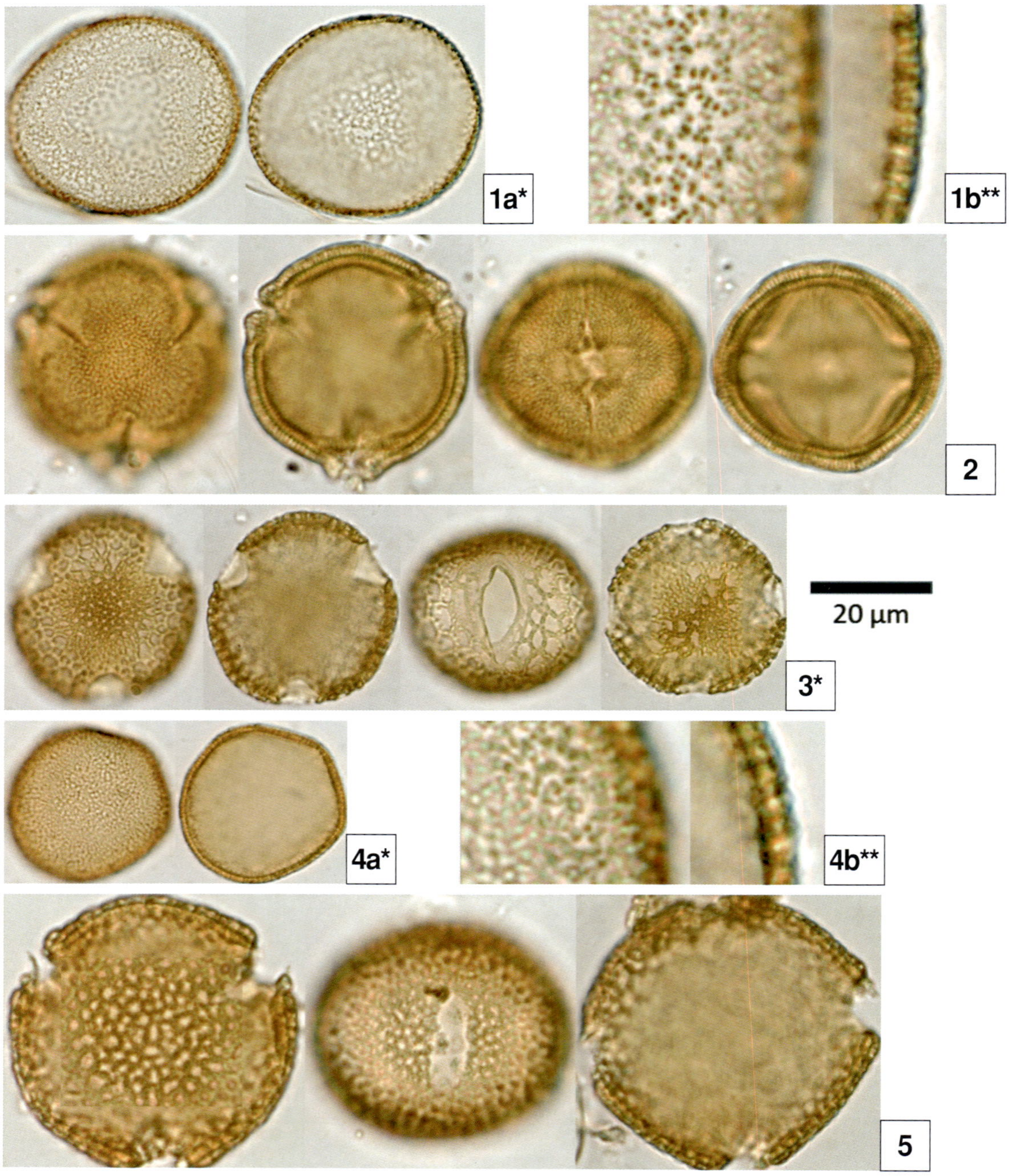

Prancha/Plate 150: Rubiaceae: *Palicourea marcgravii* (1a,b); *Perama hirsuta* (2); *Posoqueria latifolia* (3); *Psychotria bahiensis* (4a,b); *Psychotria carthagenensis* (5). [*Reduzida para ½ da escala; **Aumentada para 2x a escala.]

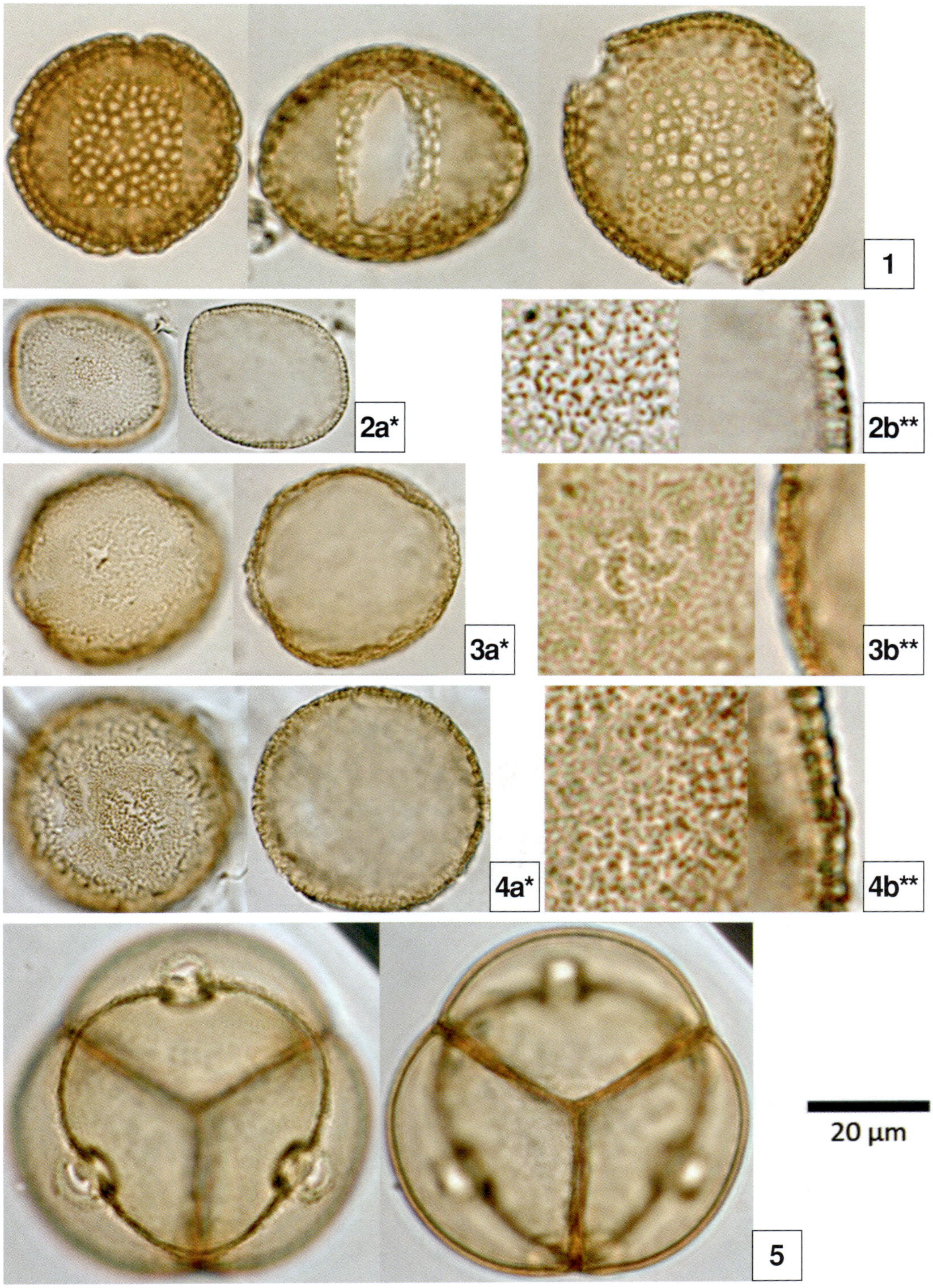

Prancha/Plate 151: Rubiaceae: *Psychotria mapourioides* (1); *Psychotria myriantha* (2a,b); *Psychotria nuda* (3a,b); *Psychotria stachyoides* (4a,b); *Randia armata* (5).
[*Reduzida para ½ da escala; **Aumentada para 2x a escala.]

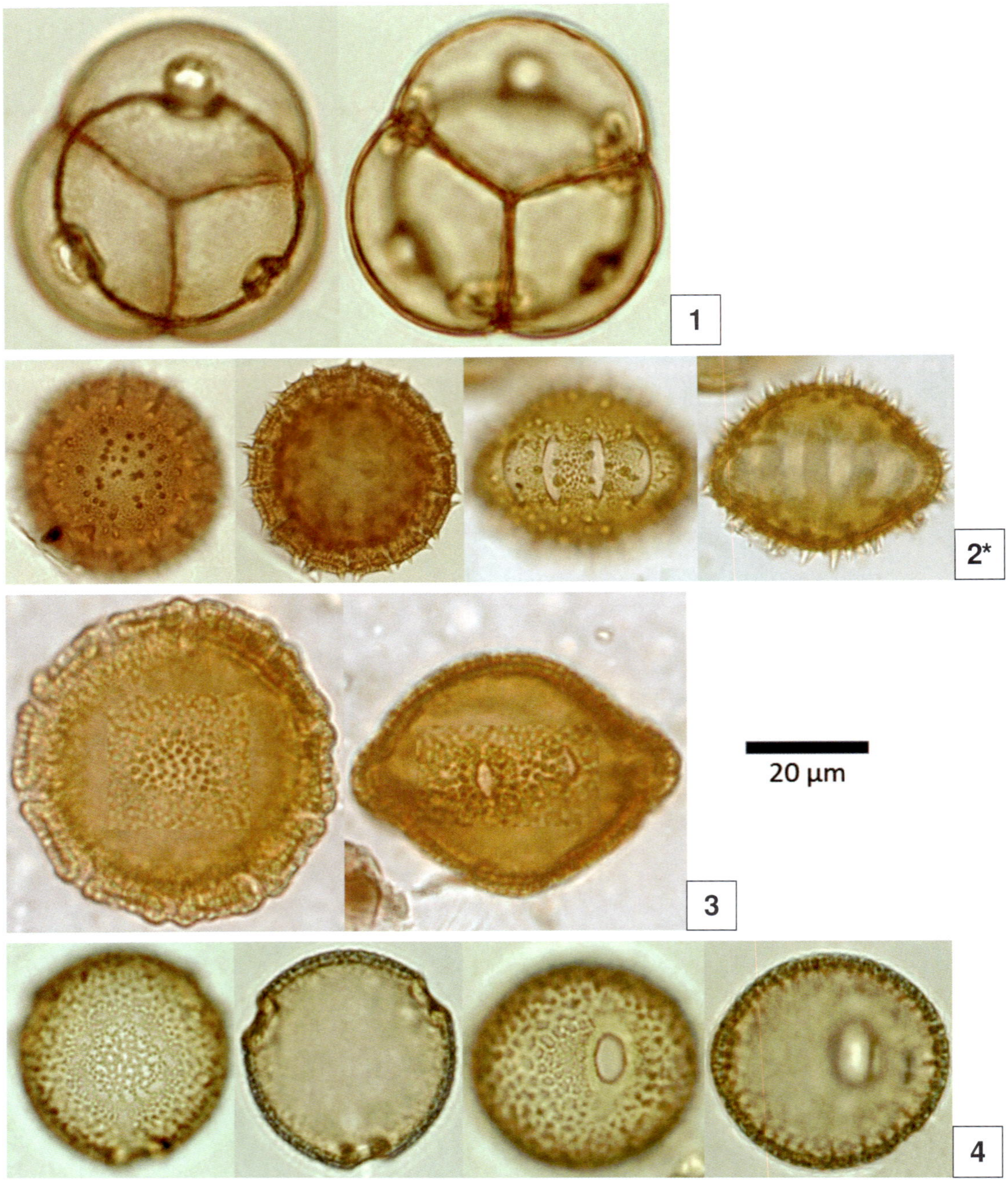

Prancha/Plate 152: Rubiaceae: *Randia calycina* (1); *Richardia scabra* (2); *Richardia brasiliensis* (3); *Riodocea pulcherrima* (4).
[*Reduzida para ½ da escala.]

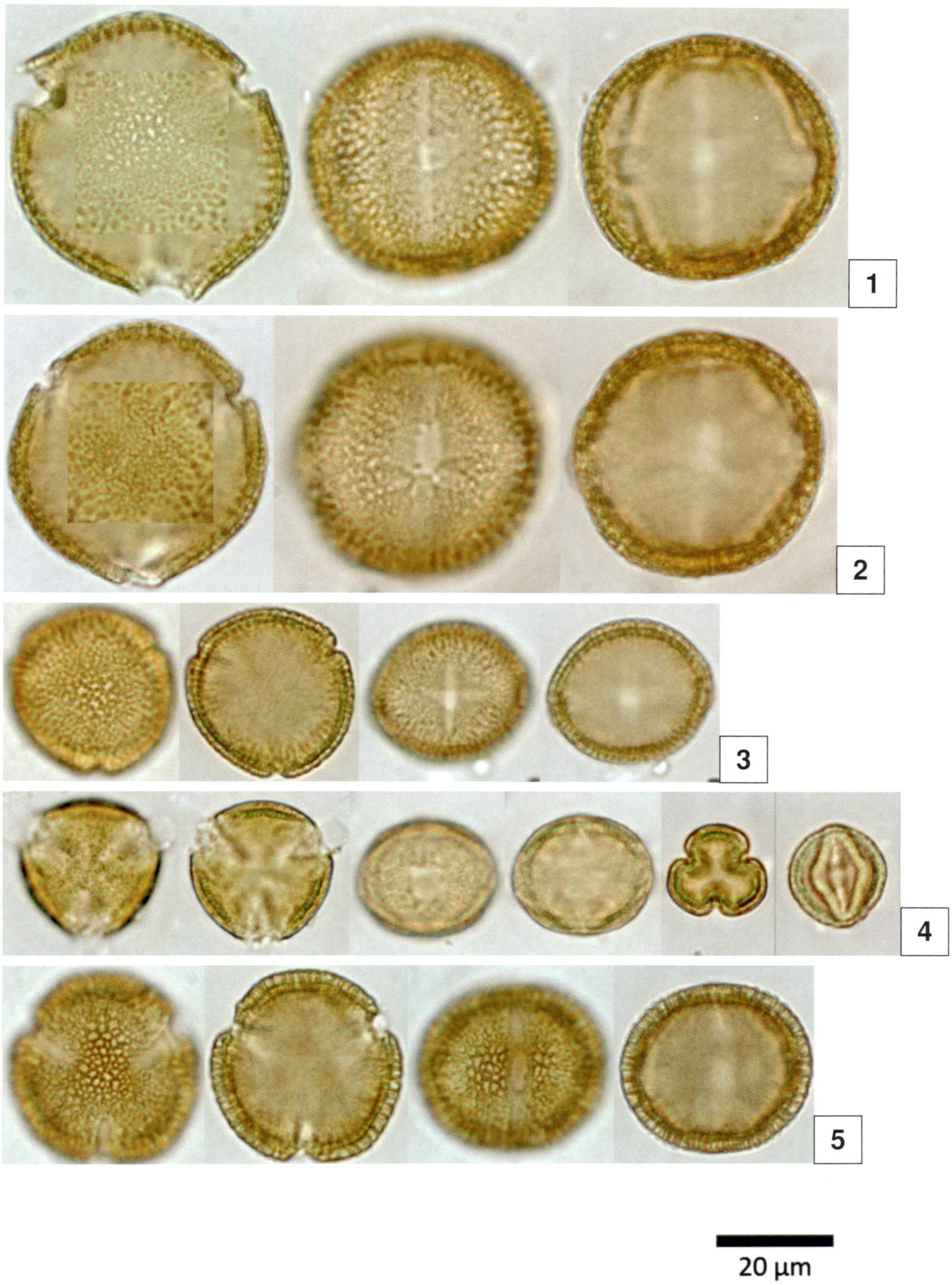

Prancha/Plate 153: Rubiaceae: *Rudgea* cf. *coronata* (1); *Rudgea reticulata* (2); *Sabicea cinerea* (3); *Salzmannia nitida* (4); *Simira sampaioana* (5).

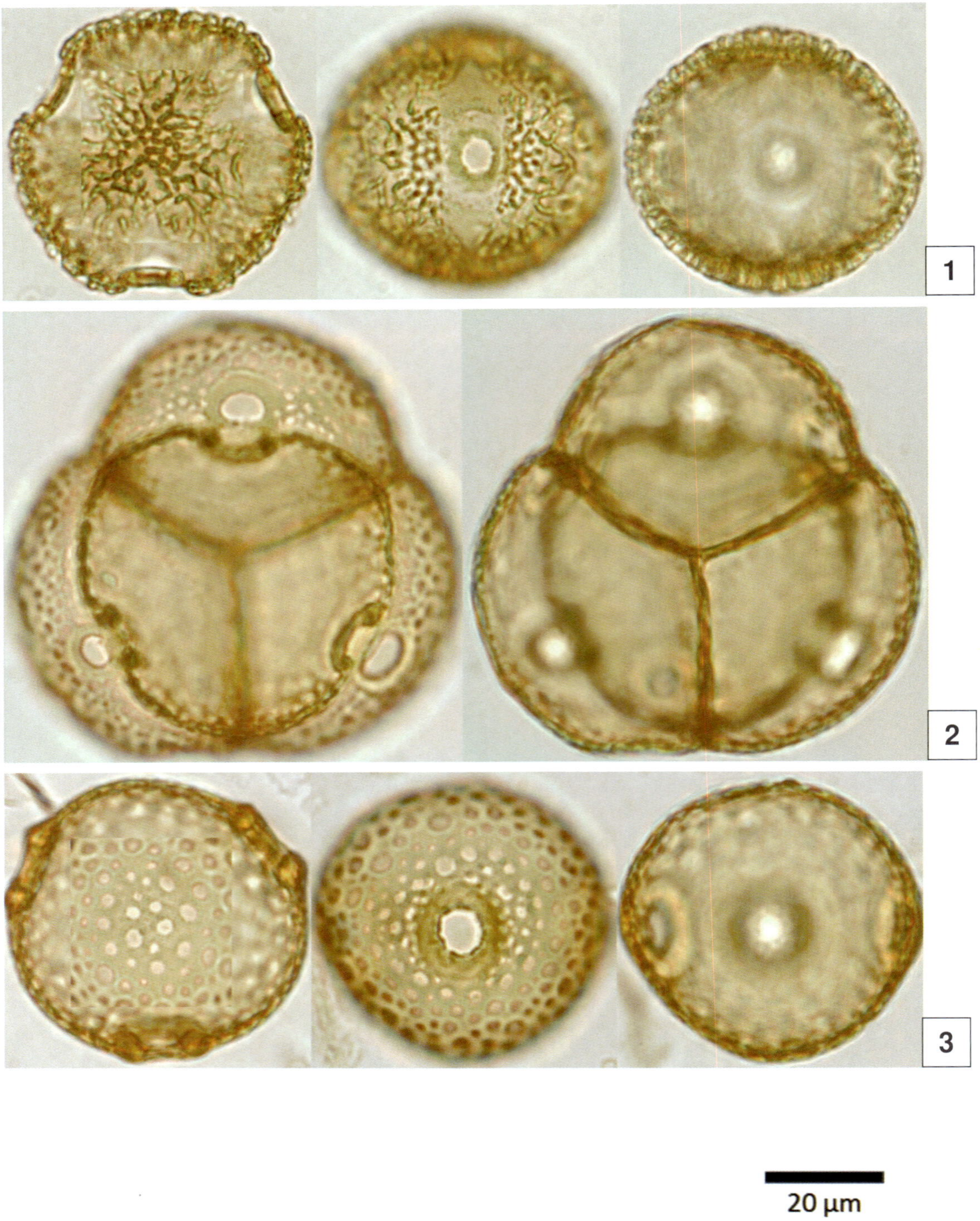

Prancha/Plate 154: Rubiaceae: *Simira eliezeriana* (1); *Tocoyena brasiliensis* (2); *Tocoyena bullata* (3).

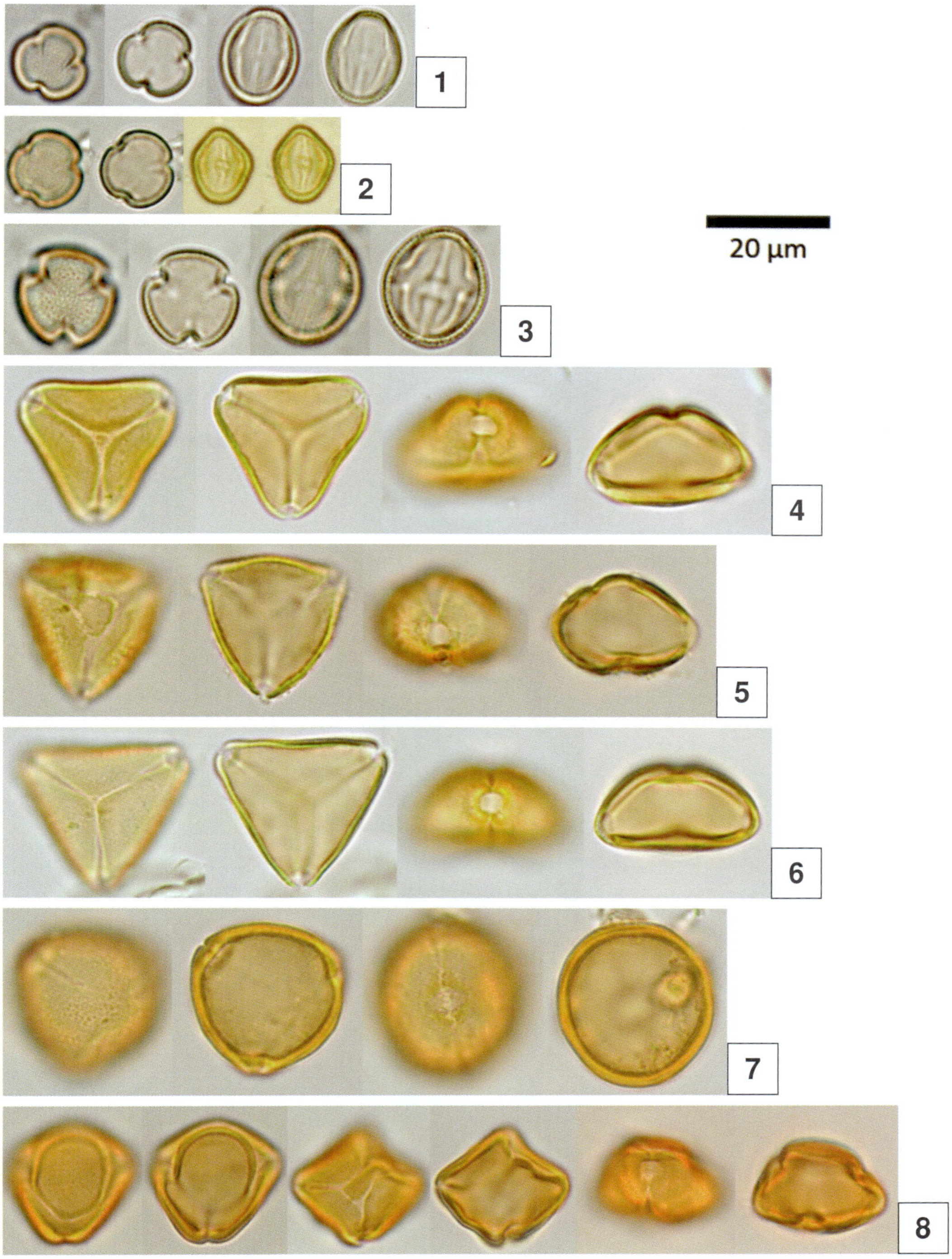

Prancha/Plate 155: Salicaceae: *Banara brasiliensis* (1); *Flacourtia jangomas* (2); *Xylosma prockia* (3); Sapindaceae: *Cupania rugosa* (4); *Cupania scrobiculata* (5); *Cupania zanthoxyloides* (6); *Dodonaea viscosa* (7); *Matayba discolor* (8).

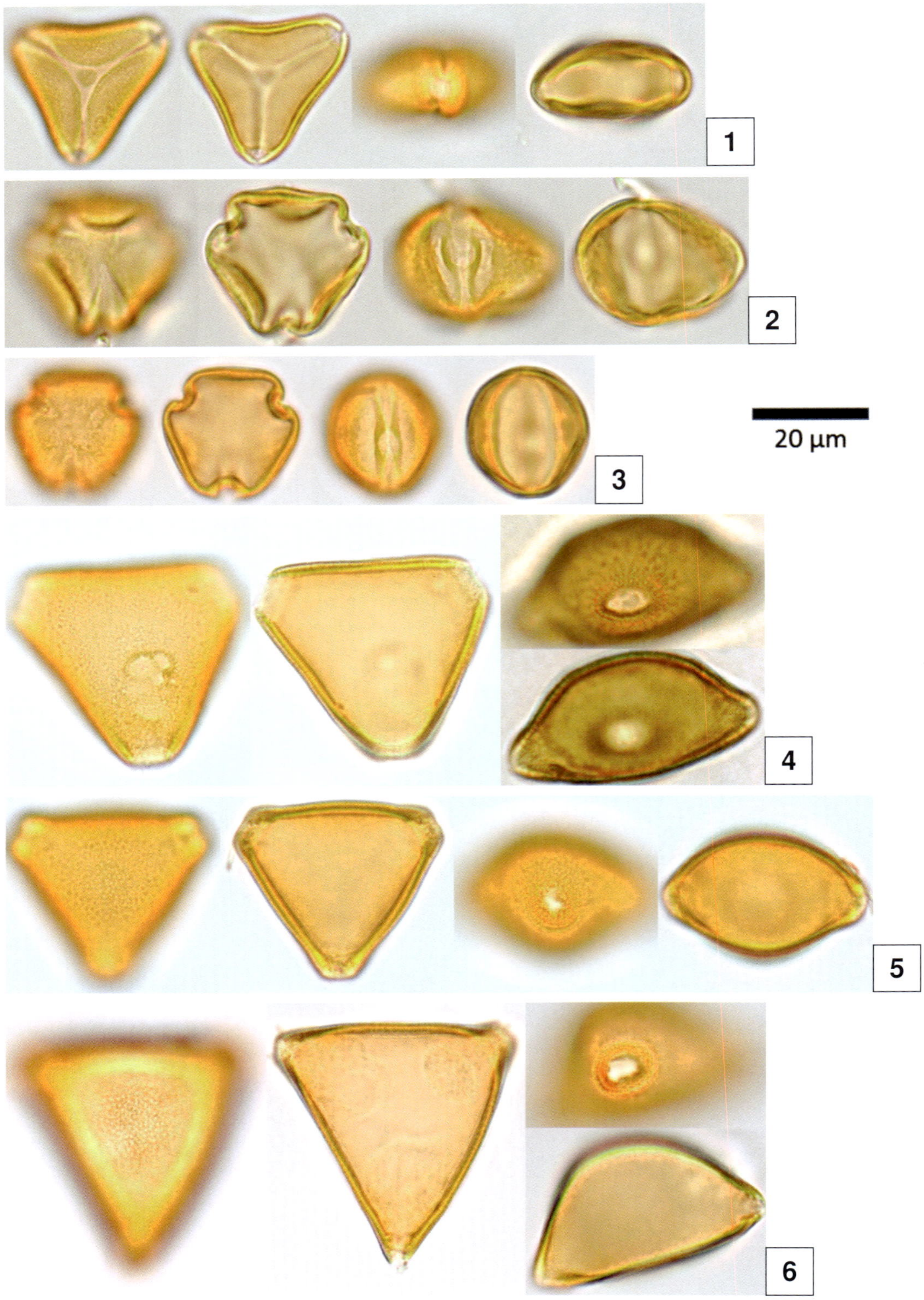

Prancha/Plate 156: Sapindaceae: *Matayba guianensis* (1); *Melicoccus espiritosantensis* (2); *Melicoccus oliviformis* subsp. *intermedius* (3); *Paullinia carpopoda* (4); *Paullinia rubiginosa* (5); *Serjania caracasana* (6).

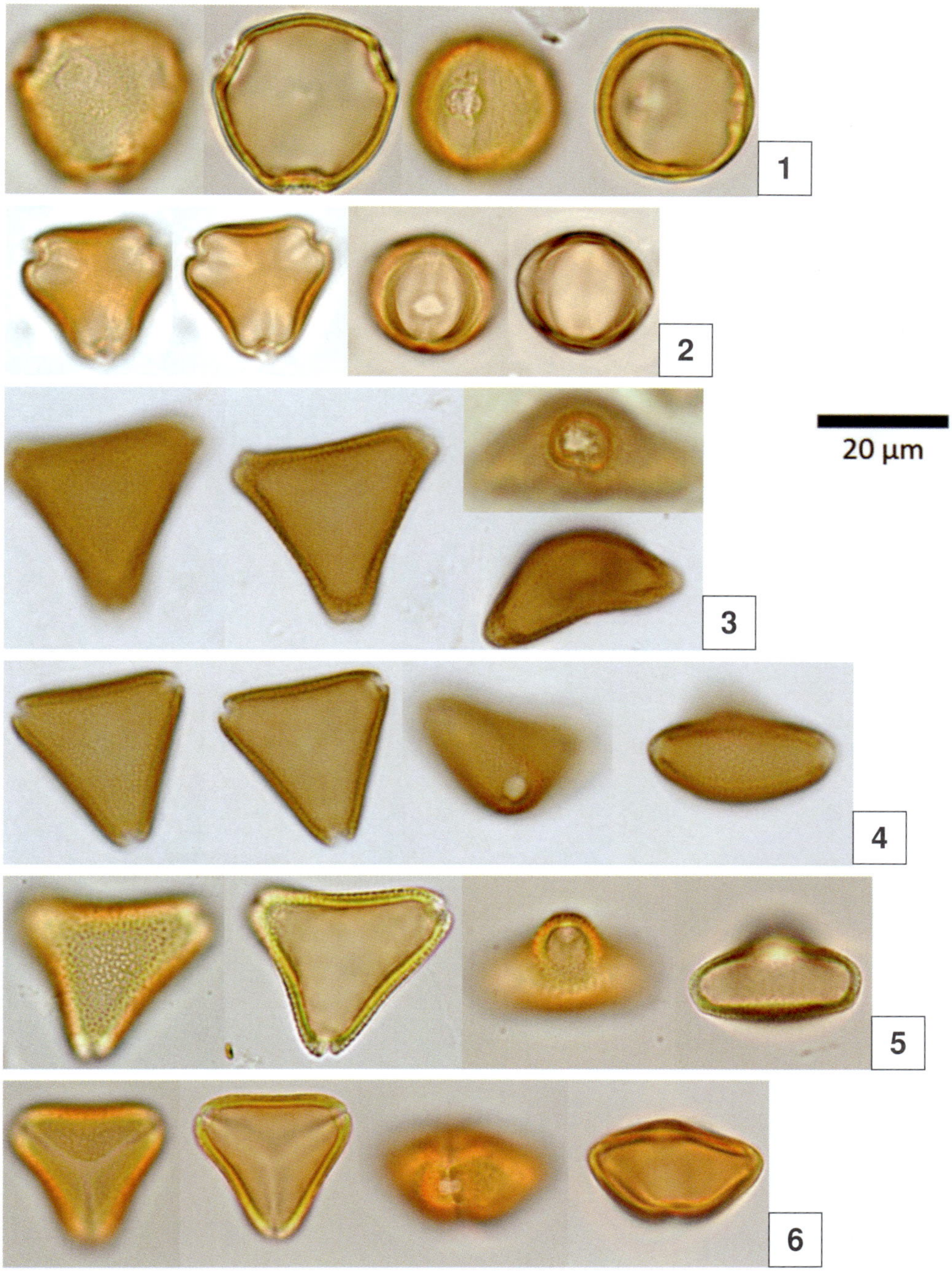

Prancha/Plate 157: Sapindaceae: *Thinouia scandens* (1); *Toulicia patentinervis* (2); *Urvillea laevis* (3); *Urvillea rufescens* (4); *Urvillea ulmacea* (5); *Vouarana guianensis* (6).

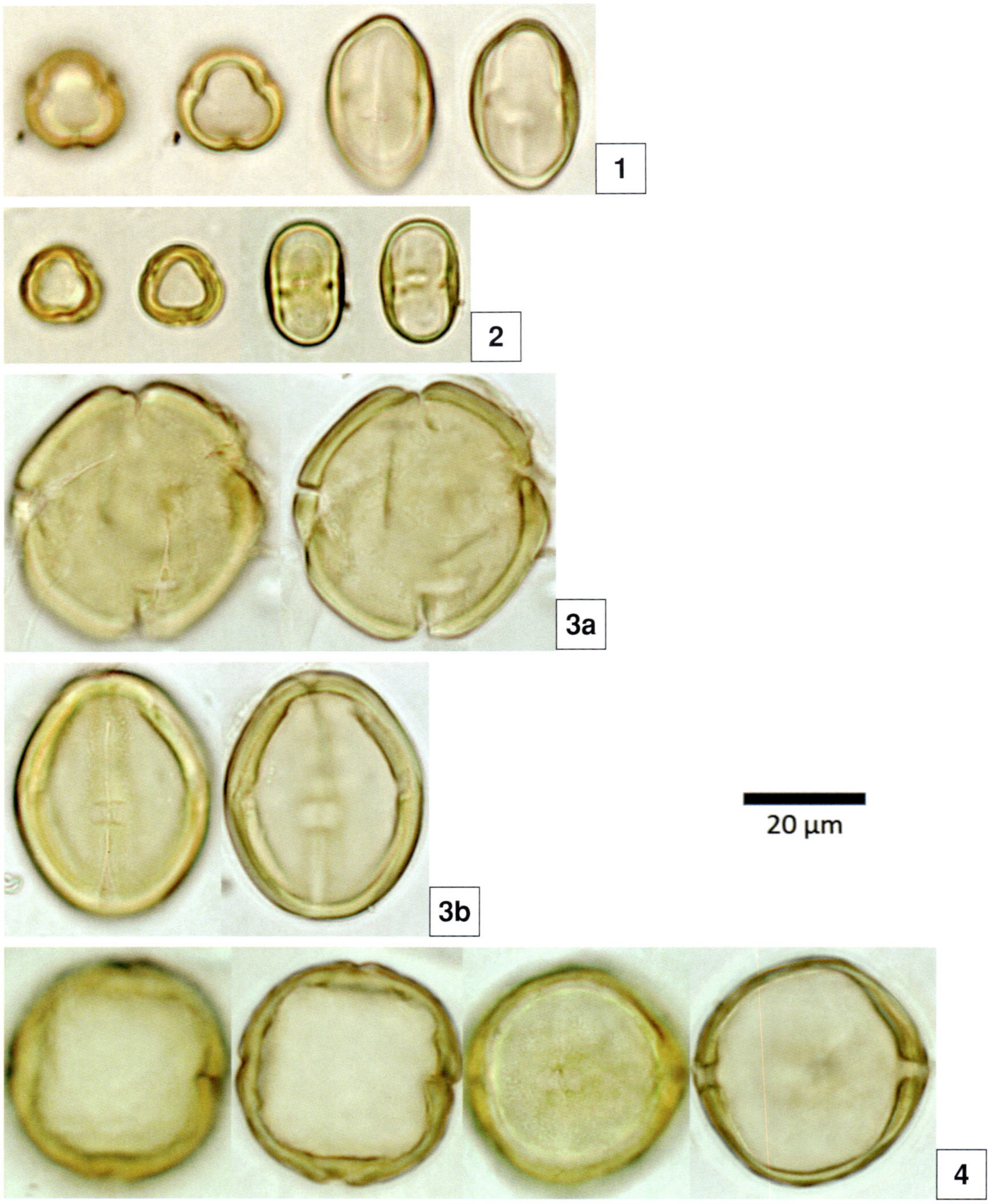

Prancha/Plate 158: Sapotaceae: *Chrysophyllum* aff. *ovale* (1); *Chrysophyllum cainito* (2); *Manilkara bella* (3a,b); *Manilkara sapota* (4).

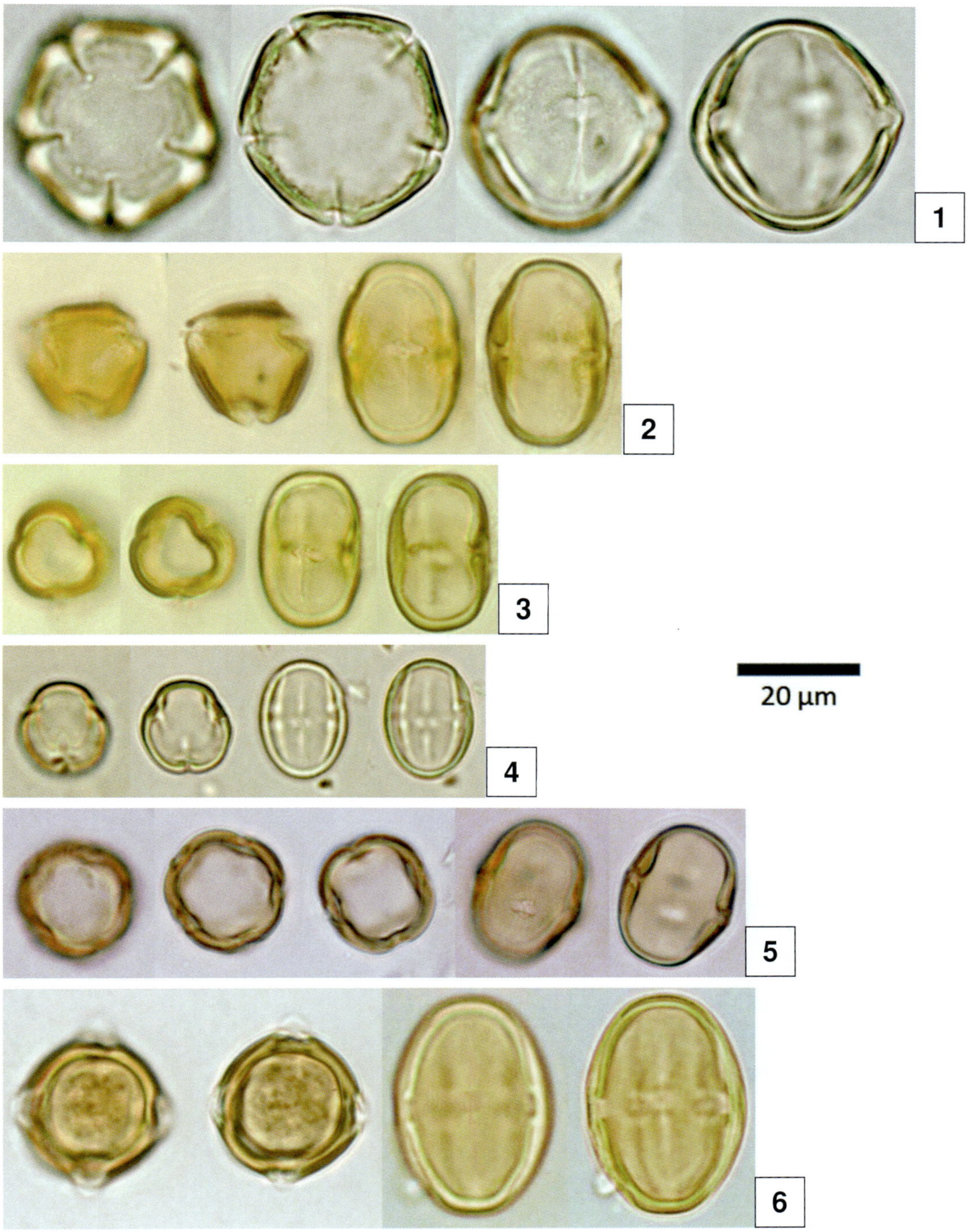

Prancha/Plate 159: Sapotaceae: *Manilkara subsericea* (1); *Micropholis venulosa* (2); *Pouteria bangii* (3); *Pouteria reticulata* (4); *Pradosia lactescens* (5); *Sideroxylon obtusifolia* (6).

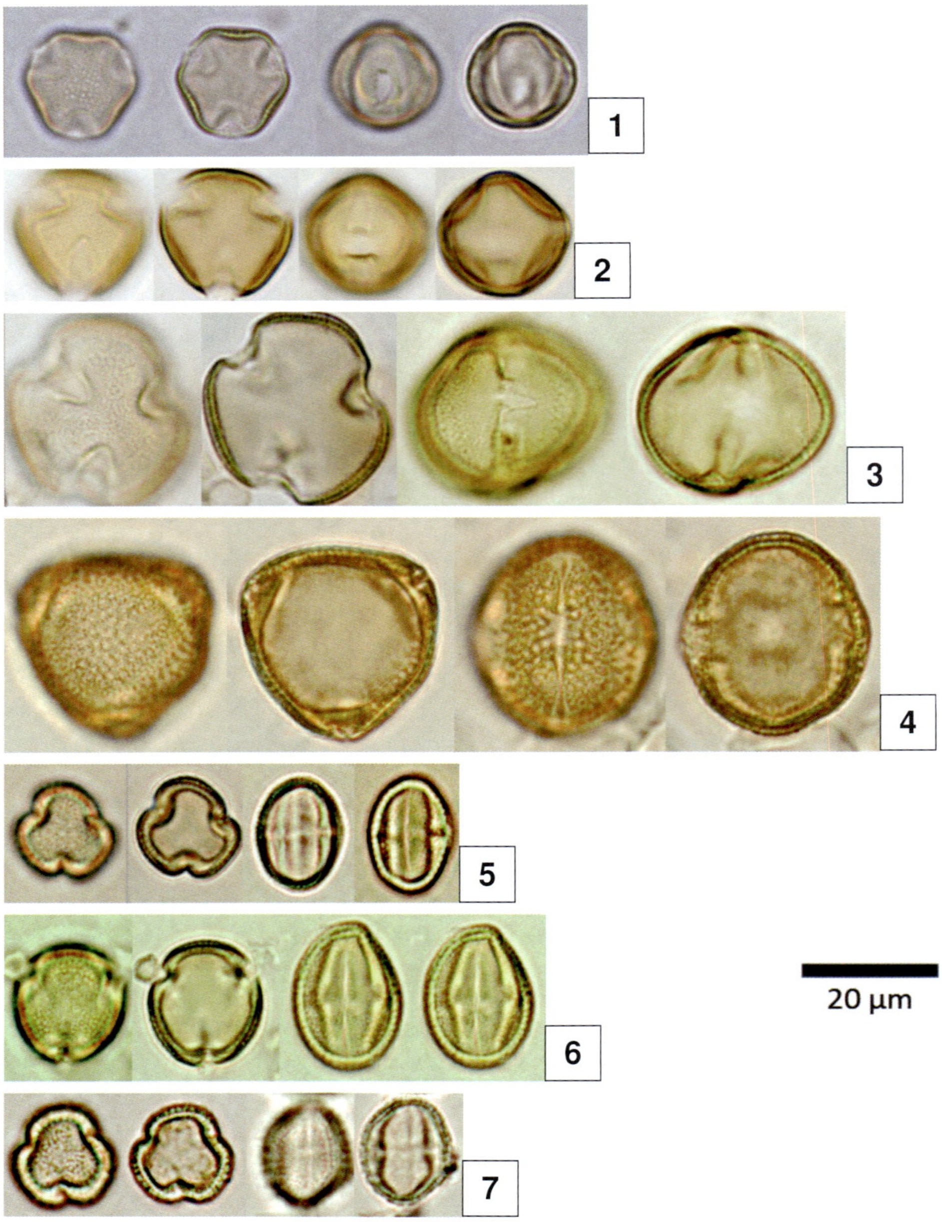

Prancha/Plate 160: Schoepfiaceae: *Schoepfia brasiliensis* (1); Scrophulariaceae: *Buddleja* sp. (2); *Capraria biflora* (3); Simaroubaceae: *Simaba cedron* (4); *Simaba* cf. *cuneata* (5); *Simaba subcymosa* (6); *Simarouba amara* (7).

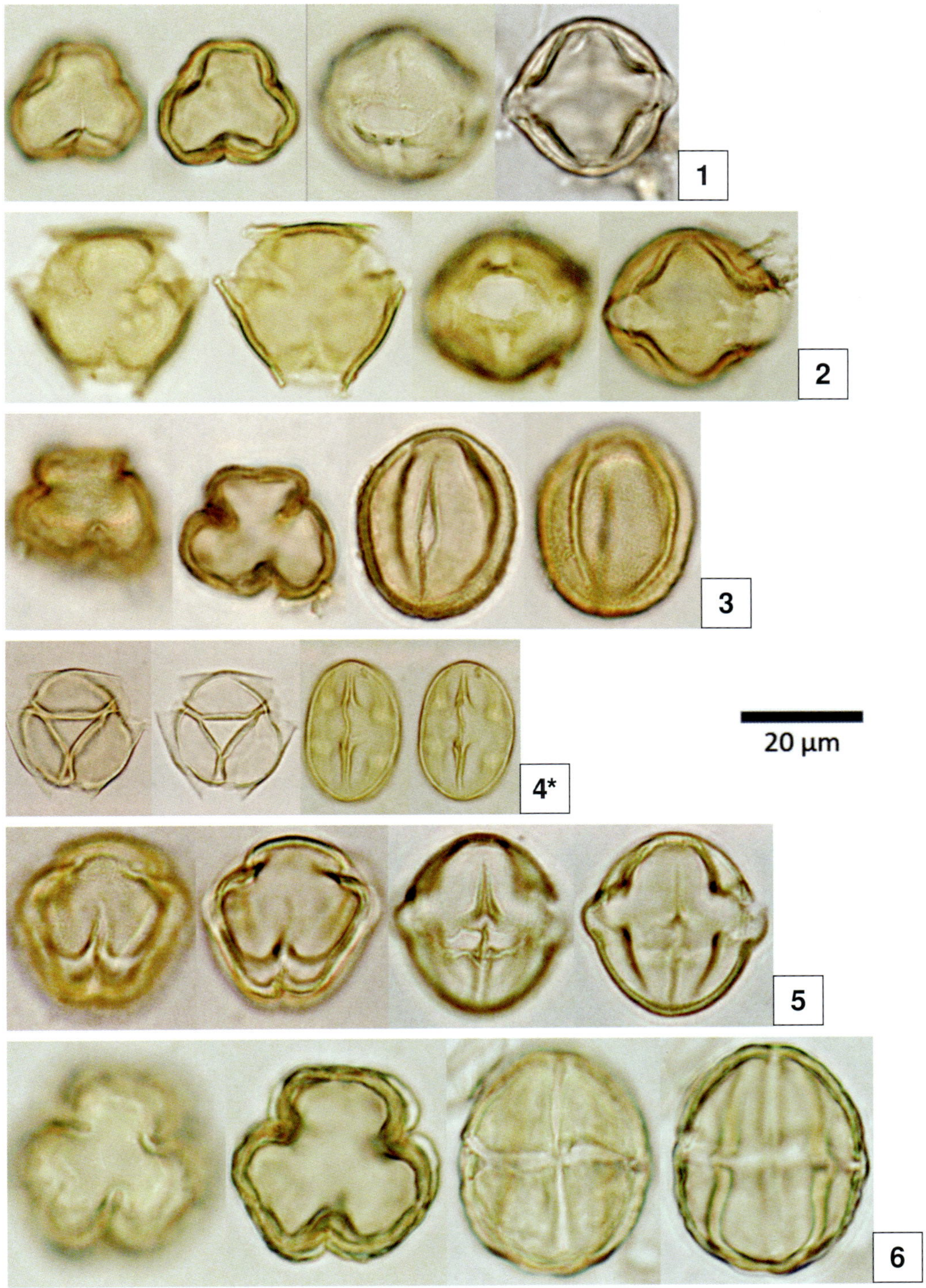

Prancha/Plate 161: Solanaceae: *Athenaea* cf. *pagogena* (1); *Athenaea cuspidata* (2); *Brunfelsia clandestina* (3); *Capsicum baccatum* (4); *Capsicum frutescens* (5); *Cestrum* sp.1 (6). [*Reduzida para ½ da escala.]

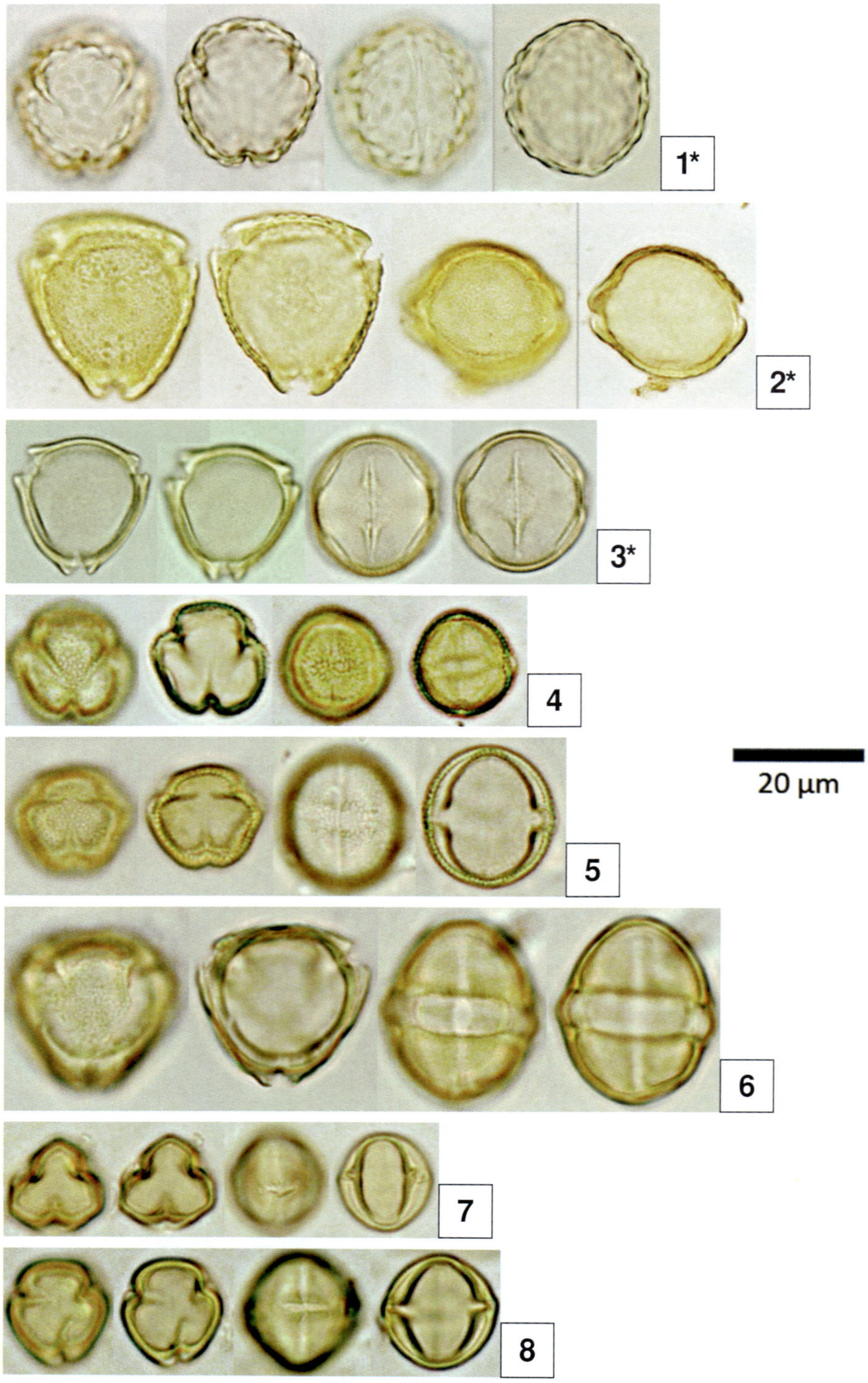

Prancha/Plate 162: Solanaceae: *Cestrum* sp.2 (1); *Markea atlantica* (2); *Nicandra physaloides* (3); *Schwenckia americana* (4); *Schwenckia* sp. (5); *Solanum acerifolium* (6); *Solanum alternato-pinnatum* (7); *Solanum asperum* (8). [*Reduzida para ½ da escala.]

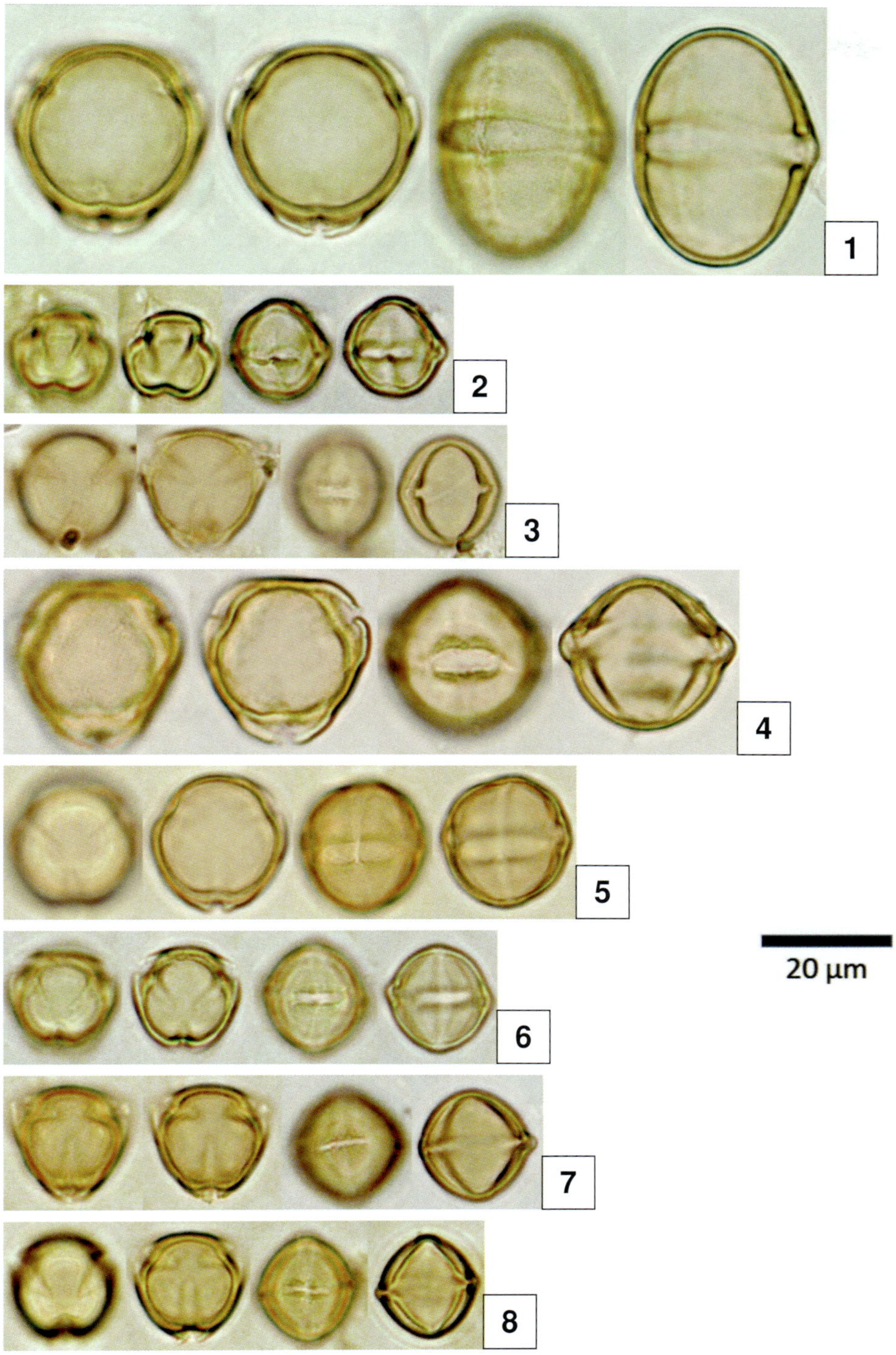

Prancha/Plate 163: Solanaceae: *Solanum asterophorum* (1); *Solanum campaniforme* (2); *Solanum cinnamomeum* (3); *Solanum cordifolium* (4); *Solanum depauperatum* (5); *Solanum evonymoides* (6); *Solanum gemellum* (7); *Solanum glomuliflorum* (8).

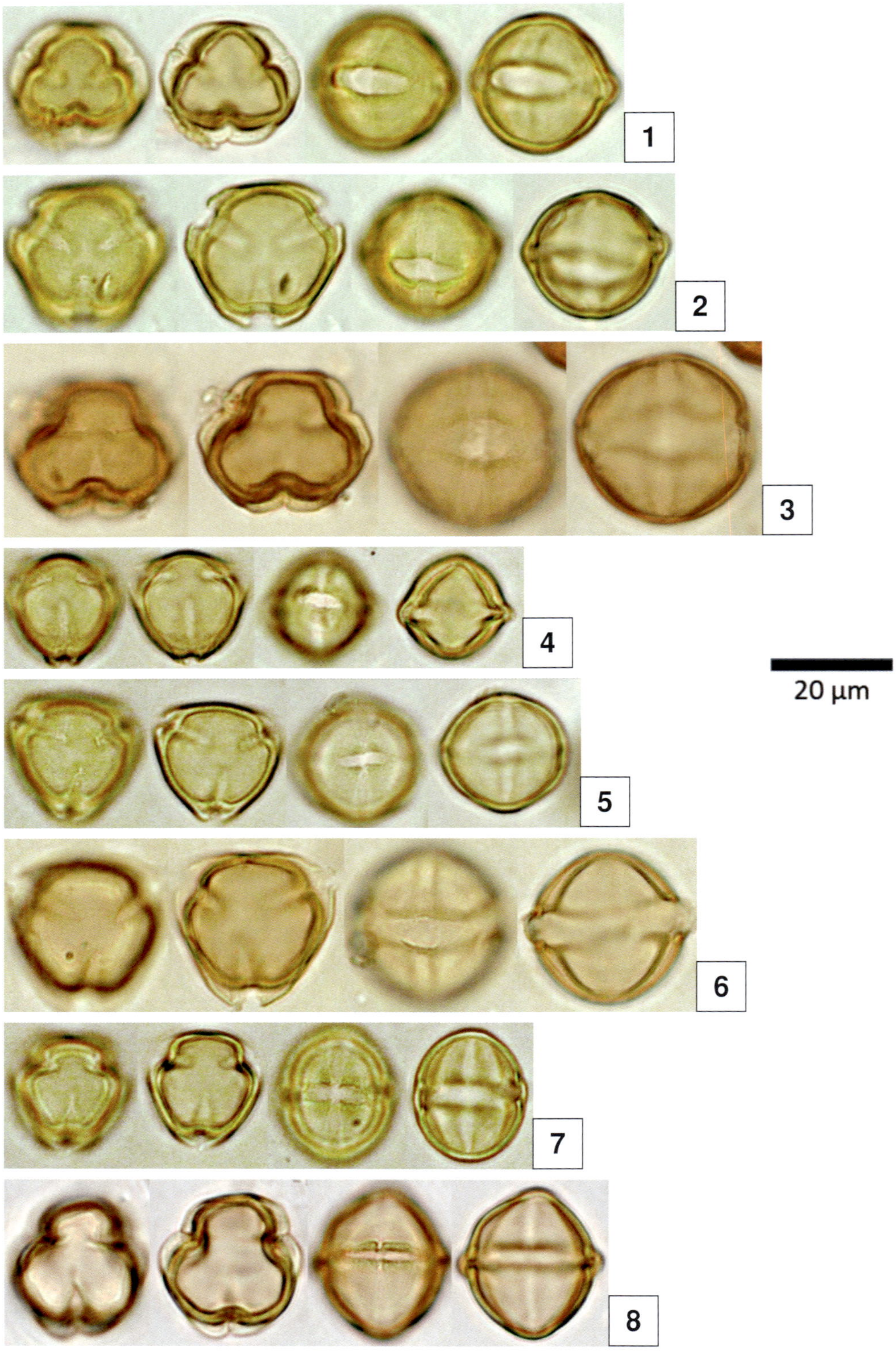

Prancha/Plate 164: Solanaceae: *Solanum insidiosum* (1); *Solanum leptostachys* (2); *Solanum lycocarpum* (3); *Solanum maranguapense* (4); *Solanum mauritianum* (5); *Solanum melissarum* (6); *Solanum palinacanthum* (7); *Solanum paniculatum* (8).

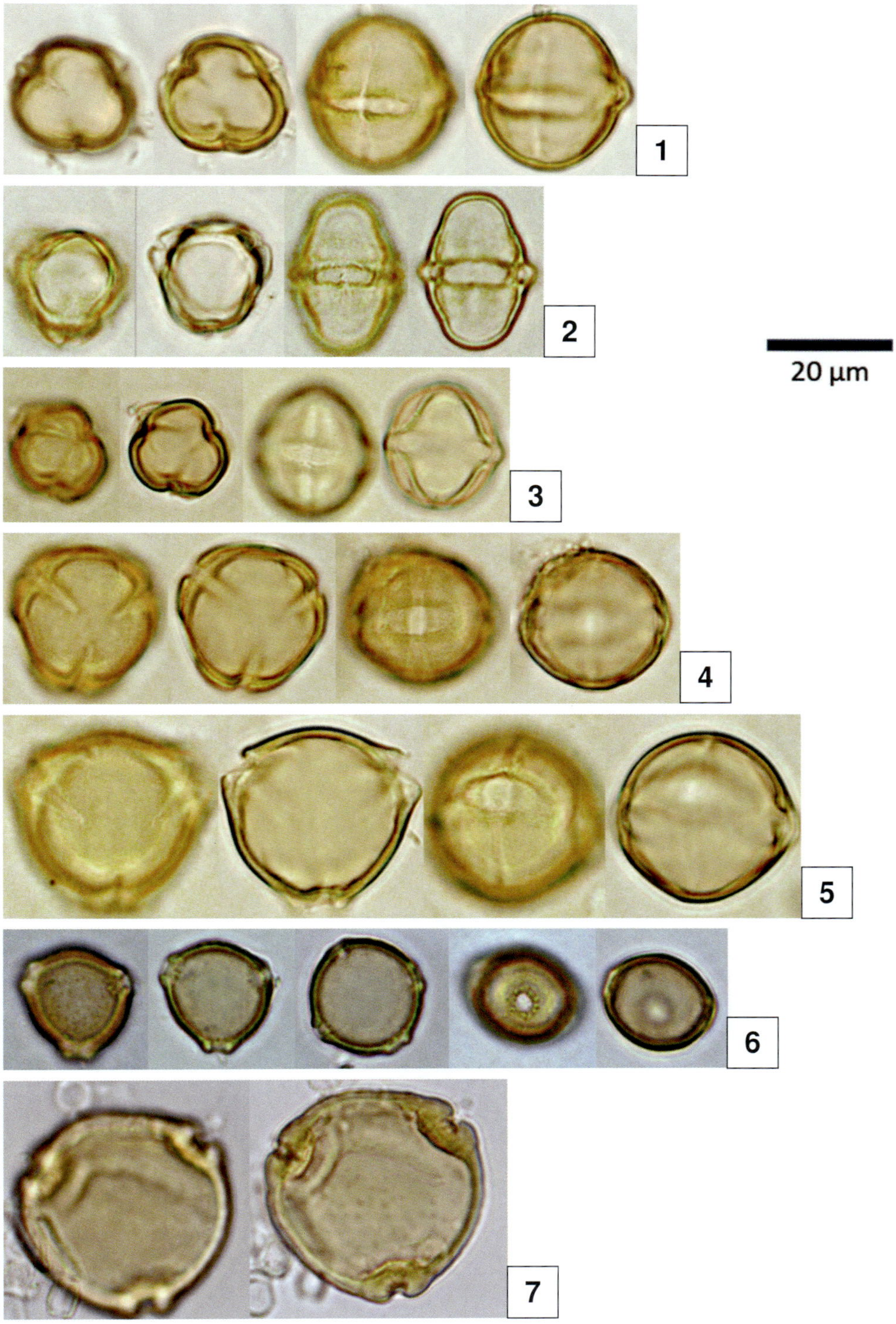

Prancha/Plate 165: Solanaceae: *Solanum polytrichum* (1); *Solanum reptans* (2); *Solanum restingae* (3); *Solanum stipulaceum* (4); *Solanum sycocarpum* (5); Stemonuraceae: *Discophora guianensis* (6); Symplocaceae: *Symplocos pycnobotrya* (7).

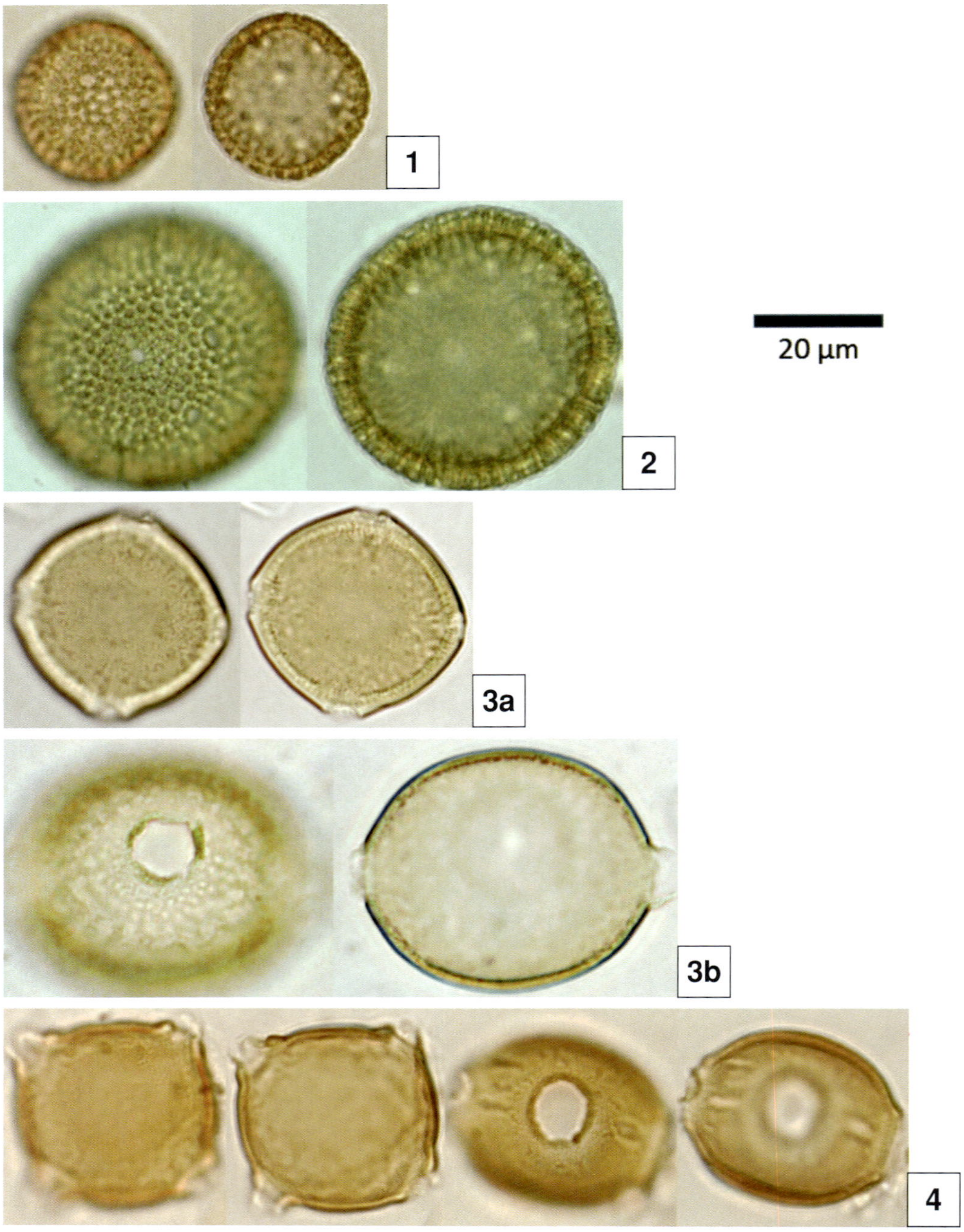

Prancha/Plate 166: Thymelaeaceae: *Daphnopsis racemosa* (1); *Funifera* sp. (2); Trigoniaceae: *Trigonia eriosperma* (3a,b); *Trigonia nivea* var. *nivea* (4).

Prancha/Plate 167: Turneraceae: *Piriqueta viscosa* (1a,b); *Turnera lucida* (2a,b).

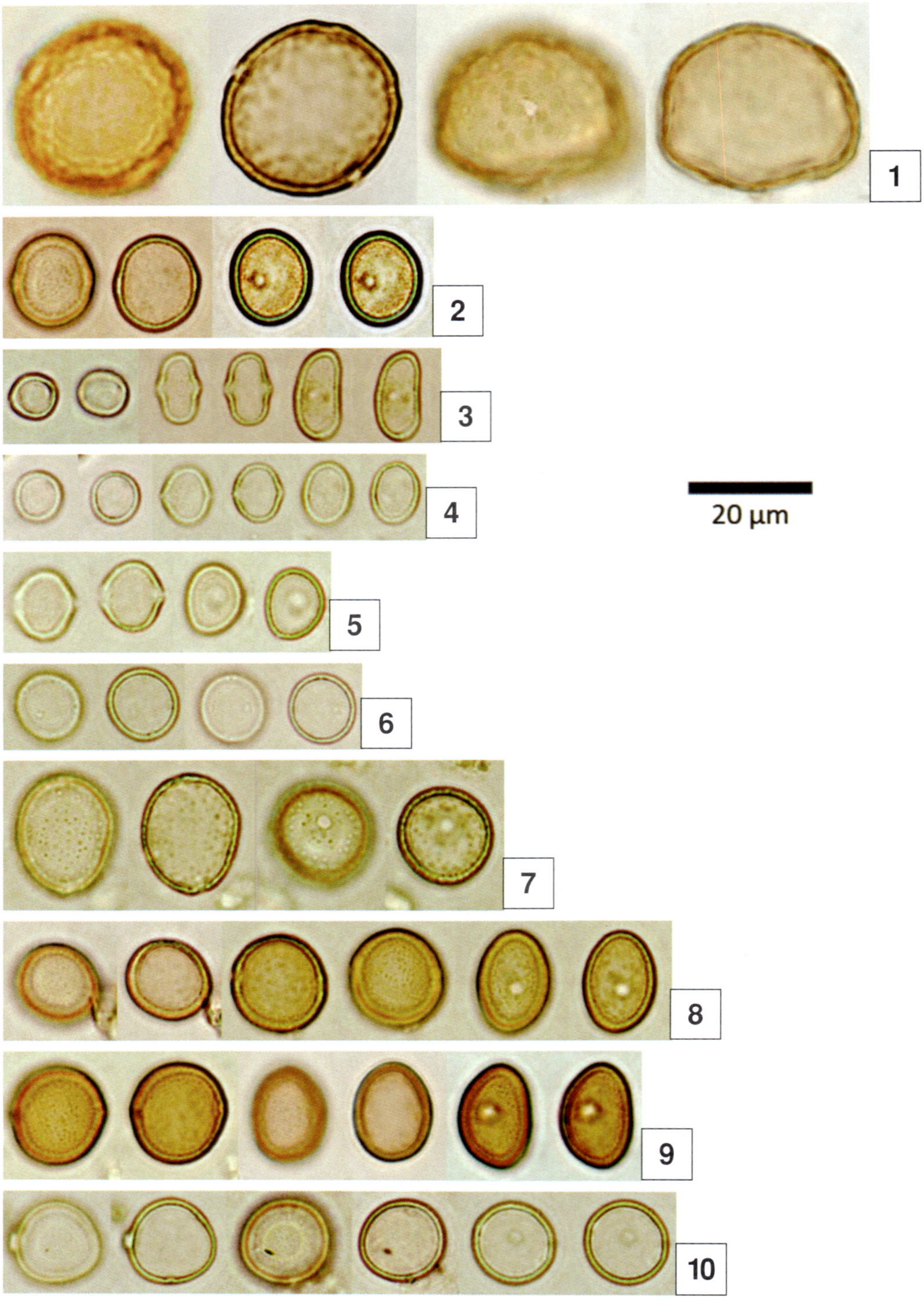

Prancha/Plate 168: Ulmaceae: *Phyllostylon brasiliensis* (1); Urticaceae: *Boehmeria cylindrica* (2); *Cecropia pachystachya* (3); *Coussapoa curranii* (4); *Coussapoa microcarpa* (5); *Laportea aestuans* (6); *Pilea microphylla* (7); *Pourouma guianensis* subsp. *guianensis* (8); *Pourouma mollis* subsp. *mollis* (9); *Urera nitida* (10).

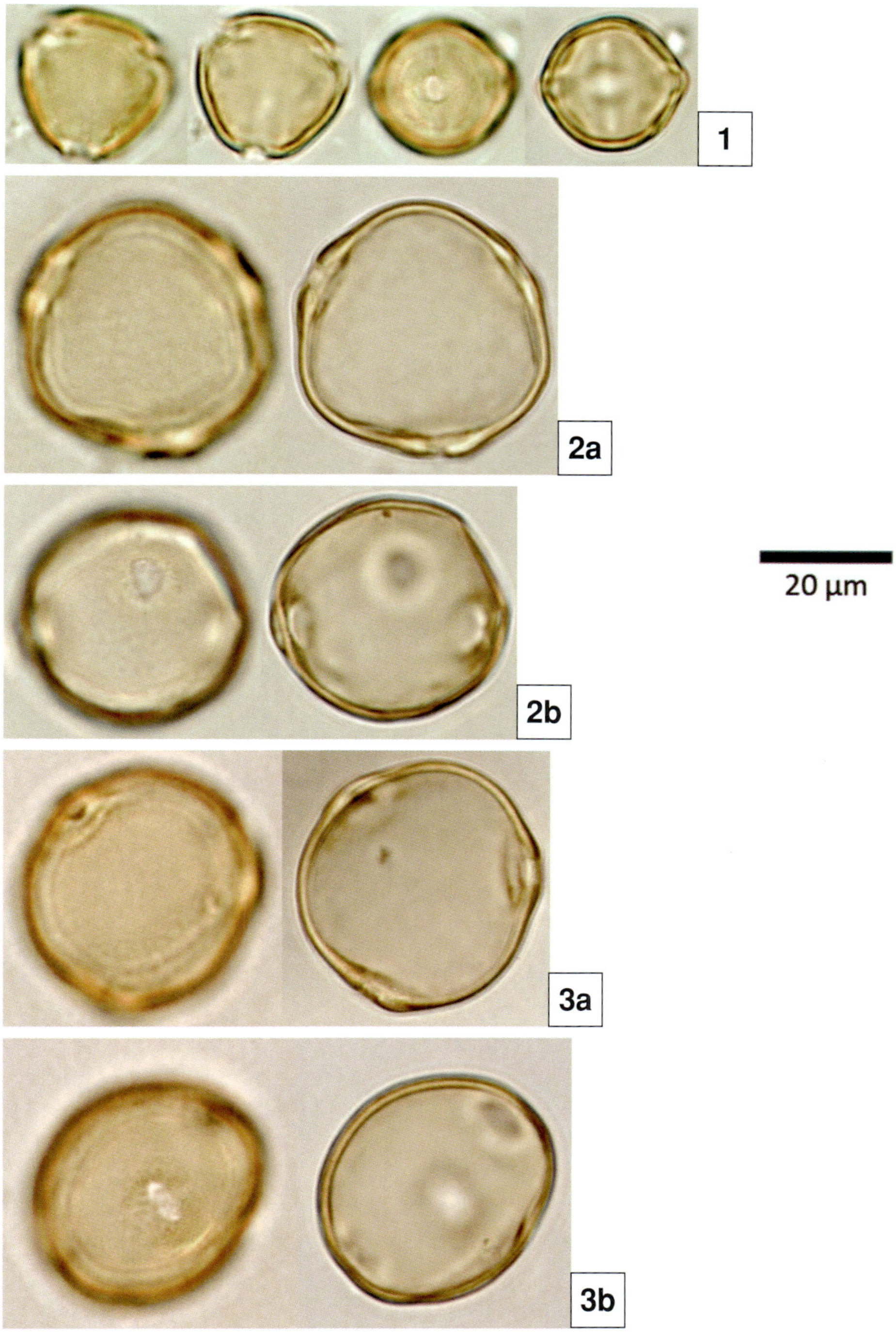

Prancha/Plate 169: Verbenaceae: *Aloysia virgata* (1); *Citharexylum laetum* (2a,b); *Citharexylum myrianthum* (3a,b).

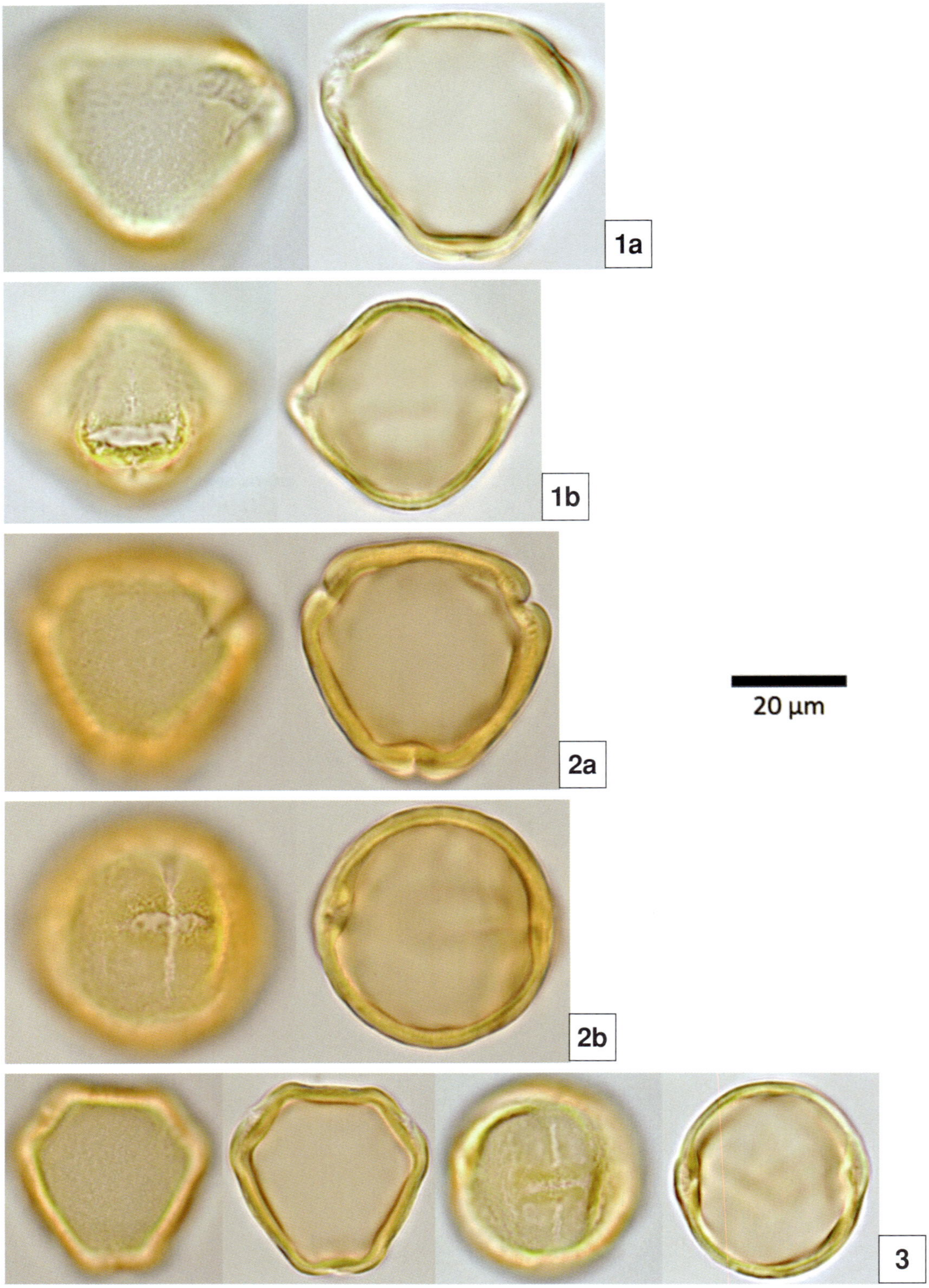

Prancha/Plate 170: Verbenaceae: *Lantana brasiliensis* (1a,b); *Lantana camara* (2a,b); *Lantana fucata* (3).

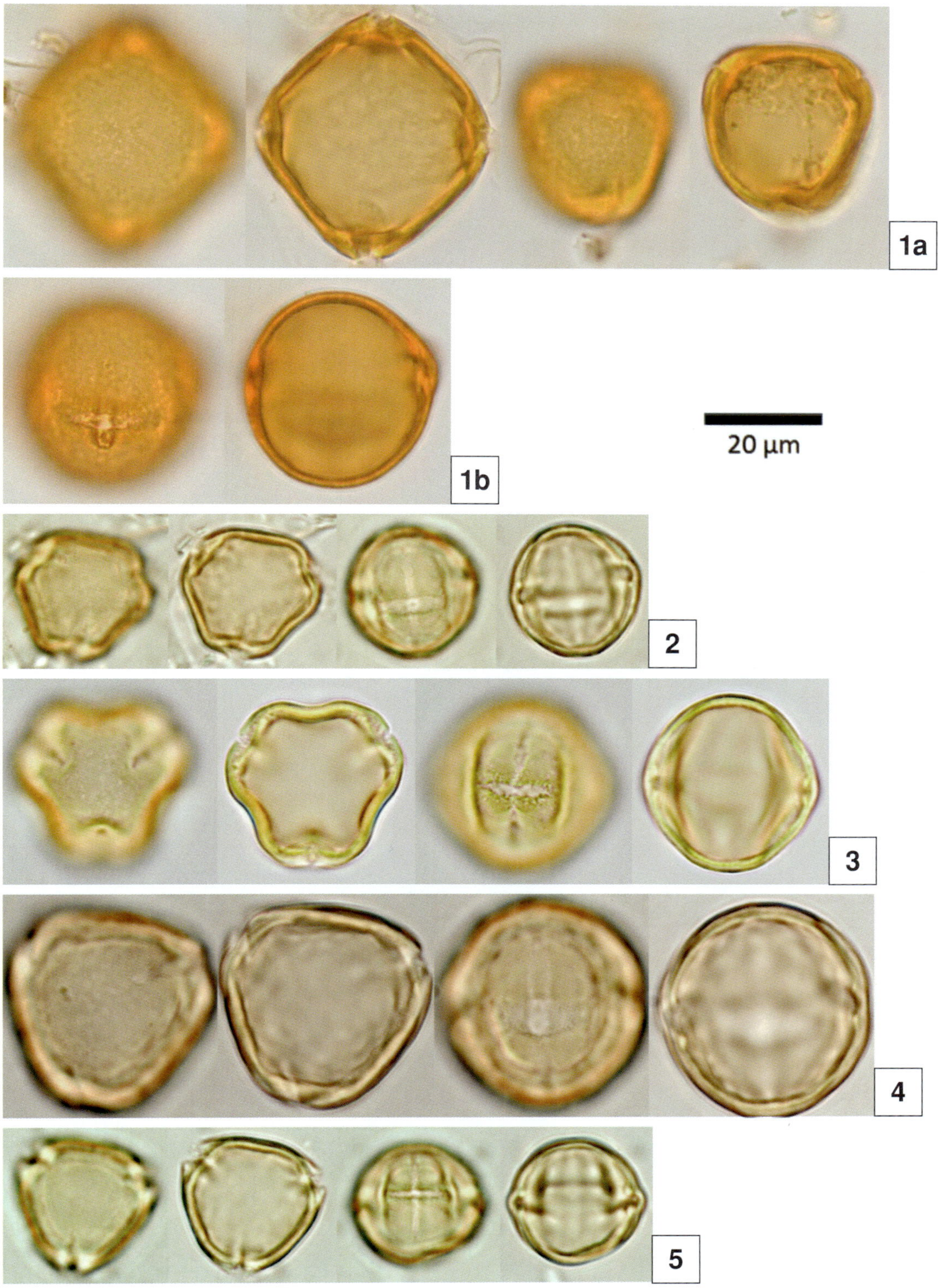

Prancha/Plate 171: Verbenaceae: *Lantana glutinosa* (1a,b); *Lantana undulata* (2); *Lippia microphylla* (3); *Lippia* sp. (4); *Lippia origanoides* (5).

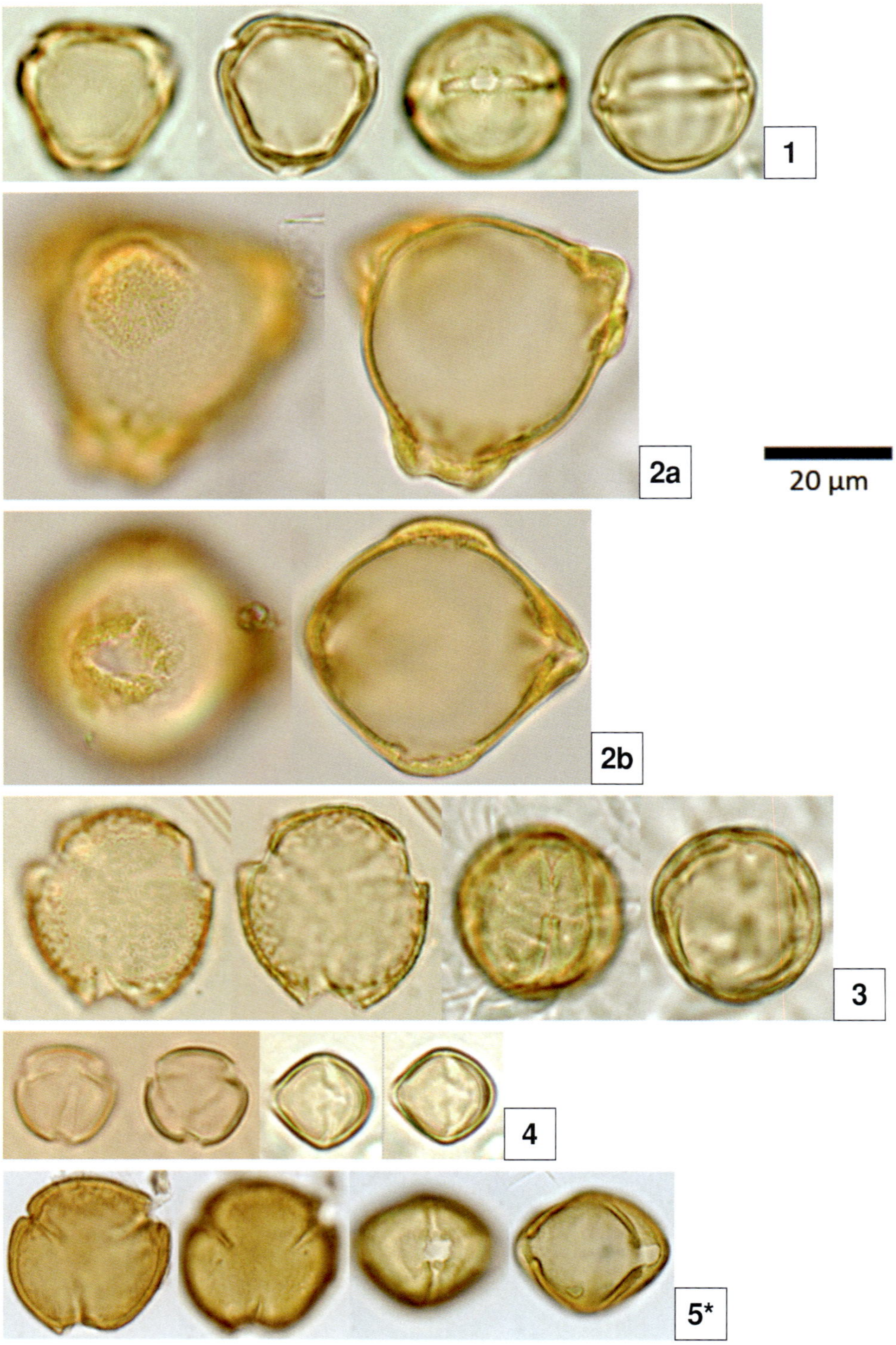

Prancha/Plate 172: Verbenaceae: *Lippia rigida* (1); *Priva bahiensis* (2a,b); Violaceae: *Amphirrhox longifolia* (3); *Anchietea sellowiana* (4); *Noisettia orchidiflora* (5). [*Reduzida para ½ da escala.]

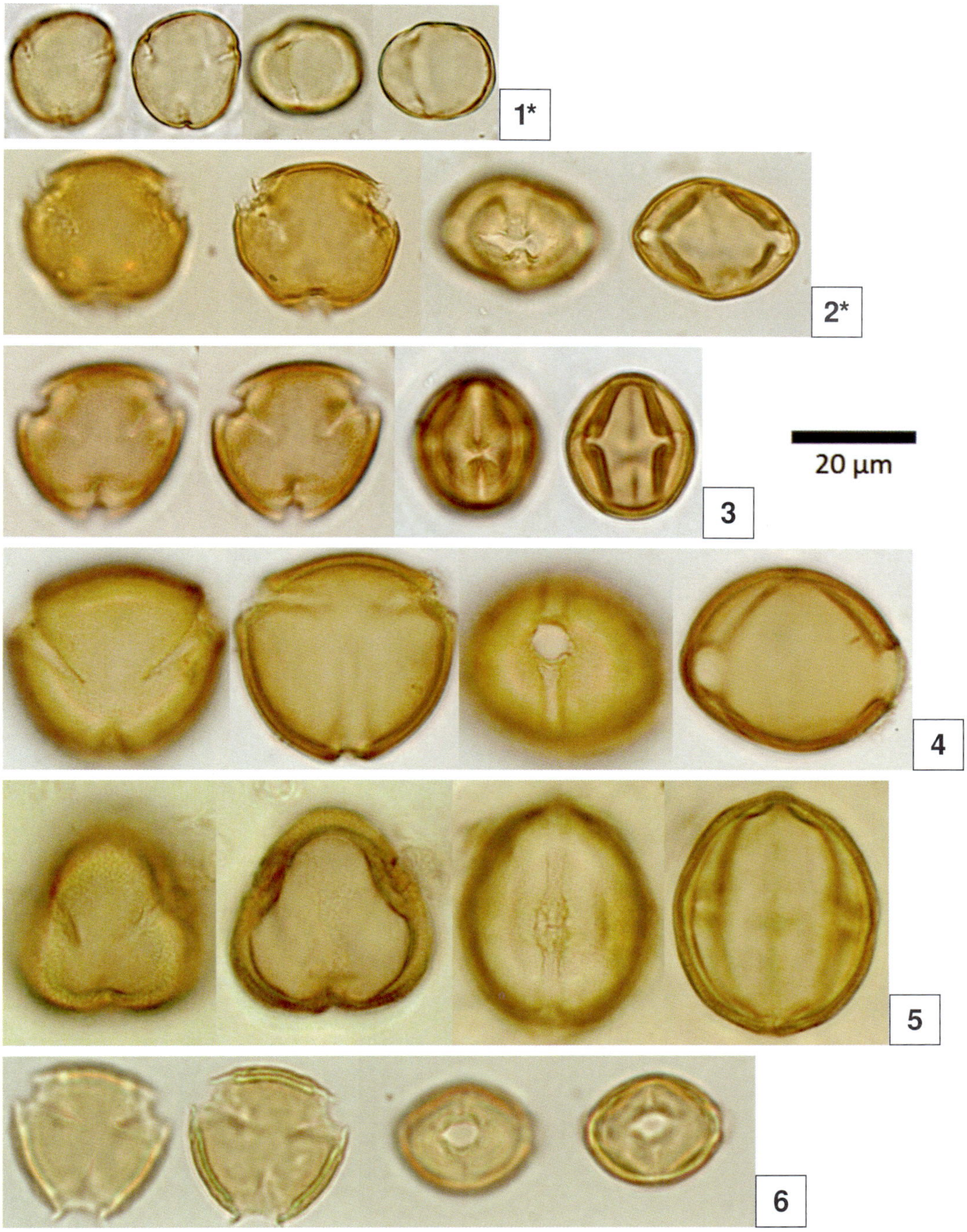

Prancha/Plate 173: Violaceae: *Paypayrola blanchetiana* (1); *Pombalia calceolaria* (2); *Rinorea bahiensis* (3); *Schweiggeria fruticosa* (4); Vitaceae: *Cissus albida* (5); Vochysiaceae: *Erisma arietinum* (6). [*Reduzida para ½ da escala.]

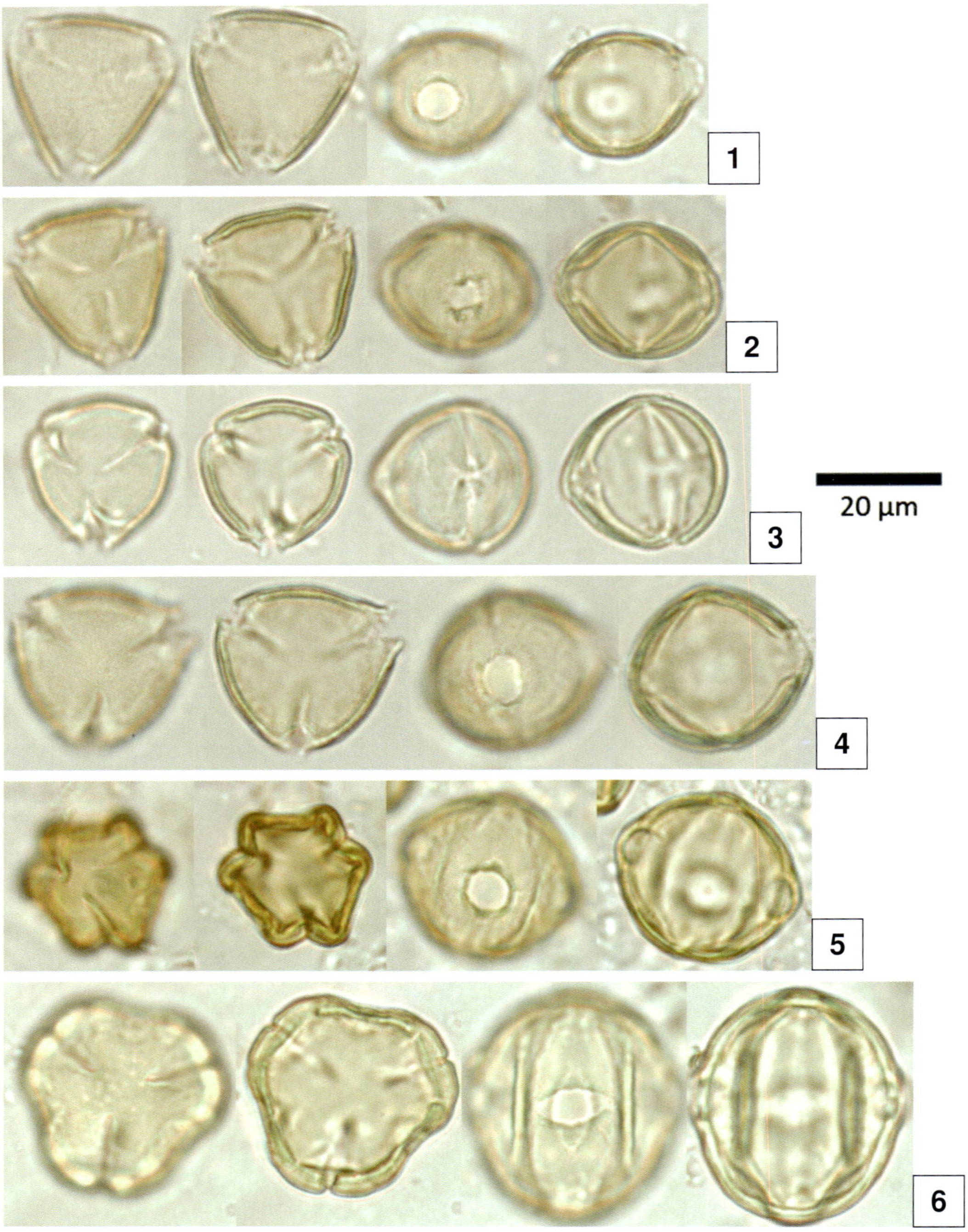

Prancha/Plate 174: Vochysiaceae: *Qualea cryptantha* (1); *Qualea magna* (2); *Qualea megalocarpa* (3); *Qualea multiflora* subsp. *pubescens* (4); *Vochysia laurifolia* (5); *Vochysia magnifica* (6).

Lista de Termos Palinológicos

List of Palynological Terms

A

Aberturas: apertures

Aberturas nos cantos: corner apertures

Aberturas laterais: mid-wall apertures

Alongados: elongated

Âmbito: ambit

Ânulo: annulus

Áspide: aspis

B

Baculado: baculate

C

Cíngulo: cingulum

Circular: circular

Clavado: clavate

Colpóide: colpoid

Colpos curtos: short colpi

Colpo: colpus

Colpos com margem: colpi with a margo

Colpos sem margem: colpi without a margo

Comissura: commissure

Côncavo: concave

D

Dicolpado: dicolpate

Dicolporado: dicolporate

Diporado: diporate

Duplicolumelado: duplicolumellate

E

Elipsoidais: ellipsoidal

Elíptico: elliptic

Endocíngulo: endocingulum

Equinado: echinate

Equinolofado: echinolophate

Escabrado: scabrate

Esférico: spherical

Espículos: spinules

Espessa no polo/equador: thicker on pole/ equator

Espinhos: spines

Espiraperturado: spiraperturate

Esporoderme: sporoderm

Esporos: spores

Estefanocolpado: stephanocolpate

Estefanocolporado: stephanocolporate

Estefanoporado: stephanoporate

Estriado: striate

Exina: exine

F

Fenestrado: fenestrate

Fina no polo/equador: thinner on pole/ equator

Foveolado: foveolate

G

Gemado: gemmate

Grande: large

Granulado: granulate

Grãos de pólen: pollen grains

H

Heptalobado: heptalobate

Heteroaperturado: heteroaperturate

Heterobrocado: heterobrocate

Heterocolpado: heterocolpate

Heteropolar: heteropolar

Hexalobbado: hexalobate

Homobrocado: homobrocate

Homogênea: even

I

Inaperturado: inaperturate

Inconspícuo: inconspicuous

Irregular: irregular

L

Lábio: labra

Laesura: laesura

Lalongado: lalongate

Lolongado: lolongate

Lúmen: lumen

M

Médio: medium

Microequinado: microechinate

Microrreticulado: microreticulate

Mônades: monads

Monolete: monolete

Monoporado: monoporate

Monosulcado: monosulcate

Muros: muri

N

Navicular: navicular

O

Oblato: oblate

Opérculo: operculum

P

Padrão cróton: croton pattern

Pantocolpado: pantocolpate

Pantoporado: pantoporate

Pentalobado: pentalobate

Pequeno: small

Perfurado: perforate

Pericolpado: pericolpate

Pericolporado: pericolporate

Periporado: periporate

Perisporo: perispore

Perprolato: perprolate

Pilado: pilate

Piriforme: piriform

Polo distal: distal pole

Polo proximal: proximal pole

Políades: polyads

Poros: pores

Prolato: prolate

Pseudocolpo: pseudocolpus

Psilado: psilate

Q

Quadrangular: quadrangular

Quinquangular: quinquangular

R

Reniforme: reniform

Retangular: rectangular

Reticulado: reticulate

Retículo: reticulum

Retipilado: retipilate

Rômbico: rhombic

Rugulado: rugulate

S

Simplicolumelado: simplicolumellate

Sincolpado: syncolpate

Subobblato: suboblate

Subprolato: subprolate

Subtriangular: subtriangular

Super grande: extra-large

T

Tétrades: tetrads

Tetraédricas: tetrahedral

Triangular (reto, convexo, côncavo): Triangular (straight, convex, concave)

Tricotomosulcado: trichotomosulcate

Tricolpado: tricolpate

Tricolporado: tricolporate

Trilete: trilete

Trilobado: trilobate

Triporado: triporate

V

Verrucado: verrucate

Z

Zonoporado: zonoporate

Zonorado: zonorate

Zonosulcado: zonosulcate

Referências Bibliográficas
Bibliographical References

APG III. 2009. An update of the angiosperms phylogeny group classification for the orders and families of flowering plants: APG III. Botanical Journal of the Linnean Society, London, 161, 105-121.

ARAÚJO, D. S. D. et al., 2008. Campos nativos at the Linhares Forest Reserve, Espírito Santo, Brazil, in: THOMAS, W. W., BRITTON, E. G. (Eds.), The Atlantic coastal forest of Northeastern Brazil. New York Botanical Garden, New York pp. 371-394. (Memoirs nº 100).

COLINVAUX, P. et al., 1999. Amazon pollen manual and atlas. Harwood Academic Publications, Amsterdam (332 pp.).

DOMINGUEZ, J. M. L., 2009. The coastal zone of Brazil, in: DILLENBURG, S. R., HESP, P. A. (Eds.), Geology and geomorphology of Holocene coastal barriers of Brazil. Springer-Verlag, Berlin, pp. 17-46.

ERDTMAN, G., 1952. Pollen morphology and plant taxonomy. Angiosperms. Almqvist & Wiksell, Stockholm (539 pp.).

FERREIRA, V. B. R. et al., 2014. Floristic and phytogeography pattern of native field in southeastern Brazil. Acta Bot. Brasilica 28 (3), 465-475.

FIASCHI, P., PIRANI, J. R., 2009. Review of plant biogeographic studies in Brazil. J. Syst. Evol. 47 (5), 477–96.

IBGE, 2012. Manual técnico da vegetação brasileira: sistema fitogeográfico, inventário das formações florestais e campestres, técnicas e manejo de coleções botânicas, procedimentos para mapeamentos. Instituto Brasileiro de Geografia e Estatística, Rio de Janeiro (271 pp.).

MAGNAGO, L. F. S. et al., 2013. Structure and diversity of restingas along a flood gradient in southeastern Brazil. Acta Bot. Brasilica 27 (4), 801-809.

MEIRA NETO, J. A. A. et al., 2005. Composição florística, espectro biológico e fitofisionomia da vegetação de muçununga nos municípios de Caravelas e Mucuri, Bahia. Rev. Árvore. 29 (1), 139-150.

PUNT, W. et al., 2007. Glossary of pollen and spore terminology. Rev. Palaeobot. Palynol. 143, 1-81.

RIZZINI, C. T., 1997. Tratado de fitogeografia do Brasil. Âmbito Cultural, Rio de Janeiro (747 pp.).

SALGADO-LABOURIAU, M. L., 1973. Contribuição à palinologia dos cerrados. Academia Brasileira de Ciências, Rio de Janeiro (291 pp.).

SANTOS, R. D. et al., 2004. Levantamento expedito dos solos das reservas florestais de Linhares e Sooretama no Estado do Espírito Santo. Embrapa Solos, Rio de Janeiro (66 pp).

SAPORETTI-JR, A. W. et al., 2012. Influence of soil physical properties on plants of the mussununga ecosystem, Brazil. Folia Geobotanica 47, 29-39.

SMITH, A. R., PRYER, K. M., SCHUETTPELZ, E., KORALL, P., SCHENEIDER, H., WOLF, P. G., 2006. A classification for extant ferns. Taxonomy 55 (3), 705-731.

SOUZA, V. C., LORENZI, H., 2012. Botânica Sistemática. Guia ilustrado para identificação das famílias de fanerógamas nativas e exóticas no Brasil, baseado em APGIII. Instituto Plantarum, Nova Odessa (768 pp.).

THOMAS, W. W., 2003. Natural vegetation types in southern Bahia, in: PRADO, P. I., LANDAU, E. C., MOURA, R. T., PINTO, L. P. S., FONSECA, G. A. B., ALGER, K. N. (Eds.), Corredor de Biodiversidade da Mata Atlântica do Sul da Bahia. IESB; CI; CABS; UFMG; UNICAMP, Ilhéus, 1 CD-ROM.

TRYON, R. M., TRYON, A. F., 1982. Ferns and allied plants. With special reference to Tropical America. Springer-Verlag, New York (858 pp.).

Bibliografia Complementar
Complementary Bibliography

BARTH, O., 1972. Catálogo sistemático dos pólens das plantas arbóreas do Brasil meridional XI – Loranthaceae e Olacaceae. Mem. Inst. Oswaldo Cruz. 70 (1), 49-61.

BARTH, O. M. et al., 1976. Morfologia do pólen anemófilo e alergizante no Brasil. VI. Gramineae, Palmae, Typhaceae, Cyperaceae, Cupressaceae e Combretaceae. Mem. Inst. Oswaldo Cruz. 74 (3-4), 347-359.

BARTH, O. M. et al., 1976. Morfologia do pólen anemófilo e alergizante no Brasil. II. Polygonaceae, Amaranthaceae, Chenopodiaceae, Leguminosae, Euphorbiaceae e Myrtaceae. Mem. Inst. Oswaldo Cruz. 74 (3-4), 191-201.

BARTH, O. M., MELHEM, T. S., 1988. Glossário ilustrado de palinologia. Editora da UNICAMP, Campinas (75 pp.).

BARTH, O. M. et al., 1998. Catálogo sistemático do pólen das plantas arbóreas do Brasil meridional. XXX: Meliaceae. Rev. Bras. Biol. 58 (3), 497-509.

BAUERMANN, S. G. et al., 2010. Diferenciação polínica de *Butia*, *Euterpe*, *Geonoma*, *Syagrus* e *Thritrinax* e implicações paleoecológicas de Arecaceae para o Rio Grande do Sul. Iheringia, Ser. Bot. 65 (1), 35-46.

BORGES, R. L. B. et al., 2009. Comparative pollen morphology and taxonomic considerations in Eriocaulaceae. Rev. Palaeobot. Palynol. 154, 91-105.

BORSCH, T., 1998. Pollen types in the Amaranthaceae. Morphology and evolutionary significance. Grana 37, 129-142.

CAMPBELL, L. M., 2012. Pollen morphology of Xyridaceae (Poales) and its systematic potential. Bot. Rev. 78, 428-439.

CRUZ-BARROS, M. A. V. et al., 2011. Flora polínica da Reserva do Parque Estadual das Fontes do Ipiranga (São Paulo, Brasil). Família: 61-Cucurbitaceae. Hoehnea 38 (4), 697-704.

GILLESPIE, L. J., 1994. Pollen morphology and phylogeny of the tribe Plukenetieae (Euphorbiaceae). Ann. Missouri Bot. Gard. 81 (2), 317-348.

LUZ, C. F. P. da et al., 2013. Pollen grain morphology of Fabaceae in the Special protection area (SPA) Pau-de-Fruta, Diamantina, Minas Gerais, Brazil. Na. Acad. Bras. Cienc. 85 (4), 1329-1344.

LOPES, R. C. et al., 2013. Pollen morphology and wall structure of Neotropical species of *Herreria* and *Clara* (Asparagaceae-Agavoideae) and its taxonomic implications. Plant Syst Evol. 299, 25-34.

LORSCHEITTER, M. L., ASHRAF, A. R., BUENO, R. M., MOSBRUGGER, V., 1998. Pteridophyte of Rio Grande do Sul flora, Brazil. Part I. Palaeontographica 246, 1-113.

LORSCHEITTER, M. L., ASHRAF, A. R., WINDISCH, P. G., MOSBRUGGER, V., 1999. Pteridophyte of Rio Grande do Sul flora, Brazil. Part II. Palaeontographica 251, 71-235.

LORSCHEITTER, M. L., ASHRAF, A. R., WINDISCH, P. G., MOSBRUGGER, V., 2001. Pteridophyte of Rio Grande do Sul flora, Brazil. Part III. Palaeontographica 260, 1-165.

LORSCHEITTER, M. L., ASHRAF, A. R., WINDISCH, P. G., MOSBRUGGER, V., 2002. Pteridophyte of Rio Grande do Sul flora, Brazil. Part IV. Palaeontographica 263, 1-159.

LORSCHEITTER, M. L., ASHRAF, A. R., WINDISCH, P. G., MOSBRUGGER, V., 2005. Pteridophyte of Rio Grande do Sul flora, Brazil. Part V. Palaeontographica 270, 1-180.

LORSCHEITTER, M. L., ASHRAF, A. R., WINDISCH, P. G., MOSBRUGGER, V., 2009. Pteridophyte of Rio Grande do Sul flora, Brazil. Part VI. Palaeontographica 281, 1-96.

MARK, P. J. L. et al., 2012. Not a shrinking violet: pollen morphology of Violaceae (Malpighiales). Grana 51, 181-193.

MELHEM, T. S., GONÇALVES-ESTEVES, V., 1998. Palinotaxonomia de espécies brasileiras de *Tontelea* aubl. (Hippocrateaceae Juss.). Polibotánica 7, 33-54.

MELHEM, T. S. et al., 2003. Variabilidade polínica em plantas de Campos do Jordão (São Paulo, Brasil). Instituto de Botânica, São Paulo (104 pp). (Boletim nº 16).

MILLER, K. I., WEBSTER, G. L., 1962. Systematic position of *Cnidoscolus* and *Jatropha*. Brittonia 14, 174-180.

NAGELS, A. et al., 2009. Palynological diversity and major evolutionary trends in Cyperaceae. Plant Syst Evol. 277, 117-142.

NOWICKE, J. W., TAKAHASHI, M., 2002. Pollen morphology, exine structure and systematics of Acalyphoideae (Euphorbiaceae), Part 4 Tribes Acalypheae pro parte (*Erythrococca, Claoxylon, Claoxylopsis, Mareya, Mareyopsis, Discoclaoxylon, Micrococca, Amyrea, Lobanilia, Mallotus, Deuteromallotus, Cordemoya, Cococceras, Trewia, Neotrewia, Rockinghamia, Octospermum, Acalypha, Lasiococca, Spathiostemon, Homonoia)*, Plukenetieae (*Haematostemon, Astrococcus, Angostyles, Romanoa, Eleutherostigma, Plukenetia, Vigia, Cnesmone, Megistostigma, Sphaerostylis, Tragiella, Platygyna, Tragia, Acidoton, Pachystylidium, Dalechampia*), Omphaleae (*Omphalea*), and discussion and summary of the complete subfamily. Rev. Palaeobot. Palynol. 121, 231-336.

PERSSON, C., DELPRETE, P. G., 2010. *Cordiera longicaudata* sp. nov. and *Duroia valesca* sp. nov. of the Alibertia group (Gardenieae - Rubiaceae). Nord. J. Bot. 28, 523-527.

PIESSCHAERT, F. et al., 2000. Morphological evidence for an extended tribe - Coccocypseleae (Rubiaceae - Rubioideae). Plant Biol. 2, 536-546.

PIWOWARCZYK, R. et al., 2015. Pollen morphology of the Central European broomrapes (Orobbanchaceae: *Orobanche, Phelipanche* and *Orobanchella*) and its taxonomical implications. Plant Syst Evol. 301, 795-808.

PUNT, W., 1971. Pollen morphology of the genera *Norantea, Souroubea* and *Ruyschia* (Marcgraviaceae). Pollen Spores 13 (2), 199-232.

RUEANGSAWANG, K. et al., 2013. Pollen morphology of *Justicia* L. (Acanthaceae) from Thailand and its taxonomic value. Grana 52, 275-288.

SANTOS, F. A. R. et al., 1997. Pollen morphology of some Cactaceae of North-Eastern Brazil. Bradleya 15, 84-97.

SCHEEL, R. et al., 1996. Pollen morphology of the Boraginaceae from Santa Catarina State (Southern Brazil), with comments on the taxonomy of the family. Grana 35, 138-153.

SCOTLAND, R. W., 1992. Pollen morphology of Andrographideae (Acanthaceae). Rev. Palaeobot. Palynol. 72, 229-243.

SIMPSON, M. G., 1987. Pollen ultrastructure of the Pontederiaceae. Evidence for exine homology with Haemo-DORACEAE. GRANA 26, 113-126.

TAYLOR, C. M., GEREAU, R. E., 2013. The genus *Carapichea* (Rubiaceae, Psychotrieae). Ann. Missouri Bot. Gard. 99, 100-127.

TEIXEIRA, M. D. et al., 2013. Pollen morphology of Menispermaceae in the State of Bahia, Brazil. Acta Bot. Brasilica 27 (2), 436-444.

WILLARD, D. A. et al., 2004. Atlas of pollen and spores of the Florida Everglades. Palynology 28, 175-227.

XU, F., CRAENE, L. P. R., 2013. Pollen morphology and ultrastructure of selected species from Annonaceae. Plant Syst Evol. 299, 11-24.

Índice Remissivo

Os números em **negrito** referem-se às páginas das Pranchas coloridas.

Index

Bold numbers refer to the pages of the colorful Plates.

A

B

C

E

F

G

I

J

K

L

M

N

O

P

T